南麂列岛国家级海洋自然保护区简志

蔡厚才　编著

海洋出版社

2021年 · 北京

图书在版编目（CIP）数据

南麂列岛国家级海洋自然保护区简志/蔡厚才编著.
—北京：海洋出版社，2021.7
ISBN 978-7-5210-0800-5

Ⅰ.①南… Ⅱ.①蔡… Ⅲ.①海洋-自然保护区-概况-平阳县 Ⅳ.①P74

中国版本图书馆 CIP 数据核字（2021）第 129567 号

策划编辑：白 燕
责任编辑：赵 娟
责任印制：赵麟苏
海洋出版社 **出版发行**
http：//www.oceanpress.com.cn
北京市海淀区大慧寺路 8 号 邮编：100081
中煤（北京）印务有限公司印刷 新华书店发行所经销
2021 年 7 月第 1 版 2021 年 11 月第 1 次印刷
开本：889 mm×1194 mm 1/16 印张：25.75
字数：680 千字 定价：208.00 元
发行部：62100090 邮购部：62100072 总编室：62100034

序一

海洋生物多样性对人类福祉具有重要的基础性作用，沿海地区的繁荣和发展离不开海洋生物多样性。人们通过利用生物多样性，创造了巨大的财富，促进了社会经济的快速发展。南麂列岛周边海域是中国近海一个比较特殊的地理区域，受台湾暖流和江浙沿岸流以及上升流的强烈影响，形成了多样化的生境和高水平的海洋生物多样性，是东海海洋生物多样性的典型代表。这里生活着温带、亚热带和热带的代表物种和生物群落，目前区域内已发现各类海洋生物 2 100 余种，包括贝类 422 种、大型底栖藻类 186 种和微小型藻类 539 种。贝藻类物种数均约占全国的 20%和浙江省的 80%以上，素有“贝藻王国”之称，是我国主要海洋贝藻类的天然博物馆、基因库，也是“南种北移、北种南移”的引种过渡驯化基地，在海洋生物多样性保护、研究和可持续利用上具有很高的价值。

海洋生物多样性不仅提供了广泛的物质和服务，而且支撑着海洋生态系统的功能，没有生物多样性，就没有生态系统服务。随着社会经济发展和环境的变化，我国沿海生物多样性正受到生境破坏、污染、过度开发利用等不同程度的威胁，物种数量在减少，典型生态系统和生态功能在衰退，对社会经济发展的负面影响及人体健康的风险逐渐显现。保护海洋生物多样性，科学合理地利用海洋生物多样性带来的各种福祉，促进沿海地区社会经济可持续发展，已成为沿海地区的历史使命。沿海地区应当联合起来，共同保护和可持续利用海洋生物多样性，构建我们美好的“蓝色”家园。

自然保护区是生物多样性保护的核心区域，是我国生态安全空间格局的重要节点，是推进生态文明、建设美丽中国的重要载体。我国自然保护区体系已基本形成，当前正在加快建立以国家公园为主体的自然保护地体系，法规制度逐步完善，重要生态系统、珍稀濒危物种和大部分自然遗迹得到保护，能力建设持续增强。南麂列岛既是我国首批国家级海洋自然保护区，又是我国最早纳入联合国教科文组织世界生物圈保护区网络的海洋类型自然保护区，是一个以海洋生物特别是海洋贝藻类及其生态环境为主要保护对象的海洋生物多样性保护区，具有重要的国际保护意义。经过 30 年的严格保护，调查显示，核心区生物量和栖息密度均数倍于实验区，保护效果明显，自然保护区建设和生物多样性保护工作取得显著成绩，受到国家和社会各界的一致肯定。

为了更加有效地保护和可持续利用南麂列岛的生物多样性，必须大力开展科学研究工作。目前，南麂保护区已经建立起各种科研平台，先后建立了一系列野外观测台站、博士后科研工作站、院士专家工作站和联合实验室，引进“省千”人才和各类高层次人才，专门安排博士后和院士专家研究经费用于保护区相关课题研究，至今已出站博士后研究人员 3 人，培养了大量的硕士研究生、博士研究生，科研成效十分显著，成为海洋类型保护区中的领跑者。南麂保护区先后实施了联合国开发计划署（UNDP）/全球环境基金（GEF）/中国政府（SOA）“中国南部沿海生物多样性管理项目”“关于实施全球环境基金/联合国开发计划署/东亚海计划（PEMSEA）在中国推广实施东亚海可持续发展战略计划项目”等，被纳入世界生物圈保护区网络、国际海洋保护区网络、东北亚海洋保护区网络等。

国内外海洋生物学家对南麂列岛丰富的海洋生物资源及其生态环境一直十分关注，曾先后对南麂列岛进行过100余次科学调查考察活动，公开出版了科考文集1本、论文选集2本、专著4本、学术刊物专辑2期，发表了学术论文200余篇。中国科学院海洋研究所曾呈奎、刘瑞玉院士等老一辈科学家都曾在南麂留下足迹。近年来，中国科学院海洋研究所海洋生物分类与系统演化实验室科研团队与南麂保护区合作交流颇为频繁，在海洋生物多样性调查，硅藻、纤毛虫、线虫、多毛类分类与生态，大型海藻场建设和生态修复，保护区人才培养等方面取得了显著成绩，并共同创立了院士专家工作站。同时，吸引海洋生物各研究领域的知名专家多次会聚南麂共同研讨海洋生物研究和保护课题，在此召开了全国贝类学分会理事会议和会员大会、海洋底栖生物学分会理事会议等，有力地促进了保护区的对外科研合作交流，全面提升了南麂保护区的科研水平，也为博士后研究人员、博士研究生、硕士研究生和保护区人才培养搭建了良好的平台，对南麂保护区成为中国海洋贝藻类的科研教育实习基地、海洋科普基地和岛屿可持续利用示范基地起到了积极的促进作用。冀望全国海洋生物研究专家和海洋保护同仁齐心协力，用好南麂列岛国家级海洋自然保护区的科研资源，为我国海洋事业的发展做出更大的贡献。

南麂列岛国家海洋自然保护区管理局专家顾问、原总工程师蔡厚才曾在高校任职10多年，在保护区建区之初调来保护区专门从事科研工作，几十年如一日，始终保持严谨的治学态度，在保护区默默无闻地工作，将大海作为天然的实验室，主持或参与近百项科研项目，先后发表论文100余篇，主编专著5本，参编专著10本，获省（部）级科技进步二等奖和三等奖4次。他从一个研究者的角度细心收集积累保护区长期工作中的各种资料，经过深入思考和总结，在即将退休之际编写了《南麂列岛国家级海洋自然保护区简志》这部高质量专著，为保护区留下了一份宝贵的史料。该书结构合理，内容丰富，资料翔实，共6篇24章50余万字，充分反映了南麂列岛国家级海洋自然保护区的概貌和发展变化，还仔细考证了保护区的生物名录，并得到国内各门类海洋生物分类学专家的校核，比以往的准确性更高，具有较高的学术、史料及应用价值。该书的出版，将有助于人们全面系统地了解南麂列岛的环境、资源、社会经济、保护、科研、宣教和社区发展等情况，有利于保护区的保护、研究、建设和发展。

中国海洋湖沼学会海洋底栖生物学分会理事长、
中国科学院海洋研究所海洋生物分类与系统演化实验室主任、研究员
徐奎栋
2020年8月18日

序二

南麂列岛国家级海洋自然保护区是1990年9月经国务院批准的我国首批5个国家级海洋类型自然保护区之一，1998年12月又成为我国最早纳入联合国教科文组织世界生物圈保护区网络的海洋类型自然保护区。2020年正值南麂保护区建区30周年，南麂保护区管理局专家顾问、原总工程师蔡厚才在建区初期即调来保护区专职从事科研工作，他在2019年退出总工程师行政职务之后仍潜心钻研，整理并总结长期积累的历史资料，编出我区第一部志书《南麂列岛国家级海洋自然保护区简志》，这是奉献给保护区建区30周年的最好礼物。南麂保护区是一个以海洋生物多样性为主要保护目标，以海洋贝藻类、鸟类、水仙花及其生态环境为主要保护对象的海洋生态系统保护区，它处于台湾暖流和江浙沿岸流的交汇处，生态环境独特，生物种类多样，生物区系复杂，区内已发现各类海洋生物2 155种，是东海海洋生物多样性的典型代表。特别是贝藻类生物物种资源十分丰富，两者种数均占全国的20%左右和浙江省的80%以上，素有“贝藻王国”之称，是我国主要海洋贝藻类的天然博物馆、基因库和“南种北移、北种南移”的引种过渡驯化基地。因而南麂保护区在海洋生物特别是贝藻类科研、生产和学术上具有很高的价值和国际保护地位。

随着我国海洋生态文明建设的不断推进，科学保护和可持续利用海洋迎来了千载难逢的机遇。长期以来，在上级相关部门的重视和支持下，南麂列岛国家级海洋自然保护区在保护管理、宣传教育、科研监测、社区共管与可持续发展等方面做了大量的工作，保护区的管理水平有了长足的提高，各种软、硬件设施建设获得了大幅度提升，有效地保护了南麂列岛的生态环境和生物多样性，为维持海洋生态系统平衡和促进海洋生物繁衍生长提供了重要保障。多年来，通过不断完善管理设施和手段，强化了核心区的保护管理，保护效果十分显著，调查显示核心区贝藻类生物量已数倍于区外，海洋生态恢复相当明显，同时还开展了保护与开发协调发展研究，通过发展生态渔业和生态旅游等绿色经济调整了产业结构，2018年全岛已实现社会总产值54 000万元，其中渔业生产总产值41 758万元，以旅游业为主的第三产业产值12 242万元，当地居民的人均收入已从建区初期的901元增加到33 210元，取得了明显的社会效益、生态效益和经济效益，较好地实现了保护与开发协调发展的目标。

新时代赋予南麂海洋保护和发展新理念。南麂要实现高质量发展，将南麂打造成世界人与生物圈的“耀眼明珠”，必须要毫不动摇地立足于生态保护这一根本，深入践行“绿水青山就是金山银山”的发展理念，坚持走“生态、高端、极致、国际化”的道路。一是以生态保护为中心，打造绿水青山工程。要以新的自然保护地体系建立为契机，加快推进自然保护区规范化建设，进一步完善生态保护设施，同时大力开展南麂列岛环境综合整治，抓好“拆、整、建、护”工作。二是以“贝藻王国”为支撑，打造科研提升工程。要以打造国际一流科研团队为目标，将南麂保护区打造成全国海洋科研的“新标地”、招才引智的“新阵地”、生态保护的“创新地”，提升南麂列岛科研价值和保护价值。三是以生态休闲为途径，打造科普养生工程。要充分挖掘南麂得天独厚的自然景观和丰富多样的海洋生物资源，以人与生物和谐共生为主题，通过提升旅游品质、打造科普教育新阵地和聚焦青少年、上岛游客科普宣教，实现科普与养生的融合。四是以生态产业为抓手，打造富民强岛工程。要以南麂列岛优质的自然禀赋为依托，精准发展生态养殖业，高质量发展生态旅游业，推进岛民转产转业，做大做强生态产业。我们相信，南麂列岛的保护和发展一定不会辜负社会各界的厚望，在不久的将来建设成国内外知名的海洋生态岛，为推进我国海洋事业的发展做出更大的贡献！

南麂列岛国家海洋自然保护区管理局局长
陈先夏
2020 年 8 月 20 日

前言

南麂列岛国家级海洋自然保护区是1990年经国务院批准建立的我国首批5个国家级海洋自然保护区之一，又是我国最早（1998年12月）加入联合国教科文组织（UNESCO）世界生物圈保护区网络的海洋类型自然保护区，还是目前我国唯一的离开大陆较远（约45 km）的离岸海岛世界生物圈保护区，具有鲜明的海洋保护区特征和代表性。因其在国际、国内海洋保护领域的重要地位，2002年被列为全球环境基金/联合国开发计划署/中国政府（GEF/UNDP/SOA）中国南部沿海生物多样性管理项目（SCCBD）4个示范区之一，2014年又被列为东亚海环境管理伙伴关系计划（PEMSEA）中国第4期项目13个示范区之一（为唯一的保护区示范区，其他均为地方政府）。该保护区是一个以海洋贝藻类、海洋性鸟类和野生水仙及其生态环境为主要保护对象的海洋和海岛生态系统保护区，是我国生物多样性特别丰富且十分重要的海洋自然保护区。它位于浙江省温州市平阳县东南海域，由85个岛屿（其中面积大于500 m^2的岛屿52个）及周围海域所组成，海岸线总长度约为75 km，总面积为201.06 km^2，其中岛屿陆域面积为11.13 km^2，海域面积为189.93 km^2。其地理坐标为27°24′30″—27°30′00″N、120°56′30″—121°08′30″E。南麂列岛西距大陆最近点平阳县海西镇北山村约45 km，距鳌江港约55 km，西北距温州市约93 km，南至台湾省基隆港约270 km，东为宽阔的东海大陆架海域。

南麂列岛国家级海洋自然保护区地理位置优越，处于中亚热带海域，气候适宜，四季分明，区内岛礁星罗棋布，岸线逶迤曲折，岬角丛生，海湾众多，有岩礁、砾石滩、沙滩、泥滩等多种岸滩类型，还处于台湾暖流和江浙沿岸流的交汇处，流系复杂，锋面发达，海水清澈，这些独特而多样的生态环境为各种海洋动植物的栖息、繁衍和生长提供了十分理想的条件。据不完全统计，截至2011年，在多年的海洋生物资源调查中，已初步查明区内累计有各种门类的海洋生物1 876种，包括大型底栖藻类178种、微小型藻类459种、贝类427种、甲壳类257种、鱼类397种和其他海洋生物158种。近年来，随着调查的不断深入，保护区记录的物种数量不断增加，也发现了许多新物种和国内新记录种，最新的生物名录整理统计表明，南麂列岛国家级海洋自然保护区已知的海洋生物共有2 155种，包括大型底栖藻类186种、微小型藻类539种、纤毛虫原生动物72种、贝类422种、甲壳类350种、鱼类393种和其他海洋生物193种，比2011年统计时增加了279种。另外还有陆生维管束植物489种，陆生脊椎动物123种（不包括以上其他海洋生物中已统计的8种生活在海洋中的爬行类和哺乳类动物）。其中尤为引人注目的是区内的贝藻类资源十分丰富，两者分别约占全国贝藻类种数的15%和25%，约占浙江省贝藻类种数的80%，大约30%的种类以南麂海域为我国沿海分布的北界和南界，有36种贝类在中国沿岸仅见于南麂海域或首次在南麂发现，有22种大型藻类被列为稀有种，黑叶马尾藻、头状马尾藻和浙江褐茸藻是在南麂列岛国家级海洋自然保护区发现的大型海藻新种，近年来还陆续发现了南麂侧链藻、十字曲解藻、放射书形藻、南麂蹄状藻共4 种微小型藻类（硅藻）新种，其中 2 个新种首次以南麂地名来命名。另外，海洋线虫研究也获得了重大突破，已发现线虫新种 9 种，分别为多毛尖刺线虫、长尾尖刺线虫、疏毛尖刺线虫、簇毛尖刺线虫、南麂异八齿线虫、波形螺旋球咽线虫、多乳突非洲线虫、大伽马线虫、尾管共齿线虫，其中1 个新种也以南麂地名来命名。由上可见，南麂列岛海域呈现出很好的生物多样性、代表性和稀缺性，其生物区系组成复杂，尤以贝藻类物种繁多而闻名于世，是我国主要海洋贝藻类的天然博物馆、基因库和“南种北移、北种南移”的引种过渡驯化与繁育基地，从而使南麂列岛获得了“贝藻王国”的美誉，引起了国内外海洋生物学界的广泛关注和高度重视。南麂列岛国家级海洋自然保护区这种由特殊的地理位置和生态环境而形成的我国若干暖水种分布的北线和若干冷水种分布的南线，是一种很特殊的海洋生物分布混合区或过渡区，在国内是独一无二的，在世界上也是非常罕见的，具有重要的国际保护意义和科学研究价值。

南麂列岛国家级海洋自然保护区优越的自然环境和丰富的生物资源，是人类宝贵的自然遗产，在中国海洋生物区系上具有独特的地位，在我国乃至在国际海洋保护领域中均占有重要地位。南麂列岛作为国家级海洋自然保护区和世界生物圈保护区，被公认为在全球海洋生物多样性保护和可持续利用上具有重要地位。在中国海洋自然保护区行列里，南麂列岛是第一个加入联合国教科文组织世界生物圈保护区网络的成员，目前还是我国独一无二的离岸岛屿世界生物圈保护区，其国际地位的重要性不言而喻。南麂列岛海洋自然保护区的综合水平在某种意义上代表了中国海洋保护区的水平，它是世界认识中国海洋自然保护状况的窗口，也是中国海洋保护区走向世界的桥梁。在《中国 21 世纪议程——中国 21 世纪人口、环境与发展白皮书》中明确指出：“在南麂列岛海洋自然保护区内开展保护和开发协调发展实验，建设人与生物圈保护区”，将南麂列岛的建设和发展列入了“海洋资源的可持续开发与保护”这一重要的行动方案领域。随后，南麂列岛还被列入《中国生物多样性保护行动计划》中的中国优先保护生态系统名录。国家海洋局在编制《中国海洋 21 世纪议程行动计划》《中国海洋生物多样性保护行动计划》时也将南麂列岛海洋自然保护区建设列入具体行动计划中，进一步确立了南麂列岛在我国海洋生物多样性保护和海洋自然保护区建设中的战略地位。同时，南麂列岛国家级海洋自然保护区的建设和发展已受到各级政府的高度重视，保护区建设已经纳入各级政府的国民经济和社会发展中长期计划。1999 年，浙江省环境保护局和浙江省计划委员会共同编制了《浙江省自然保护区发展规划》，将南麂列岛国家级海洋自然保护区列为浙江省重点自然保护区建设示范工程之一。2000 年，南麂列岛自然保护区被列入《中国重要湿地名录》。2011 年，国务院正式批复的《浙江海洋经济发展示范区规划》提出了将南麂列岛打造成我国海洋生态岛的重大发展目标，在国家战略层面上明确了其在我国海洋生态文明建设中的重要地位。

南麂列岛国家级海洋自然保护区建立至今，已有 30 年的历史，在国内外各有关方面的大力支持下，特别是在各级政府的高度重视下，保护区在保护管理、宣传教育、科研监测、社区共管与可持续发展等方面做了大量的工作，保护区的管理水平有了长足的提高，各种软件、硬件设施建设获得了大幅度提升，有效地保护了南麂列岛的生态环境和生物多样性，为维持海洋生态系统平衡和促进海洋生物繁衍生长提供了重要保障。多年来，通过不断地完善管理设施和手段，强化了核心区的保护管理，保护效果十分显著。调查显示，核心区贝藻类生物量已数倍于区外，海洋生态恢复相当明显，同时还开展了保护与开发协调发展研究，通过发展生态渔业和生态旅游等绿色经济调整了产业结构，2018 年全岛已实现社会总产值 54 000 万元，其中渔业生产总产值 41 758 万元，以旅游业为主的第三产业产值 12 242 万元，当地居民的人均收入已从建区初期的 901 元增加到 33 210 元，取得了明显的社会效益、生态效益和经济效益，较好地实现了保护与开发协调发展的目标。1993 年 7 月，南麂列岛被接纳为中国生物圈保护区网络第一批成员单位。1997 年 10 月，被国家科委列为浙江省唯一的"全国十大科技兴海示范基地"之一。1998 年 12 月，在全国海洋类型自然保护区中率先加入联合国教科文组织世界生物圈保护区网络，是我国目前唯一列入该国际组织的离岸海岛类型自然保护区。1999 年，南麂列岛国家海洋自然保护区管理局被国家环保总局、国家林业局、农业部和国土资源部 4 部委联合授予"全国自然保护区管理先进集体"荣誉称号。2000 年，被温州市科协命名为"温州市青少年海洋科普教育基地"。2001 年，被中国钓鱼协会列为国家级海钓基地，并被浙江省人民政府命名为省级风景名胜区。2002 年 6 月，被列为由全球环境基金（GEF）资助的联合国开发计划署（UNDP）"中国南部沿海生物多样性管理项目" 4 个示范区之一。2005 年，南麂列岛被《中国国家地理》杂志等全国 35 家媒体评为"中国最美十大海岛"之一。2008 年 4 月，南麂镇被国家环境保护部命名为"全国环境优美乡镇"。2010 年，被浙江省海洋与渔业局等命名为首批"浙江省海洋科普教育基地"。2009—2012 年，中国海监南麂保护区支队连续 4 年被国家海洋局东海分局授予"东海区优秀海监支队"称号。2013 年 12 月，南麂岛成为浙江省首批 2 个对台交流基地之一。2014 年 11 月，被浙江省人民政府列为浙江省首批重要湿地。2014 年，南麂列岛被列为东亚海环境管理伙伴关系计划（PEMSEA）中国第 4 期项目 13 个示范区之一。2015 年，被国家海洋局评为"全国十大美丽海岛"之一。2015 年 11 月，获批省级博士后科研工作站。2016 年 12 月，南麂列岛海域被农业部列为第二批国家级海洋牧场示范区。2017 年 11 月，获批温州市院士专家工作站。2019 年 10 月，南麂获"浙江省法治教育基地"称号。

由于南麂列岛生态环境的独特性和生物资源的重要性，国内外的海洋生物学家和国家有关部门历来十分重视对其进行研究，自 20 世纪 50 年代以来，先后进行过 100 余次科学调查考察活动，参加调查考察的人员累计达 1 000 余人次，公开出版了科考文集 1 本、论文选集 2 本、专著 4 本、学术刊物专辑 2 期，发表了学术论文 200 余篇，还撰写了大量的内部专题报告和文献资料。为了尽量全面地介绍南麂列岛国家级海洋自然保护区的基本情况和发展历程，笔者从 2016 年底就开始筹划编写本书，至今已有 3 年多时间，在这段时间里由于工作任务繁杂，编写工作时断时续，直到 2019 年初从局总工程师行政职位上退下来，在做好各项工作交接之后，才有比较充裕的时间静下心来专攻此事。在这一年多时间里，笔者在仔细阅读所收集到的涉及南麂的各种书籍和资料（除公开出版的书籍和论文外，也包括平阳年鉴、统计、保护区通讯、网站、微信公众号、历年工作总结、评估考核、环保督察和海洋督察材料等资料）基础上，结合自己的多年工作记录，经过认真整理，于 2019 年底完成了本书初稿，再反复向各方征询意见并加以修改完善，现在终于可以付梓出版了。本书主要内容包括南麂列岛国家级海洋自然保护区的自然环境、自然资源、自然保护、社会经济、科研宣教、产业发展以及大事记等，附录中还汇集了各门类生物名录（在过去基础上做了特别订正和补充）、保护区管理条例最新文本、历年出版的论著文献清单等。笔者从保护区建区初期就从高校调来专职从事科研监测工作，在如今即将退休之前有机会尽自己所能将自己在近 30 年工作中收集积累的资料进行系统的总结和整理加工，编成此书，以便为后来人留作参考，也算了却一桩心愿。

原先计划内容更多，但限于精力和水平，现在只能先选择自己最有把握的部分作为本书的内容，其他内容还有待于后来人补充，所以将此书定名为“简志”。笔者期待南麂列岛国家级海洋保护区今后能够按照国家级自然保护区规范化建设要求，进一步加快建设步伐，努力提高保护区管理和科研水平，建设更加有效的管理和保护系统，加大宣传教育力度，促进社区经济绿色发展，不断提高当地居民的生活水平，以实现永久性保护和维持南麂列岛独特的生态环境与生物资源的完整性，最终建设成符合联合国教科文组织要求的生态良好、环境优美、风格独特、设施完善、管理规范、功能齐全、人与自然和谐发展的世界一流水平的生物圈保护区。

本书编写工作的完成，既得益于南麂列岛国家海洋自然保护区管理局各届领导的重视，李海涛、孙瑞庆、曹光招、郑杰、方明晓、周胜荣、苏志炜、陈先夏等历任局长都十分关心科研工作，使笔者能够在南麂保护区安心工作几十年，没有半途而废，同时也离不开各有关单位和相关专家的鼎力支持并无私提供各种珍贵的文献资料，特别是在笔者刚到保护区时，保护区自身科研十分薄弱，中国贝类学会常务理事、原浙江水产学院同事尤仲杰研究员，本地藻类专家苍南县水产研究所孙建璋高级工程师，渔业资源专家浙江省海洋水产养殖研究所仇林根高级工程师、徐洪科副研究员等及时提供了许多第一手的南麂保护区各类海洋生物研究资料，并多次进行工作交流提出保护区科研建议。中国科学院海洋研究所海洋生物分类与系统演化实验室主任、中国海洋湖沼学会海洋底栖生物学分会理事长徐奎栋研究员和南麂列岛国家海洋自然保护区管理局局长陈先夏专门为本书作序，还有中国科学院海洋研究所海洋生物分类与系统演化实验室孙忠民博士、张均龙博士、吴旭文博士、李阳博士、肖宁博士、董栋博士、陈旭淼博士、史本泽博士、李宇航博士以及天津师范大学丁兰平教授、浙江博物馆陈水华馆长、浙江海洋大学高天翔教授和俞存根教授、温州大学生物多样性保护与利用研究所所长张永普研究员、南京林业大学王贤荣教授和陈林博士等帮助校核了各门类的生物名录，并对书稿提出各方面的宝贵意见，在此一并表示衷心的感谢。在南麂岛一起从事过科研工作的同事还有陈传再、林岗璇、杨加波、黄喜旦、陈万东、王懿、傅旭晨、林天锦、谢尚微、林利、倪孝品、伍尔魏、曾贵侯等，笔者永远不会忘记我们曾经风雨同舟、相互理解和支持的日日夜夜，感谢你们的一路陪伴和无私奉献。由于时间和水平所限，虽已竭尽全力，但收集资料仍很难齐全，遗漏、不足与错误在所难免，敬请各位同仁不吝批评指正，并提出宝贵的意见和建议。

蔡厚才
2020年8月

目录

第一篇　自然环境

第一章　地理位置 …… (3)

第二章　地质地貌 …… (4)

第一节　地质 …… (4)

第二节　地貌 …… (4)

第三章　海洋环境 …… (8)

第一节　海洋水文 …… (8)

第二节　海水化学 …… (12)

第三节　沉积物 …… (18)

第四章　气候 …… (20)

第五章　土壤 …… (21)

第六章　植被 …… (23)

第一节　建区初期植被类型、分布和演替 …… (23)

第二节　植被现状和植物多样性保护 …… (27)

第二篇　自然资源

第七章　海洋生物资源 …… (39)

第一节　大型底栖藻类资源 …… (40)

第二节　微小型藻类资源 …… (43)

第三节　贝类资源 …… (50)

第四节　甲壳类资源 …… (55)

第五节　鱼类资源 …… (61)

第六节　其他海洋生物资源 …… (63)

第八章　陆地生物资源 …… (65)

第一节　植物资源 …… (65)

第二节　动物资源 …… (74)

第九章　旅游资源 …… (80)

第十章　土地资源 …… (85)

第十一章　淡水资源 …… (86)

第十二章　自然能源 …………………………………………………… (87)

第三篇　社会经济

第十三章　社会概况 …………………………………………………… (91)
第一节　行政区划 …………………………………………………… (91)
第二节　人口状况 …………………………………………………… (92)
第十四章　经济概况 …………………………………………………… (93)
第十五章　文教卫生 …………………………………………………… (94)
第十六章　基础设施 …………………………………………………… (95)

第四篇　自然保护

第十七章　保护区类型和功能区划 …………………………………… (99)
第一节　保护区性质和类型 ………………………………………… (99)
第二节　保护区功能区划 …………………………………………… (100)
第十八章　保护区总体规划 …………………………………………… (105)
第一节　规划目的意义、范围和期限 ……………………………… (105)
第二节　规划目标 …………………………………………………… (107)
第三节　总体规划主要内容 ………………………………………… (109)
第四节　规划期重点建设项目 ……………………………………… (120)
第十九章　保护区建设与管理 ………………………………………… (124)
第一节　组织机构与人员配置 ……………………………………… (124)
第二节　管理制度 …………………………………………………… (128)
第三节　保护设施 …………………………………………………… (129)
第四节　保护管理 …………………………………………………… (130)
第二十章　保护区现状评价与效益分析 ……………………………… (136)
第一节　保护区现状评价 …………………………………………… (136)
第二节　影响保护目标主要因素 …………………………………… (140)
第三节　保护效益分析 ……………………………………………… (141)

第五篇　科研宣教

第二十一章　科研监测 ………………………………………………… (147)
第一节　监测活动 …………………………………………………… (147)
第二节　科研活动 …………………………………………………… (150)
第三节　国际合作 …………………………………………………… (168)

第四节 科研项目和成果 …… (170)
第二十二章 科普宣教 …… (185)
第一节 科普宣教资源 …… (185)
第二节 重大科普宣教活动 …… (189)

第六篇 产业发展

第二十三章 生态旅游 …… (197)
第二十四章 渔业生产 …… (201)
第一节 海洋捕捞 …… (201)
第二节 海水增养殖 …… (202)
第三节 海洋牧场建设 …… (208)
第四节 贝藻类采集 …… (213)
第五节 水产品加工 …… (215)

参考文献 …… (217)
大事记 …… (223)

附录

附录 1 南麂列岛国家级海洋自然保护区动植物名录表 …… (249)
附录 1-1 南麂列岛国家级海洋自然保护区大型藻类名录表 …… (249)
附录 1-2 南麂列岛国家级海洋自然保护区微小型藻类名录表 …… (259)
附录 1-3 南麂列岛国家级海洋自然保护区潮间带底栖纤毛虫原生动物名录表 …… (279)
附录 1-4 南麂列岛国家级海洋自然保护区贝类名录表 …… (282)
附录 1-5 南麂列岛国家级海洋自然保护区甲壳类名录表 …… (301)
附录 1-6 南麂列岛国家级海洋自然保护区鱼类名录表 …… (317)
附录 1-7 南麂列岛国家级海洋自然保护区其他海洋生物名录表 …… (336)
附录 1-8 南麂列岛国家级海洋自然保护区陆生维管束植物名录表 …… (347)
附录 1-9 南麂列岛国家级海洋自然保护区鸟类名录表 …… (367)
附录 1-10 南麂列岛国家级海洋自然保护区其他陆生脊椎动物名录表 …… (372)
附录 2 浙江省南麂列岛国家级海洋自然保护区管理条例 …… (375)
附录 3 南麂列岛国家级海洋自然保护区相关文献资料目录 …… (378)
附录 3-1 著作 …… (378)
附录 3-2 学术论文 …… (380)
附录 3-3 科普文章 …… (397)

第一篇　自然环境

第一章 地理位置

南麂列岛位于浙江省温州市平阳县东南海域，由85个岛屿组成（李红，2015），其中面积大于500 m^{2}的岛屿52个，海岸线总长度约为75 km（许建平和杨士英，1992；周航，1998）。包括常住居民岛3个（南麂岛、竹屿岛和大檑山屿），无居民岛82个。主岛——南麂岛旧称“南杞山”“南岐山”“南箕山”等，位于南麂列岛的中央，陆域面积为7.639 km^2（周航，1998）。其中心位置的地理坐标为27°27′N、121°05′E，西距大陆最近点平阳县海西镇北山村约45 km，距鳌江港约55 km，西北离温州市约93 km，南至台湾省基隆港约270 km，东为宽阔的东海大陆架海域。该岛呈东南—西北走向，全长约5.5 km，东西向最宽处达3.3 km，最窄处仅150 m，最高峰大山顶海拔229.1 m（许建平和杨士英，1992）。海岸线长31.12 km，多为基岩海岸，也有少量砾石滩、沙滩、泥滩等分布，其中基岩海岸线长29.87 km，沙砾海岸线长0.72 km，人工海岸线长0.53 km（周航，1998）。竹屿岛位于南麂列岛东部，西南与南麂岛岸相距1.38 km，面积为0.765 4 km^2，为南麂列岛第二大岛，最高点海拔108.0 m，海岸线长6.04 km，均为基岩海岸（李红，2015）。大檑山屿位于南麂列岛的东北部，西南与南麂岛岸相距1.95 km。陆域面积为0.394 5 km^2，最高点海拔83.8 m，海岸线长3.83 km，全为基岩海岸（李红，2015）。

南麂列岛国家级海洋自然保护区所处范围地理坐标为27°24′30″—27°30′00″N、120°56′30″—121°08′30″E，总面积为201.06 km^2，其中岛屿陆域面积为11.13 km^2，海域面积为189.93 km^2（许建平和杨士英，1992）。南麂列岛除绿鹰礁、落阴山礁外，其余岛屿均在保护区之内。

第二章　地质地貌

第一节　地质

南麂列岛处于东海大陆架上，其地质特征与闽浙沿海地区相似，出露地层单一，为上侏罗统高坞组地层，岩性主要为流纹质晶屑熔结凝灰岩。燕山期有石英闪长岩、钾长花岗岩、安山玢岩等侵入。高坞组流纹质晶屑熔结凝灰岩主要分布在南麂岛的大山、国姓岙以及南麂岛西南的破屿、尖峙岛、平峙岛、上马鞍岛和下马鞍岛等岛屿，在南麂岛以北的大檑山屿、小檑山屿等也有分布。燕山期的花岗岩类主要分布在竹屿、三盘尾、打铁礁、门屿尾、门峙岛、柴峙岛等处。从地层结构来看，断裂不很发育，推测有两条呈西北—东南走向的断裂：一条在国姓岙与火焜岙间；另一条在大沙岙附近。国姓岙、火焜岙、马祖岙和大沙岙的形成，可能都与断裂分布有关。节理在钾长花岗岩和流纹质晶屑熔结凝灰岩中较为常见。

从区域地质构造看，南麂列岛位于华南褶皱系的东北部，在地质构造上属洋壳发展阶段，为大陆山脉的自然延伸体。神功运动末期使沉积地层发生褶皱变质，地壳运动进入地槽发展阶段。晚古生代时期大部分处于稳定的隆起剥蚀状态，局部有海湾存在。最大海侵发生在早、中石炭世，海水漫延到平阳一带。印支运动时期，温州断块活动强烈，形成一系列 NE 向的断陷盆地，伴随断块活动，还发生以低温为优势的低绿片岩相变质作用。中生代的燕山运动在温州反应很强烈，表现为大规模的火山喷发和岩浆侵入，以及以断裂为主的构造运动，造成区内侏罗系火山岩地层大面积覆盖和各类岩体侵入。白垩纪时，在 NNE 向断裂控制的一系列断陷盆地内，除接受内陆湖相沉积外，还有间歇性火山喷溢。第四纪时，火山活动趋向宁静，但地壳的升降、海侵海退仍有发生，形成一套浅海相、河湖相的第四系沉积物。本区地层除零星见到一些上古生界变质碎屑岩及大理岩露头外，大部分为中生界上侏罗统-白垩系的火山碎屑物的沉积岩系所覆盖。侏罗系地层主要为陆相火山喷发岩夹少量河湖相沉积岩。南麂列岛的地层与温州地区基本一致，但岛屿面积不大，河流不发育，陆相堆积物多见于本岛，且分布不集中，主要为坡积、洪积物。

第二节　地貌

南麂列岛地形以丘陵为主，平均海拔为 70~80 m，高于 100 m 的山峰有 15 座，最高峰（大山顶）海拔 229.1 m。地势以南麂岛中部为最高，并向西北和东南方向倾斜。由于地质构造控制了海岸的基本轮廓和海岸发育，所以岛礁排列和海湾的走向大致呈西北—东南走向。

一、海岸线类型及其分布

南麂列岛海岸线总长约 75 km，基本上是岩岸。由于长期受波浪、潮汐的冲击和侵蚀，因此基岩裸露，且多呈陡崖峭壁。岸线形态曲折，岬角丛生，海湾众多。列岛地貌形态以海蚀地貌为主，形成千姿百态的海蚀崖、海蚀柱、海蚀穴、海蚀芽和海蚀平台。海积地貌不大发育，只在海湾内见到沙滩、泥滩等几处海滩，但分布面积不广。

（一）基岩海岸

基岩海岸是构成南麂列岛岸线的主体，占全部岸线的 95%以上。列岛分布格局受 NW—SE 和 NNW—SSE 两组交角较小的构造控制，主岛南麂岛西北和东南向岸线曲折，湾岬相间，岬角狭长，海湾口门窄、纵深长，呈楔状，东北和西南向岸线则沿构造线的钝角走向延伸，岸线较为平直，周边诸岛多呈菱形。

南麂列岛四周海域开阔，濒临东海，风急浪高，海蚀作用强，因而海蚀地貌发育。主要海蚀地貌类型包括海蚀崖、海蚀槽、海蚀洞、海蚀柱、海蚀穹桥和坡面倒石堆等。由于构造部位岩性特征和海岸朝向的差别，形成不同的地貌组合。

垂直节理发育区域，主要形成海蚀崖、槽、柱地貌组合。该类组合在主岛东北沿岸、主岛大沙岙湾内沿岸岬角尤为常见。主岛东部关帝岙一带海蚀崖高达 40 m，崖下坍塌石块堆积成滩，滩上滩外常存若干数米见方，高约 20 m 的海蚀柱。大沙岙湾北百亩坪村岸线沿 SE 向节理出现海蚀槽群，槽底巨砾堆积，有的槽顶岩石未完全崩落而呈海蚀桥状。大沙岙湾南岸大山尾、大山礁一带也有类似的海蚀崖、槽、柱组合发育。在周围诸岛屿中，该类组合主要分布于大檑山屿、小檑山屿和由火山岩系构成的上马鞍岛、下马鞍岛、尖屿岛、平屿岛等。尖屿岛东主峰本身就是顺节理崩塌形成的金字塔状海蚀柱。

花岗岩坡面石蛋地形发育的基岩岸线，则以石蛋、倒石堆、砾石滩地貌组合为特征。火焜岙湾两岸，南麂岛南部大山沿岸，该类地形较典型。周边竹屿、后麂山岛和柴屿岛也有类似现象。柴屿岛北坡自上而下、自东向西，出现“石蛋、倒石堆、砾石滩”过渡序列。

海蚀穴（洞）一般沿节理或抗冲力弱的岩脉形成。除了南麂岛北部沿岸沿节理密集带形成的槽状海蚀洞外，大沙岙湾内南岸，也出现浑圆状的海蚀洞。尖屿岛西峰、上马鞍岛、空心屿和下马鞍岛东侧小岛，都在火山岩系的海蚀崖上形成形态各异的海蚀洞。

（二）沙砾质海岸

沙砾质海岸主要分布于南麂岛大沙岙湾顶，由沙堤构成的岸线长约 500 m，堤前局部形成侵蚀陡坎，堤面草本植被稀疏覆盖。南麂岛其余的几个湾岙顶部，高潮位以上几乎不存在沙体堆积，多数为基岩海岸，局部为人工护岸建筑。零星分布于柴屿岛北的砾石滩也均无高潮位上堆积，后缘为数米至十余米的海蚀崖或人工护岸。

二、潮间带地貌

（一）海滩

海滩主要分布于南麂岛诸海湾的顶部，根据沉积物类型可分为沙滩和砾滩。大沙岙海滩长600 m，宽约200 m，是南麂列岛规模最大的沙滩。海滩剖面由较平坦的含贝壳碎屑细砂滩、弧型的滩面冲沟、潮间带上部坡度较大的细砂滩构成，沙滩后缘为沙堤。马祖岙海滩上部表层沉积为细砂，深部中砂增多，海滩下部则由倾倒的建筑渣所覆盖。火焜岙海滩发育于冲沟入海处狭窄的区域内，沿滩有一浅沟排出山水砾，滩面直型沙坡发育，蟹类等底栖动物洞穴较多。表层5 cm以下的沉积层颜色明显染黑。国姓岙村前的海滩同样由细砂构成，但表层沙体只延伸到中潮位附近。南麂列岛的砾石滩规模较小，多数发育于倒石堆和海蚀槽底部，砾石磨圆和分选状态差别较大。其中柴峙岛北侧沿岸出现由倒石堆至磨圆好的砾石滩的变化，在波浪和水流的作用下，砾石由湾外向湾顶缓慢移动。

（二）潮滩

潮滩分布于国姓岙中潮位以下，由粉砂质黏土组成。潮滩后缘与沙滩和砾石滩相连，前缘向粉砂质黏土构成的浅滩逐渐过渡。

（三）岩滩

岩滩主要指潮间带的石质海蚀平台、干出礁等。除了普遍出现于基岩岬角处，火焜岙海湾顶部也有成片岩滩，与沙滩相间分布。

三、水下地貌

该区海底地形自西北向东南下倾，水深一般为15~25 m。南麂岛东北和西南两侧为两条深水通道，其水深在30 m以上，最深处可达45 m。海域底质以粉砂质黏土为主。南麂列岛远离大陆，岛礁星罗棋布，形成岛链，海水清澈，含沙量低。南麂列岛四周为浙江南部沿岸水下岸坡。水下岸坡可进一步划分为水下岸坡缓坡、深槽、边滩、浅滩等次一级地貌类型。

（一）水下岸坡缓坡

坡面由浙江南部沿岸向东南方向缓倾，除岛屿岩礁露头处外，多数均较平坦，沉积物以粉砂质黏土为主。

（二）深槽（水道）

深槽出现于岛屿之间，一般沿构造线发育，与潮流主轴平行。南麂列岛一带规模最大的是沿NW—SE构造带形成的两条大型水道。其中东北水道位于南麂岛北部岸线外和大檑山屿、竹屿诸岛之间。水道最大水深为45 m，宽略大于1 000 m，主轴长近10 km。水道口门开畅，口外水深逐渐变浅。水道东北侧与大檑山屿、小檑山屿、竹屿、后麂山岛间的小型水道相连。西南侧水道位于南鹿岛西南岸及柴峙岛、小柴峙岛、平峙岛、尖峙岛等岛之间。水道最大水深为36 m，宽约1 000 m，主轴长近8 km。水道两侧分别与门峙岛、柴峙岛、小柴峙岛、破屿、尖峙岛、平峙岛之间的小型水道相通。此外，门峙岛与南麂岛间也有一狭窄的水道。水道底部由粉砂质黏土沉积构成，地势较为平缓。水道的断面形态，主要为“U”形，两侧受坡度较大的基岩海岸或含贝壳砂的粉砂质黏土边滩所限制，口门外断面则向小宽深比转化，边滩不明显。

（三）边滩

边滩发育于水道两侧，是水道与浅滩和岸线间的过渡带。边滩剖面一般由边坡和上部的平坦面构成。南麂岛东北水道边坡坡度一般较平缓，但龙头岛、后隆岙和三盘尾等基岩突出岸段出现陡坡。南麂岛西南水道北侧边滩因受门峙岛流影区的影响，10 m水深以浅处的平坦带较为发育，而门峙岛和柴峙岛南仍出现陡坡。西南水道南侧尖峙岛一带，因受水下礁群的影响，边坡坡度也较大，但10 m水深以浅仍出现较宽的平坦面。

（四）浅滩

南麂列岛的水下浅滩主要有两种类型：其一是沿海湾岸线呈弧状分布，发育于海湾波影区的湾内浅滩；其二是沿岛屿流影区呈舌状分布的舌状浅滩。南麂岛向陆一侧的国姓岙湾内浅滩和马祖岙湾内浅滩，水深一般小于5 m，其前缘为一过渡带与湾外舌状浅滩相连。后缘与潮滩、海滩相连。南麂岛向海一侧的大沙岙和火焜岙湾内浅滩主体是由粉砂质黏土构成的平台，水深12 m左右，浅滩的前缘坡度增大，后缘经水深10 m左右的坡折带与沙体连接，坡折带有凹地和粗碎屑带分布。舌状浅滩沿潮流主轴方向延伸。南麂岛向陆一侧的舌状浅滩平均水深约10 m，沿主轴方向延伸近2 km。南麂岛向海一侧的舌状浅滩平均水深为15 m左右。但因受南侧门峙岛、小柴峙岛间的小型水道和流影区的影响，主轴偏北，平面形态不对称。此外，大檑山屿、小檑山屿、柴峙岛、小柴峙岛、门峙岛、平峙岛和尖峙岛等邻近潮流通道的小岛，均有小尺度舌状浅滩。而上马鞍岛、下马鞍岛等相对孤立的岛群周围，浅滩面积小并与相似尺度的深区交错分布。

四、岸滩动态

南麂列岛基岩海岸占主要地位，海蚀地貌发育。但从侵蚀速率判断，仍属稳定海岸。大沙岙等沙砾质海岸也无明显侵蚀后退现象，风暴增水后的拍岸浪仅影响到沙堤以外。水下岸坡的细粒沉积区则在缓慢淤积中。根据南麂岛向陆一侧的浅滩监测调查资料分析表明，近代沉积速率约为0.7 cm/a，近百年来淤积过程比较平稳。

第三章　海洋环境

第一节　海洋水文

一、海流

南麂列岛位于东海大陆架上的浙江南部海域，岛礁罗列，岸线蜿蜒曲折，水道纵横交错。东部与宽阔的东海大陆架相连，受外海环境因子影响比较显著。太平洋潮波通过东海大陆架进入该海域，而在近海，有一支冬季由北向南流动而夏季转为由南向北流动的江浙沿岸流（或称东海沿岸流），以及另一支与此平行流动，但方向始终由南向北流动的台湾暖流，保护区恰好处于两大流系交汇处，受其交替消长影响，形成比较典型的汇聚流，另有沿岸上升流终年存在。国家海洋局第二海洋研究所许建平和杨士英（1992）指出，影响南麂海域水系配置的海流乃是台湾暖流和江浙沿岸流，它们的消长变化对该海域水温、盐度、透明度等水文要素起到了控制性作用。南麂列岛海域既是黑潮支流——台湾暖流和江浙沿岸流的相互作用区，又是江浙沿岸水、台湾海峡水和台湾暖流水3种水团相互交汇的海区，流系复杂，锋面发达。由于海区岛礁星罗棋布，受地形影响，局部涡流也十分发达，水体交换良好。南麂海域常年可以受到来自南部的高温、高盐的黑潮水及高温和相对低盐的南海水影响，而低温、低盐的东海北部海水只有在冬季才能影响到南麂海区。

台湾暖流是黑潮暖流进入东海后的第一分支。黑潮是太平洋洋流的一环，由北赤道海流在菲律宾海域北转，主干沿台湾东岸、琉球群岛西侧流入东海，又经吐噶喇和大隅海峡流向日本东岸，在40°N附近再折向东去成为北太平洋暖流，为全球第二大暖流。黑潮具有流速强，流量大，流向稳定，流幅狭窄，延伸深邃，高温高盐等特征。黑潮主干仅在我国大陆架边缘流过，而未直接通达我国近海。但是，黑潮在台湾东北部穿过与那国海峡沿着东、黄海大陆架边缘北上的过程中，存在着对我国近海水文环境产生巨大影响的两个分支——台湾暖流和黄海暖流。台湾暖流在台湾东北部从黑潮主干分出后，沿123°E线的东海大陆架逆坡北上，在北上过程中，流速逐渐减慢，在30°N以南，流速为0.6～0.8 kn，在30°—32°N海域，流速减为0.4 kn，到了长江口外侧，流速减为0.2 kn。台湾暖流的表层流向易受季风影响，而下层流向则终年保持向东北流动。台湾暖流年间温度变化较大，盐度变化较小，同时，越往北进，暖流变性越大，温盐度越低，春夏自南向北楔入，直抵浙江北部沿岸水域，一般年份的北缘多止于长江口，夏季可达舟山渔场沿岸，几乎遍及整个东海浅水区，冬季在偏北风的作用下，暖流势力受到削弱，向南退缩。同时由于此时江浙沿岸水流势减弱，流幅变狭窄，紧贴海岸南下，所以冬季台湾暖流西偏拢岸明显。夏季台湾暖流较强，为一致的东北流向，平均流速为 0. 3 kn，最大可达 0. 8 kn；冬季台湾暖流强度不大，平均流速不到0. 3 kn，最大流速为 0. 6 kn。

20 世纪 60 年代初期，我国著名海洋学家毛汉礼等（1964）最早指出，台湾暖流是来自台湾东北的一个黑潮分支；日本学者松宫義晴和和田時夫（1977）也提出台湾暖流是源自黑潮的一个分支。之后，中国科学院海洋研究所管秉贤（1978）则认为夏季台湾暖流主要来自台湾海峡，与前者看法不一致。到了 20 世纪 80 年代中期，中国科学院海洋研究所翁学传和王从敏（1985，1989）及国家海洋局第一海洋研究所郭炳火等（1985）采用大量的实测资料澄清了早期的一些看法，提出台湾暖流水的组成不是单一的，其表层水在冬半年来自黑潮表层水，夏半年则来自流经台湾海峡北上的南海表层水，而其深层水则终年来自黑潮次表层水在东海陆坡区的涌升。近年来，国家海洋局第二海洋研究所曾定勇等（2012）通过观测发现，台湾暖流主要分布在 50 m 等深线向外海的一侧，随着接近海底其范围向岸靠近，在底层影响可达 30 m 等深线附近。台湾暖流的流向颇为稳定，大体上沿东海西部陆架 50~100 m 等深线流向东北，这个位置正好就在南麂列岛的东侧不远处，在底层可到达南麂列岛附近。中国海洋大学石晓勇等（2013）发现，夏季的台湾暖流水具有台湾海峡水和黑潮次表层涌升水两个来源，分别构成台湾暖流的表层水和深层水，而台湾海峡水由南海水和部分黑潮水混合而成，在海峡北部势力较强的海峡水甚至有进入黑潮区的迹象。值得一提的是，在南麂海区已鉴定出不少仅生长于南海的热带生物种类，如龟甲蝛（*Cellana testudinaria*）、肩棰螺（*Oliva mantichora*）、古蚶（*Anadara antiquata*）、美丽珍珠贝（*Pteria formosa*）、扁平窦螺（*Sinum planulatum*）等，而某些种类则可作为海流的指示种，这或许可以帮助人们进一步认识到黑潮水确实对南麂海域产生显著的影响。

低温、低盐的东海北部海水（即江浙沿岸流），只在冬季影响到南麂海域，位于列岛西侧。江浙沿岸流主要源自长江和钱塘江径流，以低盐为主要特征。当其沿浙江近海南下时，又汇入了甬江、曹娥江、椒江、清江、瓯江、飞云江、鳌江等江河的径流，是南麂海域营养物质的主要来源。在季风的影响下，江浙沿岸流具有明显的季节变化特征，年间水温变化幅度大，盐度一年四季均较低，其强度主要受长江、钱塘江和瓯江等河流的径流影响。冬季，浙江沿海盛行东北季风，且径流量减少，故沿岸流向南流动，方向恰好与台湾暖流相反，而流幅则限于离岸 70~90 km 范围内，沿岸水盐度达到全年最高，温度下降到全年最低。自秋末到翌年初春为江浙沿岸流顺岸向南运移时期，这时，随着气温的下降和径流量的减少，江浙沿岸流开始降温增盐，向沿岸收缩，并且在偏北季风的作用下，沿着海岸逐渐转向南伸展，从而在冬季影响到南麂海域，并与台湾暖流相交汇，形成发达的海洋锋面，而其他季节，则对南麂海域少有影响。夏季，沿岸流在西南季风的作用下向东北流动，与台湾暖流流向一致，从而受到南海沿岸流的影响。冬季在南麂海域附近测得沿岸流最大流速达 0. 8 kn，平均流速也在 0. 5 kn 以上；夏季流速一般为 0. 3~0. 5 kn（许建平和场士英，1992）。

南麂列岛海域受江浙沿岸水和台湾暖流水两大水系控制，夏季在台湾暖流水的控制之下，冬季则受江浙沿岸水的支配，故水文要素的分布具有明显的季节变化特征。在南麂列岛东南海域的水文断面上，夏季期间 15 m 上层为混合水控制，其下则为台湾暖流水盘踞。冬季，江浙沿岸水和台湾暖流水呈左右配置，前者控制了 25 m 等深线以西海域，后者则占据了 45 m 等深线以东的深水区域，25~45 m 等深线之间为混合水域（许建平和场士英，1992）。

此外，上升流也是作用于南麂海域异常活跃的海洋动力因子，是南麂海域的一个重要水文现象。南麂海域上升流的形成，主要与流经南麂海域东侧北上的台湾暖流加强水平流的切变以及在海底遇阻摩擦所产生的下层水逆坡爬升有关。上升流终年存在，其流速一般为 $1.0\times10^{-4}\sim1.0\times10^{-3}$ m/s，夏季在西南季风影响下还有所加强，可将底层富含磷酸盐、硝酸盐等营养物质的海水源源不断地送往上层，维持着该海域初级生产力处于较高的水平，为各种海洋生物提供了丰富的饵料基础（许建平和场士英，1992）。

二、潮汐

南麂列岛海域的潮振动主要为太平洋传入的潮波所引起的协振潮，而由天体引力所产生的独立潮则要小得多。潮波在东海大部分海区保持着前进波的特点，但在接近海岸时又表现出某些驻波的性质。该海域的潮汐性质属正规半日潮，受浅海分潮的影响不大。潮差大小是衡量潮汐作用强弱的重要标志之一。南麂列岛海域年平均潮位 3.2 m，平均潮差为 3.74 m，最大潮差可达 6.76 m，一般大潮时的潮差在 6.0 m 左右，为我国的主要强潮地区之一。由于本区远离大陆，因而潮汐特征与沿岸的潮汐特征有所不同，不具有河口潮的特征，涨潮和落潮的历时基本相同，平均涨潮历时为 6 h 13 min，平均落潮历时为 6 h 11 min（许建平和杨士英，1992）。

南麂列岛海域地形复杂，岛礁罗列。一般而言，在靠近岛屿和水道区域，潮流运动形式以往复流为主，而在开阔水域中则多呈旋转流的特性。本海域涨潮流速略大于落潮流速，最大涨潮流速为 84 cm/s，最大落潮流速为 78 cm/s，全潮平均流速则在 30 cm/s 左右。由于受地形的影响，流速的区域分布有较大差异。

国家海洋局第二海洋研究所曾定勇等（2012）以 2008 年冬季（2008 年 12 月—2009 年 3 月）在南麂岛附近海域投放的 4 个底锚系观测的水位和流速资料为依据，分析了南麂海域的潮汐和潮流特征。水位谱分析结果显示半日分潮最显著，全日分潮其次；近岸的浅水分潮比离岸大。水位调和分析结果表明：潮汐类型均为正规半日潮，近岸处的平均潮差大于 3 m，最大可能潮差大于 6 m，潮汐呈现出显著的低潮日不等和回归潮特征。流速谱分析结果显示半日分潮流最强，全日分潮流其次，且比半日分潮流小得多；近岸浅水分潮流比离岸显著。流速调和分析结果表明：潮流类型均为正规半日潮流，靠近岸的两个站浅水分潮流较显著；最显著的半日分潮流是 M_2 分潮流，其流速介于 0.32~0.48 m/s 之间，全日分潮流均很弱，最大流速不超过 0.06 m/s。M_2 分潮流均为逆时针旋转，椭圆率越靠近海底越大；最大分潮流流速分布为中上层最大、表层略小、底层最小；最大分潮流流速方向的垂向变化很小，底层比表层略微偏左；最大分潮流流速到达时间随深度的加深而提前，底层比中上层约提前 30 min。潮流椭圆的垂向分布显示这里的半日分潮流以正压潮流为主；全日分潮流则表现出很强的斜压性。

三、波浪

南麂海域常年波浪较大，全年平均波高在 1.0 m 左右。夏、秋季在热带气旋的作用下时常出现强风浪，波高可达 6.0 m 以上，实测最大波高大于 10.0 m。而冬、春季波浪相对小一些，最大波高一般在 4.0 m 以下，但冬季的寒潮大风也会引起大浪。就平均波高而言，秋季最大，为 1.1~

1.2 m；夏季次之，为1.1 m；冬季再次，为0.8~1.0 m；春季最小，为0.8~0.9 m。波浪的主浪向主要受季风和热带气旋的支配。夏季以E—SE向浪为主，出现频率为59%~72%，其次为S—SW向浪；冬季则以偏北向浪占多数，N—NE向浪的出现频率为53%~59%，E—SE向浪占35%~38%；春、秋两季为季风转换时期，前者以E—SE向浪居多，后者则以N—NE和E—SE向浪为主。由于南麂列岛以东海域宽广，受外海波浪的影响尤甚，故风浪和涌浪的出现频率大体相等，通常具有混合浪的特性。这也是造成该区常年波浪较大，且又以偏东向浪为盛的主要原因（许建平和杨士英，1992）。

四、水温

据南麂海洋环境监测站多年历史资料统计表明，本区年平均表层水温为18.7℃，具有明显的季节变化特征。月平均最高水温出现在夏季，其中8月的水温最高，为27.8℃；冬季最低，2月的平均水温为9.6℃，年较差达18℃之多，极端最高水温32.1℃，极端最低水温5.7℃。南麂海域的水温分布除太阳辐射作用外，还与全年流过南麂海区东侧北上的台湾暖流有关。在台湾暖流的影响下，导致南麂海区平均海水温度高于平均气温（16.5℃）2.2℃。据2013—2014年调查实测（俞存根等，2018），春季（5月），南麂列岛浅海区表层水温为18.28~19.86℃，平均为18.92℃；夏季（8月），南麂列岛浅海区表层水温为28.28~29.05℃，平均为28.61℃；秋季（11月），南麂列岛浅海区表层水温为20.25~20.93℃，平均为20.62℃；冬季（2月），南麂列岛浅海区表层水温为8.72~9.83℃，平均为9.27℃。

五、盐度

南麂列岛远离大陆，受大陆径流影响不大，主要受外洋海水控制，海水盐度相对稳定。海水盐度变化范围在28.8（11月）~33.5（7—8月）之间，年平均盐度为30.51（陈国通等，1994）。据南麂海洋环境监测站多年历史资料统计表明，南麂海域多年平均盐度为30.10，月平均最高盐度出现在7月，为33.09，月平均最低盐度出现在10月，为28.01，极端最高盐度达34.60，极端最低盐度为17.78。月平均盐度具有明显的季节变化，呈现出两高两低型。第一峰值出现在2月，月平均盐度为30.22，随后盐度逐渐下降，第一个低谷出现在4月，月平均盐度为29.33；此后盐度又逐渐回升，第二个峰值出现在7月，其盐度值达到全年最高，月平均盐度为33.09，然后盐度再逐渐下降，到10月降至全年最低值，月平均盐度为28.01。分析可知，本区盐度分布具有两个明显的特点，即下半年盐度的峰谷变幅明显大于上半年，具有夏季高、秋季低的分布特征。造成这一现象的主要原因可能是由台湾暖流水和东海沿岸水对南麂海域的交替影响所致。另据南麂列岛海洋自然保护区水文调查资料分析，从盐度的平面分布分析表明，与水温有类似的迹象，即似乎有一个围绕着南麂列岛的外海水的环流圈，外海水从本海域的西南方向入侵，环绕着南麂列岛做顺时针方向运行。此外，在南麂本岛周围有一团高盐水，在其高盐水的西侧底层有一团低盐水，由此可见，南麂列岛周围海域为一外海水与近岸水交替影响的海域。据2013—2014年调查实测（俞存根等，2018），南麂列岛浅海区表层盐度春季（5月）为25.99~31.55，平均为29.72；夏季（8月）为28.01~29.90，平均为29.29；秋季（11月）为28.39~29.10，平均为28.76；冬季（2月）为29.53~33.13，平均为31.75。底层盐度春季（5月）为30.04~33.26，平均为31.71；夏季（8月）

为 29.50~31.89，平均为 30.19；冬季（2 月）为 29.69~33.19，平均为 32.03。

六、水色和透明度

由于江浙沿岸流的强烈作用，浙江省近海多为浑水区。据卫星红外遥感观测，浙江省近海有一条北宽南窄的浑水带，南麂列岛适值其南部末端外缘，故这里成为浙江近海少有的清水海区，水色以绿色至浅蓝色为主，海域水体较为清澈，悬浮物含量低，透明度一般大于 2 m，夏秋季节最大可达 7 m 以上。3 月中旬台湾暖流开始影响该海区，透明度逐步增加，到 10 月受江浙沿岸流影响，透明度才开始逐渐下降。据 2013—2014 年调查（俞存根等，2018），南麂列岛浅海区表层浊度春季（5 月）为 2.16 ~ 31.49 FTU，平均为 9.73 FTU；夏季（8 月）为 6.46 ~ 124.08 FTU，平均为 13.94 FTU；秋季（11 月）为 11.80 ~ 42.60 FTU，平均为 31.59 FTU；冬季（2 月）为 103.20 ~ 319.60 FTU，平均为 224.80 FTU。底层浊度春季（5 月）为 8.30~277.64 FTU，平均为 31.71 FTU；夏季（8 月）为 6.30~1 155.06 FTU，平均为 87.84 FTU。

第二节　海水化学

一、潮间带海水化学

国家海洋局第二海洋研究所张健等于 1992 年 8 月和 1993 年 2 月对南麂列岛潮间带进行了夏、冬两季的水质调查，共设 18 条断面（上马鞍岛岩礁相 4 条，大山脚岩礁相 3 条，国姓岙、大檑山屿、竹屿、后陇、黄鱼屯、下马鞍岛、马祖岙、火焜岙岩礁相各 1 条，大沙岙沙滩相 2 条，国姓岙泥滩相 1 条），进行了 pH 值、化学需氧量（COD_{Mn}）、油类、重金属等测定分析，结果如下。

冬季 pH 值范围为 8.22~8.30，平均值为 8.27，夏季略低于冬季，其范围为 8.07~8.15，平均值为 8.11，符合Ⅰ类海水水质标准。

化学需氧量（COD_{Mn}）检出范围冬季为 0.48~1.70 mg/L，平均值为 0.69 mg/L，符合Ⅰ类海水水质要求。夏季为 0.42~4.58 mg/L，平均值为 1.48 mg/L，夏季高于冬季，平均值在Ⅰ类海水水质标准范围内。但国姓岙断面夏季两个高潮区测点 COD_{Mn} 已接近或超过Ⅰ类海水水质标准的极限值，两个低潮区测点 COD_{Mn} 已超过Ⅱ类海水水质标准，火焜岙鱼粉厂排污口附近海水 COD_{Mn} 测定值高达 6.34 mg/L，已超过Ⅲ类海水水质标准。

重金属铜（Cu）质量浓度的检出范围为 1.37~5.59 μg/L，平均值为 2.38 μg/L；铅（Pb）检出范围为 0.58~6.25 μg/L，平均值为 2.05 μg/L；锌（Zn）检出范围为 10.6~99.8 μg/L，平均值为 44.29 μg/L；镉（Cd）检出范围为 0.020~0.477 μg/L，平均值为 0.185 μg/L；铬（Cr）检出范围为 0.133~1.670 μg/L，平均值为 0.417 μg/L。除火焜岙鱼粉厂排污口附近海水中 Cu、Zn、Cd 三项指标超标，水体受到局部污染外，其他区域各项监测值均符合Ⅰ类海水水质标准。

夏季潮间带水体中油类质量浓度为 0.007~0.029 mg/L，平均质量浓度为 0.012 mg/L，检出率为 100%，超标率为 0，油污染指数 $\overline{A}_i$（实测值与标准值之比）为 0.24。冬季水体中油类质量浓度为

0.005~0.019 mg/L，平均值为 0.007 mg/L，检出率为 100%，超标率为 0，$\bar{A}_i$ 为 0.14。从这些评价参数来看，该海域均符合Ⅰ类海水水质标准，大部分站位水体的油含量基本上处于自然本底状态。这是由于该海域自然环境良好，无工业污染，而且离大陆较远，受沿岸现代工业影响相对比较小的缘故。夏季马祖岙水体中油类质量浓度为 0.02 mg/L，高于其他站位，这是因为该站位是一个停靠船只的码头，所以引起该站位油含量相对高一些。

2003 年 3 月和 6 月国家海洋局第二海洋研究所施青松等（2004）又在南麂列岛自然保护区潮间带布设了 10 个调查断面（大沙岙左侧和右侧沙滩相、马祖岙左侧和右侧沙滩相、马祖岙左侧和右侧岩礁相、大山脚岩礁相、黄鱼屯岩礁相、大檑山屿岩礁相、下马鞍岛岩礁相），采集各断面高、中、低潮带的水质样品，对 pH 值、溶解氧（DO）、化学需氧量（COD_{Mn}）、活性磷酸盐、无机氮和石油类物质等指标进行了分析测定。结果表明：南麂列岛海洋自然保护区潮间带春、夏两季水体中 pH 值、溶解氧（DO）、化学需氧量（COD_{Mn}）、石油类物质均符合Ⅰ类海水水质标准；春季时，该海域潮间带水体中活性磷酸盐全部超Ⅰ类海水水质标准，无机氮（DIN）（除大山脚站外）几乎均超Ⅰ类海水水质标准，其超标率达 90%；夏季时，潮间带水体中无机氮（DIN）均未超标，但活性磷酸盐超Ⅰ类海水水质标准的超标率达 70%。潮间带水体无机氮（DIN）和活性磷酸盐含量均较高，春季无机氮（DIN）和活性磷酸盐含量明显大于夏季（表 3-1）。营养盐结构中 N/P 值很高，因而该海域生态系统中活性磷酸盐是非常敏感的生源要素，它在海水中含量的变化可能会影响整个海域的生态系统。春季，受营养盐丰富的江浙沿岸流控制，调查海域基本处于富营养化状态；夏季，浮游植物生长旺盛，消耗了大量的营养物质，海域基本处于中等营养水平。

表 3-1 2003 年春、夏季南麂列岛国家海洋自然保护区潮间带水质监测结果（施青松等，2004）

监测项目	春季（3 月）		夏季（6 月）	
	变化范围	平均值	变化范围	平均值
pH 值	8.10~8.20	8.15	8.16~8.24	8.19
悬浮物/（$mg \cdot L^{-1}$）	10.8~85.9	38.1	10.1~88.0	22.2
溶解氧/（$mg \cdot L^{-1}$）	6.02~7.12	6.61	6.13~9.35	6.59
化学需氧量/（$mg \cdot L^{-1}$）	0.40~0.84	0.59	0.50~2.19	1.02
活性磷酸盐/（$mg \cdot L^{-1}$）	0.020~0.030	0.024	0.005~0.063	0.018
无机氮/（$mg \cdot L^{-1}$）	0.126~0.494	0.343	0.093~0.240	0.170
石油类/（$mg \cdot L^{-1}$）	0.008~0.020	0.011	0.008~0.022	0.013

南麂列岛国家海洋自然保护区管理局和中国环境科学研究院合作分别于 2013 年 11 月（秋季）、2014 年 2 月（冬季）、2014 年 5 月（春季）和 2014 年 8 月（夏季）在南麂列岛国家级海洋自然保护区潮间带 20 个断面（大山脚砾石滩相、大山脚岩礁相、马祖岙岩礁相、马祖岙沙滩相、大沙岙沙滩相、火焜岙岩礁相、火焜岙沙滩相、国姓岙岩礁相、国姓岙泥滩相、上马鞍岛东南岩礁相、上马鞍岛西北岩礁相、下马鞍岛岩礁相、龙船礁岩礁相、三脚寮岩礁相、小柴屿岛岩礁相、破屿岩礁相、三盘尾岩礁相、竹屿岩礁相、后麂山岩礁相、大檑山屿岩礁相）进行定点水质调查，其海水化

学要素状况如下（俞存根等，2018）。

溶解氧（DO）：2013 年 11 月，南麂列岛潮间带水体溶解氧（DO）的质量浓度范围为 6.77～12.16 mg/L，平均值为 7.94 mg/L。最低值出现在破屿断面，最高值出现在大檑山屿断面。2014 年 5 月，南麂列岛潮间带溶解氧（DO）的质量浓度范围为 6.54～8.04 mg/L，平均值为 7.52 mg/L。最低值出现在大沙岙断面，最高值出现在国姓岙岩礁相断面。2014 年 8 月，南麂列岛潮间带溶解氧（DO）的质量浓度范围为 5.02～6.42 mg/L，平均值为 5.70 mg/L。最低值出现在大沙岙断面，最高值出现在国姓岙岩礁相断面。

pH 值：2013 年 11 月，南麂列岛潮间带水体 pH 值范围为 7.41～8.78，平均值为 8.26。最低值出现在破屿断面，最高值出现在大檑山屿断面。2014 年 2 月，南麂列岛潮间带 pH 值范围为 7.99～8.03，平均值为 8.01。最低值出现在马祖岙沙滩断面，最高值出现在火焜岙岩礁相断面。2014 年 5 月，南麂列岛潮间带 pH 值范围为 8.20～8.71，平均值为 8.37。最低值出现在大沙岙断面，最高值出现在国姓岙岩礁相断面。2014 年 8 月，南麂列岛潮间带 pH 值范围为 7.92～8.35，平均值为 8.21。最低值出现在国姓岙泥滩断面，最高值出现在上马鞍岛西北断面。

氮：2013 年 11 月，南麂列岛潮间带水体 NO_3-N 的质量浓度范围为 0.152～0.582 mg/L，平均值为 0.374 mg/L，最低值出现在大檑山屿断面，最高值出现在火焜岙岩礁相断面；NO_2-N 的质量浓度范围为 0.011～0.019 mg/L，平均值为 0.014 mg/L，最低值出现在小柴峙岛断面，最高值出现在大檑山屿和上马鞍岛东南断面；NH_4-N 的质量浓度范围为 0.01～0.088 mg/L，平均值为 0.041 mg/L，最低值出现在国姓岙岩礁相断面，最高值出现在大沙岙断面；无机氮 DIN 的质量浓度范围为 0.211～0.637 mg/L，平均值为 0.429 mg/L，最低值出现在大檑山屿断面，最高值出现在火焜岙岩礁相断面。2014 年 2 月，南麂列岛潮间带水体 NO_3-N 的质量浓度范围为 0.144～0.362 mg/L，平均值为 0.252 mg/L，最低值出现在后麂山断面，最高值出现在大山脚岩礁相断面；NO_2-N 的质量浓度范围为 0.007～0.018 mg/L，平均值为 0.012 mg/L，最低值出现在火焜岙沙滩断面，最高值出现在上马鞍岛东南断面；NH_4-N 的质量浓度范围为 0.012～0.048 mg/L，平均值为 0.030 mg/L，最低值出现在大沙岙断面，最高值出现在上马鞍岛东南断面；无机氮 DIN 的质量浓度范围为 0.192～0.402 mg/L，平均值为 0.294 mg/L，最低值出现在后麂山断面，最高值出现在大山脚岩礁相断面。2014 年 5 月，南麂列岛潮间带水体 NO_3-N 的质量浓度范围为 0.071～0.395 mg/L，平均值为0.220 mg/L，最低值出现在大檑山屿断面，最高值出现在火焜岙沙滩断面；NO_2-N 的质量浓度范围为 0.008～0.019 mg/L，平均值为 0.014 mg/L，最低值出现在大沙岙断面，最高值出现在国姓岙泥滩断面；NH_4-N 的质量浓度范围为 0.001～0.045 mg/L，平均值为 0.025 mg/L，最低值出现在破屿断面，最高值出现在下马鞍岛断面；无机氮 DIN 的质量浓度范围为 0.093～0.415 mg/L，平均值为 0.258 mg/L，最低值出现在大檑山屿断面，最高值出现在火焜岙沙滩断面。2014 年 8 月，南麂列岛潮间带水体 NO_3-N 的质量浓度范围为 0.043～0.670 mg/L，平均值为 0.189 mg/L，最低值出现在马祖岙沙滩断面，最高值出现在龙船礁断面；NO_2-N 的质量浓度范围为 0.006～0.029 mg/L，平均值为 0.012 mg/L，最低值出现在火焜岙沙滩断面，最高值出现在马祖岙沙滩断面；NH_4-N 的质量浓度范围为 0.001～0.028 mg/L，平均值为 0.007 mg/L，最低值出现在大山脚岩礁相断面，最高值出现在马祖岙沙滩断面；无机氮 DIN 的质量浓度范围为 0.064～0.688 mg/L，平均值为 0.207 mg/L，最低值出现在三脚寮断面，最高值出现在龙船礁断面。

磷：2013 年 11 月，南麂列岛潮间带水体 PO_4-P 的质量浓度范围为 0.008～0.021 mg/L，平均值为 0.011 mg/L，最低值出现在国姓岙岩礁相断面，最高值出现在国姓岙泥滩断面。2014 年 2 月，南麂列岛潮间带水体 PO_4-P 的质量浓度范围为 0.026～0.043 mg/L，平均值为 0.035 mg/L，最低值出现在小柴峙岛断面，最高值出现在三盘尾断面。2014 年 5 月，南麂列岛潮间带水体 PO_4-P 的质量浓度范围为 0.010～0.035 mg/L，平均值为 0.017 mg/L，最低值出现在大沙岙断面，最高值出现在大檑山屿断面。2014 年 8 月，南麂列岛潮间带水体 PO_4-P 的质量浓度范围为 0.009～0.090 mg/L，平均值为 0.045 mg/L，最低值出现在三盘尾断面，最高值出现在国姓岙泥滩断面。

硅：2013 年 11 月，南麂列岛潮间带水体 SiO_3-Si 的质量浓度范围为 1.324～1.813 mg/L，平均值为 1.545 mg/L，最低值出现在竹屿断面，最高值出现在火焜岙岩礁相断面。2014 年 2 月，南麂列岛潮间带水体 SiO_3-Si 的质量浓度范围为 1.71～2.25 mg/L，平均值为 1.79 mg/L，最低值出现在火焜岙沙滩断面，最高值出现在国姓岙泥滩断面。2014 年 5 月，南麂列岛潮间带水体 SiO_3-Si 的质量浓度范围为 1.28～3.95 mg/L，平均值为 1.91 mg/L，最低值出现在三脚寮断面，最高值出现在火焜岙沙滩断面。2014 年 8 月，南麂列岛潮间带水体 SiO_3-Si 的质量浓度范围为 0.080～3.982 mg/L，平均值为 0.893 mg/L，最低值出现在三脚寮断面，最高值出现在国姓岙泥滩断面。

化学需氧量（COD_{Mn}）：2013 年 11 月，南麂列岛潮间带水体化学耗氧量（COD_{Mn}）范围为 1.745～2.812 mg/L，平均值为 2.583 mg/L，最低值出现在国姓岙泥滩断面，最高值出现在上马鞍岛西北断面。2014 年 2 月，南麂列岛潮间带水体化学耗氧量（COD_{Mn}）范围为 1.37～1.77 mg/L，平均值为 1.61 mg/L，最低值出现在上马鞍岛东南断面，最高值出现在后麂山断面。2014 年 5 月，南麂列岛潮间带水体化学耗氧量（COD_{Mn}）范围为 1.29～2.01 mg/L，平均值为 1.72 mg/L，最低值出现在大山脚砾石滩断面，最高值出现在下马鞍岛断面。2014 年 8 月，南麂列岛潮间带水体化学耗氧量（COD_{Mn}）范围为 0.546～1.026 mg/L，平均值为 0.696 mg/L，最低值出现在大山脚岩礁相断面，最高值出现在上马鞍岛东南断面。

石油烃：2013 年 11 月对南麂列岛潮间带水体石油类调查结果发现，整个调查区域的石油烃平均质量浓度为 0.039 mg/L，变幅范围为 0.018～0.052 mg/L，最低值出现在上马鞍岛东南断面，最高值共出现在 6 个断面，分别为大山脚砾石滩、大山脚岩礁相、马祖岙沙滩、竹屿、后麂山、大檑山屿断面，石油烃质量浓度皆为 0.052 mg/L。除这 6 个断面外，其余站位石油烃质量浓度皆小于 0.05 mg/L，为清洁海水水质（Ⅰ类、Ⅱ类）。2014 年 2 月，南麂列岛潮间带水体的石油烃平均质量浓度为 0.025 mg/L，变幅范围为 0.021～0.071 mg/L，最低值出现在下马鞍岛断面，最高值出现在三盘尾断面。除三盘尾断面外，其余站位石油烃质量浓度皆小于 0.05 mg/L，为清洁海水水质（Ⅰ类、Ⅱ类）。2014 年 5 月，南麂列岛潮间带水体石油烃平均质量浓度为 0.017 mg/L，变幅范围为 0.011～0.021 mg/L，最低值出现在国姓岙岩礁相断面，最高值出现在竹屿和火焜岙沙滩断面。所有站位石油烃质量浓度均小于 0.05 mg/L，符合Ⅰ类、Ⅱ类标准限值。2014 年 8 月，南麂列岛潮间带整个调查区域的石油烃平均质量浓度为 0.024 mg/L，变幅范围为 0.019～0.035 mg/L，最低值出现在三脚寮断面，最高值出现在国姓岙泥滩。所有断面石油烃质量浓度均小于 0.05 mg/L，符合Ⅰ类、Ⅱ类标准限值。

重金属：2013 年 11 月，南麂列岛潮间带水体砷（As）质量浓度范围为 0.017～0.028 mg/L，平均值为 0.023 mg/L，最低值出现在国姓岙岩相断面，最高值出现在小柴峙岛断面。2014 年 2 月，南麂列岛潮间带水体砷（As）质量浓度变幅范围为0.023~0.027 mg/L，平均值为0.026 mg/L，最低值出现在大山脚岩礁相断面，最高值出现在后麂山断面。2014年5月，南麂列岛潮间带水体砷（As）质量浓度变幅范围为0.023~0.085 mg/L，平均值为0.071 mg/L，最低值出现在火焜岙沙滩断面，最高值出现在大檑山屿断面。2014年8月，南麂列岛潮间带水体砷（As）质量浓度变幅范围为0.051~0.085 mg/L，平均值为0.079 mg/L，最低值出现在大山脚岩礁相断面，最高值出现在三盘尾断面。

南麂列岛潮间带4次水质调查铜（Cu）皆未检出。

南麂列岛潮间带4次水质调查铅（Pb）皆未检出。

2013年11月，南麂列岛潮间带水体锌（Zn）质量浓度仅3个断面有检出，分别为大山脚砾石滩0.133 mg/L，下马鞍岛0.023 mg/L，小柴峙岛0.004 mg/L，其余断面皆未检出。大山脚砾石滩锌（Zn）的质量浓度超过邻近断面甚多，为异常高值。2014年2月，南麂列岛潮间带水体锌（Zn）仅竹屿断面有检出，质量浓度为0.051 mg/L，其余断面皆未检出。2014年5月，南麂列岛潮间带水体锌（Zn）质量浓度范围为未检出~0.049 mg/L，平均值为0.012 mg/L，共6个断面未检出锌（Zn），最高值出现在破屿断面。2014年8月，南麂列岛潮间带水体锌（Zn）的质量浓度仅4个断面有检出，分别为大山脚岩礁相0.000 7 mg/L、三盘尾0.006 mg/L、破屿0.015 mg/L、大山脚砾石滩0.048 mg/L，其余断面皆未检出。

2013年11月，南麂列岛潮间带水体镉（Cd）的质量浓度范围为0.000 1~0.771 mg/L，平均值为0.039 mg/L，最低值出现在火焜岙岩礁相断面，最高值出现在大山脚砾石滩断面，其中大山脚砾石滩断面镉（Cd）的质量浓度为异常高值。2014年2月，南麂列岛潮间带水体镉（Cd）的质量浓度范围为0.000 2~0.000 5 mg/L，平均值为0.000 3 mg/L，最低值出现在大山脚岩礁相断面，最高值出现在上马鞍岛东南断面。2014年5月，南麂列岛潮间带水体镉（Cd）的质量浓度范围为未检出~0.000 6 mg/L，平均值为0.000 3 mg/L，大山脚砾石滩和国姓岙泥滩断面未检出，最高值出现在马祖岙岩礁相断面。2014年8月，南麂列岛潮间带水体镉（Cd）的质量浓度范围为0.000 2~0.000 6 mg/L，平均值为0.000 4 mg/L，最低值出现在大沙岙断面，最高值出现在竹屿断面。

2013年11月，南麂列岛潮间带水体铬（Cr）的质量浓度范围为未检出~0.000 7 mg/L，平均值为0.002 mg/L，共10个断面未检出铬（Cr），最高值出现在马祖岙沙滩断面。2014年2月、5月、8月南麂列岛潮间带水质调查，水体铬（Cr）皆未检出。

南麂列岛潮间带4次水质调查汞（Hg）皆未检出。

二、海域海水化学

据国家海洋局第二海洋研究所陈国通等（1994）的调查结果显示，南麂海域海水pH值春季较高，平均值超过8.40，秋、冬季pH值下降，变化范围为8.26~8.29，属正常海水范围。水体溶解氧的质量浓度（DO）较高，全年均在4.4 mg/L以上，最高可达9.36 mg/L，超过海洋渔业和海水养殖溶解氧质量浓度的需要标准，氧饱和度因剧烈的海水运动常处于100%状态。化学需氧量（COD_{Mn}）的质量浓度冬季为0.48~1.70 mg/L，平均值为0.69 mg/L，符合Ⅰ类海水水质要求；夏季为0.42~4.58 mg/L，平均值为1.48 mg/L，平均值在Ⅰ类海水水质标准范围内。该海域是我国营养盐最丰富的海区之一。表层水NO_3-N的质量浓度为0.271~0.463 mg/L，平均值为0.367 mg/L；

PO_4-P 的质量浓度分布均匀，平均值为 0.022 mg/L。由于春季浮游生物大量繁殖和摄取作用，使该海区的营养盐出现春、夏季低，秋、冬季高的变化规律。

根据俞存根等（2018）最新研究，中国环境科学研究院等单位于 2013 年 11 月（秋季）、2014 年 2 月（冬季）、2014 年 5 月（春季）和 2014 年 8 月（夏季）在南麂列岛国家级海洋自然保护区浅海区进行定点调查结果，其海水化学要素状况如下。

溶解氧（DO）：春季，南麂列岛浅海区表层溶解氧（DO）的质量浓度为 5.31~14.63 mg/L，平均值为 9.32 mg/L。底层溶解氧（DO）的质量浓度为 5.73~9.28 mg/L，平均值为 7.28 mg/L。夏季，南麂列岛浅海区表层溶解氧（DO）的质量浓度为 6.32~6.80 mg/L，平均值为 6.54 mg/L。底层溶解氧（DO）的质量浓度为 3.37~6.69 mg/L，平均值为 5.36 mg/L。秋季，南麂列岛浅海区表层溶解氧（DO）的质量浓度为 6.84~7.54 mg/L，平均值为 7.28 mg/L。

pH 值：春季，南麂列岛浅海区表层 pH 值为 7.96~8.57，平均值为 8.22；底层 pH 值为 7.99~8.35，平均值为 8.12。秋季，南麂列岛浅海区表层 pH 值为 7.84~8.32，平均值为 8.21。冬季，南麂列岛浅海区表层 pH 值为 7.82~8.32，平均值为 8.03；底层 pH 值为 7.84~8.35，平均值为 7.96。

氮：春季，南麂列岛浅海区水体 NO_3-N 的质量浓度为 0.084~0.748 mg/L，平均值为 0.262 mg/L；NO_2-N 的质量浓度为 0.005~0.018 mg/L，平均值为 0.010 mg/L；NH_4-N 的质量浓度为 0.007~0.023 mg/L，平均值为 0.014 mg/L；无机氮 DIN 的质量浓度为 0.097~0.779 mg/L，平均值为 0.286 mg/L。夏季，南麂列岛浅海区水体 NO_3-N 的质量浓度为 0.074~0.502 mg/L，平均值为 0.218 mg/L；NO_2-N 的质量浓度为 0.005~0.046 mg/L，平均值为 0.018 mg/L；NH_4-N 的质量浓度为 0.009~0.076 mg/L，平均值为 0.025 mg/L；无机氮 DIN 的质量浓度为 0.098~0.584 mg/L，平均值为 0.262 mg/L。秋季，南麂列岛浅海区水体 NO_3-N 的质量浓度为 0.167~0.398 mg/L，平均值为 0.298 mg/L；NO_2-N 的质量浓度为 0.009~0.052 mg/L，平均值为 0.017 mg/L；NH_4-N 的质量浓度为 0.008~0.091 mg/L，平均值为 0.039 mg/L；无机氮 DIN 的质量浓度为 0.206~0.541 mg/L，平均值为 0.355 mg/L。冬季，南麂列岛浅海区水体 NO_3-N 的质量浓度为 0.146~0.299 mg/L，平均值为 0.234 mg/L；NO_2-N 的质量浓度为 0.007~0.018 mg/L，平均值为 0.012 mg/L；NH_4-N 的质量浓度为 0.012~0.042 mg/L，平均值为 0.022 mg/L；无机氮 DIN 的质量浓度为 0.203~0.332 mg/L，平均值为 0.268 mg/L。

磷：春季，南麂列岛浅海区水体 PO_4-P 的质量浓度为 0.010~0.045 mg/L，平均值为 0.020 mg/L。夏季，南麂列岛浅海区水体 PO_4-P 的质量浓度为 0.003~0.200 mg/L，平均值为 0.033 mg/L。秋季，南麂列岛浅海区水体 PO_4-P 的质量浓度为 0.007~0.013 mg/L，平均值为 0.009 mg/L。冬季，南麂列岛浅海区水体 PO_4-P 的质量浓度为 0.016~0.038 mg/L，平均值为 0.025 mg/L。

硅酸盐：春季，南麂列岛浅海区水体 SiO_3-Si 的质量浓度为 1.28~1.44 mg/L，平均值为 1.34 mg/L。夏季，南麂列岛浅海区水体 SiO_3-Si 的质量浓度为 0.42~2.55 mg/L，平均值为 1.22 mg/L。秋季，南麂列岛浅海区水体 SiO_3-Si 的质量浓度为 1.435~2.248 mg/L，平均值为 1.676 mg/L。冬季，南麂列岛浅海区水体 SiO_3-Si 的质量浓度为 0.75~1.87 mg/L，平均值为 1.73 mg/L。

化学需氧量（COD_{Mn}）：春季，南麂列岛浅海区水体化学需氧量（COD_{Mn}）为 1.26~2.11 mg/L，平均值为 1.61 mg/L。夏季，南麂列岛浅海区水体 COD_{Mn} 为 0.59~2.71 mg/L，平均值为1.07 mg/L。秋季，南麂列岛浅海区水体 COD_{Mn} 为 2.468~3.057 mg/L，平均值为 2.643 mg/L。冬

季，南麂列岛浅海区水体COD_{Mn}为1.33~1.71 mg/L，平均值为1.55 mg/L。

石油烃：春季，南麂列岛浅海区整个调查区域的石油烃平均质量浓度为0.020 mg/L，变幅为0.013~0.026 mg/L。所有站位石油烃质量浓度均小于0.05 mg/L，符合Ⅰ类、Ⅱ类标准限值，水质状况良好。夏季，南麂列岛浅海区整个调查区域的石油烃平均质量浓度为0.033 mg/L，变幅为0.008~0.089 mg/L。28个站位中除5个站位为Ⅲ类水质外，其余站位石油烃质量浓度均小于0.05 mg/L，符合Ⅰ类、Ⅱ类标准限值。总体来看，调查区域的水质状况良好。秋季，南麂列岛浅海区整个调查区域的石油烃平均质量浓度为0.053 mg/L，变幅为0.028~0.065 mg/L。28个站位中除5个站位外，其余站位石油烃质量浓度均大于0.05 mg/L，为Ⅲ类水质。冬季，南麂列岛浅海区整个调查区域的石油烃平均质量浓度为0.036 mg/L，变幅为0.021~0.07 mg/L。28个站位中除6个站位为Ⅲ类水质外，其余站位石油烃质量浓度均小于0.05 mg/L，符合Ⅰ类、Ⅱ类标准限值。总体来看，调查区域的水质状况良好。

第三节　沉积物

一、潮间带沉积物

据国家海洋局第二海洋研究所张健等（1994）研究显示，通过采集南麂国姓岙、火焜岙潮间带沉积物样品进行检测和底质粒度分析表明，火焜岙潮间带沉积物以砂质为主，油类和有机质未超标，重金属除锌（Zn）在高潮区略超标外，铜（Cu）、铅（Pb）、镉（Cd）、铬（Cr）、汞（Hg）均未超标，底质状况良好。国姓岙以粉砂、黏土质泥滩为主，油类和有机质均未超标。重金属Cu、Cd未超标，Hg在低潮区超标，Zn在中、低潮区超标，Pb、Cr在整个潮间带全部超标，各种重金属浓度分布从岙底朝岙外呈增加的变化趋势。

2013年11月（秋季）南麂列岛国家海洋自然保护区管理局联合中国环境科学研究院再次对南麂列岛潮间带沉积物进行了沉积物粒度、营养元素以及重金属的采样和检测。潮间带沉积物粒度分析的站位包括国姓岙、火焜岙、马祖岙和后隆的低潮带站位。各个海湾低潮带沉积物中值粒径（Φ）范围为5.10~7.27，除火焜岙外，其他海湾沉积物主要成分为粉砂。潮间带沉积物营养元素采样站位包括大沙岙、马祖岙、国姓岙、火焜岙和后隆潮间带高、中、低潮带，检测结果表明：总氮含量范围为9.7~160.1 mg/kg，平均为35.5 mg/kg，最低值出现在大沙岙低潮带，最高值出现在国姓岙中潮带。大沙岙、马祖岙、火焜岙和后隆潮间带沉积物高、中、低潮带之间的总氮含量差异不大，平均含量分别为9.8 mg/kg、13.0 mg/kg、21.1 mg/kg、25.2 mg/kg，国姓岙中、低潮带的总氮含量显著高于其高潮带及其他湾口断面，分别达到149.1 mg/kg、160.1 mg/kg。潮间带沉积物总磷含量范围为125.4~599.4 mg/kg，平均为306.2 mg/kg，最低值出现在马祖岙低潮带，最高值出现在国姓岙中潮带。和总氮含量一样，国姓岙中、低潮带的总磷含量显著高于其高潮带及其他湾口断面，分别达到599.4 mg/kg、553.1 mg/kg。潮间带沉积物总有机碳含量范围为0.53~4.12 g/kg，平均为1.35 g/kg，最低值出现在大沙岙低潮带，最高值出现在国姓岙中潮带。和总氮、总磷含量分布相似，国姓岙中、低潮带的总有机碳含量显著高于其高潮带及其他湾口断面，分别达到

4. 12 g/kg、3. 79 g/kg，大沙岙中潮带总有机碳含量也较高，达 3. 26 g/kg。潮间带沉积物重金属情况如下：砷（As）含量范围为 3. 11~51. 44 mg/kg，平均为 12. 17 mg/kg，最低值出现在马祖岙中潮带，最高值出现在大沙岙低潮带；铜（Cu）含量范围为 1. 29~32. 62 mg/kg，平均为 11. 49 mg/kg，最低值出现在大沙岙高潮带和低潮带，最高值出现在国姓岙高潮带；铅（Pb）含量范围为 9. 58~31. 77 mg/kg，平均为 19. 38 mg/kg，最低值出现在大沙岙高潮带，最高值出现在国姓岙中潮带；锌（Zn）含量范围为 17. 7~126. 8 mg/kg，平均为 56. 8 mg/kg，最低值出现在大沙岙低潮带，最高值出现在国姓岙低潮带；镉（Cd）含量范围为 0. 15~0. 78 mg/kg，平均为 0. 33 mg/kg，最低值出现在马祖岙中潮带，最高值出现在国姓岙中潮带；铬（Cr）含量范围为 1. 59~62. 06 mg/kg，平均为 12. 10 mg/kg，最低值出现在大沙岙中潮带，最高值出现在国姓岙中潮带。

二、浅海沉积物

据俞存根等（2018）最新研究，2013 年 11 月（秋季）中国环境科学研究院等对南麂列岛国家级海洋自然保护区浅海区的沉积物进行了沉积物粒度、营养元素及重金属的采样和检测调查，结果如下。

（一）沉积物粒度

南麂列岛浅海区沉积物粒度分析的站位包括 19 个站位，沉积物中值粒径（Φ）为 6. 68~7. 56，平均值为 7. 1，沉积物性质较为均一，都是黏土质粉砂。

（二）营养元素

（1）总氮：南麂列岛浅海区沉积物总氮含量为 69. 3~152. 2 mg/kg，平均为 120. 3 mg/kg。

（2）总磷：南麂列岛浅海区沉积物总磷含量为 471. 2~645. 4 mg/kg，平均为 524. 2 mg/kg。

（3）总有机碳：南麂列岛浅海区沉积物总有机碳含量为 2. 20~3. 89 g/kg，平均为 3. 07 g/kg。

（三）重金属

（1）砷（As）：南麂列岛浅海区沉积物砷（As）含量为 13. 79~29. 58 mg/kg，平均为 19. 82 mg/kg。

（2）铜（Cu）：南麂列岛浅海区沉积物铜（Cu）含量为 17. 59~26. 11 mg/kg，平均为 23. 16 mg/kg。

（3）铅（Pb）：南麂列岛浅海区沉积物铅（Pb）含量为 21. 33~29. 87 mg/kg，平均为 26. 38 mg/kg。

（4）锌（Zn）：南麂列岛浅海区沉积物锌（Zn）含量为 89. 15~125. 3 mg/kg，平均为 102. 16 mg/kg。

（5）镉（Cd）：南麂列岛浅海区沉积物镉（Cd）含量为 0. 65~0. 92 mg/kg，平均为 0. 78 mg/kg。

（6）铬（Cr）：南麂列岛浅海区沉积物铬（Cr）含量为 49. 35~68. 97 mg/kg，平均为 62. 23 mg/kg。

第四章　气候

南麂列岛属典型的中亚热带海洋性季风气候区，其气候特点为冬暖夏凉、风大雾多、温和湿润、光照充足、雨量较充沛。年平均气温为16.5℃，最冷月为2月，平均气温为6.7℃，最热月为8月，平均气温为26.2℃。历年极端最高气温为34.3℃，最低气温为-4.5℃，气温低于0℃的日数，累年平均为3.7 d。平均年温差为19.5℃。全年无霜期长达363 d。年平均相对湿度为85%，最大湿度出现在夏季，秋、冬季湿度较低。一年中春、夏季多雨、多雾，年平均雾日数为162 d（海拔221 m处）。

南麂列岛的太阳辐射量较丰富。年平均日照总时数为1 765 h，特别是7—8月，月日照时数都在180 h以上，9月次之，上半年多阴雨，日照较少。平均月太阳总辐射为36.20×10^3 J/cm^2，平均月有效总辐射为17.75×10^3 J/cm^2；平均年太阳总辐射为434.33×10^3 J/cm^2，平均年有效总辐射为212.83×10^3 J/cm^2。

南麂列岛年平均降水量为1 172 mm，年平均降水日数为155.5 d，主要降水期集中在夏季（5—8月），占全年降水量的73%。冬季受干燥的极地气团控制，降水较少，10月至翌年2月共5个月的降水量仅占全年降水量的26%。降水量的年际变化较大，丰水年降水量可达枯水年的2倍以上。该区年平均蒸发量为1 270.3 mm，明显高于降水量，最大值出现在气温高、光照强的夏、秋季，冬季最低。

南麂列岛多大风，据多年气象资料统计，年平均风速为7.9 m/s，瞬间风速为17 m/s（阵风8级）以上的大风日数累年平均为179 d，为我国一类风区。夏季以西南偏南及西南风为主，其平均风速为7.3 m/s；冬季则盛行东北偏北及东北风，风速较夏季为大，平均风速为8.7 m/s。但最大风速冬季要较夏季弱，冬季强冷空气引起的最大风速一般在34 m/s以下，夏季热带气旋引起的最大风速则超过40 m/s。

南麂列岛的灾害性天气主要为热带气旋，其次为大风和干旱。夏、秋季多台风，冬季多大风。据统计，每年影响该区的热带气旋次数平均为3.3个。5—11月都有热带气旋影响，主要集中在7—10月，约占全年的89%，尤以8月为最多，占30.6%。热带气旋引起该区8级以上大风的持续日数一般为2~3 d，最长达5 d。南麂列岛一年四季都有大风出现，尤其冬半年（10月至翌年3月）出现最为频繁，每月都在17 d以上，其余月份大风日数每月8~14 d，以8月最少，只有8 d。干旱出现概率为54%，其中严重干旱的为4年一遇。

第五章 土壤

南麂列岛的土壤类型可分为红壤、粗骨土、滨海盐土、潮土与风砂土5个土类；饱和红壤、中性粗骨土、潮滩盐土、潮土与滨海风砂土5个亚类；砂黏质棕红泥、棕红泥砂土、棕红黏泥、棕石砂土、滩涂泥、洪积泥砂土和滨海砂土7个土属；砂黏质棕红泥、砾石砂黏质棕红泥、棕红泥砂土、砾石棕红泥砂土、棕红黏泥、棕石砂土、砾石滩涂、沙涂、泥涂、洪积泥砂土和飞砂土11个土种。但基本上属于丘陵区的红壤（表5-1）。由于南麂列岛海域终年风急浪高，空气中水分的含盐量较高，使红壤全部成为饱和度很高的复盐基红壤。故该列岛的土壤以饱和红壤亚类为主，占土壤总面积的93.37%；其次为中性粗骨土（即岩秃）和潮滩盐土亚类，分别占土壤总面积的4.92%和1.71%（楼曼青等，1991）。

土壤的分布规律性较强。一般海拔50 m左右、面积在0.1 km^2以下的岛屿都是岩石裸露的岩秃(中性粗骨土亚类的棕石砂土)，如平峙岛、小屿、小柴峙岛、尖峙岛、下马鞍岛、破屿、小檑山屿、稻挑山、虎屿等；海拔100 m左右，面积在0.3 km^2以上的岛屿为复盐基饱和红壤亚类的砾石砂黏质棕红泥和砾石棕红泥砂土，前者分布在门峙岛、柴峙岛、竹屿等，后者分布在大檑山屿、海龙嘴山等。南麂本岛土壤垂直分布规律为：一般自海面交界处至海拔30 m左右的带状区域是由海浪冲击形成的岩秃；随着海拔高度的增加，土壤土层逐渐加厚，除大山和打铁洞山等海拔200 m左右的山顶为岩秃外，其余的丘陵顶部和缓坡地带均分布着饱和红壤亚类的3个土属。大致可以用本岛中部的公路和道路作为分界线，其西北部为熔结凝灰岩母岩风化物发育而成的棕红泥砂土，东南部为钾长花岗岩风化物发育而成的砂黏质棕红泥，由闪长岩母岩风化物发育而成的棕红黏泥仅小面积分布在上百亩坪靠近火焜岙的局部地区。潮滩盐土亚类的砾石滩涂分布在后隆，沙涂分布在大沙岙、国姓岙右侧、火焜岙与马祖岙内侧；泥涂分布在国姓岙左侧、马祖岙和火焜岙外侧。

土壤以红棕色为主要色调，大多呈酸性，pH值范围为6.0~7.4，众值为6.6。但泥涂和沙涂均为碱性。土壤有机质含量和氮素含量中等偏低，磷素含量偏少，钾素含量较丰富，钙、镁含量较高。表5-1列出了南麂列岛自然保护区主要土壤（复盐基红壤亚类）不同土层土样养分含量测试分析结果（楼曼青等，1991）。

表 5-1　南麂列岛自然保护区主要土壤（复盐基红壤亚类）养分含量

土属	土层	有机质含量/%	全氮含量/%	全磷含量/%	缓效钾含量/[mg·(100 g)$^{-1}$]	碱解氮含量/10^{-6}	速效磷含量/10^{-6}	速效钾含量/10^{-6}
砂黏质棕红泥	表层	1.63	0.076	0.027	44.3	94.0	6.80	87.3
	中层	0.63	0.041	0.020	47.5	58.0	0.55	91.0
	底层	0.47	0.032	0.015	40.0	52.0	2.70	85.0
棕红泥砂土	表层	1.71	0.086	0.043	50.8	106.7	4.50	125.0
	中层	0.81	0.050	0.036	57.0	73.0	0.83	128.3
	底层	0.46	0.029	0.030	41.0	54.6	0.72	97.3
棕红黏泥	表层	0.95	0.065	0.035	30.0	73.0	1.40	46.0
	中层	0.41	0.064	0.029	30.0	72.0	0.70	46.0
	底层	0.71	0.052	0.029	30.0	72.0	1.70	46.0

第六章 植被

第一节 建区初期植被类型、分布和演替

一、植被的主要类型

根据中国科学院植物研究所王献溥（1994）研究，南麂列岛至少已有500多年的开发历史，所以岛上坡度较缓的地方，大多被垦殖过，原来的天然森林已经不复存在，原生性植被已破坏殆尽，目前都是次生植被。由于1955年解放时，岛上居民全部被带到台湾，不再有人种植作物，以后从大陆来的移民，大多从事捕鱼业，垦殖活动较少，所以大部分地方都被茂密的草丛所覆盖，对防止水土冲刷起着重要的作用。20世纪80年代开始还广泛地在草丛上种植黑松，因而出现了大片的黑松灌丛。岛上植被类型虽然较为简单，但是由于小环境的变化复杂，群落类型还是多种多样的，而且，植物区系的热带、亚热带特征显著。在保护区建立初期，岛上植被类型主要有黑松灌丛与禾草草丛。但由于海岛风大，故黑松生长矮小，林冠稀疏。列岛丘陵山坡罕见树木生长，只在公路边、村落周围及岙湾避风处可看到少量树木分布，形成小的村边树群，都是人工栽培的。

（一）灌丛——黑松（*Pinus thunbergii*）灌丛

黑松大约是20世纪80年代开始陆续种植的，由于岛上常年都有6级以上大风的侵袭，除了避风的谷地林木生长较高以外，山坡迎风之处难以长成乔木，所以黑松只呈灌木状。由于小环境的变化，常可见到下列群丛。

1. 黑松-白茅+纤毛鸭嘴草群丛（*Pinus thunbergii*-*Imperata cylindrica* var. *mayro*+*Ischaemum ciliare* Association）

这个群丛大多见于丘陵山坡地势比较平缓的撂荒梯田上，黑松种植约10年，高1.5~2 m，最高也不及3 m，胸径4~5 cm，植冠郁闭度0.4左右，其他灌木分布很少，偶尔见有少数白檀（*Symplocos paniculata*）、赶山鞭（*Hypericum attenuatum*）和菝葜（*Smilax china*）零星分布。有时还见人工栽培残存下来的凤尾兰（*Yucca gloriosa*）生长。

草本层植物以禾本科草类为主，高60~70 cm。覆盖度95%以上，白茅最多，约占一半以上，纤毛鸭嘴草次之，覆盖度20%~30%，其他呈小丛状分布的禾草还有：三毛草（*Trisetum bifidum*）、

金茅（*Eulalia speciosa*）、芒草（*Miscanthus sinensis*）和菅草（*Themeda triandra* var. *japonica*）等。茂密的禾草丛下常见有成片生长矮小的豆科植物分布，小叶三点金草（*Desmodium microphyllum*）、山扁豆（*Cassia mimosoides*）和铁扫帚（*Lespedeza cuneata*）等最为常见，偶尔还有其他一些草类，如牡蒿（*Artemisia japonica*）、风轮菜（*Clinopodium chinense*）和细叶假还阳参（*Crepidiastrum lanceolatum*）等。

2. 黑松-菅草+芒草群丛（*Pinus thunbergii*-*Themeda triandra* var. *japonica*+*Miscanthus sinensis* Association）

这个群丛大多分布在撂荒较久的地方，许多地方还呈现出原来的梯田状，坡度也较平缓。黑松生长的情况和上一群丛大致类似，但种植似乎更早一些，高 2 m 左右，最高有 3.0~3.5 m 的植株，植冠郁闭度 0.5 左右。混生灌木的数量也不多，但种类稍多一些，常见有野梧桐（*Mallotus japonicus*）、白檀、算盘珠（*Glochidion puberum*）、了哥王（*Wikstroemia indica*）、茅莓（*Rubus parvifolius*）、隔药柃（*Eurya muricata*）和滨柃（*Eurya emarginata*）等。

草本层也全为禾本科草类所覆盖，覆盖度几乎达到100%，高约 1 m，菅草和芒草最多，两者合计占 80% 以上，金茅、纤毛鸭嘴草、三毛草、白茅也有一定的比重，还常可见到毛秆野古草（*Arundinella hirta*）、细柄草（*Capillipedium parviflorum*）、橘草（*Cymbopogon goeringii*）、鼠尾粟（*Sporobolus indicus*）和五节芒（*Miscanthus floridulus*）等。夹杂其中的其他草类数量虽不多，但种类不少，豆科的小叶三点金草、山扁豆、铁扫帚也是最常见的，莎草科的毛果珍珠茅（*Scleria levis*）、异型莎草（*Cyperus difformis*）、两岐飘拂草（*Fimbristylis dichotoma*），菊科的牡蒿、三脉叶紫菀（*Aster ageratoides*）、华泽兰（*Eupatorium chinense*）、细叶假还羊参、琴叶紫菀（*Aster panduratus*）、大吴风草（*Farfugium japonicum*）等也常可遇见，偶尔还见到月见草（*Oenonthera erythrosepala*）、地菍（*Melastoma dodecandrum*）、山菅兰（*Dianella ensifolia*）、赤胫散（*Polygonum runcinatum*）、华荠苧（*Mosla chinensis*）、山芹菜（*Sanicula chinensis*）等。局部地方有一些蕨类植物分布，例如铁芒箕（*Dicranopteris pedata*）、蕨菜（*Pteridium aquilinum* var. *latiusculum*）、乌蕨（*Sphenomeris chinensis*）和渐尖毛蕨（*Cyclosorus acuminatus*）等。

3. 黑松-毛秆野古草群丛（*Pinus thunbergii*-*Arundinella hirta* Association）

这个群丛常见于撂荒梯田之间及周围没有种植的田埂地段，所在地的坡度稍陡，土层较浅。所占面积不大，黑松的生长情况和上述两个群丛相差不大，植冠郁闭度 0.4 左右，混生其中的灌木极少，偶有白檀和算盘珠的出现。

草本层也是以禾草占绝对优势，生长极为繁茂，高 60~70 cm，覆盖度 95%以上，地表没有任何裸露，毛秆野古草最多，覆盖度 60%以上，其他分布较多的禾草有白茅、纤毛鸭嘴草、芒草、菅草和金茅，有些地方还见有拂子茅（*Calamagrostis epigejos*）的分布。豆科的小叶三点金草、山扁豆和铁扫帚也很普遍，其他如三脉叶紫菀、牡蒿也是伴生成分。

（二）草丛——禾草草丛

1. 五节芒群丛（*Miscanthus floridulus* Association）

五节芒群丛主要见于丘陵山谷环境比较湿润的地方，五节芒生长高大，一般高 1.5~2.0 m，草层繁茂，覆盖度达 100%，形成纯群。草层下环境阴湿，草类生长不多，种类也少，零星分布一些喜阴湿环境的种类，如阔叶麦冬（*Liriope platyphylla*）、山姜（*Alpinia japonica*）、羽毛地杨梅（*Luzula plumosa*）、狗脊（*Woodwardia japinica*）、贯众（*Cyrtomium fortunei*）、渐尖毛蕨、石松（*Lycopodium japonicum*）、海金砂（*Lygodium japonicum*）、紫萁（*Osmunda japonica*）、阴石蕨（*Humata repens*）等。草层内外常混生少量灌木，高 1~2 m，常见种类有黄栀子（*Gardenia jasminoides*）、乌饭（*Vaccinium bracteatum*）、南烛（*Lyonia ovalifolia*）、杜茎山（*Maesa japonica*）、苦木（*Picrasma quassioides*）、檵木（*Loropetalum chinense*）、天仙果（*Ficus ereta*）、野鸦椿（*Euscaphis japonica*）、海州常山（*Clerodendron trichotomum*）、铁冬青（*Ilex rotunda*）、鸭脚木（*Schefflera octophylla*）、亮叶围诞树（*Pithecellobium lucidum*）和匍匐九节（*Psychotria serpens*）等。有些地方藤本植物丛生，特别是野葛（*Pueraria lobata*）四处蔓延，把草层植冠全都缠绕并取而代之，形成了藤丛，给人一种杂乱无章的感觉，常见的藤本植物还有雀梅藤（*Sargertia thea*）、葛藟（*Vitis flexuosa*）、花椒簕（*Zanthoxylum scandens*）和山蒟（*Piper hancei*）等。

2. 芦苇群丛（*Phragmites australis* Association）

这个群丛所占据的面积很小，所在地的环境和伴生种等都与五节芒群丛情况类似，所不同的是，芦苇占绝对优势，而且草层的覆盖度稀疏一些，灌木侵入更多。

3. 芒草+金茅群丛（*Miscanthus sinensis*+*Eulalia speciosa* Association）

这个群丛主要见于坡度较陡，过去没有垦殖或早已荒废的地方，大多占据山坡中下部，紧接着五节芒群丛分布的山谷之上。和五节芒群丛相比，草层矮小得多，一般高 0.7~1.0 m，但生长得很繁茂，覆盖度 95%以上，芒草和金茅占据明显的优势，合计约占 70%以上。常见的禾草还有：菅草、纤毛鸭嘴草、毛秆野古草、白茅、细柄草和五节芒等，零星分布的草类常见的有：牡蒿、一枝黄花（*Solidago decurrens*）、三叶鬼针草（*Bidens pilosa*）、小叶三点金草、铁扫帚、山扁豆、异型莎草、瞿麦（*Dianthus superbus*）、日本薯蓣（*Dioscorea japonica*）、山菅兰、野百合（*Crotalaria sessiliflora*）、纤叶钗子股（*Luisia hancockii*）、紫萁等。偶尔也见有少数灌木零星分布，如白檀、菝葜等。

4. 金茅+毛秆野古草+纤毛鸭嘴草群丛（*Eulalia speciosa*+*Arundinella hirta*+*Ischaemum ciliare* Association）

这个群丛紧接上一群丛占据山坡上部和山脊部分土层比较浅薄的地方，由于所在地小生境比较干旱瘠薄一些，草层虽然仍很茂密，覆盖度也在 90%以上，但高度明显变矮，一般只有 50 cm 左右，金茅、毛秆野古草和纤毛鸭嘴草最多，不同地段可能有一些变化，总的来说，各占 30%左右，其他种类都较少，偶尔见有少量三毛草、菅草、异型莎草、牡蒿和一枝黄花的分布，灌木分布也极为零星，还是以白檀和算盘珠为多。

5. 芒草群丛（*Miscanthus sinensis* Association）

这个群丛主要见于地形比较平坦、土层比较深厚、撂荒时间较长的地方，三盘尾一带最为常见。芒草占绝对优势，高 1 m 左右，覆盖度 90%以上，生长茂密，由于靠村庄较近，频繁割草作为燃料，草层高低参差不齐，但地表没有裸露。混生其中的草本常见有白茅、菅草和纤毛鸭嘴草等，异型莎草、牡蒿也偶有分布。草层下也有矮小的、成片的豆科草类分布，如鸡眼草（*Kummerowia striata*）、小叶三点金草、山扁豆和铁扫帚等。灌木不很常见，偶尔见有茅莓、菝葜、薜荔（*Ficus pumila*）和算盘珠的分布。

6. 白茅群丛（*Imperata cylindrica* var. *major* Association）

这个群丛经常是和芒草群丛呈镶嵌分布，所在地撂荒的时间稍短，草层高 70 cm 左右，生长茂密，覆盖度 90%以上，而受到割草的影响较大，草层疏密高矮并不均匀，但地表也无裸露现象。白茅占据明显优势，覆盖度约 70%，芒草也有小丛的分布，从其生长和发展的趋势看，有取代白茅的可能，间杂其中的禾草还有纤毛鸭嘴草、菅草、三毛草、雀稗（*Paspalum thunbergii*）、狼尾草（*Pennisetum alopecuroides*）、金茅、狗尾草（*Setarin viridis*）、金色狗尾草（*Setaria glauca*）等，结缕草（*Zoysia japonica*）在草层的周围成片分布是这个群丛一个明显的特点。其他的草类还有异型莎草、牡蒿、琴叶紫宛、瞿麦、野蒿（*Artemisia indica*）、山菅兰、风轮菜、积雪草（*Chntella asiatica*）和豚草（*Ambrosia elatior*）等。零星分布的灌木常见的有：茅莓、雀梅藤、算盘珠、白檀、菝葜、苎麻（*Boehmeria nivea*）、柘树（*Cudrania tricuspidata*）和隔药柃等。

7. 豚草+黄花草木樨+牡蒿群丛（*Ambrosia elatior*+*Melilotus officinalis*+*Artemisia japonica* Association）

这个群丛大多分布在撂荒 1~2 年内的农地上，草层高 1 m 左右，生长茂密，覆盖度 90%以上，种类较多，但随着禾草不断地侵入，许多一年生草类逐渐消失，最终为禾草（如白茅）所代替。当前，豚草、黄花草木樨和牡蒿是比较多的，约占 70%以上，常见的草类有：野蒿、细叶假还羊参、加拿大飞蓬（*Conyza canddensis*）、白包蒿（*Artemisia lactiflora*）、矮蒿（*Artemisia feddei*）、山窝苣（*Lactuca indica*）、大吴风草、风轮菜、瞿麦、山菅兰、月见草、鸡眼草、鸭跖草（*Commelina communis*）、牛膝（*Achyranthes bidentata*）、刺茄（*Solanum surrattense*）、鹿霍（*Rhynchosia volubilis*）等。禾草数量虽然还不多，但种类不少，并有不断增多之势，常见的有：狗尾草、金色狗尾草、鼠尾草、狼尾粟、雀稗、拂子茅、白茅和纤毛鹅观草（*Roegneria ciliaris*）等。灌木很少遇到，偶见木质藤本木防己（*Cocculus orbiculatus*）缠绕其中。

（三）村边树群

全岛的丘陵山坡很难看到有树木的生长，但在村落周围避风处和一些低洼地带可看到一些树木的分布，大多是人工栽培的，常绿阔叶种类有：樟树（*Cinnamomum camphora*）、女贞（*Ligustrum lucidum*）、笔管榕（*Ficus virens*）、海桐（*Pittosporum tobira*）、刚竹（*Phyllostachys viridis*）、夹竹桃（*Nerium indicum*）等，北热带广泛栽培的大叶桉（*Eucalyptus robusta*）、台湾相思（*Acacia richii*）、细枝木麻黄（*Casuarina cunninghamia*）和银桦（*Grevillea robusta*）在这里能生长良好，说明这里的气候环境是比较温暖的。芭蕉（*Musa basjoo*）还可作为观赏栽培，果树有枇杷（*Eriobotrya japonica*）、柑橘类（*Citrus*）等；常绿针叶树有柳杉（*Cryptomeria fortunei*）、龙柏（*Juniperus chinesis*）等。落叶阔叶种类有：乌桕（*Sapium sebiferum*）、桑树（*Morus alba*）、苦楝（*Melia azedarach*）、臭椿（*Ailanthus altissma*）、垂柳（*Salix babylonica*）、木芙蓉（*Hibiscus mutabilis*）和木槿（*Hibiscus syriacus*）等。红楠（*Machilus thunbergii*）和麻栎（*Quercus acutissima*）可能是天然残存下来的种类。

二、植被的基本性质和地理分布规律

从上述植物群落类型情况可以看出，虽然它们都是次生植被，而且黑松是人工栽培的，但是，各个植物群丛的形成和分布都不是偶然的，而是与所在地的环境和人类生产活动的性质和强度有密切的关系，岛上丘陵山地的植被都是长期以来经过烧山垦殖、撂荒、植树等活动而形成的。五节芒群丛和芦苇群丛是山谷湿润小生境下的产物，而芒草+金茅群丛与金茅+毛秆野古草+纤毛鸭嘴草群丛是紧接它们分布于山坡中、下部与山坡上部形成一个随着土壤水分条件变化的生态系列。群丛中草类组成和草层高度的变化明显地反映出小生境的差异。由于缺乏母树和常年风大的关系，几十年来灌木生长很少。而豚草+黄花草木樨+牡蒿群丛、白茅群丛和芒草群丛是农地撂荒后，处于1~2年、3~6年、7~10年群落演替的不同阶段。由于人为的割草和垦殖活动不停，加以上述的原因，灌木侵入的过程十分缓慢，因而群落的变化和演替也很缓慢，长期停留在草丛阶段。黑松灌丛是与上述群丛有密切联系的，黑松-菅草+芒草群丛和黑松-白茅+纤毛鸭嘴草群丛是在芒草群丛和白茅群丛中种植黑松的结果。由于黑松成长并逐渐郁闭，对芒草和白茅产生了一些不利的影响，导致菅草和纤毛鸭嘴草的侵入和增加的结果，随着黑松不断地生长和密闭，将会发生更大的变化。而黑松-毛秆野古草群丛是梯地边缘坡度较陡没有垦殖地段种植黑松的结果。弄清这些关系对于今后规划丘陵山地的合理利用具有重要的意义。

南麂列岛的自然植被类型属中亚热带常绿阔叶林，乔木树种以人工栽培为主，形成亚热带常绿针阔混交林，主要树种包括台湾相思（*Acacia confusa*）、黑松（*Pinus thunbergii*）、木麻黄（*Casuarina equisetifolia*）、笔管榕（*Ficus subpisocarpa*）、女贞（*Ligustrum lucidum*）、南洋杉（*Araucaria cunninghamii*）和大叶桉（*Eucalyptus robusta*）等；灌木多为野生，以野梧桐（*Mallotus japonicus*）和滨柃（*Eurya emarginata*）为代表；草本植物则以菊科（Compositae）、莎草科（Cyperaceae）、禾本科（Gramineae）为主。

南麂列岛土壤和植被形成历史相对较短，尚处于演替初始阶段，两者均表现出明显的海岛生境形态特征。南麂岛植被覆盖率达80%以上，海岛森林覆盖率达70%。由于植被以人工栽培为主，建群种种类贫乏，优势种相对明显，表现为种类单一、结构简单、矮化畸形、覆盖度低、分布不均，且不稳定性大。土壤也较多地表现成土年龄短、侵蚀严重、浅薄贫瘠、盐基饱和度高等特征，据统计，红壤、粗骨土和滨海盐土就占海岛土壤总面积的80%以上，仅在大沙岙沙涂内侧分布有风成土。土壤和植被分布上多呈环状或半环状，岛屿以丘陵为中心，其中上部为粗骨土，生长黑松林、野生竹林、野梧桐灌丛、草木灌丛；中下部为红壤，主要生长马尾松；丘陵四周滨海平原发育潮土和水稻土，以栽培作物为主；滨海地带为盐土，植被则以盐生、沙生和水生为主。虽然，从现存的植被中难以正确估计南麂列岛自然保护区原来的植被究竟是怎样的，但从植物区系特征及残存的一些灌木和少数乔木来推断，应为中亚热带的常绿阔叶丛林所占，并混生有一些北热带广泛分布的种类，例如鸭脚木、亮叶围诞树、匍匐九节、山蒟等。说明海岛的环境较之同纬度的大陆要暖和一些，而大量引种的大叶桉、台湾相思、银桦和木麻黄等均生长良好，更足以说明这一点。

第二节　植被现状和植物多样性保护

南麂列岛国家级海洋自然保护区建立至今已30年，虽然主要以保护海洋为目标，但由于自然保护区对生态环境和自然资源的系统整体保护要求较高，陆地植被也一直受到严格保护，从目前情况看已有了较好的恢复，森林覆盖率有所提高，植被类型、生物多样性特点等均发生了一定的变化，森林植被开始显现，出现了零星的亚热带常绿阔叶次生林，这与建区初期的植被情况已有较大的不同。

一、现有植被类型

根据南鹿列岛国家海洋自然保护区管理局和南京林业大学最新（2017—2018 年）的调查结果，虽然南鹿列岛的自然植被类型仍比较单调，仅包括灌丛和草甸，但同时还具有零星的亚热带常绿阔叶次生林，在较大的各主要岛屿上均有所分布，其中大檑山屿由于地处保护区核心区，保护较为完善，岛上有较完整的亚热带常绿阔叶次生林、人工次生林、灌草丛和草甸，和面积最大的主岛——南鹿岛共同代表了南鹿列岛现有的基本植被类型，也反映了本区植被在特殊的自然地理条件下的植被组成、外貌和演替的特点。

根据野外调查结果，目前南鹿列岛可划分为针叶林、阔叶林、亚热带灌丛和亚热带草甸 4 种植被类型，海岸针叶林、亚热带常绿阔叶林、亚热带常绿落叶阔叶混交林、亚热带海岸灌丛和丘陵灌丛、亚热带海岸草甸和丘陵草甸 7 种植被亚型（表 6-1），群系群丛相对较为复杂，由于海岛植物多为适应性强的广布性物种，加之人为干扰较为明显，除少数类型如森林植被类型外，多数类型分布分散且数量较少。

表 6-1　南鹿列岛现有主要植被类型

植被型	植被亚型	群系/群丛
针叶林	海岸针叶林	黑松-野梧桐/台湾相思/木麻黄+滨柃/海桐
阔叶林	亚热带常绿阔叶林	木麻黄-台湾相思+海州常山/滨柃/海桐 台湾相思-木麻黄+鹅掌柴/海桐/柃木
	亚热带常绿与落叶阔叶混交林	苦楝/乌桕/黄葛树-滨柃/柃木/天仙果/女贞/野梧桐/野蔷薇/檵木
亚热带灌丛	亚热带海岸灌丛	黑松/滨柃/天仙果/变叶美登木/野蔷薇
	亚热带丘陵灌丛	野梧桐/黑面神/滨柃/野蔷薇
亚热带草甸	亚热带海岸草甸	厚藤/白茅/肉叶耳草
	亚热带丘陵草甸	五节芒/野古草/葱兰/芒草/白茅

二、主要森林植被类型及特征

根据已有资料和实际调查结果显示，南鹿列岛的主要森林类型为台湾相思林、天然阔叶次生林、黑松林和木麻黄林 4 种，其群落外貌特征见表 6-2。

表 6-2　南鹿列岛主要森林群落外貌特征

林分类型	平均树高/m	平均胸径/cm	密度/（株·hm^{-2}）	蓄积量/（m^3·hm^{-2}）
台湾相思林	11.21	18.82	543	131.49
黑松林	11.47	19.74	595	123.17
木麻黄	10.69	17.18	706	128.69
天然阔叶次生林	9.95	16.19	496	91.42

三、主要森林群落物种重要值

南麂列岛的4种主要森林类型中，以台湾相思、木麻黄为主要林分，其次为黑松林和天然阔叶次生林。

（一）台湾相思林

在台湾相思树森林类型中，乔木层中台湾相思树的重要值是161.04%，为该群落乔木层中的绝对优势树种。木麻黄、野梧桐、乌桕、苦楝、天仙果的重要值分别是36.56%、29.06%、20.11%、16.93%、11.57%。因此，这些树种是乔木层中的伴生树种。在灌木层中重要值大的有野梧桐、鹅掌柴、海桐、柃木、天仙果，其重要值分别是85.75%、52.70%、40.83%、38.39%、37.81%。在草本层中重要值在10.00%以上的物种有8种，分别是苎麻、狗尾草、五节芒、乌蔹莓、青绿苔草、艳山姜、野艾蒿、鬼针草，它们的重要值分别是58.65%、45.52%、33.10%、16.70%、13.68%、12.76%、11.13%、10.78%（表6-3）。

表6-3 台湾相思森林类型群落物种重要值

林层	物种	相对频度/%	相对多度/%	相对显著度/%	重要值/%
乔木层	台湾相思（*Acacia confusa*）	18.83	63.65	78.57	161.04
	木麻黄（*Casuarina equisetifolia*）	14.13	9.08	13.35	36.56
	野梧桐（*Mallotus japonicus*）	16.48	8.09	4.51	29.06
	乌桕（*Sapium sebiferum*）	15.28	4.54	0.29	20.11
	苦楝（*Melia azedarach*）	10.58	4.54	1.82	16.93
	天仙果（*Ficus erecta*）	8.23	3.02	0.32	11.57
	海州常山（*Clerodendrum trichotomum*）	7.05	2.54	0.30	9.89
	臭辣树（*Evodia fargesii*）	3.54	2.03	0.14	5.71
	白檀（*Symplocos paniculata*）	3.54	1.02	0.30	5.71
	黄葛树（*Ficus virens*）	2.34	1.53	0.40	4.27
灌木层	野梧桐（*Mallotus japonicus*）	37.85	29.42	18.48	85.75
	鹅掌柴（*Schefflera octophylla*）	6.75	9.80	36.14	52.70
	海桐（*Pittosporum tobira*）	17.58	15.68	7.57	40.83
	柃木（*Eurya japonica*）	14.87	11.77	11.74	38.39
	天仙果（*Ficus erecta*）	8.12	19.62	10.07	37.81
	木防己（*Cocculus orbiculatus*）	12.17	7.85	7.55	27.56
	木槿（*Hibiscus syriacus*）	2.70	5.88	8.40	16.99

续表 6-3

林层	物种	相对频度/%	相对多度/%	相对显著度/%	重要值/%
草本层	苎麻（*Boehmeria nivea*）	9.59	29.62	19.43	58.65
	狗尾草（*Setaria viridis*）	8.64	21.16	15.73	45.52
	五节芒（*Miscanthus floridulus*）	7.03	7.54	18.53	33.10
	乌蔹莓（*Cayratia japonica*）	3.84	4.54	8.31	16.70
	青绿苔草（*Carex breviculmis*）	5.12	3.94	4.62	13.68
	艳山姜（*Alpinia zerumbet*）	4.48	2.73	5.55	12.76
	野艾蒿（*Artemisia lavandulaefolia*）	6.72	3.03	1.38	11.13
	鬼针草（*Bidens pilosa*）	5.44	3.03	2.30	10.78

（二）木麻黄林

在木麻黄森林类型乔木层中，木麻黄是绝对优势树种，重要值是206.23%，其余优势树种有台湾相思树、苦楝、海州常山以及野梧桐，其重要值分别是32.79%、24.27%、20.72%、10.09%。灌木层的优势植物有滨柃、海桐、鹅掌柴、天仙果、柃木，其重要值分别是73.83%、36.13%、34.97%、34.92%、30.27%。通过对比发现，在灌木层和乔木层中海州常山、野梧桐、天仙果和苦楝都有出现。草本层的种类较多，主要优势种有五节芒、野艾蒿、爵床、苍耳、火炭母草、苎麻、葎草，其重要值分别是53.37%、48.37%、44.72%、33.58%、23.66%、18.14%、11.80%，草本层中还包括其余24个物种，但它们的重要值全部都小于10.00%（表6-4）。

表6-4　木麻黄森林类型群落物种重要值

林层	物种名	相对频度/%	相对多度/%	相对显著度/%	重要值/%
乔木层	木麻黄（*Casuarina equisetifolia*）	36.37	81.85	88.01	206.23
	台湾相思树（*Acacia confusa*）	15.92	8.83	8.04	32.79
	苦楝（*Melia azedarach*）	20.46	2.44	1.36	24.27
	海州常山（*Clerodendrum trichotomum*）	15.92	4.40	0.40	20.72
	野梧桐（*Mallotus japonicus*）	6.83	1.48	1.78	10.09
	天仙果（*Ficus erecta*）	4.56	0.99	0.40	5.95

续表 6-4

林层	物种名	相对频度/%	相对多度/%	相对显著度/%	重要值/%
灌木层	滨柃（*Eurya emarginata*）	16.68	28.58	28.57	73.83
	海桐（*Pittosporum tobira*）	11.12	14.29	10.72	36.13
	鹅掌柴（*Schefflera octophylla*）	10.33	8.58	16.06	34.97
	天仙果（*Ficus erecta*）	13.49	14.28	7.15	34.92
	柃木（*Eurya japonica*）	7.95	14.28	8.05	30.27
	檵木（*Loropetalum chinense*）	17.47	7.15	5.35	29.97
	海州常山（*Clerodendrum trichotomum*）	12.70	2.87	8.92	24.48
	野蔷薇（*Rosa multiflora*）	3.98	2.87	10.70	17.55
	野梧桐（*Mallotus japonicus*）	3.98	5.72	2.69	12.37
	苦楝（*Melia azedarach*）	2.39	1.44	1.78	5.61
草本层	五节芒（*Miscanthus floridulus*）	10.56	9.95	32.85	53.37
	野艾蒿（*Artemisia lavandulaefolia*）	12.25	14.20	21.92	48.37
	爵床（*Rostellularia procumbens*）	12.67	25.00	7.05	44.72
	苍耳（*Xanthium sibiricum*）	11.39	12.79	9.39	33.58
	火炭母草（*Polygonum chinense*）	7.59	11.37	4.69	23.66
	苎麻（*Boehmeria nivea*）	6.35	7.10	4.69	18.14
	葎草（*Humulus scandens*）	4.65	3.40	3.75	11.80

（三）黑松林

在黑松森林类型乔木层中，黑松、野梧桐、台湾相思、木麻黄是优势树种，其重要值分别是158.14%、50.33%、33.37%、31.33%，这些树种具有较大的胸高断面积和株数分布。其他树种臭辣树、苦楝为伴生树种。在灌木层中滨柃、柃木、海桐、野梧桐重要值较大，其值分别是90.97%、81.99%、41.74%、37.32%。从乔木层和灌木层中可以看出野梧桐都具有一定的优势，这种现象的发生是因为该群落的立地条件所造成的。在该群落草本层中五节芒具有最高优势，其重要值是107.09%，五节芒在该群落类型中盖度最大、频度最大，草本其余优势种有山菅兰、苦藏、蔓九节、狭叶海金沙、鬼针草等（表6-5）。

表 6-5　黑松森林类型群落物种重要值

林层	物种名	相对频度/%	相对多度/%	相对显著度/%	重要值/%
乔木层	黑松（*Pinus thunbergii*）	29.64	53.58	74.92	158.14
	野梧桐（*Mallotus japonicus*）	18.53	21.93	9.87	50.33
	台湾相思（*Acacia confusa*）	14.82	10.72	7.82	33.37
	木麻黄（*Casuarina equisetifolia*）	20.38	6.62	4.33	31.33
	臭辣树（*Evodia fargesii*）	12.97	4.07	2.75	19.79
	苦楝（*Melia azedarach*）	3.70	3.07	0.34	7.12
灌木层	滨柃（*Eurya emarginata*）	22.15	32.35	36.47	90.97
	柃木（*Eurya japonica*）	21.44	29.75	30.80	81.99
	海桐（*Pittosporum tobira*）	18.58	15.62	7.54	41.74
	野梧桐（*Mallotus japonicus*）	14.29	8.56	14.48	37.32
	檵木（*Loropetalum chinense*）	10.72	7.44	1.88	20.05
	鹅掌柴（*Schefflera octophylla*）	10.00	3.73	5.65	19.38
	天仙果（*Ficus erecta*）	2.87	2.60	3.15	8.62
草本层	五节芒（*Miscanthus floridulus*）	18.84	46.66	41.59	107.09
	山菅兰（*Dianella ensifolia*）	11.68	9.58	10.86	32.12
	苦蘵（*Physalis angulata*）	9.75	5.80	14.48	30.03
	蔓九节（*Psychotria serpens*）	9.75	11.59	1.82	23.16
	狭叶海金沙（*Lygodium microstachyum*）	6.49	3.78	7.24	17.51
	鬼针草（*Bidens pilosa*）	2.61	3.47	7.24	13.32
	柱果铁线莲（*Clematis uncinata*）	8.45	2.04	1.80	12.29

（四）天然阔叶次生林

在天然阔叶次生林乔木层中，苦楝、乌桕、黄葛树的重要值较高，从高到低依次是 73.95%、63.57%、51.42%，这 3 种植物在天然次生林群落中属于绝对优势种。其他树种，例如臭辣树、女贞、桑树在该群落中属于伴生树种。柃木、天仙果、野梧桐在灌木层中相对于其他物种的重要值比较高，这 3 种树木重要值在前 3 位，分别是 55.65%、53.38%、41.63%。在草本层中葎草、东南景天、大狗尾草、火炭母草、橘草的重要值排在前面，它们的重要值分别是 39.90%、30.16%、28.43%、27.93%、25.24%（表 6-6）。

表 6-6　天然阔叶次生林森林类型群落重要值

林层	物种	相对频度/%	相对多度/%	相对显著度/%	重要值/%
乔木层	苦楝（*Melia azedarach*）	18.76	28.10	27.09	73.95
	乌桕（*Sapium sebiferum*）	17.50	24.79	21.28	63.57
	黄葛树（*Ficus virens*）	11.26	13.21	26.95	51.42
	臭辣树（*Evodia fargesii*）	16.26	9.91	5.86	32.03
	女贞（*Ligustrum lucidum*）	13.76	9.08	5.83	28.67
	桑树（*Morus alba*）	10.00	8.27	8.72	26.99
	天仙果（*Ficus erecta*）	7.50	4.97	3.32	15.79
	野梧桐（*Mallotus japonicus*）	5.00	1.66	0.99	7.65
灌木层	柃木（*Eurya japonica*）	18.79	19.19	17.67	55.65
	天仙果（*Ficus erecta*）	14.78	15.06	23.54	53.38
	野梧桐（*Mallotus japonicus*）	16.78	16.45	8.40	41.63
	滨柃（*Eurya emarginata*）	7.39	13.70	13.46	28.75
	海州常山（*Clerodendrum trichotomum*）	7.39	9.59	11.77	28.76
	海桐（*Pittosporum tobira*）	10.08	8.23	8.39	26.70
	野蔷薇（*Rosa multiflora*）	8.73	4.12	10.07	22.92
	檵木（*Loropetalum chinense*）	10.75	6.86	5.04	22.65
	变叶美登木（*Maytenus diversifolius*）	5.36	6.85	1.69	13.90
草本层	葎草（*Humulus scandens*）	5.40	8.15	26.35	39.90
	东南景天（*Sedum alfredii*）	7.95	17.45	4.76	30.16
	大狗尾草（*Setaria faberii*）	8.58	8.73	11.12	28.43
	火炭母草（*Polygonum chinense*）	10.15	12.22	5.57	27.93
	橘草（*Cymbopogon goeringii*）	8.58	8.73	7.93	25.24
	爵床（*Rostellularia procumbens*）	9.22	5.82	1.59	16.63
	阔叶山麦冬（*Liriope platyphylla*）	6.36	2.92	6.35	15.63
	瞿麦（*Dianthus superbus*）	4.45	5.82	3.16	13.44
	黑足鳞毛蕨（*Dryopteris fuscipes*）	2.23	4.37	6.36	12.96
	苍耳（*Xanthium sibiricum*）	5.09	4.35	3.18	12.62
	鸭跖草（*Commelina communis*）	6.04	2.92	3.16	12.12
	长鬃蓼（*Polygonum longisetum*）	3.48	4.66	1.91	10.05

由以上分析可以看出，台湾相思林、木麻黄林和黑松林是以人工纯林为主的初级次生演替林分，人工林分优势极为显著，人为影响明显，这与南麂列岛的社会历史紧密相关，但人工林分对海

岛的自然生态环境保护和其他动物的生存提供了很好的生境保障；而在天然阔叶次生林中，优势物种特征不明显，呈多优势发展趋势，林相相对残破，林窗较多，次生性质较为明显，表明目前海岛上的自然林分间竞争仍较为激烈，处于海岛群落演替的早期阶段，群落稳定性差，易受外来影响的干扰，需大力加强保护。总体来说，岛上森林植被的群落结构简单，灌木层、草本层物种较为单一，仅具备次生演替初期特征。

四、植物多样性特点与保护

（一）植物多样性特点

南麂列岛国家级海洋自然保护区共有陆生维管束植物106科320属489种，其中蕨类植物16科19属25种、裸子植物5科7属9种、被子植物85科294属455种（包括双子叶植物纲73科216属340种，单子叶植物纲12科78属115种）。由于海岛环境恶劣，人为活动频繁，岛屿植被以矮小的海岛灌木丛和草本植物最常见，形成典型的次生植被，具有演替初期特征。因此，保护区内植物组成优势科主要以禾本科、菊科、蔷薇科（Rosaceae）、豆科（Leguminosae）、莎草科等为主，优势属以蓼属（*Persicaria*）、桑属（*Ficus*）、飘拂草属（*Fimbristylis*）、莎草属（*Cyperus*）、蒿属（*Artemisia*）、马唐属（*Digitaria*）等为主，但小科小属在岛屿植被中占有重要地位，是岛屿植物物种多样性的重要组成部分，其中野梧桐、苦楝、天仙果、台湾相思、海州常山等木本植物和木防己、山菅、火炭母、苎麻和乌蔹莓等草本植物均为南麂列岛森林植被中最常见的物种。

区系分析表明，南麂列岛的植物地理成分较为复杂，除包括了较多的世界广布型外，该地区植物区系具有明显的热带、亚热带性质，同时受到一定程度的温带成分影响，这与该地所处的中亚热带和北亚热带过渡地段的特点相吻合，同时也与保护区内人为活动干扰有密切联系。

保护区内植被以台湾相思、木麻黄和黑松等人工林以及自然演替的次生植被为主。人工林郁闭度高，乔木层优势集中，物种多样性低且分布不均，林下灌草层物种丰富度低，但分布相对均匀；而天然次生林物种丰富度相对较高，优势不明显，竞争较为激烈，为下层灌木草本提供了丰富的空间，物种分布相对均匀，多样性指数较高。

（二）植物多样性保护

南麂列岛上的开发目前还没有达到很高的程度，不过一直在建设中。岛上对于核心区的保护一直比较严格，很好地保存了当地特有的物种，例如大檑山屿上的野生水仙。但是随着岛屿上的不断开发，特别是景点的完善，人为的干扰和破坏逐渐增多。人为在道路两边种植的植物越来越多，例如：三角梅（光叶子花）（*Bougainvillea glabra*）、灰莉（*Fagraea ceilanica*）、金森女贞（*Ligustrum japonicum*）、花叶女贞（*Ligustrum ovalisolium*）等，这些植物的增多为岛上带来了更美的风景是合理的，但是在岛屿建设上选取种植园林植物时应该充分考虑该地点的周围环境，最好是选择当地植物作为园林植物。

南麂列岛有着美丽的风景，近年来吸引了大量游客，加上岛屿的开发建设，因此流动人口越来越多，各种物资进岛频繁，不免带来植物入侵的情况。例如：北美刺龙葵（*Solanum carolinense*）、北美独行菜（*Lepidium virginicum*）、豚草（*Ambrosia artemisiifolia*）、细叶旱芹（*Apium leptophyllum*）

等外来物种已经出现，这将对当地植物的生存带来影响。在以后的开发以及旅游业的发展上要加强外来物种管控。对当地的植物进行保护，当地特有的植物例如：滨海白绒草（*Leucas chinensis*）、滨海前胡（*Peucedanum japonicum*）、倒卵叶算盘子（*Glochidion obovatum*）、喙果黑面神（*Breynia rostrata*）、毛柱郁李（*Cerasus pogonostyla*）等，这些特有植物是当地的特色，也是当地的一张生态名片，应该给予重点保护，减少并杜绝人为破坏。

岛上高大的乔木主要是台湾相思、木麻黄。因为历史原因，岛上建有“台湾相思园”这一景点，具有一定的历史意义与岛屿文化特色。木麻黄林也较多，但岛上木麻黄林的生长并不是很好，缺乏人工管理，需要加强这方面的工作。

第二篇　自然资源

第七章 海洋生物资源

南麂列岛海洋自然保护区地处亚热带海域，气候适宜，四季分明，有沙滩、泥滩、砾石滩与岩礁等多种岸滩类型，还处于台湾暖流和江浙沿岸流的交汇处，流系复杂，锋面发达，海水清澈，这些独特而多样的生态环境为各种海洋动、植物的栖息、繁衍和生长提供了十分理想的条件。南麂列岛潮间带及其附近海域，有着极其丰富的海洋生物资源，特别是贝藻类资源更以其物种的多样性、代表性和稀缺性而著称于世。据蔡厚才等（2011）统计考证，在多年的海洋生物资源调查中，已初步查明区内有各种门类的海洋生物 1 876 种，包括大型底栖藻类 178 种、微小型藻类 459 种、贝类 427 种、甲壳类 257 种、鱼类 397 种和其他海洋生物 158 种。最新的生物名录研究整理表明，南麂列岛国家级海洋自然保护区已知的海洋生物共有 2 155 种（见附录 1），包括大型底栖藻类 186 种、微小型藻类 539 种、纤毛虫原生动物 72 种、贝类 422 种、甲壳类 350 种、鱼类 393 种和其他海洋生物 193 种，比 2011 年统计时增加了 279 种。据《中国海洋生物名录》（刘瑞玉，2008）报告，中国海域迄今已知的生物总数为 22 629 种，据《中国海洋生物种类与分布》增订版（黄宗国，2008）报告，截至 2007 年中国海域已记录 22 561 种物种。由此可见，南麂列岛海洋生物种类数已接近占全国总数的 10%。其中尤为引人注目的是，区内的贝藻类资源特别丰富，两者分别约占全国贝藻类种数的 15% 和 25%，约占浙江省贝藻类种数的 80%，大约 30% 的种类以南麂海域为我国沿海分布的北界和南界，有 36 种贝类在中国沿岸仅见于南麂海域或首次在南麂发现（尤仲杰等，1992；俞永跃，2011），黑叶马尾藻（*Sargassum nigrifoloides*）、头状马尾藻（*Sargassum capitatum*）和浙江褐茸藻（*Giffordia zhejiangensis*）是在南麂列岛发现的大型海藻新种（曾呈奎和陆保仁，1985；曾呈奎，2000；王树渤，1994），南麂侧链藻（*Pleurosira nanjiensis*）、十字曲解藻（*Fallacia decussata*）、放射书形藻（*Parlibellus radiatus*）、南麂蹄状藻（*Hippodonta nanjiensis*）是在南麂列岛发现的硅藻新种（Li et al.，2015，2017，2018，2020），其中 2 个新种首次以南麂地名来命名，还有 22 种藻类被列为稀有种（孙建璋和杭金欣，1992；俞永跃，2011）。另外，海洋线虫研究也获重大突破，已发现线虫新种 9 种，分别为多毛尖刺线虫（*Epacanthion hirsutum*）、长尾尖刺线虫（*Epacanthion longicaudatum*）、疏毛尖刺线虫（*Epacanthion sparsisetae*）、簇毛尖刺线虫（*Epacanthion fasciculatum*）、南麂异八齿线虫（*Paroctonchus nanjiensis*）、波形螺旋球咽线虫（*Spirobolbolaimus undulatus*）、多乳突非洲线虫（*Africanema multipapillata*）、大伽马线虫（*Gammanema magnum*）、尾管共齿线虫（*Synonchium caudatubatum*），其中 1 个新种也以南麂地名来命名（Shi and Xu，2016a，2016b，2017，2018a，2018b）。由上可见，南麂列岛海域呈现出很好的生物多样性、代表性和稀缺性，其生物区系组成复杂，尤以贝藻类物种繁多而闻名于世，是我国主要海洋贝藻类的天然博物馆、基因库和“南种北移、北种南移”引种驯化繁育基地，从而使南麂列岛获得了“贝藻王国”的美誉，引起了国内外海洋生物学界的广泛关注和高度重视。南麂列岛国家级海洋自然保护区这种由特殊的地理位置和生态环境而形成的我国若干暖水种分布的北线和若干冷水种分布的南线，是一种很特殊的海洋生物分布混合区或过渡区，在国内是独一无二的，在世界上也是非常罕见的，具有重要的国际保护意义和科学研究价值。

第一节　大型底栖藻类资源

一、种类组成

南麂列岛国家级海洋自然保护区已采集鉴定的大型底栖藻类共计29目46科90属186种，分别有蓝藻2目2科2属2种，红藻13目26科62属116种，褐藻8目11科18属38种，绿藻6目7科8属30种。其中，优势种34种，习见种60种，局限种11种，少见种58种，稀有种22种，养殖种1种。出现的优势种有蛎菜（*Ulva conglobata*）、孔石莼（*Ulva pertusa*）、铁钉菜（*Ishige okamurae*）、鹅肠菜（*Petalonia binghamiae*）、萱藻（*Scytosiphon lomentaria*）、羊栖菜（*Sargassum fusiforme*）、铜藻（*Sargassum horneri*）、鼠尾藻（*Sargassum thunbergii*）、坛紫菜（*Pyropia haitanensis*）、小石花菜（*Gelidium divaricatum*）、海萝（*Gloiopeltis furcata*）、鹿角海萝（*Gloiopeltis tenax*）、繁枝蜈蚣藻（*Grateloupia ramosissima*）、珊瑚藻（*Corallina officinalis*）、密毛沙菜（*Hypnea boergesenii*）、中间软刺藻（*Gigartina intermedia*）、顶群藻（*Acrosorium yendoi*）、粗枝软骨藻（*Chondria crassicaulis*）等；出现的习见种有羽藻（*Bryopsis plumosa*）、异丝藻（*Papenfussiella kuroma*）、瓦氏马尾藻（*Sargassum vachellianum*）、圆紫菜（*Pyropia suborbiculata*）、石花菜（*Gelidium amansii*）、细弱拟鸡毛菜（*Pterocladiella tenuis*）、舌状蜈蚣藻（*Grateloupia livida*）、宽角叉珊藻（*Jania adhaerens*）、贴生美叶藻（*Callophyllis adnata*）、日本凋毛藻（*Griffithsia japonica*）、苔状鸭毛藻（*Symphyocladia marchantioides*）等；局限种有长紫菜（*Pyropia dentata*）和匍匐石花菜（*Gelidium foliaceum*）等；少见种有细毛石花菜（*Gelidium crinale*）等；稀有种有裙带菜（*Undaria pinnatifida*）、错综红皮藻（*Rhodymenia intricata*）等。

二、区系特征

对南麂列岛自然保护区大型底栖藻类进行分析研究表明，该区大型底栖藻类根据其温度性质可分为暖水性、温水性和冷水性3类（表7-1）。冷水性种类仅1种，且为养殖种，属于亚寒带性，只占总数的0.54%；温水性种类有133种，占总数的71.50%，其中属于冷温带性的有19种，属于暖温带性的有114种；暖水性种类有52种，占总数的27.96%，其中属于亚热带性的有50种，属于热带性的仅2种。由此可见，南麂列岛自然保护区大型海藻区系的温度性质具有明显的暖温带性，同时含有相当多的亚热带性成分。南麂列岛自然保护区是研究海洋大型藻类的重要基地，多年来，有关海洋生物学家已在该区内陆续发现黑叶马尾藻、头状马尾藻和浙江褐茸藻3个大型藻类新种（曾呈奎和陆保仁，1985；曾呈奎，2000；王树渤，1994），还发现了多种中国海洋大型藻类新记录，如羽状旋体藻（*Audouinella plumosa*）、渐尖旋体藻（*Audouinella attenuata*）、尖根星丝藻（*Erythrotrichiabiseriata*）等（栾日孝等，1996；栾日孝和张淑梅，1997；栾日孝和栾淑君，2005）。

表 7-1 南麂列岛大型底栖藻类的温度性质

温度性质	暖水性种类		温水性种类		冷水性种类	
	热带性	亚热带性	暖温带性	冷温带性	亚寒带性	寒带性
种数/种	2	50	114	19	1	0
占总数（186 种）的百分比/%	1.08	26.88	61.29	10.21	0.54	0
合计种数/种	52		133		1	
占总数（186 种）的百分比/%	27.96		71.50		0.54	

南麂列岛海藻区系在我国海藻区系划分中隶属东海西区，与南北其他海区相比较，具有如下特点。

（1）一些冷温性种类在青岛沿岸（隶属黄海西区）为优势种或习见种，而在南麂列岛则为少量种或稀有种。如波登仙菜（*Ceramium boydenii*）、三叉仙菜（*Ceramium kondoi*）、钩凝菜（*Campylaephora hypnaeoides*）、藓羽藻（*Bryopsis hypnoides*）等。推测这些种类在我国的分布南界位于南麂列岛附近。

（2）有些暖温带性种类在青岛沿岸为优势种或习见种，而在南麂列岛为少量种或稀有种。如扁江蓠（*Gracilara textorii*）、真江蓠（*Agarophyton vermiculophyllum*）、螺旋硬毛藻（*Chaetomorpha spiralis*）、裙带菜等。

（3）许多暖温带性种类在青岛、厦门（隶属南海西区北部）沿岸虽有生长，但数量及个体均不及南麂列岛大。如长紫菜、海萝、鹿角海萝、异丝藻、鹅肠菜、萱藻、羊栖菜、铜藻、鼠尾藻、缘管浒苔（*Ulva linza*）等。新种——黑叶马尾藻后来仅在福建东山偶尔采到，而在南麂列岛曾经为优势种类。

（4）许多亚热带性种类局限分布在南麂列岛一定区域，但产量较大，而其以北海区尚未发现。如脆江蓠（*Gracilaria chouae*）、宽叶网翼藻（*Dictyopteris latiuscula*）、褐舌藻（*Dictyopteris pacifica*）、裂片石莼（*Ulva fasciata*）等。推测这些种类在我国的分布北限位于该海区附近。

（5）清澜鲜奈藻（*Scinaia tsinglanensis*）为热带性种类，1941 年中国科学院海洋研究所曾呈奎院士首先在海南岛新澜港发现。它在南麂列岛为稀有种类，以北海区尚未发现。

综上所述，南麂列岛藻类区系为暖温带性向亚热带性过渡的典型，属印度-西太平洋生物区的中-日亚区，在我国海藻区系划分中属东海西区。

三、生态特点

（一）水平分布

南麂列岛大型海洋底栖藻类的水平分布可分为如下 3 种类型。

（1）广分布型：包括部分优势种和相当部分习见种。典型的有半丰满鞘丝藻（*Lyngbya semiplena*）、小石花菜、海萝、鹿角海萝、胭脂藻（*Hildenbrandia rivularis*）、珊瑚藻、小珊瑚藻（*Corallina pilulifera*）、中间软刺藻、环节藻（*Champia parvula*）、羽裂橡叶藻（*Phycodrys riggii*）、顶群藻、日本新管藻（*Neosiphonia japonica*）、苔状鸭毛藻、厚网藻（*Dictyota coriacea*）、铁钉菜、鹅肠菜、萱藻、羊栖菜、铜藻、鼠尾藻、蛎菜等。这些种类几乎在所有的岩礁相海岸均有分布，是群落组成的主要成分。

（2）局限分布型：包括所有的局限种类和相当部分优势种类。如脆江篱、宽叶网翼藻、育叶网翼藻（*Dictyopteris prolifera*）、褐舌藻仅分布于大沙岙南岸内侧；长紫菜分布于大檑山屿和马祖岙口南岬；繁枝蜈蚣藻、沙菜（*Hypnea asiaticca*）、密毛沙菜、冈村凹顶藻（*Laurencia okamurai*）、黑叶马尾藻、刺松藻（*Codium fragile*）等分布于风浪较大的海岸；几种浒苔则在风浪较小的海湾内生长繁茂。

（3）选择性分布型：在岩礁相海岸很少发现，但在养殖筏架上生长得很繁茂。如条斑紫菜（*Pyropia yezoensis*）、几种水云、肠浒苔（*Ulva intestinalis*）、裂片石莼、海膜（*Halymenia sinensis*）等。

波浪冲击程度是影响南麂列岛海藻水平分布的主要生态因子。马祖岙海湾风浪小，种类相对贫乏，但绿藻生长特别好。龙船礁岸相陡峭，风浪大，种类丰富，喜浪的红藻生长良好。生长基质也是影响藻类分布的一个重要生态环境。国姓岙泥滩环境和大沙岙砂质环境中无大型藻类分布。马祖岙码头海藻贫乏，仅存在广盐性种类，如浒苔（*Ulva prolifera*）。只有在峭陡的岩礁，受波浪冲击大的地方，有丰富的海藻分布。

（二）垂直分布

潮汐有规则的涨落促使海藻形成有规律的垂直分布。每一岩礁相都有某一海藻附着的适宜高度，形成带状，或向上向下延伸，构成各种各样的海藻类群分布。海藻垂直分布的成带现象明显。

（1）高潮带：该潮带除大潮外，几乎都露出水面，不利于海藻的生长，特别是夏、秋季，在高潮带的中部以上很少发现有藻类的生长，只有在冬、春季，在高潮带的中、下部附近及在石沼中，才有几种海藻生长。如半丰满鞘丝藻、红毛菜（*Bangia fuscopurpurea*）、长紫菜、蛎菜等。

（2）中潮带：该潮带每天有两次周期性的暴露和淹没，这为海藻生长提供了一定的条件。该潮带上部除高潮带的种类下延生长外，还有海萝、紫菜、小石花菜等。海萝-紫菜群落比较常见。铁钉菜-蛎菜群落在该潮带中部较为普遍，还有茎刺藻（*Caulacanthus ustulatus*）、环节藻、扇形拟伊藻（*Ahnfeltiopsis flabelliformis*）、孔石莼等。该潮带下部是藻类生长繁茂、种类最为丰富的潮区，常见鼠尾藻-羊栖菜群落，呈水平带状，垂直范围为 30~100 cm。软骨藻-萱藻-顶群藻群落呈斑状点缀其中。舌状蜈蚣藻、鹅肠菜、大团扇藻（*Padina crassa*）、异丝藻、浒苔等在这里生长很好。不少小型藻类直接附生在大型藻类上，如对丝藻（*Antithamnion cruciatum*）、圆锥仙菜（*Ceramium peniculatum*）、钩凝菜、纵胞藻（*Centroceras clavulatum*）、黑顶藻、粘膜藻（*Leathesia difformes*）、硬毛藻及数种刚毛藻等。

（3）低潮带：该潮带大部分时间被海水淹没，只有大潮时才短时间出露。上部除有中潮带种类下延生长外，几乎都为马尾藻所覆盖。厚网藻-厚缘藻（*Rugulopteryx okamurai*）群落较常见，呈水平带状。橡叶藻（*Phycodrys radicosa*）、石灰藻群落常呈条斑状镶嵌分布。还有繁枝蜈蚣藻等多种红藻在这里生长。铜藻向下延伸分布到潮下带 7 m 水深处。该潮带下部分布有裙带菜、宽叶网翼藻、育叶网翼藻、褐舌藻等褐藻和一些小型红藻。

总之，大型海藻种群生态垂直分布明显，绿藻类由高潮带到低潮带逐渐减少；褐藻类在中潮带呈带状分布；红藻类由高潮带到低潮带逐渐增加。海藻的种类和数量均有从高潮带到低潮带递增的趋势。

（三）季节变化

海藻的种类和数量季节变化明显。水温是导致海藻季节变化的主要生态因子。春末夏初是该海区海藻生长最繁茂的季节，大多数温水性种类尚未消失，暖水性种类已出现，特别是马尾藻类等大型海藻已充分生长并进入生殖期，所以，此时种类及生物量最为丰富。随着夏季水温继续升高，一年生型海藻以幼苗（如石莼）或丝状体（如紫菜）等形态度夏，多年生型藻类藻体腐烂流失，残留基部（如马尾藻类）。夏末，除一些暖水性种类如沙菜、网地藻（*Dictyota dichotoma*）等外，很难采集到如大型马尾藻类的完整藻体。秋季是该海区海藻最贫乏的季节，秋末，海区水温下降，浒苔、石莼等一年生种类幼体开始生长，紫菜丝状体成熟释放壳孢子，附着在岩礁，长成叶状体。马尾藻类残留的基部又萌发长出新藻体。冬末是南麂列岛海藻种类较为丰富的季节，但藻体尚小，故生物量不大。海藻总生物量变化是春季大于夏季大于冬季大于秋季。

四、经济意义

南麂列岛大型海藻资源中经济种类占相当大的比例，且有些种类产量大。按其主要用途可分为食用、药用和藻胶工业原料 3 大类。食用藻类有裙带菜、海带（*Saccharina japonica*）、紫菜、海萝、羊栖菜、半丰满鞘丝藻、软丝藻（*Ulothrix flacca*）、红毛菜、浒苔、石莼、小石花菜等。药用藻类有羊栖菜、海带、舌状蜈蚣藻、冈村石叶藻（*Lithophyllum okamurai*）、凹顶藻等。褐藻和红藻类中有许多种类是提取褐藻胶、琼胶的主要原料，同时也是提取碘、钾、甘露醇、褐藻酸等的工业原料。南麂列岛褐藻、红藻种类繁多，可作藻胶工业原料的种类也很丰富，主要有海带、石花菜、大石花菜、小石花菜、细弱拟鸡毛菜等种类。

大型海藻还具有生态修复功能，作为海洋生态系统组成部分的海藻场与人类生活息息相关，海藻既能净化水质，为动物提供食物来源，同时在全球碳氮循环中也扮演着重要角色。铜藻作为建群种曾在南麂列岛开展了生态修复工作，成功地完成了铜藻场重建，形成了总面积约 300 m^2的铜藻场，铜藻生长良好，枝叶繁茂，成片漂浮于水面，藻体长 4 m 以上，生态效益明显，对于遏制海洋生物多样性下降和资源衰退势头，达到恢复物种、提高当地生物多样性具有重要的意义（俞永跃，2011）。

第二节　微小型藻类资源

在南麂列岛海域和岩礁、沙滩、泥滩等多种生境的潮间带中生活着大量的微小型藻类，它们是鱼、虾、蟹、贝类等海产动物的基础饵料，在海洋食物链和物质循环中占有重要位置，它们的盛衰直接影响着海洋生物的盛衰和渔业资源的丰歉。有些种类还可以作为水质污染监测的生物指标，它们与赤潮的形成和发展也有着密切的关系。

一、种类组成

自20世纪90年代以来，南麂列岛国家级海洋自然保护区微小型藻类研究取得了重要进展。国家海洋局第二海洋研究所朱根海等（1994）首次记录了南麂列岛潮间带各生境中的微小型底栖藻类（样品采自上马鞍岩礁、大沙岙沙滩和国姓岙泥滩），经初步鉴定共有微小型底栖藻类4门54属155种，大多数为硅藻类（占80.64%），计41属125种，其次是蓝藻类（占17.42%），甲藻类、绿藻类两类合计仅占1.94%。这些种类附生于上马鞍岩礁潮间带大型贝类、甲壳类、海藻类体表中的有29属55种；生活于国姓岙泥滩潮间带的有34属89种；附生于大沙岙沙滩潮间带的有26属46种。其优势种在岩礁为附生性的海生斑条藻（*Grammatophora marina*），沙滩为附生性的小型舟形藻（*Navicula parva*）、翼茧形藻（*Amphiprora alata*）和新月筒柱藻（*Cylindrotheca closterium*），泥滩为底栖性的圆筛藻属（*Coscinodiscus*）、斜纹藻属（*Pleurosigma*）和菱形藻属（*Nitzschia*）的一些种类。不同生境其种类组成差异显著，仅在国姓岙泥滩出现的有64种，仅在大沙岙沙滩出现的有28种，仅在上马鞍岩礁潮间带出现的有34种，各生境均出现的共有种仅6种。

根据国家海洋局第二海洋研究所朱根海等（1998a）对南麂列岛国家级海洋自然保护区微小型藻类的进一步研究，经鉴定南麂列岛潮间带及其附近海域各种生境中共有微小型藻类459种（见附录1-2），其中硅藻门297种、26变种、4变型，占71.24%；蓝藻门63种、1变种，占13.94%；甲藻门53种、5变种，占12.64%；绿藻门6种、1变种，占1.53%；金藻门2种、1变种，占0.65%。这些种类大都为本区的首次记录（包括前述1994年记录的155种），其中有30种还为我国海洋微小型藻类的新记录（表7-2）。

表7-2 南麂列岛国家级海洋自然保护区微小型藻类中国新记录种类（朱根海等，1998）

序号	中文名	拉丁学名
1	海洋圆筛藻	*Coscinodiscus micans* Schmidt
2	棘刺圆筛藻	*Coscinodiscus spiniferus* (Gr. et St.) Grun.
3	胞形沟盘藻	*Aulacodiscus cellulouss* Gr. et St.
4	六块辐裥藻巴巴登斯变种	*Actinoptychus senarius* var. *barbadensis* (S. A.) D. S.
5	亏格蛛网藻	*Arachnoidiscus deficiens* Brown
6	堞形三角藻	*Triceratium castelliferum* Grun.
7	北极三角藻方形变种	*Trigonium arcticum* var. *quadrata* (Grun. ex Tem. -Per.) Des
8	无光双壁藻	*Diploneis adiaphana* Sch.
9	鲜明舟形藻	*Navicula definita* Gr. et St.
10	膨胀舟形藻	*Navicula expansa* A. G. C.
11	微小舟形藻	*Navicula minuscula* Grun.
12	假中分舟形藻	*Navicula pseudomediopartita* Schroder

续表 7-2

序号	中文名	拉丁学名
13	七星舟形藻	*Navicula septentrionalis* (Grun.) Gran
14	狭斜斑藻	*Plagiogramma attenuatum* Cleve
15	直条菱板藻中型变种	*Hantzschia virgata* var. *intermedia* (Grun.) Round
16	冰河菱形藻	*Nitzschia glacialis* Grun.
17	汉氏菱形藻	*Nitzschia hantzschiana* Rab.
18	中型菱形藻	*Nitzschia intermedia* Hant.
19	矮小菱形藻	*Nitzschia nana* Grun.
20	东方双菱藻	*Surirella orientalis* Mann
21	波罗的海原甲藻	*Prorocentrum balticum* (Lohm.) Loeb.
22	齿原甲藻	*Prorocentrum dentatum* Stein
23	细长原甲藻	*Prorocentrum gracile* Schutt
24	曲形原甲藻	*Prorocentrum sigmoides* Bohm
25	牛头角藻	*Ceratium buceros* (Zach.) Schiller
26	夜光梨甲藻	*Pyrocystis noctiluca* Murray et Schutt
27	锐角鳍藻	*Dinophysis acuta* Ehr.
28	微大聚球藻	*Synechococcus major* Schroeter
29	中央席藻	*Phormidium naveanum* Grun.
30	韧氏席藻	*Phormidium retzii* (Ag.) Gom.

据中国科学院海洋研究所李宇航等（2013—2020）研究，近年来，已陆续发现了南麂侧链藻（*Pleurosira nanjiensis*）、十字曲解藻（*Fallacia decussata*）、放射书形藻（*Parlibellus radiatus*）、南麂蹄状藻（*Hippodonta nanjiensis*）共 4 个微小型藻类（硅藻）新种，其中 2 个新种首次以南麂地名来命名（Li et al.，2015，2017，2018，2020）。另外，李宇航等（2017）还报道了 5 个中国新记录属即脊弯藻属（*Carinasigma* Reid 2012）、链形藻属（*Catenula* Mereschkowsky 1902）、迪氏藻属（*Dickieia* Berkeleyex Kützing 1844）、福氏藻属（*Fogedia* Witkowski，Lange－bertalot，Metzelin et Bafana 1997）和栖沙藻属（*Moreneis* Park，Koh et Witkowski in Park et al. 2012）、77 个南麂保护区新记录种（其中 20 个为中国新记录种）（表 7-3、附录 1-2）。

表 7-3 南麂列岛国家级海洋自然保护区硅藻中国新记录种（李宇航等，2017）

序号	中文名	拉丁学名
1	具角栖沙藻	*Moreneis angulata* Park，Koh et Witkowski
2	朝鲜栖沙藻	*Moreneis coreana* Park，Koh et Witkowski

续表 7-3

序号	中文名	拉丁学名
3	膝曲曲壳藻	*Achnanthes genuflexa* Kützing
4	细弱平面藻	*Planothidium delicatulum* (Kützing) Round et Bukhtiyarova
5	矛盾卵形藻	*Cocconeis discrepans* Schmidt
6	锥型曲解藻	*Fallacia similigemmifera* Yuhang Li et Hidekazu Suzuki
7	霍氏曲解藻	*Fallacia hodgeana* (Patrick et Freese) Yuhang Li et Hidekazu Suzuki
8	眼形曲解藻	*Fallacia oculiformis* (Hustedt) D. G. Mann
9	美丽曲解藻	*Fallacia pulchella* K. Sabbe et K. Muylaert
10	似柔弱曲解藻	*Fallacia teneroides* (Hustedt) D. G. Mann
11	小蛹曲解藻	*Fallacia nyella* (Hustedt) D. G. Mann
12	非洲美壁藻	*Caloneis africana* (Giffen) Stidolph
13	矩形羽纹藻	*Pinnularia rectangulata* (Gregory) Cleve
14	雷氏舟形藻	*Navicula rajmundii* A. Witkowski, Lange-Bertalot et D. Metzeltin
15	直边脊弯藻	*Carinasigma rectum* (Donkin) Reid
16	具脊唐氏藻	*Donkina carinata* (Donkin) Ralfs
17	格氏双眉藻	*Amphora graeffeana* Hendey
18	附生链形藻	*Catenula adhaerens* Mereschkowsky
19	直菱板藻加拉变种	*Hantzschia virgata* var. *kariana* Grunow in Cleve et Grunow
20	石莼迪氏藻	*Dickieia ulvacea* Berkeley ex Kützing

二、分布特点

朱根海等（1994）研究表明，南麂列岛自然保护区潮间带各生境微小型底栖藻类年平均丰度以砂质滩为最高，每克沙中达 46 822 个；其次为岩礁滩，每 100 cm^2的面积中每克沉积物及大型甲壳类、贝类、藻类体表冲洗液中含有微小型底栖藻类 7 095 个；泥滩数量最低，每克泥中为 456. 5 个。微小型底栖藻类的垂直分布趋势为：沙滩由高潮区向低潮区明显递减；泥滩、岩礁的垂直分布趋势与沙滩相反，由高潮区向低潮区显著递增。

朱根海等（1998a）研究还表明，在 459 种微小型藻类中，在南麂海域海水和海底沉积物中发现的有 283 种，在泥滩、沙滩、岩礁潮间带中发现的有 281 种，两者共同出现的有 105 种。从生态类群来看，广布性类群为 223 种（占 48. 58%），暖水性类群为 137 种（占 29. 85%），温带性类群为 99 种（占 21. 57%）（表 7-4）。

表 7-4 南麂列岛国家级海洋自然保护区微小型藻类各类别组成数量和生态

类别					生态分布区		共同种	生态类群		
门	目	科	属	种	海域	潮间带		广布种	暖水种	温带种
硅藻门	7	13	64	327	213	211	97	163	83	81
蓝藻门	5	10	24	64	6	64	6	30	24	10
甲藻门	4	8	10	58	58	2	2	20	30	8
绿藻门	3	3	4	7	3	4	0	7	0	0
金藻门	1	1	2	3	3	0	0	3	0	0
合计	20	35	104	459	283	281	105	223	137	99

在海域水体中，微型（细胞个体小于 20 μm）藻类的主要种类为角毛藻属［窄隙角毛藻 *Chaetoceros affinis*、洛氏角毛藻（*Chaetoceros lorenzianus*）、短孢角毛藻（*Chaetoceros brevis*）等］、中肋骨条藻（*Skeletonema costatum*）、尖叶原甲藻（*Prorocentrum triestinum*）等；小型（细胞个体在 20~200 μm）种类为尖刺菱形藻（*Nitzschia pungens*）、伏氏海毛藻（*Thalassiothrix frauenfeldii*）、圆筛藻属［威氏圆筛藻（*Coscinodiscus wailesii*）、琼氏圆筛藻（*Cascinodiscus jonesianus*）、蛇目圆筛藻（*Coscinodiscus argus*）、辐射圆筛藻（*Coscinodiscus radiatus*）、星脐圆筛藻（*Coscinodiscus asteromphalus*）、虹彩圆筛藻（*Coscinodiscus oculusiridis*）等］、夜光藻（*Noctiluca scintillans*）、角藻属（*Ceratium*）、根管藻属（*Rhizosolenia*）等。

在海域底部沉积物中，微型藻类的主要种类为中肋骨条藻等；小型种类为圆筛藻属（蛇目圆筛藻、琼氏圆筛藻、辐射圆筛藻和星脐圆筛藻等）、宽角斜纹藻（*Pleurosigma angulatum*）、伏氏海毛藻、粗纹藻（*Trachyneis aspera*）等。

在潮间带泥滩中，微型藻类的主要种类为脆席藻（*Phormidium fragile*）、中肋骨条藻等；小型种类为琼氏圆筛藻、蛇目圆筛藻、美丽斜纹藻（*Pleurosigma formosum*）、宽角斜纹藻、长斜纹藻（*Pleurosigma elongatum*）、弯菱形藻（*Nitzschia sigma*）等。

在潮间带沙滩中，微型藻类的主要种类为盔状舟形藻（*Navicula corymbosa*）等；小型种类为翼茧形藻、新月筒柱藻、小形舟形藻、菱形藻属（汉氏菱形藻 *Nitzschia hantzschiana*、有棱菱形藻相似变种 *Nitzschia angularia* var. *affinis* 等）。

在潮间带岩礁中，微型藻类的主要种类为盔状舟形藻、脆席藻、纤细席藻（*Phormidium tenue*）等；小型种类为海生斑条藻、类远距菱形藻（*Nitzschia distantoides*）、美丽盒形藻（*Biddulphia pulchella*）、短柄曲壳藻（*Achnanthes brevipes*）、小形舟形藻、纹筛蛛网藻（*Arachnoidiscus ornarus*）等。

三、生态类群

根据种类组成、分布特点和温度性质，南麂列岛国家级海洋自然保护区微小型藻类可划分为如下 3 个生态类群。

（1）广布性类群。这一类群共有 223 种，占总种数的 48.58%。其中硅藻类 163 种，蓝藻类 30 种，甲藻类 20 种，绿藻类 7 种和金藻类 3 种。该类群对温度适应范围广，代表种有新月筒柱藻、琼氏圆筛藻、蛇目圆筛藻、辐射圆筛藻、星脐圆筛藻、中肋骨条藻、翼茧形藻、海生斑条藻等。

（2）暖水性类群。这一类群共有137种，占总种数的29.85%。其中硅藻类83种，蓝藻类24种，甲藻类30种。该类群适应温度偏高，冬季较低水温时出现少量个体或不出现，夏季较高温时出现数量大或占优势。代表种有太阳双尾藻（*Ditylum sol*）、夜光藻、纹筛蛛网藻、束毛藻属（*Trichodesmium*）等。

（3）温带性类群。这一类群共有99种，占总种数的21.57%。其中硅藻类81种，蓝藻类10种，甲藻类8种。该类群适应温度偏低，在夏季仅出现少量个体或不出现，冬季有较大数量或占优势。代表种有聚生角毛藻（*Chaetoceros socialis*）、圆柱角毛藻（*Chaetoceros teres*）、碎片菱形藻（*Nitzschia frustulum*）、直舟形藻（*Navicula directa*）等。

根据藻类生境或生活方式的不同，可划分为海洋浮游藻类和海洋底栖（包括着生性或附生）藻类两大生态类群。

（1）海洋浮游藻类。主要指生活在海域海水中的大部分藻类，如占优势的尖刺菱形藻、角藻属、根管藻属、角毛藻属、中肋骨条藻、伏氏海毛藻等种类组成了海洋浮游藻类生态类群或群落结构，但也有少数种类由于强烈的潮流运动或生活在海水底层由底栖混入浮游藻类类群中，如斜纹藻属、圆筛藻属等。

（2）海洋底栖藻类。主要指生活在海域沉积物或潮间带泥滩、沙滩、岩礁（包括着生或附生性种类）的大部分藻类，如占优势的底栖性圆筛藻属、斜纹藻属、弯菱形藻等种类组成了海洋底栖藻类生态类群或群落结构。潮间带藻类可单独划分为潮间带藻类生态类群，如占优势的翼茧形藻、短柄曲壳藻、海生斑条藻、新月筒柱藻、美丽盒形藻、钝头盒形藻（*Biddulphia obtusa*）、盔状舟形藻、杆线藻属（*Rhabdonema*）、席藻属（*Phormidium*）等种类组成了潮间带（着生或附生）藻类生态类群或群落结构。南麂列岛潮间带又可进一步划分为泥滩生态类群（或群落）、沙滩生态类群（或群落）和岩礁生态类群（或群落）3大类。

根据盐度的不同，又可划分为如下3类。

（1）淡水藻类。该类群仅在有淡水入海口或潮间带高潮区才能见到，在南麂列岛海域出现的种类和数量均很少，主要有膨胀桥弯藻（*Cymbella tumida*）、小头舟形藻（*Navicula cuspidata*）、近缘针杆藻（*Synedra affinis*）、纤细菱形藻（*Nitzschia subtilis*）等。

（2）半咸水藻类。这一类群在南麂列岛占有一定的比例，如中间肋缝藻（*Frustulia interposita*）、洛伦菱形藻（*Nitzschia lorenziana*）、弯菱形藻、透明菱形藻（*Nitzschia vitraea*）、小形舟形藻等。也有一些种类主要分布在低盐的淡水-半咸水中，如尖布纹藻（*Gyrosigma acuminatum*）、钝脆杆藻（*Fragilaria capucina*）、卵形双菱藻（*Surirella ovata*）等。还有一些种类在潮间带或盐度偏低近岸海域的半咸水-海水中占有一定数量，往往成为优势种，如琼氏圆筛藻、中肋骨条藻、翼茧形藻等。此外，还有一些种类在淡水-半咸水-海水中均能生长，如斯氏布纹藻（*Gyrosigma spencerii*）、咖啡形双眉藻（*Amphora coffeaeformis*）等。

（3）海洋藻类。在南麂列岛出现的大部分种类均属于此类群，其种类和数量也最多，如根管藻属、角毛藻属、甲藻门的所有种类等。

根据藻类个体大小的不同，划分为如下两个生态类群。

（1）海洋微型藻类。其细胞个体小于20 μm，主要种类有盔状舟形藻、中肋骨条藻、角毛藻属的部分种类，蓝藻门的颤藻属（*Oscillatoria*）、席藻属等。

（2）海洋小型藻类。其细胞个体为 20~200 μm，主要有圆筛藻属、舟形藻属（*Navicula*）、斜纹藻属、粗纹藻属（*Trachyneis*）、茧形藻属（*Amphiprora*）、斑条藻属（*Grammatophora*）、盒形藻属（*Biddulphia*）等。

四、季节变化

朱根海等（1994）研究表明，南麂列岛岩礁和沙滩潮间带微小型底栖藻类丰度以春季为最高，分别为 27 004 个/g、166 997. 33 个/g；夏季次之，分别为 602 个/g 、20 204 个/g；泥滩以夏季为最高，达 806 个/g；春季次之，为 421. 33 个/g；秋、冬季各生境的丰度均较低。朱根海等（1998b）还进一步研究表明，海水中微、小型藻类丰度的季节变化从高至低依次为：夏季、秋季、春季、冬季，丰度分别为 397. 0×10^4个/m^3、32. 5×10^4个/m^3、29. 7×10^4个/m^3、21. 0×10^4个/m^3；海域沉积物中微、小型藻类丰度的季节变化为秋季高于春季，分别为 430. 9×10^4个/cm^2、1. 6×10^4个/cm^2；潮间带以“个/cm^2”表示的藻类丰度的季节变化从高至低依次为：春季、夏季、秋季、冬季，丰度分别为 37 470. 9 个/cm^2、15 175. 1 个/cm^2、11 091. 8 个/cm^2、7 436 个/cm^2，这与大型海藻丰度的变化趋势基本相似；以“个/g”表示的微、小型藻类丰度的季节变化从高至低依次为：春季、秋季、冬季、夏季，丰度分别为 431 570. 1 个/g、307 424. 9 个/g、39 132. 3 个/g、8 284. 9 个/g，这与大型底栖动物总生物量的变化趋势完全一致。这一相似的变化趋势正是由于岩礁潮间带中的微小型藻类是从大型底栖动物或大型海藻体表中经分离或洗液获得的，也表明不同生境的潮间带，微小型藻类丰度高的生境，大型动植物生物量也高，两者是成正比的。结果还表明，春季，无论是微小型藻类或大型底栖动物的数量为全年最高，这是由于春季阳光充足，光合作用强烈，温度适于各种生物的生长，为大型底栖动物提供了充足饵料的缘故。

李宇航等（2017）于 2013 年 11 月至 2014 年 8 月，对南麂列岛火焜岙砂质潮间带的底栖硅藻进行了 4 个季节的采样和研究，并与 1981—1993 年有关的历史资料进行了比较分析。本次研究共鉴定底栖硅藻 49 属 120 种，海岸曲解藻（*Fallacia litoricola*）、史氏双壁藻（*Diploneis smithii*）、稀疏双壁藻（*Diploneis parca*）等 17 种为目前的优势种。Shannon 多样性指数在 2. 388~3. 445，以春季最高，秋季最低；在空间分布上从高至低依次为：中潮区、低潮区、高潮区。相似性分析（analysis of similarities，ANOSIM）表明底栖硅藻群落在不同潮区间差异显著，而季节差异不显著。BIOENV 分析显示盐度与底栖硅藻群落结构的相关性最高。本次研究结果表明，南麂列岛砂质潮间带的底栖硅藻群落结构近几十年来已发生了明显变化。与 1981—1993 年南麂列岛的 3 次调查数据相比，目级阶元减少了 2 个，科级阶元增加了 7 个，而属级和种级阶元较过去的 29 属 55 种有了显著增加，这可能是分类研究强度增加所致。但分类学多样性降低，平均分类差异指数 Δ^+ 由过去的 79. 79 降至 71. 41；且过去记录的大个体固着类群被现今的小个体固着类群和间隙运动类群（epipelon）所取代，这可能是火焜岙过去人类活动频繁、有机质过量排放的长期效应所致。

五、微小型藻类对环境的指示意义

据杨晓兰等（1994）研究，南麂列岛自然保护区潮间带冬季的水质符合 I 类海水水质标准，夏季大部分区域为清洁区，仅国姓岙属尚清洁，火焜岙海水受到轻度的污染；火焜岙的底质属尚清洁，但国姓岙的底质已有轻度的污染。在河口—沿岸水域出现个别半咸水轻度污水种，如硅藻类的弯菱藻、卵形双菱藻、具槽直链藻（*Melosira sulcata*）、并基角毛藻（*Chaetoceros decipiens*）、新月筒柱藻等。潮间带出现的半咸水轻度污水种主要为蓝藻类，如美丽颤藻（*Oscillatoria formosa*）、泥生颤藻（*Oscillatoria limosa*）、巨颤藻（*Oscillatoria princeps*）、弱细颤藻（*Oscillatoria tenuis*）、铜色颤藻（*Oscillatoria chalybea*）、秋季席藻（*Phormidium autumnale*）等。这些种类都具有耐污水的指示意义，应引起管理部门的重视。

第三节　贝类资源

一、种类组成

南麂列岛国家级海洋自然保护区已鉴定出贝类422种，其中潮间带贝类218种，潮下带及浅海贝类252种，两者共同出现的有48种。它们分隶于5纲25目121科285属，包括多板纲（Polyplacophora）10种，腹足纲（Gastropoda）216种，掘足纲（Scaphopoda）2种，瓣鳃纲（Lamellibranchia）175种，头足纲（Cephalopoda）19种（表7-5）。经济种类有百余种。主要科有：帘蛤科（Veneridae）32种，贻贝科（Mytilidae）18种，玉螺科（Naticidae）15种，蚶科（Arcidae）14种，马蹄螺科（Trochidae）、樱蛤科（Tellinidae）、牡蛎科（Ostreidae）和骨螺科（Muricidae）各13种，织纹螺科（Nassariidae）10种，扇贝科（Pectinidae）、蛤蜊科（Mactridae）各9种，塔螺科（Turridae）和蛾螺科（Buccinidae）各8种，这13科的种类占总种数的41.47%。在这422种中有36种在我国沿岸仅见于南麂海域或首次在南麂发现（尤仲杰等，1992；俞永跃，2011）。

表7-5　南麂列岛贝类的不同温度性质百分组成　　单位：种

类群	多板纲	腹足纲	掘足纲	瓣鳃纲	头足纲	总数	占总种数百分数/%
广温广布种	4	47	0	49	7	107	25.36
亚热带种	5	126	2	66	12	211	50.00
热带种	0	38	0	48	0	86	20.38
暖温带种	1	5	0	12	0	18	4.26
总数	10	216	2	175	19	422	100

二、区系性质

南麂列岛海域的贝类按其温度性质可以分成广温广布种、亚热带种、热带种、暖温带种共4个类群。

（一）广温广布种

广温广布种广泛分布于我国南北沿海，南麂列岛海域共有107种，占本海域总种数的25.36%。

该类群从广东大陆沿岸向北一直分布到黄、渤海沿岸，是我国沿岸潮间带和底栖生物群落中的主要构成种。本海域的主要种类有嫁蝛（*Cellana toreuma*）、单齿螺（*Monodonta labio*）、锈凹螺（*Omphalius rusticus*）、短滨螺（*Littorina brevicula*）、疣荔枝螺（*Reishia bronni*）、红带织纹螺（*Nassarius succinctus*）、珠带拟蟹守螺（*Cerithdea cingulata*）、毛蚶（*Anadara kagoshimensis*）、菲律宾蛤仔（*Ruditapes philippinarum*）、等边浅蛤（*Macridiscus aequilatera*）、僧帽牡蛎（*Saccostrea cucullata*）、带偏顶蛤（*Modiolus comptus*）、大竹蛏（*Solen grandis*）、红条毛肤石鳖（*Acanthochitona rubrolineata*）、日本无针乌贼（*Sepiella japonica*）、火枪乌贼（*Loligo beka*）等。该类群有很多种类生物量大，资源丰富，是重要的经济种类。

（二）亚热带种

亚热带种分布于东海和南海，南麂列岛海域共有211种，占本海域总种数的50.00%，是这一海区的主要组成成分。该类群在南海分布很广，向北进入东海沿岸，受长江径流阻隔一般不进入黄、渤海。本海域主要种类有杂色鲍（*Haliotis diversicolor*）、中华盾蝛（*Scutus scinensis*）、斗嫁蝛（*Cellana grata*）、拟蜒单齿螺（*Monodonta neritoides*）、黑凹螺（*Omphalius nigerrimus*）、角蝾螺（*Turbo cornutus*）、渔舟蜒螺（*Nerita albicilla*）、塔结节滨螺（*Echinolittorina cecillei*）、棒锥螺（*Turritella bacillum*）、复瓦小蛇螺（*Thylacodes adamsii*）、爪哇窦螺（*Sinum javanicum*）、粒蝌蚪螺（*Gyrineum natator*）、习见蛙螺（*Bufonaria rana*）、浅缝骨螺（*Murex trapa*）、瘤荔枝螺（*Thais bronni*）、泥东风螺（*Babylonia lutosa*）、管角螺（*Hemifusus tuba*）、伶鼬榧螺（*Oliva mustelina*）、白龙骨乐飞螺（*Lophiotoma leucotropis*）、青蚶（*Barbatia virescens*）、结蚶（*Tegillarca nodifera*）、条纹隔贻贝（*Mytilisepta virgata*）、短石蛏（*Leiosolenus lischkei*）、棘刺牡蛎（*Saccostrea echinata*）、异纹心蛤（*Cardita variegata*）、紫斑海菊蛤（*Spondylus nicobaricus*）、太平洋猿头蛤（*Chama pacifica*）、波纹巴非蛤（*Paratapes undulatus*）、岐脊加夫蛤（*Gafrarium divaricatum*）、巧环楔形蛤（*Cyclosunetta concinna*）、紫藤斧蛤（*Donax semigranosus*）、日本花棘石鳖（*Liolophura japonica*）、平濑锦石鳖（*Onithochiton hirasei*）、拟目乌贼（*Sepia lycidas*）、中国枪乌贼（*Uroteuthis chinensis*）、东蛸（*Octopus berenice*）等。该类群有些种类生物量大，是岛民的主要赶海对象，有些种类则是构成底栖生物群落的优势种。

（三）热带种

热带种主要分布于南海，南麂列岛海域共有86种，占本海域总种数的20.38%。该类群主要分布于海南岛沿岸，少数种类可以向北分布到厦门一带，但多数种类在福建沿岸尚未发现。在南麂列岛海域存在的有眼球贝（*Naria erosa*）、琵琶螺（*Ficus ficus*）、龟甲蝛（*Cellana testudinaria*）、鼠眼孔蝛（*Diodora mus*）、钩蝾螺（*Bolma modesta*）、毛螺（*Pilosabia trigona*）、鸟嘴尖帽螺（*Capulus danieli*）、纯洁嵌线螺（*Monoplex parthenopeus*）、粗莫利加螺（*Merica asperella*）、粒帽蚶（*Cucullaea labiata*）、细须蚶（*Barbatia stearnsii*）、舟蚶（*Arca navicularis*）、菲律宾偏顶蛤（*Modiolus philippinarum*）、光石蛏（*Lithophaga teres*）、丁蛎（*Malleus malleus*）、丽鳞栉孔扇贝（*Scaeochlamys squamata*）、短翼珍珠贝（*Pteria heteroptera*）、中华牡蛎（*Hyotissa sinensis*）、鹅掌牡蛎（*Planostrea pestigris*）、马尼拉卵蛤（*Costellipitar manillae*）、面具美女蛤（*Circe stutzeri*）、不等蛤蜊（*Spisula subtrun-*

cata)、楔形斧蛤(*Donax cuneatus*)、美女白樱蛤(*Psammacoma candida*)等。而在其他海域仅分布于海南岛南端和西沙群岛的典型热带种，在南麂列岛海域也有出现，如龟甲蝛、肩棰螺(*Oliva mantichora*)、古蚶(*Anadara antiquata*)、美丽珍珠贝(*Pteria formosa*)、扁平窦螺(*Sinum planulatum*)等。该类群仅零星出现，大多为幼体，经济价值不高，但具有重要的科学价值。

(四) 暖温带种

暖温带种主要分布于渤海、黄海，能延伸到东海北部，南麂列岛海域共有 18 种，占本海域总种数的 4.26%。本海域主要种类有：厚壳贻贝(*Mytilus unguiculatus*)、偏顶蛤(*Modiolus modiolus*)、栉孔扇贝(*Chlamys farreri*)、线目蛤(*Leukoma staminea*)、蓝无壳侧鳃(*Pleurobranchaea maculata*)、网纹鬃毛石鳖(*Mopalia retifera*)、中国不等蛤(*Anomia chinensis*)等。个别种类可以分布到福建北部。该类群仅占次要地位。

由上可见，南麂列岛国家级海洋自然保护区的贝类不仅种类十分丰富繁多，而且区系组成极为复杂，既有在全国沿岸常见的广温广分布种类，又有由黄海冷水团带到浙江沿岸的少数暖温带种类，但以分布于东海、南海的亚热带种类居优势。同时，由于该海域受台湾暖流的影响和控制，还出现了较多的热带种类，甚至过去只发现于海南岛南端和西沙群岛的典型热带种也出现在这一海域，这些种类在福建沿海尚未发现，从而形成了明显的“断裂分布”现象。当然，亚热带种类是南麂列岛海域贝类组成的最主要成分。这样一来，我国南北海域的各类贝类在南麂列岛几乎都可找到它的代表种。这种热带、亚热带和温带 3 种不同温度性质的贝类同时并存的现象，在国内是独一无二的，在国际上也是十分罕见的。从整个贝类区系来看，南麂列岛贝类属印度-西太平洋区的中国-日本亚区。

三、生态特点

(一) 沙滩潮间带

南麂沙滩潮间带分布在大沙岙、火焜岙、马祖岙、国姓岙等海湾内。目前研究较多的是大沙岙沙滩潮间带，高潮带至中潮带上层为痕掌沙蟹(*Ocypode stimpsoni*)群落，没有贝类出现。中潮带中层为紫藤斧蛤群落，出现等边浅蛤。中潮带下层至低潮带为等边浅蛤群落。巧环楔形蛤、中国蛤蜊(*Mactra chinensis*)、伶鼬榧螺等很习见，尚有乳头真玉螺(*Eunaticina papilla*)、爪哇窦螺、扁玉螺(*Neverita didyma*)、中国紫蛤(*Sanguinolaria chinensis*)、大竹蛏等分布。

(二) 泥滩潮间带

此类潮间带在该区仅分布于国姓岙中潮带中层至低潮带，其贝类群落由珠带拟蟹守螺-秀丽织纹螺(*Reticunassa festiva*)、婆罗囊螺(*Semiretusa borneensis*)构成，珠带拟蟹守螺占绝对优势。中潮带较习见的种类有结蚶、半褶织纹螺(*Nassarius sinarum*)、婆罗囊螺、秀丽织纹螺；低潮带以棒锥螺、浅缝骨螺、真曲巴非蛤(*Paphia euglypta*)等较习见。

(三) 巨砾潮间带

该潮间带均由直径 0.5 m 以上的块石组成。高潮带有个别短滨螺出现；中潮带群落由单齿螺-

嫁蝛、拟蜒单齿螺构成，大多分布于岩块下部的阴面处。低潮带群落以带偏顶蛤-复瓦小蛇螺为主要构成种，其他尚有不等蛤、瘤荔枝螺、银口凹螺等分布。

（四）隐蔽岩礁潮间带

该潮间带贝类群落种类丰富，高潮带群落由粗糙滨螺（*Littoraria articulata*）-短滨螺、渔舟蜒螺构成，其他尚有小结节滨螺（*Echinolittorina radiata*）、矮拟帽贝（*Paelloida pygmaea*）等种类。中潮带所见的种类主要为棘刺牡蛎-黑荞麦蛤（*Xenostrobus atratus*），疣荔枝螺、条纹隔贻贝、青蚶等种类也很习见。低潮带的主要构成种为牡蛎-带偏顶蛤。该群落的组成特点是牡蛎数量极高，棘刺牡蛎尤为突出。另外，渔舟蜒螺、粗糙滨螺和黑荞麦蛤仅在此群落出现。

（五）开敞岩礁潮间带

高潮带群落以粒结节滨螺-塔结节滨螺、短滨螺构成，形成“滨螺带”。该带尚有矮拟帽贝、嫁蝛、斗嫁蝛等种类。中潮带主要构成种为条纹隔贻贝-日本菊花螺（*Siphonaria japonica*）、疣荔枝螺。该带种类繁多，习见种有单齿螺、锈凹螺、红条毛肤石鳖、日本花棘石鳖、青蚶、栗色拉沙蛤（*Lasaea undulata*）等。低潮带群落以带偏顶蛤-厚壳贻贝、复瓦小蛇螺构成，黄口荔枝螺、短石蛏、平濑锦石鳖、中国不等蛤、中华牡蛎等种类很常见。

（六）潮下带至浅海

南麂列岛海域底质以粉砂质泥或泥质砂为主。10 m 等深线内除沿岸边有少数岩礁外，底质大多为软泥。10~30 m 等深线之间仍以软泥底质为主，伴有少数硬泥底质。以棒锥螺-棘蛇尾（*Amphioplus*）群落为主。较习见的种类有浅缝骨螺、习见蛙螺、圆筒原盒螺（*Cylichna biplicata*）、西格织纹螺（*Nassarius siqujiorensis*）、白龙骨乐飞螺、爪哇拟塔螺（*Turricula javana*）、泥东风螺、管角螺、古蚶、马尼拉卵蛤、日本无针乌贼、枪乌贼、短蛸等。

四、数量分布

（一）水平分布

据尤仲杰和王一农（1993）研究，从南麂列岛国家级海洋自然保护区马祖岙南岸中部、马祖岙口南岬、大沙岙北岸中部、龙船礁4个段面春季取样分析，贝类生物量和栖息密度分布以龙船礁为最高，达1 437.66 g/m^2、1 118.8 个/m^2，大沙岙北岸中部和马祖岙口南岬次之，分别为834.52 g/m^2、725.4 个/m^{2}和543.86 g/m^2、739.9 个/m^2，马祖岙南岸中部最低，仅为445.47 g/m^2、517.7 个/m^2。可见随海岸暴露程度增加，生物量和栖息密度呈递增趋势，且有生物个体增大的倾向。

据彭欣等（2009）对大檑山屿、后麂山、斩断尾、大山脚、柴峙岛、下马鞍岛、国姓岙（泥质）和大沙岙（砂质）8个断面贝类等底栖生物的调查，高生物量出现在靠近外侧的岩礁断面，其中春季大檑山屿、后麂山和柴峙岛生物量分布都在10 000 g/m^{2}以上，而秋季只有后麂山和下马鞍岛生物量达到7 000 g/m^2 以上，分别为7 867.25 g/m^{2}和7 011.13 g/m^2。另外，以泥质和砂质为底质的两条断面（国姓岙和大沙岙），生物量都非常低，大沙岙生物量低于100 g/m^2，而国姓岙也只有春季才超过 100 g/m²。底栖生物栖息密度分布与生物量分布基本一致，靠近外侧的几条断面栖息密度稍高，春季最大栖息密度位于斩断尾，为 8 354 个/m²，而秋季最大栖息密度位于后麂山，为 3 610个/m²，栖息密度两个季节都是大沙岙断面最小，不超过 51 个/m²。

（二）垂直分布

尤仲杰和王一农（1993）还分析了南麂列岛国家级海洋自然保护区潮间带各断面生物量和栖息密度的垂直分布，结果表明：生物量以低潮带第二亚带最高，向上逐渐递减，高潮带第一亚带最低。造成这种事实的原因是高潮带环境恶劣，生活的种类很少，虽栖息密度很高，但个体很小，故生物量低；而低潮带有个体较大的复瓦小蛇螺、厚壳贻贝、牡蛎以及个体适中、栖息密度较大的带偏顶蛤分布，导致了高生物量的结果。从各断面构成优势种的情况看也不尽相同，龙船礁低潮带的高生物量是厚壳贻贝、带偏顶蛤成片生长所致；马祖岙口南岬、大沙岙北岸中部低潮带的高生物量是因有复瓦小蛇螺、带偏顶蛤固着生活；而马祖岙南岸中部低潮带则以复瓦小蛇螺占绝对优势。栖息密度的变化与生物量不同。马祖岙和大沙岙 3 个断面以高潮带的栖息密度最高，低潮带次之，中潮带最低，这是因为高潮带有大量的小型腹足类滨螺类的栖息，而中潮带的岩面大多被鳞笠藤壶和日本笠藤壶占据，限制了贝类群落的发展。龙船礁滨螺带消失，故栖息密度的变化规律与生物量相一致，以低潮带最高，高潮带最低。

据彭欣等（2009）研究，南麂列岛潮间带底栖生物垂直分布差异显著，且底栖生物分带非常明显。高潮区分布以个体较小的日本笠藤壶、齿纹蜒螺、单齿螺等为优势种；中潮区则以条纹隔贻贝、隔贻贝、日本笠藤壶为优势种，且在中下潮区开始出现藻类分布；低潮区以大型的软体动物及藻类分布为主。这些物种的分布影响着潮间带底栖生物生物量和栖息密度。春季潮间带底栖生物生物量垂直分布从大到小依次为：低潮区（10 660. 67 g/m²）、中潮区（8 494. 78g/m²）、高潮区（7 516. 84 g/m²），秋季依次为：中潮区（6 062. 03 g/m²）、低潮区（2 707. 60 g/m²）、高潮区（2 156. 70 g/m²）；而栖息密度与生物量的分布不同，春季栖息密度从大到小依次为：高潮区（4 447个/m²）、中潮区（3 802 个/m²）、低潮区（2 058 个/m²），秋季依次为：中潮区（2 969 个/m²）、高潮区（1 368 个/m²）、低潮区（635 个/m²）。

（三）季节变化

据尤仲杰和王一农（1993）报告，以大沙岙北岸中部断面为例，贝类数量分布的季节变化如表 7-6 所示。年总平均生物量和栖息密度分别为 629. 13 g/m²、802. 9 个/m²。生物量以春季最高，为 834. 52 g/m²，其他季节变化不大；栖息密度以冬季最高，为 997. 6 个/m²，其他季节变化不明显。在各断面营固着和附着生活的双壳类及蛇螺的数量季节变动不太明显。高潮带以滨螺类左右着生物量和栖息密度，秋、冬季表现出高栖息密度，主要是补充群体进入，春季也表现出较高的栖息密度，待繁殖以后，大批个体死亡，故一般认为滨螺类大多为一年生贝类，在群体的壳长组成上表现出单峰现象。中潮带以春季表现出较高的栖息密度，秋、夏季为低，低潮带除马祖岙口南岬冬季因出现了高栖息密度的美丽茅草螺外，以秋、夏季表现出较高的密度，这主要是因为某些活动性腹足类（如瘤荔枝螺）从低潮线以下上移到低潮带进行繁殖活动。

表 7-6 南鹿列岛大沙岙北岸中部断面不同潮带贝类生物量和栖息密度的季节变化（尤仲杰和王一农，1993）

季节		春季		夏季		秋季		冬季	
指标		生物量/（g·m^{-2}）	栖息密度/（个·m^{-2}）	生物量/（g·m^{-2}）	栖息密度/（个·m^{-2}）	生物量/（g·m^{-2}）	栖息密度/（个·m^{-2}）	生物量/（g·m^{-2}）	栖息密度/（个·m^{-2}）
高潮带	上	63.21	922.7	106.00	876.0	80.05	1 034.6	217.68	3 512.0
	下	160.43	938.7	181.82	1 476.0	114.53	762.6	229.22	661.3
中潮带	上	560.64	480.0	435.76	368.0	308.50	528.0	332.24	416.0
	中	706.29	826.7	516.12	688.0	273.49	440.0	384.20	596.0
	下	1 238.77	581.3	607.44	408.0	790.75	712.0	800.72	606.0
低潮带	上	1 376.33	656.0	965.52	648.0	860.72	672.0	778.52	624.0
	下	1 735.93	672.0	1 175.04	768.0	1 414.48	1 040.0	1 201.28	568.0
平均值		834.52	725.4	569.67	747.4	548.93	741.3	563.41	997.6

五、经济意义

南鹿列岛国家级海洋自然保护区贝类资源中有重要经济种类 30 余种，这些种类都可以食用，大多可入药，贝壳还可作工艺品或烧制石灰。如日本花棘石鳖、嫁蝛、斗嫁蝛、黑凹螺、锈凹螺、银口凹螺、单齿螺、角蝾螺、棒锥螺、珠带拟蟹守螺、福氏乳玉螺、带鹑螺（*Tonna galea*）、红螺（*Rapana bezoar*）、瘤荔枝螺、疣荔枝螺、黄口荔枝螺、泥东风螺、方斑东风螺（*Babylonia areolata*）、管角螺、细角螺（*Brunneifusus ternatanus*）、瓜螺（*Melo melo*）、青蚶、厚壳贻贝、紫贻贝（*Mytilus galloprovincialis*）、条纹隔贻贝、褶牡蛎、猫爪牡蛎（*Talonostrea talonata*）、棘刺牡蛎、密鳞牡蛎（*Ostrea denselamellosa*）、中华牡蛎、等边浅蛤、大竹蛏、日本无针乌贼、真蛸、枪乌贼等。其中，角蝾螺（俗称虎螺）、荔枝螺（俗称辣螺）、锈凹螺、单齿螺（俗称芝麻螺）、管角螺（俗称角螺）、东风螺（俗称海田螺）、棒锥螺（俗称钉螺）、牡蛎（俗称蛎勾）、等边浅蛤（俗称沙蛤）、厚壳贻贝（俗称淡菜）、条纹隔贻贝（俗称乌勾）、真蛸（俗称章鱼或八脚鱼或八爪鱼）等种类产量较大，是沿海群众的传统采捕对象，具有重要的保护和开发利用价值。

第四节 甲壳类资源

一、虾类资源

（一）种类组成

据浙江省海洋水产养殖研究所仇林根（1992）研究，南鹿列岛国家级海洋自然保护区虾类计有 79 种，种类数居浙江省第一位，分别隶属于 18 科 39 属（包括岛上纯淡水种 2 种，隶属于 1 科 2

属），其中东海首次记录有 4 种，浙江省首次记录有 12 种。在 79 种虾类中，经济种有 64 种，占虾类总种数的 81%，其中重要经济虾类有 33 种，占虾类总种数的 41.8%。经济虾类中以中国毛虾（*Acetes chinensis*）为最多，其产量占虾产量的 1/3 强，占绝对优势，其他优势种有高脊管鞭虾（*Solenocera alticarinata*）、中华管鞭虾（*Solenocera crassicornis*）、长缝拟对虾（*Parapenaeus fissurus*）、哈氏仿对虾（*Mierspenaeopsis hardwickii*）、须赤虾（*Metapenaeopsis barbata*）、戴氏赤虾（*Metapenaeopsis dalei*）、周氏新对虾（*Metapenaeus joyneri*）、脊尾白虾（*Palaemoncarinicauda*）、日本囊对虾（*Penaeusjaponicus*）、细螯虾（*Leptochela gracilis*）等 25 种，占总数的 31.6%。

据俞存根等（2018）和夏陆军等（2016a）最新研究，通过 2013 年 11 月和 2014 年 2 月、5 月、9 月 4 个季节渔业资源拖网调查，南麂列岛国家级海洋自然保护区浅海区域计有虾类 25 种，隶属于 9 科 17 属。其中春季有 16 种，隶属于 8 科 12 属；夏季有 13 种，隶属于 6 科 9 属；秋季有 15 种，隶属于 6 科 10 属；冬季有 15 种，隶属于 7 科 12 属。本次调查所获的虾类中，群体数量较大、经济价值较高的渔业捕捞对象种类有哈氏仿对虾、中华管鞭虾、周氏新对虾、脊尾白虾和细巧仿对虾（*Batepenaeopsis tenella*）等。经济价值不高，但群体数量较大的种类有鲜明鼓虾（*Alpheus digitalis*）和日本鼓虾（*Alpheus japonicus*）等。

（二）区系特点

据浙江省海洋水产养殖研究所仇林根（1992）研究，南麂海域虾类区系有如下特点。

（1）南麂海域虾类区系组成以热带、亚热带的暖水性种类占绝对优势。热带虾类 26 种，占虾类总数的 32.9%；亚热带虾类 43 种，占总种数的 54.4%；温水性虾类 6 种，占总种数的 7.6%；冷水性虾类 4 种，占总种数的 5.1%。

（2）强暖水性虾类在南麂海域有分布，如宽沟对虾（*Penaeus latisulcatus*）在南麂海域有少量分布，浙江中部以北至今尚未发现其分布。又如长缝拟对虾、高脊管鞭虾等在南麂海域可捕量达万吨，而浙北海域尚未发现。推测热带虾类分布的北缘处于浙江中部北面海域或浙江北部的南面海域。

（3）南麂海域处于冷水性虾类分布的南缘，冷水性虾类在南麂海域的冬春之交也可采集到，而福建北部海域尚未发现。

（4）南麂海域虾类种数居浙江省第一位，但比闽南少。南麂海域虾类种类与渤海相同的有 25 种，与黄海相同的有 35 种，与南海相同的有 57 种。这说明南麂海域虾类与南海关系密切，与黄、渤海关系较疏远。

（5）南麂海域 40~60 m 水深区域，由于海底表面海星繁生，虾的种类很少。同时，由于南麂海域受台湾暖流影响较强，故热带虾类的分布比较广，大多分布在 60~90 m 水深的海域中。

（三）生态类型

据浙江省海洋水产养殖研究所仇林根（1992）研究，这些虾类按其分布水深和对环境的适应能力可分为如下 3 种生态类型。

（1）分布在内湾、河口和港湾低盐水域的种类。其分布范围直接受江河径流量的影响，其数量变动与当地降水量、风向及产卵场的盐度等有密切关系。如中国毛虾、脊尾白虾等。

（2）分布在外侧海域高盐水域的种类。其大部分属热带、亚热带的暖水性种类，并具有明显的季节性迁移的特点。如高脊管鞭虾、长缝拟对虾等。

（3）对温度、盐度适应范围较大的广分布种类。这些虾类几乎全年都有出现。如哈氏仿对虾、中华管鞭虾、周氏新对虾等。

（四）数量分布

据俞存根等（2018）和夏陆军等（2016a）最新研究，通过2013年11月和2014年2月、5月、9月4个季节渔业资源拖网调查，南麂列岛国家级海洋自然保护区浅海区域虾类生物量各季节由高到低依次为夏季、秋季、冬季、春季，20个站位总生物量依次为32 358.0 g、13 033.0 g、3 938.6 g、3 635.6 g，渔获率依次为1 617.9 g/h、651.7 g/h、196.9 g/h、181.8 g/h。虾类数量分布季节变化明显，且岛礁区偏外的开阔海域虾类生物量比较高。不同季节优势种更替较显著，春季优势种为日本鼓虾、鲜明鼓虾和细巧仿对虾，夏季优势种为哈氏仿对虾和中华管鞭虾，秋季优势种为中华管鞭虾、细巧仿对虾和哈氏仿对虾，冬季优势种为细巧仿对虾、脊尾白虾、鲜明鼓虾和日本鼓虾。水深对虾类生物量分布影响明显，各季节虾类生物量与环境因子（水深、底层水温、底层盐度）相关性关系变化较大，春季虾类生物量与底层温度、底层盐度、深度等环境因子呈正相关性，而夏、秋季的虾类生物量与温、盐、深等环境因子呈负相关性，冬季的虾类生物量与温、盐、深等环境因子相关性不明显。

（五）群落结构及其生物多样性

夏陆军等（2016b）还根据上述拖网渔业资源虾类调查数据，对南麂列岛国家级海洋自然保护区的虾类群落结构及其生物多样性进行了研究。虾类种类数各季节间变化较为稳定，岛礁区的虾类种类数高于沿岸区，夏季虾类生物多样性低于其他季节，虾类种类数和生物多样性指数平面分布相似，地形、水深和水系等环境因素对虾类群落结构影响较大。分布在南麂列岛调查海域的虾类以季节性的广温广盐性种类为主，虾类一般生活在有利于索饵、成长的泥砂底质区，夏季受台湾暖流、食物链中的鱼类捕食关系影响，其生物多样性较低，虾类生物多样性分布随水深变化明显，这可能是调查海域的主要优势种虾类活动范围与水深有关所致。

二、蟹类资源

（一）种类组成

据浙江省海洋水产养殖研究所仇林根（1992）研究，南麂列岛海洋自然保护区海域蟹类计有128种，分别隶属于17科68属，其中浙江首次记录有30种，东海首次记录有12种。在128种蟹类中，经济种有39种，占蟹类总数的30.5%，其中，重要经济蟹类有锯缘青蟹（*Scylla serrata*）、三疣梭子蟹（*Portunus trituberculatus*）、红星梭子蟹（*Portunus sanguinolentus*）、远海梭子蟹（*Portunus pelagicus*）、日本蟳（*Charybdis*（*Charybdis*）*japonica*）、绣斑蟳（*Charybdis feriatus*）、锐齿蟳（*Charybdis*（*Charybdis*）*acuta*）、钝齿蟳（*Charybdis*（*Charybdis*）*hellerii*）、武士蟳（*Charybdis*（*Charybdis*）*miles*）和中华绒螯蟹（*Eriochier sinensis*）等12种，占总种数的9.4%。它们种类虽不多，但

数量却占绝对优势，仅三疣梭子蟹、锯缘青蟹、中华绒螯蟹3种蟹的产量，就占南麂海域蟹类总产量的90%以上。优势种有31种，占总种数的24.2%；常见种有64种，占总种数的50.0%；少见种33种，占总种数的25.8%。

俞存根等（2018）根据2013年11月和2014年2月、5月、9月4个季节在南麂列岛国家级海洋自然保护区浅海区域进行渔业资源拖网调查所获得的资料，分析了南麂列岛海域蟹类种类组成和优势种，共鉴定出蟹类23种，隶属于8科14属，其中优势种为三疣梭子蟹1种，常见种有日本蟳和双斑蟳（*Charybdis*（*Gonioneptunus*）*bimaculata*）两种。种类数从多到少依次为秋季、春季、夏季、冬季。其中，春季出现蟹类12种，隶属于6科8属；夏季出现蟹类10种，隶属于3科4属；秋季出现蟹类15种，隶属于5科8属；冬季出现蟹类9种，隶属于4科7种。

（二）区系特点

据浙江省海洋水产养殖研究所仇林根（1992）研究，南麂海域蟹类区系组成绝大部分为来自印度洋、中印半岛、热带中太平洋诸岛、菲律宾诸岛的暖水种；还有部分是南海、东海及日本的亚热带种与少数东海（包括日本）的地方种。暖水性种类计有123种，占总种数的96.1%，其中热带性种类86种，占总种数的67.2%；亚热带性种类37种，占总种数的28.9%；而北温带冷水性种类有5种，仅占总种数的3.9%。

出现在南麂海域的北温带冷水性种类，如革窄额互爱蟹（*Hyas coarctatus*）、四齿矶蟹（*Pugettia quadridens*）等，南海未出现，而福建、台湾也未出现或罕见。出现在南麂海域的热带性暖水种类，大部分不能越过长江，仅分布到舟山群岛以南或其附近，如红星梭子蟹、锯缘青蟹、武士蟳、绵蟹（*Lauridromia dehaani*）等，其中一些强暖水性种类，仅分布到南麂海域的北缘地带，浙北至今未出现，如小区隐绵蟹（*Epigodromia areolata*）、钩突鬼蟹（*Tymolus uncifer*）等。以上情况表明，南麂海域是北温带冷水性蟹类分布的南缘临界，同时也是一部分较强的暖水性蟹类分布的北缘临界。南麂海域蟹类区系有着明显的种类交替。

南麂海域蟹的种类较为复杂，既有世界广布性种类，如细点圆趾蟹（*Ovalipes punctatus*），又有分布局限于浙南和福建的特有地方性种类，如福建佘氏蟹（*Ser fukiensis*）和沈氏长方蟹（*Metaplax sheni*），但绝大部分种类为与我国四大海区及日本有着密切关系的热带、亚热带暖水性种、北温带冷水性种和各大海区的地方性种，其中与渤海相同种有32种，与黄海相同种有52种，与东海相同种有116种，与南海相同种有96种，与日本相同种有91种，可见其区系和南海及日本的关系较黄海和渤海密切。就共同种而言，共同出现在全国沿岸的有26种，东海和南海共同出现的有50种，黄海和东海共同出现的仅6种。

就种数而言，南麂海域比浙北多38种，比黄海多38种，比渤海多96种，但比南海少222种，很明显，自本海区向北，种类随纬度的增加而逐渐减少，向南则随纬度降低而逐渐增加。

（三）生态类型

据浙江省海洋水产养殖研究所仇林根（1992）研究，根据该海域蟹类对环境的要求和适应能力可将其分为如下3种生态类型。

（1）生活在河口、港湾、近岸浅海的低盐种类。其生长繁殖、生活习性等主要受降水量和沿岸流的影响，代表种有锯缘青蟹、中华绒螯蟹等。

（2）生活在外侧海区的高盐种类。主要受台湾暖流的影响和控制，种类有干练平壳蟹（*Conchoecetes artificiosus*）、葛氏六角蟹（*Cosmonotus grayii* ）等。但在冬、春之交季风强盛时，有少数的北温带冷水性种也分布于此海域。

（3）生活在整个南麂海域的广布性种类。该类的分布随季节而变，最明显的代表种是三疣梭子蟹。

这些蟹类除部分生活在较深海域的泥、泥沙或砂质海底外，大部分则生活在泥滩、沙滩、岩岸潮间带。此外，还有寄生或共栖种类。

（四）群落结构及其生物多样性

俞存根等（2018）和谢旭等（2017a）根据2013年11月和2014年2月、5月、9月4个季节在南麂列岛国家级海洋自然保护区浅海区域进行渔业资源拖网调查所获得的资料，分析了南麂列岛海域蟹类生物多样性等群落结构特征，并定量分析了群落结构与水文环境因子之间的关系。南麂海域不同季节的蟹类种类组成差异较大，而优势种类组成变化较少，其中，以秋季的蟹类种类数最多，冬季最少。从不同水深区域的渔获种类分布趋势来看，蟹类种类以20~30 m水深带分布得较多，30~40 m水深带分布得较少。夏季多样性指数低于其他季节，以水深来看，多样性指数在10~20 m水深带较高，在30~40 m水深带较低，蟹类多样性指数与水深成反比。根据冗余分析认为，水深、水温和盐度是影响调查海域蟹类种类组成和群落结构特征的主要环境因子。

三、蔓足类资源

（一）种类组成

根据蔡如星等（1992）研究，南麂列岛国家级海洋自然保护区有蔓足类28种，分别隶属于7科15属。以印度-西太平洋种占绝对优势，占57%；仅分布在中国沿岸及日本海南部的种占14%；其余为环热带和温带广布种。其优势种类是：日本笠藤壶（*Tetraclita japonica*）、鳞笠藤壶（*Tetraclita squamosa*）、龟足（*Capitulum mitella*）、三角藤壶（*Balanus trigonus*）和纹藤壶（*Amphibalanus amphitrite*）。

（二）生态特点

根据蔡如星等（1992）研究，南麂海域的蔓足类以底栖固着性种占绝对优势（60.7%），其次为共栖性种（21.4%），再次为漂浮性种（17.9%）。底栖固着性种以潮间带种占优势（76.5%），其中除少数种类如楯形矮藤壶（*Chinochthamalus scutelliformis*）、中华小笠藤壶（*Tetraclitella chinensis*）等栖息在岩缝或其他藤壶的壁板上营下栖生活外，均为表栖生活。

南麂海域蔓足类的垂直分布与潮汐及海岸开敞程度有关。在隐蔽海岸，白条地藤壶（*Microeuraphia withersi*）和白脊藤壶（*Fistulobalanus albicostatus*）主要分布在高潮区下部至中潮区上部；纹藤壶分布在中潮区中部至低潮区。在开敞性海岸，龟足和日本笠藤壶分布在激浪区至中潮区上部；刺巨藤壶（*Megabalanus volcano*）分布在中潮区下部至低潮区；三角藤壶自低潮区分布至潮下带。生物量的垂直分布以中潮区为最大。

水平分布与海岸开敞性及海湾的不同位置有关。白条地藤壶和白脊藤壶主要分布在湾底部；鳞笠藤壶和纹藤壶分布在湾中部；龟足、日本笠藤壶和高峰星藤壶（*Striatobalanus amaryllis*）分布在湾口。沿岸的生物量大于海湾；开敞性海岸的生物量大于隐蔽性海岸；湾口的生物量大于湾底部。

（三）群落结构

蔡如星等（1992）研究认为，根据海岸开敞程度和海湾位置不同，南麂海域蔓足类可区分为下列群落。

（1）日本笠藤壶-刺巨藤壶-龟足群落。主要分布在极开敞海岸。

（2）日本笠藤壶-鳞笠藤壶-龟足群落。主要分布在较开敞海岸和湾口。

（3）鳞笠藤壶-日本笠藤壶群落。主要分布在极隐蔽海岸和海湾中部。

（4）白脊藤壶-白条地藤壶-鳞笠藤壶群落。主要分布在有淡水排入的湾底部。

四、其他甲壳类资源

除上述虾类、蟹类和蔓足类外，枝角类、桡足类、口足类、异尾类等甲壳类资源在南麂海域也十分丰富。据仇林根（1992）初步调查，该海域有口足类11种，如拉氏虾蛄（*Clorida latreillei*）、口虾蛄（*Oratosquilla oratoria*）、黑斑口虾蛄（*Vossquilla kempi*）等；有异尾类11种，如东方铠甲虾（*Galathea orientalis*）、美丽瓷蟹（*Porcellana pulchra*）、印纹真寄居蟹（*Dardanus impressus*）、亚洲蝉蟹（*Hippa asiatica*）等。据俞存根等（2018）研究，营浮游生活的甲壳类共有74种，其中包括枝角目（Cladocera）2种，壮肢目（Mydocopa）3种，哲水蚤目（Calanoida）34种，剑水蚤目（Cyclopoida）10种，猛水蚤目（Harpacticoida）3种，怪水蚤目（Monstrilloida）1种，等足目（Isopoda）1种，涟虫目（Cumacea）2种，端足目（Amphipoda）5种，糠虾目（Mysida）6种，磷虾目（Euphausiacea）2种，十足目（Decapoda）5种；营底栖生活的甲壳类共有8种，其中包括涟虫目1种，端足目6种，口足类1种；营游泳生活的甲壳类有49种，其中包括虾类25种、蟹类23种、虾蛄类1种。南麂海域是一些北温带冷水性甲壳类分布的南缘临界，同时也是一部分较强的暖水性甲壳类分布的北缘临界。

综合多年来对南麂海域甲壳类动物的研究（仇林根，1992；蔡如星等，1992；纪焕红等，2006；张晓辉等，2006；晁文春等，2013；夏陆军等，2016a；谢旭等，2017a；俞存根等，2018），经过整理校核，南麂列岛国家级海洋自然保护区已鉴定出甲壳类350种（见附录1-5），分隶于5亚纲17目108科213属，包括鳃足亚纲（Branchiopoda）1目2科2属2种；介形亚纲（Ostracoda）1目2科2属3种；桡足亚纲（Copepoda）4目20科29属57种；蔓足亚纲（Cirripedia）4目10科17属26种；软甲亚纲（Malacostraca）7目74科163属262种。主要科有：梭子蟹科（Portunidae）23种，对虾科（Penaeidae）22种，弓蟹科（Varunidae）15种，玉蟹科（Leucosiidae）12种，糠虾科（Mysidae）和长臂虾科（Palaemonidae）各11种，藤壶科（Balanidae）、相手蟹科（Sesarminae）和虾蛄科（Squillidae）各9种，扇蟹科（Xanthidae）和大眼蟹科（Macrophthalmidae）各8种，这11科的种类占甲壳类总种数的39.1%。

第五节　鱼类资源

一、种类组成

浙江省海洋水产养殖研究所仇林根（1992）根据历史积累资料进行研究分析，南麂列岛海域已鉴定的鱼类有397种，隶属于30目134科245属。其中软骨鱼类计有7目25科34属53种，占总种数的13.35%；硬骨鱼类计有23目109科211属344种，占总种数的86.65%。软骨鱼类中鳐目种类居首位，占43.4%；其次是鼠鲨目，占35.85%。硬骨鱼类中鲈形目占50.3%，居绝对优势。在397种鱼类中，经济鱼类有218种，占鱼类总数的54.91%；一般种179种，占鱼类总数的45.09%。其中名贵药用和重要经济种类有53种，占鱼类总数的13.35%，占经济种类的24.31%，如姥鲨（*Cetorhinus maximus*）、中华鲟（*Acipenser sinensis*）、达氏鲟（*Acipenser dabryanus*）、鲥鱼（*Tenualosa reevesii*）、鳓鱼（*Ilisha elongata*）、日本鳗鲡（*Anguilla japonica*）、海鳗（*Muraenesox cinereus*）、舒氏海龙（*Syngnathus schlegeli*）、日本海马（*Hippocampus mohnikei*）、克氏海马（*Hippocampus kelloggi*）、石斑鱼（*Epinephelus*）、乌鲳（*Parastromateus niger*）、黄唇鱼（*Bahaba taipingensis*）、毛鲿鱼（*Megalonibea fusca*）、鮸鱼（*Miichthys miiuy*）、大黄鱼（*Larimichthys crocea*）、小黄鱼（*Larimichthys polyactis*）、带鱼（*Trichiurus lepturus*）、银鲳（*Pampus argenteus*）、鲐鱼（*Scomber japonicus*）、蓝点马鲛（*Scomberomorus niphonius*）等。而中华鲟、达氏鲟等属国家一级野生保护动物，黄唇鱼、克氏海马等属于国家二级野生保护动物。

何贤保等（2013）采用底层拖网方法进行了南麂列岛岛礁区域4个季节（2011年4月、8月、11月和2012年3月）的鱼类种类组成研究，结果表明，调查海域鱼类有69种，鱼类种数按季节不同从多至少依次为：夏季、秋季、冬季、春季。俞存根等（2018）根据2013年11月、2014年2月、5月、9月在南麂列岛国家级海洋自然保护区浅海区域的拖网渔业资源调查资料，研究了南麂列岛浅海区域的鱼类种类组成及优势种，结果表明，南麂列岛浅海区域鱼类有103种，隶属于15目53科83属，鱼类种数按季节不同从多到少依次为：春季（58种）、冬季（55种）、秋季（51种）、夏季（42种），其中优势种为龙头鱼（*Harpadon nehereus*）、六指马鲅（*Polydactylus sextarius*）、六丝钝尾虾虎鱼（*Amblychaeturichthys hexanema*）、凤鲚（*Coilia mystus*）、棘头梅童鱼（*Collichthys lucidus*）和绿鳍鱼（*Chelidonichthys kumu*）6种。

笔者本次对鱼类名录进行重新校补整理，删除同物异名重复种类，补充新增记录后，南麂列岛国家级海洋自然保护区现有鱼类393种，分隶于2纲39目139科277属，其中软骨鱼纲13目24科38属53种，辐鳍鱼纲26目115科239属340种。主要科有：虾虎鱼科（Gobiidae）26种，鲹科（Carangidae）和石首鱼科（Sciaenidae）各19种，鳀科（Engraulidae）和鲀科（Tetraodontidae）各14种，舌鳎科（Cynoglossidae）12种，鮨科（Serranidae）9种，魟科（Dasyatidae）、鲭科（Scombridae）和单角鲀科（Monacanthidae）各8种，这10科的种类占总种数的34.9%。

二、区系特点

根据浙江省海洋水产养殖研究所仇林根（1992）研究，南麂海域的鱼类绝大多数为热带和亚热带的暖水性种类和暖温性种类。其中暖水性种有 214 种，占总数的 53.9%；暖温性种有 170 种，占总数的 42.8%；而冷温性种仅有 13 种，占总数的 3.3%；没有发现冷水性种。与邻近海区比较：暖水性种类比福建海域少，比南海更少；相反，暖温性种和温水性种比福建海域多，比南海更多，而且出现了少数的冷温性种；与浙北、黄海、渤海相比，暖水性种和暖温性种多得多，而温水性和冷温性种减少。

从种类来看，与福建海域相同的种类有 314 种，占总数的 79.1%；与南海相同的有 334 种，占总数的 84.1%；与黄海、渤海相同的有 177 种，占总数的 44.6%。由此可见，本海域鱼类区系具有热带、亚热带性质，与福建海域、南海的关系密切，与黄海、渤海的关系较为疏远。从地理分布来看，本海域中广泛分布于印度洋和太平洋热带海域的种类占总数的 45.3%；仅分布于太平洋一带的热带、亚热带种类占总数的 50.4%；太平洋、印度洋、大西洋都有分布的种类仅占总数的 4.3%。

南麂海域为冷温水性种类分布的南缘，如宽纹虎鲨（*Heterodontus japonicus*）、白斑角鲨（*Squalus acanthias*）、黑鳃梅童鱼（*Collichthys niveatus*）等在南麂海域偶有发现，在强大冷空气南下和冷水团影响下才能捕到，而福建北部海域至今尚未发现。由于台湾暖流的作用，在南海见到的暖水性种类如雅原鲨（*Proscyllium venustum*）、刀光鱼（*Polymetme corythaeola*）、大眼油鳗（*Parabathymyrus macrophthalmus*）、花鰔（*Macrospinosa cuja*）、尖尾黄姑鱼（*Chrysochir aureus*）等种类在福建海域没有发现，而在南麂海域却偶有捕到。

三、生态分布

（一）垂直分布

根据鱼类栖息水层的不同，基本上可将其分为如下 3 种类型。

（1）中上层鱼类。分布在水域的中上层，如鲐鱼、竹筴鱼（*Trachurus japonicus*）、蓝圆鲹（*Decapterus maruadsi*）等。

（2）中下层鱼类。分布在水域的中下层，如带鱼、大黄鱼、银鲳、鮸鱼等。

（3）底层鱼类。分布在海底，如海鳗、鳐类、魟类、鲉类、鲆鲽类等。

（二）水平分布

根据鱼类对温度、盐度适应能力和需求的不同可将其分为如下 4 种类型。

（1）近岸河口性鱼类。低盐鱼类、咸淡水鱼类、溯河性和降河性鱼类都属此类，如鲈鱼（*Lateolabrax japonicus*）、鲥鱼、鲻鱼（*Mugil cephalus*）等。

（2）浅海、近海区广布性鱼类。这类鱼适温、适盐范围大，栖息水深约在 60 m 以内，有龙头鱼、七星鱼（*Benthosema pterotum*）、棱鳀类、蓝圆鲹、梅童鱼等。

（3）随着季节变化分布于不同海域的鱼类。这些都是洄游性鱼类，由于繁殖、索饵、越冬等需要进行大范围移动，如大黄鱼、小黄鱼、带鱼、竹筴鱼等。

（4）大洋性洄游鱼类。主要是高温高盐种，有东方旗鱼（*Istiophorus platypterus*）、青干金枪鱼

(*Thunnus tonggol*)、姥鲨等。

（三）数量分布

俞存根等（2018）和谢旭等（2017b）根据 2013 年 11 月、2014 年 2 月、5 月、9 月在南麂列岛国家级海洋自然保护区浅海区域的渔业资源调查资料，研究了南麂列岛浅海区域的鱼类种类组成及数量分布，并对其与水文环境因子之间的关系做定量分析。结果表明，南麂列岛浅海区域鱼类生物量各季节由高到低依次为夏季（825.87 kg）、冬季（160.05 kg）、秋季（139.14 kg）、春季（124.94 kg）。典范对应分析认为，底层盐度和水深是影响调查海域鱼类种类组成和数量分布的主要环境因子。

何贤保等（2013）采用底层拖网方法，以渔获率作为鱼类资源分布的数量指标，进行了南麂列岛岛礁区域 4 个季节（2011 年 4 月、8 月、11 月和 2012 年 3 月）的鱼类数量分布以及时空变化研究。结果表明：六指马鲅、海鳗、棘头梅童鱼、龙头鱼、赤鼻棱鳀（*Thryssa kammalensis*）、白姑鱼（*Pennahia argentata*）、鮸、中颌棱鳀（*Thryssa mystax*）、六丝钝尾鰕虎鱼等 15 种鱼占鱼类总渔获量的 89.13%，是调查海域底层拖网的主要捕捞鱼类；不同季节的鱼类渔获量组成相差较大，优势种季节演替现象明显；渔获率的季节变化明显，渔获率夏、秋季明显高于冬、春季，夏、秋季渔获率较高的区域一般在调查海域西北方向的开阔海域。

第六节 其他海洋生物资源

一、种类组成

在南麂海域不仅贝藻类、甲壳类和鱼类种类繁多，而且其他海洋生物也不少。据浙江省海洋水产养殖研究所仇林根和浙江水产学院尤仲杰等（1992）初步整理，有海绵动物（Spongia）2 种，腔肠动物（Coelenterata）48 种，栉水母动物（Ctenophora）2 种，扁形动物（Platyhelminthes）1 种，多毛动物（Polychaeta）36 种，节肢动物（Arthropoda）1 种，外肛动物（Ectoprocta）31 种，腕足动物（Brachiopoda）4 种，棘皮动物（Echinodermata）27 种，爬行动物（Reptilia）3 种即红海龟（*Caretta caretta*）、玳瑁（*Eretmochelys imbricata*）和棱皮龟（*Dermochelys coriacea*）。据诸葛阳和陈水华（1994）研究，南麂海域有海洋爬行动物（海龟科 Cheloniidae）2 种，即绿海龟（*Chelonia mydas*）和玳瑁；海洋哺乳动物（Mammalia）2 种，即江豚（*Neophocaena phocaenoides*）和髯海豹（*Erignathus barbatus*）。以上共计 158 种。其中，有 9 种为浙江新记录种，分别为中空穿贝海绵（*Pione vastifica*）、海筒螅（*Ectopleura marina*）、桂山希氏柳珊瑚（*Hicksonella guishanensis*）、日本俏羽枝（*Iconometra japonica*）、林氏海燕（*Aquilonastra limboonkengi*）、尖棘筛海盘车（*Coscinasterias acutispina*）、芮氏刻肋海胆（*Temnopleurus reevesii*）、长拉文海胆（*Lovenia elongata*）、日本片蛇尾（*Ophioplocus japonicus*）；有 6 种为国家二级保护动物，分别为绿海龟、红海龟、玳瑁、棱皮龟、江豚、髯海豹；有 9 种被列入国家重点保护的珍贵稀有水生动植物种类名录，分别为中国鲎（*Tachypleus tridentatus*）、海豆芽（*Lingula anatina*）、酸浆贝（*Terebratalia coreanica*）、刺参（*Apostichopus japonicus*)、绿海龟、玳瑁、棱皮龟、江豚、髯海豹。近年来，随着监测与研究的不断深入，南麂列岛国家级海洋自然保护区海洋生物新记录不断被发现。据史本泽等（2013—2019）研究，已发现线虫新种 9 种，分别为多毛尖刺线虫、长尾尖刺线虫、疏毛尖刺线虫、簇毛尖刺线虫、南麂异八齿线虫、波形螺旋球咽线虫、多乳突非洲线虫、大伽马线虫、尾管共齿线虫，其中 1 个新种以南麂地名来命名（Shi and Xu，2016a，2016b，2017，2018a，2018b），同时还记录了保护区其他线虫 11 种。此外，还新增栉水母动物 1 种、环节动物 3 种、毛颚动物 10 种（俞存根等，2018），刺胞动物 2 种，即皱齿星珊瑚（*Oulastrea crispata*）、筛木珊瑚（*Dendrophyllia cribrosa*），哺乳动物 2 种，即侏儒抹香鲸（*Kogia sima*）、瓶鼻海豚（*Tursiops truncatus*）等。以上合计共有各门类海洋生物 193 种（见附录 1-7、附录 1-10），隶属于 12 门 47 目 107 科 157 属。其中，多孔动物（Porifera）2 目 2 科 2 属2 种，刺胞动物（Cnidaria）12 目 28 科 38 属 48 种，栉水母动物（Ctenophora）2 目 2 科 3 属 3 种，扁形动物（Platyhelminthes）1 目 1 科 1 属 1 种，线虫动物（Nematoda）4 目 9 科 17 属 20 种，多毛动物（Polychaeta）5 目 14 科 29 属 38 种，节肢动物（Arthropoda）1 目 1 科 1 属 1 种，毛颚动物（Chaetognatha）1 目 1 科 6 属 10 种，苔藓动物（Bryozoa）3 目 21 科 26 属 31 种，腕足动物（Brachiopoda）2 目 2 科 2 属 4 种，棘皮动物（Echinodermata）11 目 21 科 24 属 27 种，爬行动物（Reptilia）1 目 1 科 4 属 4 种，哺乳动物 2 目 4 科 4 属 4 种。

二、经济意义

（一）有害海洋生物

（1）危害水产增养殖业的种类：如中空穿贝海绵（*Pione vastifica*）、龙介虫（*Serpula vermicularis*）等具有分解碳酸钙的能力，常穿凿牡蛎、贻贝等养殖贝类；沙蚕（Nereididae）、海盘车（Asteriidae）、刻肋海胆（*Temnopleurus*）等常吞食幼贝；紫海胆（*Heliocidaris crassispina*）、马粪海胆（*Hemicentrotus pulcherrimus*）等会大量吃食藻类；某些苔藓动物常附着在牡蛎、贻贝等贝类和海带、石花菜等海藻上影响其生长和产量甚至引起死亡。

（2）危害海洋捕捞业的种类：如水母类等常堵塞网目而造成网具破损甚至丢失。

（3）危害国防海运和工业的种类：许多刺胞动物（主要是水螅纲）和苔藓动物常在船底、码头、工厂出水管等处大量附着，同时能分泌碳酸产生腐蚀作用，从而致使船速减慢、水管堵塞和码头损坏。

（二）有益海洋生物

（1）食用种类：如海蜇（*Rhopilema esculentum*）、刺参（*Apostichopus japonicus*）等，不但味道鲜美，而且是名贵的高级营养品。紫海胆等的生殖腺制成的“云胆酱”是上等的佳肴调料。

（2）药用种类：如海蜇、纵条肌海葵（*Diadumene lineata*）、柳珊瑚（*Gorgonia* sp.）、仙人掌海鳃（*Cavernularia* sp.）、沙蚕、棘皮动物中的许多种类及某些苔藓动物等都各有其药用功效。

（3）饲料、肥料种类：如海筒螅（*Ectopleura marina*）等经过加工可作为对虾饲料的主要蛋白源；棘皮动物的骨骼加工后可作肥料；苔藓动物中的很多种类、多毛类和蛇尾类等还是鱼类和鸟类所喜食的饵料。

第八章　陆地生物资源

第一节　植物资源

一、植物组成及区系分析

（一）物种组成

1. 植物物种组成特点

南麂列岛属于典型的中亚热带海洋性季风气候区，陆生植物种类较为丰富。据杭州大学郑朝宗（1994）调查，南麂岛种子植物共有89科253属317种；其中裸子植物3科7属7种（其中栽培植物6种）；被子植物86科246属310种（其中栽培植物45种），包括双子叶植物72科178属222种（其中栽培植物36种），单叶子植物14科68属84种（其中栽培植物9种）。

据浙江省平阳县海岛资源综合调查研究报告（1993）记载，平阳县海岛（以南麂列岛为主）现有维管束植物628种（包括变种变型，其中栽培植物112种），隶属于126科401属，包括蕨类植物18科22属32种；种子植物108科379属596种，其中裸子植物3科8属12种，被子植物105科371属584种。该列岛林木稀少，除主岛——南麂岛上有人工种植的黑松灌丛和岙湾村舍附近有少数乔木外，其他岛上难见树木。除黑松外，其他常绿乔木有大叶女贞、榕树、黄葛榕、光叶海桐、刚竹、夹竹桃、大叶桉、台湾相思、木麻黄、银桦以及柳杉、龙柏等；落叶阔叶树有乌桕、桑树、苦楝、臭椿、河柳等；果树有枇杷、柑橘、芭蕉等，均为亚热带树种。

据南京林业大学和南麂列岛国家海洋自然保护区管理局最新调查整理统计（2017—2018年），南麂列岛上陆生维管束植物共有106科320属489种（其中栽培植物99种），其中蕨类植物16科19属25种，裸子植物5科7属9种，被子植物85科294属455种（包括双子叶植物73科216属340种，单子叶植物12科78属115种），如表8-1所示。其中双子叶植物的占比较大。陆生植物无论是种子植物还是蕨类植物，都是以小科为主。其中高大乔木主要是木麻黄和台湾相思树，黑松和天然阔叶次生林占次要地位。在这4种重要森林类型中，有多种物种频繁出现，可以看出它们是南麂列岛上的主要物种。如灌木层中的野梧桐、苦楝树、天仙果、台湾相思树、海州常山等。草本中经常出现的有木防己、山菅、火炭母、苎麻和乌蔹莓等植被。在岛上藤本生长较好，并且种类繁多，如鸡矢藤、忍冬、马兜铃、常春藤等。

南麂列岛的植物种类较丰富，具有较多的新分布记录种和丰富的滨海岛屿植物区系的特有成分，但属内种系贫乏，呈现出岛屿区系的特点。据研究，岛上共有滨海特有植物 52 种，海岛特有植物 8 种，中国新分布种 3 种，浙江新分布属 5 个，浙江新分布种 5 种，省级保护种 5 种，国家级保护种 1 种。

表 8-1　南麂列岛维管束植物种类组成

分类群	科属	南麂	温州市	占温州市的比例/%	浙江省	占浙江省的比例/%
蕨类植物	科	16	44	36. 36	49	32. 65
	属	19	94	20. 21	116	16. 38
	种	25	263	9. 51	499	5. 01
裸子植物	科	5	8	62. 50	9	55. 56
	属	7	20	35. 00	34	20. 59
	种	9	23	39. 13	60	15. 00
被子植物	科	85	158	53. 80	173	49. 13
	属	294	921	31. 92	1 225	24. 00
	种	455	2 258	20. 15	3 319	13. 71
维管束植物	科	106	210	50. 48	231	45. 89
	属	320	1 035	30. 92	1 375	23. 27
	种	489	2 544	19. 22	3 878	12. 61

由表 8-1 可知，南麂列岛维管束植物总科、属、种数分别占温州市维管束植物的 50. 48%、30. 92%、19. 22%，占浙江省维管束植物的 45. 89%、23. 27%、12. 61%，从占比可以看出，该区维管束植物总科数占温州市总科数的一半多，比例较高，而总种数仅占 19. 22%，比例很低，这主要与该地区远离陆地，长期以来形成的海岛植物区系有关。在分类群中，据调查统计，蕨类植物保护区内分布有 25 种，在该区维管束植物总数中所占比例较低（5. 11%），相对于温州市和浙江省的蕨类植物种类也仅占 9. 51% 和 5. 01%，主要以鳞毛蕨科（Dryopteridaceae）、凤尾蕨科（Pteridaceae）和金星蕨科（Thelypteridaceae）的物种为主。

种子植物中，该区裸子植物极为贫乏，只有 5 科 7 属 9 种，仅占该地区维管束植物总科数的 4. 72%，总属数的 2. 19%，总种数的 1. 84%，分别为苏铁（*Cycas revoluta*）、异叶南洋杉（*Araucaria heterophylla*）、日本五针松（*Pinus parviflora*）、黑松（*Pinus thunbergii*）、池杉（*Taxodium distichum* var. *imbricatum*）、柳杉（*Cryptomeria japonica* var. *sinensis*）、圆柏（*Juniperus chinensis*）、龙柏（*Sabina chinensis*）和侧柏（*Platycladus orientalis*），均为人工栽培，其中以黑松数量居多，且长势良好，为保护区的乔木主要骨架树种之一。

被子植物共计有 85 科 294 属 455 种，包含双子叶植物 73 科 216 属 340 种，单子叶植物 12 科 78 属115 种。被子植物则以双子叶植物居多，分别占该地区维管束植物总科、属、种数的 68. 57%、

67.91%和69.65%。被子植物中栽培种较多，有90种，主要包括人工林骨干树种台湾相思树（*Acacia confusa*）、木麻黄（*Casuarina equisetifolia*）和一些常见的观赏花木，如金边黄杨（*Euonymus japonicus* var. *aureo-marginatus*）、红枫（*Acer palmatum* 'Atropurpureum'）、红叶石楠（*Photinia × fraseri*）、龙爪槐（*Sophora japonica* f. *pendula*）、绣球（*Hydrangea macrophylla*）、美人蕉（*Canna indica*）、石蒜（*Lycoris radiata*）等，以及黄瓜（*Cucumis sativus*）、丝瓜（*Luffa cylindrica*）、豇豆（*Vigna unguiculata*）、韭菜（*Allium tuberosum*）和葱（*Allium fistulosum*）等瓜果蔬菜类植物。

2. 优势科属分析

优势科是指在某一地区的植被或植物群落中占优势或所含种类较多，且在植被或群落中起建群作用的科。

通过对南麂列岛各科所含种数的统计可知（表8-2），16科蕨类植物可划分为3个等级，其中含3种以上的类群分别占蕨类植物总属以及种数的31.58%、44.00%，分别为鳞毛蕨科（2/3）、金星蕨科（3/3）和凤尾蕨科（1/5）。海金沙科仅1属2种，占总属、种数的5.26%、8.00%。仅有1种的类群占总属、种数的63.16%、48.00%，常见的如扇叶铁线蕨（*Adiantum flabellulatum*）、肾蕨（*Nephrolepis cordifolia*）等。

表8-2　南麂列岛维管束植物科的数量统计

类别	级别	科名及数量
蕨类植物	≥3种	鳞毛蕨科（Dryopteridaceae）（2属3种）、金星蕨科（Thelypteridaceae）（3属3种）、凤尾蕨科（Pteridaceae）（1属5种）
	2种	海金沙科（Lygodiaceae）（1属2种）
	1种	12科（12属12种）
种子植物	>50种	禾本科（Gramineae）（40属56种）
	21~50种	菊科（Compositae）（28属46种）、莎草科（Cyperaceae）（9属22种）、豆科（18属24种）
	10~20种	8科（64属104种）
	2~9种	53科（117属187种）
	1种	25科（25属25种）

种子植物中，含50种以上的科仅禾本科1科40属56种，分别占种子植物总属、种数的13.29%、12.07%，其次为含21~50种的科，包括菊科（28/46）、莎草科（9/22）、豆科（18/24），占总属、种数的18.27%、19.83%。而含有10~20种的科共有8科64属104种，占总属、种数的21.26%、22.41%。而少于10种的科共有78科142属212种，其中单种科25科，占总属、种数的14.79%、9.87%（表8-2）。从科的层面看，含较多种的禾本科、菊科、莎草科、豆科、蔷薇科（Rosaceae）、唇形科（Labiatae）等所属类型均为世界广布型，表明南麂列岛植物区系来源的广泛性，但对分析该地区植物区系的特征意义不大。

从以上数据可以得出结论，在南麂列岛的陆生维管束植物中，小科的数量和比例都占到了一定的优势，代表科主要有乌毛蕨科（Blechnaceae）（1/1）、海桐花科（Pittosporaceae）（1/1）、马齿苋科（Portulacaceae）（1/1）、酢浆草科（Oxalidaceae）（1/2）、天南星科（Araceae）（4/5）、鸭跖草科（Commelinaceae）（3/3）、松科（Pinaceae）（1/2）、木麻黄科（Casuarinaceae）（1/3）、景天科（Crassulaceae）（1/3）、藜科（Chenopodiaceae）（3/5）等，表明南鹿列岛的植物区系具有明显的次生性和复杂性，虽然物种较丰富，优势科较为明显，以禾本科、菊科、莎草科、豆科等为主，但小科小属种类多，数量大，可以很好地适应海岛严峻的生存环境，特别是一些具有地被修复和水土保持的草本如蕨类植物等，以及防风抗风性能较好的乔灌木，应给予关注和保护。此外，由于人为活动的影响，对岛上部分区域植物生长存在一定程度的干扰，大部分原生植被受损，次生植被占优势；还有一些区域由于破坏严重，不仅原生植被受影响，次生植被生长也受到相当的限制，局部区域发育不完整。因此，南鹿列岛陆生维管束植物以草本类科属居多这一特征与实际情况相吻合。

（二）植物区系分析

1. 科的分布区类型

根据种子植物科的地理分布特征，参照吴征镒等的《种子植物分布区类型及其起源和分化》（2006）、《世界种子植物科的分布区类型系统》（2003）、吴征镒的《〈世界种子植物科的分布区类型系统〉的修订》（2003）和李锡文的《中国种子植物区系统计分析》（1996）的观点，将南鹿列岛野生种子植物的74科划分为7个分布区类型（表8-3）。

表8-3　南鹿列岛野生种子植物科的分布区类型

分布区	科数/科	占非世界分布的百分比/%
1. 世界分布	34	—
2. 泛热带分布	27	67.50
3. 热带亚洲和热带美洲间断分布	2	5.00
5. 热带亚洲至热带大洋洲分布	1	2.50
6. 热带亚洲至热带非洲分布	1	2.50
8. 北温带分布及其变型	8	20.00
14. 东亚分布	1	2.50
合计	74	100.00

由表8-3可知，世界分布类型在保护区内占绝对优势，共34科，占总科数的45.95%。由于南鹿列岛地处中亚热带至北亚热带交接的海岛区域，因此，区内植物科的分布类型占非世界分布科数比例最大的泛热带分布类型，其比例高达67.50%，其中，以樟科（Lauraceae）、荨麻科（Urticaceae）、胡椒科（Piperaceae）、山茶科（Theaceae）、卫矛科（Celastraceae）、大戟科（Euphorbiaceae）、藤黄科（Guttiferae）、楝科（Meliaceae）、萝藦科（Asclepiadaceae）、爵床科（Acanthaceae）、天南星科（Araceae）等科较为常见。除世界分布与泛热带分布类型外，第三大分布类型为北温带分布及其变型，占比20.00%，主要以金缕梅科（Hamamelidaceae）、罂粟科（Papaveraceae）、胡颓

子科（Elaeagnaceae）、百合科（Liliaceae）、灯心草科（Juncaceae）、忍冬科（Caprifoliaceae）等科为主。虽然保护区植被类型中温带成分不多，且科内属数种数也较少，但多为常见且广布的乡土植物，在群落中出现的频率较高，还是占据植物区系和群落中的主要地位，对岛屿的植物区系的形成和发展起到重要作用。

综上所述，依据种子植物科的分布类型分析得出，南麂列岛现阶段野生种子植物区系成分以热带、亚热带成分为主，温带成分为辅。值得一提的是，虽然世界分布类型在所有科中占比最大，但其中多数种类均带有明显的热带、亚热带性质。因此，南麂列岛植物科的分布区系组成表明，热带起源物种和适应热带气候的广泛适应性物种是本区植物区系的重要来源，由于海岛环境的特殊性以及距大陆距离较近，岛上植物区系并未形成特有的区系特征。

2. 属的分布区类型

参照吴征镒的《中国种子植物属的分布区类型》（1991）和吴征镒等的《种子植物分布区类型及其起源和分化》（2006）记载，中国种子植物现有记录的属 3 201 属，分属于 15 大类型 31 个变型；据统计，南麂列岛 237 属野生种子植物的分布区类型可划分为 13 个分布区类型（表 8-4）。

表 8-4 南麂列岛种子植物属的分布区类型

分布区	属数	占非世界分布的百分比/%
世界分布	36	—
泛热带分布	76	37. 81
热带亚洲和热带美洲间断分布	9	4. 48
旧世界热带分布	20	9. 95
热带亚洲至热带大洋洲分布	8	3. 98
热带亚洲至热带非洲分布	5	2. 49
热带亚洲分布	10	4. 97
北温带分布及其变型	29	14. 43
东亚和北美洲间断分布	6	2. 98
旧世界温带分布及其变型	19	9. 45
温带亚洲分布	4	1. 99
地中海区、西亚至中亚分布	1	0. 50
东亚分布	14	6. 97
合计	237	100. 00

其中，世界分布属共 36 属，仅占总属数的 15. 19%，如常见的十字花科（Cruciferae）碎米荠属（*Cardamine*）、独行菜属（*Lepidium*），车前科（Plantaginaceae）车前属（*Plantago*），茄科（Solanaceae）茄属（*Solanum*），菊科鬼针草属（*Bidens*）等。热带、亚热带成分有 128 属，占非世界分布总属数的 63. 68%；温带分布属共有 73 属，占非世界分布属总数的 36. 32%；缺乏中国特有属。从属的组成成分属性来看，该地区的热带、亚热带性质（128 属）比重突出显著，岛屿植物区系呈

现明显的热带、亚热带性质为主导，少量渗入温带性质的特征，与科水平上的区系起源特征基本一致，表现出现有植物区系特征与历史植物区系特征较为一致，且缺乏特有成分的特点，这可能与岛屿上人为干扰严重，或者该岛屿成岛时间段有关。

此外，南麂列岛野生种子植物中世界分布类型的属共 36 属，如禾本科的芦苇属（*Phragmites*）、狗尾草属（*Setaria*）等，莎草科的莎草属（*Cyperus*）、薹草属（*Carex*）等，菊科的飞蓬属（*Erigeron*）、鬼针草属（*Bidens*），蓼科的酸模属（*Rumex*）、蓼属（*Polygonum*），毛茛科的毛茛属（*Ranunculus*），堇菜科的堇菜属（*Viola*），石竹科的繁缕属（*Stellaria*）等。主要分布于林下、路边以及水塘溪流边等场所，且均以草本植物为主，调查中未发现木本植物中有世界分布类型。由于世界分布类型包括几乎遍布世界各大洲而没有特殊分布中心的属，或虽有一个或数个分布中心而包含世界分布种的属，主要以生态幅度广，适应能力强，能在不同环境下生存发展的草本种类为主，这些属虽然分布广泛、生存能力强，但对分析植物区系组成成分及地理分布特征意义不大。

热带亚热带分布型的 128 属中以泛热带分布属最多，共有 76 属，占非世界分布属的 37.81%，包括乔木、灌木、藤本、草本等不同的优势类群，且在区系中起到重要的作用，如木本植物桑科（Moraceae）榕属（*Ficus*），卫矛科美登木属（*Maytenus*），大戟科乌桕属（*Sapium*），荨麻科苎麻属（*Boehmeria*），大风子科柞木属（*Xylosma*），豆科胡枝子属（*Lespedeza*）、木蓝属（*Indigofera*）等，同时伴有大戟科大戟属（*Euphorbia*），茜草科耳草属（*Hedyotis*），菊科白酒草属（*Conyza*）、鳢肠属（*Eclipta*），唇形科绣球防风属（*Leucas*），禾本科白茅属（*Imperata*）、雀稗属（*Paspalum*），莎草科扁莎属（*Pycreus*）、飘拂草属（*Fimbristylis*），旋花科打碗花属（*Calystegia*）等草本植物类型，主要以菊科、禾本科、莎草科植物为最多，分布于开阔的路旁、海滩、草灌丛、湿地林缘和村庄田野等处。

旧世界热带分布共 20 属，占非世界属的 9.95%，主要以海桐花科桐花属（*Pittosporum*），爵床科爵床属（*Rostellularia*），紫金牛科杜茎山属（*Maesa*），百合科天门冬属（*Asparagus*），楝科楝属（*Melia*），葡萄科乌蔹莓属（*Cayratia*），禾本科细柄草属（*Capillipedium*）等较为常见。而热带亚洲和热带美洲分布、热带亚洲至热带大洋洲分布、热带亚洲至热带非洲分布及热带亚洲分布，占非世界属百分比分别为 4.48%、3.98%、2.49%、4.98%，植物分布类型广泛且属数相差不大，分别由山茶科柃木属（*Eurya*），豆科山蚂蝗属（*Desmodium*），樟科樟属（*Cinnamomum*），玄参科通泉草属（*Mazus*），禾本科芒属（*Miscanthus*），桑科构属（*Broussonetia*）等常见植物构成。

温带分布类型共有 73 属，其中北温带分布有 29 属，占非世界分布属的 14.43%，是温带成分中所含属数最多的类型，如桑科桑属（*Morus*），大麻科葎草属（*Humulus*），蔷薇科樱属（*Cerasus*），玄参科婆婆纳属（*Veronica*），唇形科活血丹属（*Glechoma*）、风轮菜属（*Clinopodium*），菊科紫菀属（*Aster*）、蒿属（*Artemisia*）、蓟属（*Cirsium*）、苦苣菜属（*Sonchus*），禾本科雀麦属（*Bromus*）、燕麦属（Avena）等。其次为旧世界温带分布（19 属）和东亚分布（14 属），所占比分别为 9.45%、6.97%，如豆科草木犀属（*Melilotus*），唇形科益母草属（*Leonurus*），菊科菊属（*Dendranthema*）、翅果菊属（*Pterocypsela*），豆科鸡眼草属（*Kummerowia*），金缕梅科檵木属（*Loropetalum*）等。

南麂列岛地处中亚热带向北亚热带过渡地段，除了受热带、亚热带成分的影响，温带成分也是组成该地区植物区系的重要成分之一。主要为广泛分布于欧、亚和北美温带地区的属，由于地理和历史原因，有些属沿山脉向南延伸到热带山区，甚至远达南半球温带，但其原始类型或分布中心仍在北温带。因此，北温带分布型较为常见。尤其樱属、蔷薇属、桑属等植物常作为北温带分布的落叶阔叶林和针阔混交林的乔木或灌木的优势种，以及紫菀属、蒿属、苦苣菜属、披碱草属（*Elymus*）、雀麦属、婆婆纳属、紫草属（*Lithospermum*）、卷耳属（*Cerastium*）等草本植物伴生于林下及周边，共同组成北温带分布类型，对于解释该地区表现出热带、亚热带区系和温带区系的相互渗透和相互过渡的特征具有重要意义。

通过以上分析可以得出，保护区的植被区系地理成分总体较为复杂，属热带、亚热带成分和温带成分相互渗透的过渡类型。其中，热带、亚热带性质的属又以泛热带分布为主，以属内所含植物种类多的特点在群落中占有一定优势，包括部分典型的热带种类和少数在系统发育上相对较为原始的科属，说明该地区具有热带起源特征；另外，温带成分在该区以北温带分布及旧世界温带分布为主，其中部分温带种类在群落中以优势种或建群种占据重要位置，反映出该地区与温带植物区系关系密切。因此，保护区植物区系在包含了较多的世界分布类型基础上，带有明显的热带性质，同时，很大程度上受温带成分的影响。统计中发现，南麂列岛植物属的起源显示出与泛热带植物区系、热带亚洲植物区系、北温带和东亚植物区系有不同程度的关联，具有我国华南植物区系向华东植物区系的过渡特征。其植物区系的热带、亚热带特征显著，既具有我国东南大陆华东中亚热带区系特点，又具有明显的华南南亚热带的特色，同时与日本滨海植物区系有着密切的亲缘关系。

二、植物群落物种多样性特征

Margalef 物种丰富度（E）、Shannon-Wiener 香浓指数（H'）、Simpson 优势度指数（D）和 Pielou 均匀度指数（Jsw）是反映群落组织化水平的定量指标，而且 Shannon-Wiener 指数同时考虑了物种丰富度指数、个体种数和均匀度，对森林群落物种多样性的测定较为有效。对南麂列岛 4 种最主要的森林植被类型（木麻黄林、台湾相思林、黑松林、天然阔叶次生林）的群落物种多样性进行分析，可以明确南麂列岛主要森林群落的多样性特征和群落稳定性，为海岛森林植被的保护提供基础资料。

（一）不同森林群落的物种多样性

植物群落不同层次是表征群落外貌特征和垂直结构的重要指标。从空间意义上，乔木层、灌木层和草本层是北亚热带植物群落的 3 个主要层次，就南麂列岛主岛来说，由于人为干扰的影响，3 个层次在物种数量上均较少，但在分布的均匀性和垂直分层上差异较大，因此可以通过对不同群落层次的多样性变化来研究该地区植物多样性的差异。

如表 8-5 所示，4 种森林类型中都是草本层的物种丰富度明显高于其他层次，表现为草本层大于灌木层，灌木层大于乔木层，这主要与草本植物多为世界广布类型，是海岛荒地的先锋植物，如禾本科、莎草科、菊科等，均具有较强的适应性有关，同时由于草本层物种丰富，多样性指数的增加贡献较大，因而香浓指数也都高于乔灌层；而在乔木层和灌木层中，由于人工造林等人为干扰的存在，乔灌层物种丰富度普遍较低，除台湾相思林中的乔木层物种丰富度大于灌木层外，其他 3 种森林类型都是灌木层物种丰富度大于乔木层，但各类型林分中除天然阔叶次生林乔木层有多优势树种，优势度不甚明显外，台湾相思、木麻黄和黑松均为其林分中的单一优势树种，优势度极为明显，但需注意的是，由于台湾相思林栽培时间较长，群落结构在长期的演替中逐步向稳定群落转变，草本层优势度稍高于乔木层，表明群落生境有较好的改善，为更多的物种提供了适宜的生境。而在均匀度指数中，各类型森林各层次差异较小，灌木层在其中占据少许优势，表现为灌木层大于草本层，草本层大于乔木层，表明在海岛植被演替初期阶段，各先锋物种有较强的环境适应性。

表 8-5　南麂岛主要森林类型群落物种多样性

森林类型	林层	优势度指数（*D*）	丰富度指数（*E*）	香浓指数（*H'*）	均匀度指数（*Jsw*）
台湾相思林	乔木层	9. 18	4. 93	7. 39	7. 90
	灌木层	5. 10	3. 45	8. 46	9. 96
	草本层	10. 20	17. 73	10. 84	8. 23
木麻黄林	乔木层	24. 14	2. 96	3. 05	3. 57
	灌木层	5. 44	4. 93	8. 88	9. 52
	草本层	4. 42	15. 27	10. 35	8. 55
黑松林	乔木层	12. 24	2. 96	5. 68	7. 03
	灌木层	7. 82	3. 45	7. 20	9. 09
	草本层	8. 50	14. 29	8. 76	7. 79
天然阔叶次生林	乔木层	6. 12	3. 94	8. 09	8. 66
	灌木层	4. 08	4. 43	9. 22	10. 39
	草本层	2. 75	21. 67	12. 09	9. 31

（二）不同森林群落的功能性状及功能多样性比较

进一步对表 8-5 数据分析可知，在 4 个典型植物群落之间，优势度指数（*D*）和物种丰富度（*E*）有显著性差异，但香浓指数（*H'*）和 Pielou 均匀度指数（*Jsw*）均未达到显著差异水平。天然阔叶次生林群落的物种丰富度最高，其次为台湾相思群落，而黑松群落与木麻黄群落的物种丰富度较低。其中，天然阔叶次生林群落的物种丰富度是木麻黄群落的 1. 2 倍，差异达到显著水平；而在优势度指数上，木麻黄群落与台湾相思群落和黑松群落差异不显著，而与天然阔叶次林群落有明显差异，这与人工林创造的单优势群落紧密相关。另外，天然阔叶次生林群落的香浓指数、Pielou 均匀度指数也略高于其他 3 个群落，但差异不显著。由此可见，在海岛植被演替初期，物种的丰富度和优势度是海岛植被物种多样性高低的重要影响因子之一。

（三）不同森林群落类型的结构多样性

对不同群落的结构多样性进行比较，结果表明：天然阔叶次生林群落的树高多样性与胸径多样性均小于其他 3 个群落，表明天然次生林正处于早期演替阶段，群落中乔木层尚未形成明显优势，而台湾相思群落的树高多样性与胸径多样性最高，且与天然阔叶次生林群落之间有显著差异，而其余 3 个森林群落之间的树高多样性与结构多样性差异并不显著，主要是由于台湾相思和黑松是早期海岛植被恢复的主要树种，种植时间相对较长，在群落中已占据绝对优势，而木麻黄则是近些年来主要应用的海岛防风树种，其生长速度快，林相整齐，适应性强，是非常优良的恢复海岛植被的乡土树种，因而在群落中优势极为明显。

根据对不同森林类型不同层次的分析可知：①从物种丰富度指标上看，调查区域各群落在物种丰富度（*E*）和香浓指数（*H*′）大多数表现为：草本层大于灌木层，灌木层大于乔木层，表明调查区域乔木层受人为干扰影响严重，种类较少，而草本和灌木由于适应性较强，在物种丰富度上表现较好，增强了林下植被的多样性。②从群落优势度（*D*）上来看，除台湾相思林乔木层优势度略低于草本层外，其余3种类型多表现为乔木层大于灌木层，灌木层大于草本层，其中木麻黄林和黑松林的乔木层优势极为明显，主要与近些年以来海岛上应用木麻黄和黑松等抗海风树种造林有很大关系，而台湾相思由于栽培时间长，已形成了相对较为稳定的群落层次结构，林下生境相对丰富，草本层优势有所增加；近几十年来的人工造林在很大程度上改善了长期遭受人为干扰而导致的海岛原生植被破坏和损失，使得一些适应海岛生境的本土植物得以发展和壮大，因而在天然阔叶次生林中可以看到乔木、灌木、草本各层次物种优势度差异极小，呈现多优势竞争的演替趋势。③草本层中，各类型的物种种类最多，分布相对最均匀，其香浓指数也相对较高，说明草本层物种丰富，多样性指数高，植被处于受人为干扰后的恢复初期阶段，先锋物种占据了群落下层优势，特别是人工林地区，是受到人为干扰最严重的地区。

整体来看，作为人工林代表的台湾相思林、木麻黄林和黑松林均是海岛防风固土、水土保持的骨干树种，是目前南麂岛植被中必不可少的类型，也是海岛物种多样性恢复初期的生态屏障之一。而天然阔叶次生林中草本层的高丰富度、高多样性和乔木层的低丰富度、低均匀度和低优势度恰好代表了海岛天然植被次生演替的典型初期特征，其多优势发展的竞争格局和灌木层较高的均匀度均为后期植被的恢复奠定了基础，也是指明了南麂岛植被演替的大致方向，可为后期水土保持和林相改造提供参考依据。

三、植物珍稀濒危及特有现象

在对南麂列岛的考察资料进行综合分析的基础上，参考《国家重点保护野生植物名录（第一批和第二批）》和《浙江省重点保护野生植物名录（第一批）》，确定南麂列岛现有珍稀濒危植物仅7种（表8-6），隶属于6科6属，包括国家一级重点保护植物1种，国家二级保护植物3种，省级重点保护野生植物3种。其中，国家二级保护植物香樟（*Cinnamomum camphora*）、普陀樟（*Cinnamomum japonicum* ‘Chenii’）和叉唇角盘兰（*Herminium lanceum*）有少量野生种出现，且长势较差，省级保护植物柃木和蔓九节相对较多，但尚未形成较为成熟的群落，其余种如苏铁（*Cycas revoluta*）、香樟、海滨木槿（*Hibiscus hamabo*）等常用作栽培种，作为附近村镇、道路、庭院、水塘等处的行道树、观赏树等观赏植物，其生存现状相对于野生种要好得多，自然竞争压力较小，基本能得到较好的发展。

表8-6 南麂列岛珍稀濒危植物现状

序号	种名	拉丁学名	科名	栽培状况	保护级别
1	苏铁	*Cycas revoluta*	苏铁科	栽培	国家一级

续表 8-6

序号	种名	拉丁学名	科名	栽培状况	保护级别
2	香樟	*Cinnamomum cmphora*	樟科	栽培或野生	国家二级
3	普陀樟	*Cinnamomum japonicum* 'Chenii'	樟科	栽培或野生	国家二级
4	叉唇角盘兰	*Herminium lanceum*	兰科	野生	国家二级
5	柃木	*Eurya japonica*	山茶科	野生	省级
6	海滨木槿	*Hibiscus hamabo*	锦葵科	栽培	省级
7	蔓九节	*Psychotria serpens*	茜草科	野生	省级

除上述重点保护野生植物外，南麂列岛还有一些特有的植物种类，如浙江海岛的特有植物无腺林泽兰（*Eupatorium lindleyanum* var. *eglandulosum*）、普陀狗娃花（*Heteropappus arenarius*）、变叶美登木（*Maytenus diversifolius*）和滨海白绒草（*Leucas chinensis*）等；仅限浙江—台湾分布的日本珊瑚树（*Viburnum odoratissimum* var. *awabuki*）；仅限浙江—福建—台湾分布的倒卵叶算盘子（*Glochidion obovatum*）等。这些物种均是本地区原有天然分布的植物种群，经过长期的淘汰和选择，已能很好地适应海岛的土壤、气候等自然条件，其自然分布、自然演替，也已适应了当地的生存环境，有很高的生态价值和很大的经济价值，因而在南麂列岛的保护与开发过程中，应把这些植物的保护和利用作为优先考虑的对象，对岛屿已遭破坏的植被的后期恢复与改建有重要的价值。因此，必须加强对南麂列岛陆生植物尤其是特有及濒危或保护植物的研究与保护，使之成为维持海岛生态平衡及特色种质资源库的重要组成部分。

第二节　动物资源

一、动物资源概况

南麂列岛陆生动物资源研究资料极少，只有对脊椎动物进行过一些简单描述，而对于昆虫以及土壤动物等方面的研究一直未见报道。杭州大学诸葛阳和陈水华（1994）根据保护区建立之前（1989 年 8—9 月间）的初步调查，首次报道了南麂列岛现有陆生脊椎动物 4 纲 15 目 29 科 51 种。其中，两栖纲 1 目 5 科 11 种；爬行纲 3 目 4 科 11 种；鸟纲 7 目 15 科 23 种；哺乳纲 4 目 5 科 6 种。由于岛屿周围海域的阻隔作用，所以如同沿海其他岛屿一样，南麂列岛陆生动物生态群落贫乏，生态系统较为脆弱。下马鞍、小柴峙岛、破屿等岛屿是鸟类的主要栖息繁衍之地，也是候鸟南北迁徙的经过地，主要种类有黑尾鸥（*Larus crassirostris*）、白鹭（*Egretta garzetta*）等。平屿岛上有大量蛇类，主要种类有王锦蛇（*Elaphe carinata*）、红纹滞卵蛇（*Oocatochus rufodorsatus*）、赤链蛇（*Dinodon rufozonatum*）等。应注意加强对鸟类和蛇类的保护。岛上臭鼩（*Suncus murinus*）极多，其数量超过黄毛鼠（*Rattuus losea*），能传播疾病，不容忽视。另外，根据浙江南麂列岛国家级海洋自然保护区功能区调整科学考察报告（复旦大学，2003），南麂列岛陆生脊椎动物共有两栖纲 1 目 5 科 11 种，爬行纲3目5科13种，鸟纲9目17科40种，哺乳纲6目7科8种，共计4纲19目34科72种。据最新考证统计（见附录1-9、附录1-10），南麂列岛陆生脊椎动物共有两栖纲1目5科11种，爬行纲3目5科15种，鸟纲11目38科95种，哺乳纲5目9科10种，共计4纲20目57科131种。

二、鸟类种类组成和区系分析

2003年在进行保护区功能区调整考察时复旦大学生物多样性与生态工程教育部重点实验室组织专家对南麂列岛国家级海洋自然保护区鸟类进行了专门调查，根据此次调查并结合浙江省有关单位对南麂列岛自然保护区以往的调查资料，对南麂列岛自然保护区鸟类资源的情况进行了整理总结。南麂列岛自然保护区当时记录到的鸟类共计9目17科40种。各目所包括的科数和种数见表8-7。由此表可知，南麂列岛自然保护区的鸟类中，以雀形目和鸥形目鸟类为主，分别为21种和6种，占种类总数的52.5%和15.0%。另外，鹳形目鸟类5种，占种类总数的12.5%。如果以科所包含的种数进行统计，以鹟科的鸟类为最多，共计9种，其次为鸥科和鹭科鸟类，分别为6种和5种。最近几年南麂保护区研究所在日常监测中记录到了10种鸟类，分别是牛背鹭（*Bubulcus ibis*）、池鹭（*Ardeola bacchus*）（2011），苍鹭（*Ardea cineres*）、普通鸬鹚（*Phalacrocorax carbo*）、弯嘴滨鹬（*Calidris ferruginea*）、大天鹅（*Cygnus cygnus*）（2012），褐翅燕鸥（*Sterna anaethetus*）、粉红燕鸥（*Sterna dougallii*）（2015），扁嘴海雀（*Synthliboramphus antiquus*）、绿翅鸭（*Anas crecca*）（2018）。2018—2020年浙江大学生命科学学院丁平教授科研团队采用固定距离样线法及样点法，珍稀鸟类则辅以痕迹法、访问法和红外相机监测法，共在南麂列岛国家级海洋自然保护区新记录到鸟类46种，隶属于6目24科，且雀形目鸟类物种数最多，共18科39种，鹰形目2科3种，鹈形目1科1种，鸻形目1科1种，鹃形目1科1种，鸮形目1科1种。至此，南麂列岛国家级海洋自然保护区鸟类记录累计已有95种，隶属于11目38科。

表8-7 南麂列岛自然保护区鸟类分类统计

目	科名及种数	总种数及百分比/%
鹳形目	鹭科（5）	5（12.5）
鹰形目	鹰科（2）	2（5.0）
鸡形目	雉科（1）	1（2.5）
鸻形目	鹬科（1）	1（2.5）
鸥形目	鸥科（6）	6（15.0）
鸽形目	鸠鸽科（1）	1（2.5）
鸮形目	草鸮科（1）；鸱鸮科（1）	2（5.0）
雨燕目	雨燕科（1）	1（2.5）
雀形目	燕科（1）；鹡鸰科（3）；鹎科（1）；伯劳科（3）；鹟科（9）；鸦科（1）；雀科（2）；文鸟科（1）	21（52.5）
总计	17（40）	40（100.0）

复旦大学生物多样性与生态工程教育部重点实验室（2003）还对南麂列岛国家级海洋自然保护区鸟类的留居型进行了分析，其中以留鸟最多，有 18 种，占总种数的 45.0%；夏候鸟次之，有 12 种，占总种数的 30.0%；冬候鸟和旅鸟共计 9 种，占总种数的 22.5%。在南麂列岛自然保护区的繁殖鸟类共计 30 种，占总种数的 75.0%（表 8-8）。

表 8-8　南麂列岛自然保护区鸟类留居型分析

留居型	留鸟	冬候鸟	旅鸟	夏候鸟	迷鸟	总计
种数/种	18	3	6	12	1	40
占总数的百分比/%	45.0	7.5	15.0	30.0	2.5	100.0

从南麂列岛自然保护区鸟类的区系组成来看，该区域的古北界鸟类和东洋界鸟类的数量非常接近，分别为 18 种和 19 种，占总种数的 45.0% 和 47.5%。东洋界鸟类主要由留鸟（11 种）和夏候鸟（7 种）组成，旅鸟仅 1 种；而古北界的鸟类中，有留鸟 4 种，夏候鸟 5 种，旅鸟 5 种，冬候鸟 3 种，迷鸟 1 种。另外，广布种共 3 种，全部为留鸟。这表明，南麂列岛自然保护区的鸟类具有东洋界和古北界的双重特征。

如果从南麂列岛自然保护区的 30 种繁殖鸟类（留鸟和夏候鸟）来看，东洋界鸟类有 18 种，占繁殖鸟类种数的 60.0%，而古北界鸟类有 9 种，占繁殖鸟类种数的 30.0%（表 8-9）。因此，从南麂列岛自然保护区繁殖鸟类的区系组成来看，东洋界鸟类占优势。这种情况表明，南麂列岛自然保护区位于东洋界的北缘，东洋界鸟类占据优势，但鸟类的区系组成中古北界鸟类仍具有一定的比例。

通过对南麂列岛自然保护区的鸟类区系和浙江省的鸟类区系进行比较表明，从总的鸟类组成来看，南麂列岛自然保护区东洋界的鸟类比例略高，但繁殖鸟中，南麂列岛自然保护区的东洋界鸟类比例略低（表 8-9）。由此可以看出，南麂列岛自然保护区和浙江省的鸟类区系组成非常相似，都是东洋界鸟类占据一定的优势。这与南麂列岛位于浙江省东南部这一地理位置是一致的。

表 8-9　南麂列岛自然保护区和浙江省鸟类区系组成比较

地区	种数及百分比	古北界种	东洋界种	广布种	总计
南麂列岛	鸟类种数/种	18	19	3	40
	百分比/%	45.0	47.5	7.0	100
	繁殖鸟种数/种	9	18	3	30
	百分比/%	30.0	60.0	10.0	100
浙江省	鸟类种数/种	244	190	8	442
	百分比/%	55.2	43.0	1.8	100
	繁殖鸟种数/种	31	181	6	218
	百分比/%	14.2	83.0	2.8	100

三、鸟类分布特点

根据复旦大学生物多样性与生态工程教育部重点实验室于2003年6月对南麂列岛的主岛南麂岛、大檑山屿和下马鞍岛3个岛屿的考察，3个岛屿鸟类的群落组成各不相同。其中主岛记录到的鸟类种数最多，为20种；大檑山屿记录到的鸟类有9种，下马鞍岛记录到的鸟类为6种。3个岛屿记录到的鸟类种类见表8-10。大檑山屿的鸟类种类和数量都明显低于主岛。下马鞍岛虽然鸟类种类较少，但优势种数量极多。

3个岛屿的鸟类在群落的组成上具有显著的差异。其中主岛主要以雀形目等陆栖鸟类为主，海洋性鸟类数量较少。其中，白头鹎（*Pycnonotus sinensis*）、麻雀（*Passer montanus*）、家燕（*Hirundo rustica*）等与人类活动密切相关的伴生种具有较高的数量。大檑山屿的海洋性鸟类比主岛多，并出现白腰雨燕（*Apus pacificus*）等在远离大陆分布的海洋性鸟类。但在大檑山屿仍有大量的雀形目陆栖鸟类。下马鞍岛记录到的6种鸟类中，除中白鹭（*Egretta intermedia*）为湿地鸟类，在下马鞍仅记录到1只外，其余5种全部为海洋性鸟类。

3个岛屿鸟类群落的差异与岛屿自然环境的特点有直接的关系。主岛面积较大，有7.669 5 km^2，栖息地类型复杂多样，长期以来有居民居住，人类活动影响强烈，灌丛、林地、农田、养殖场、居民点等多样的自然环境为不同的鸟类栖息提供了良好的场所。因此，能够记录到较多的鸟类种类。由于主岛与大陆之间的最短距离仅为45 km，因此一些飞行能力较强的鸟类能够从大陆沿海地区飞到主岛，而一些飞行能力较弱的鸟类也可能会随着人类活动被带到主岛，如环颈雉（*Phasianus colchicus*）等。尽管主岛记录到的鸟类种数比大陆少得多，但主岛的鸟类群落特征和浙江东南沿海区域的鸟类群落组成非常相似。

大檑山屿距离南麂列岛主岛约2 km，面积0.394 5 km^2，岛屿上也有常住人口。因此，可以见到家燕等人类活动的伴生鸟类。同时，与主岛相比，大檑山屿更靠近外海区域，因此，海洋性特征更为明显，能够记录到白腰雨燕等海洋性鸟类。

下马鞍岛位于南麂列岛的西南部，面积为0.137 2 km^2。尽管下马鞍岛的鸟类种类较少，但因该岛的鸟类数量众多，在当地有“鸟岛”之称。下马鞍岛最高点的海拔高度为88 m，岛屿四周乱石嶙峋，大小洞穴随处可见，岛上茅草丛生，灌丛繁茂。由于岛屿没有居民，且人类活动极少，因此岛屿保持了自然的环境特征，为海洋性鸟类的栖息和繁衍提供了良好的场所。2003年6月，一次记录到黑尾鸥2 000余只，黑尾鸥在该岛的密度达到18 200只/km^2，如此高的密度，表明该岛为海洋性鸟类重要的繁殖地，具有极高的保护价值。下马鞍岛众多的鸥科鸟类与其独特的自然环境条件有着密切的关系。第一，下马鞍岛没有居民居住，人类活动的干扰极少，岛屿保持原生状态，因此，岛屿缺乏人类活动的伴生鸟类；第二，由于下马鞍岛面积较小，且远离大陆，岛上风力较强，陆生鸟类很难在此栖息；第三，岛屿上茅草丛生，灌丛茂密，并有众多洞穴，复杂的生境为鸥科鸟类的筑巢和繁殖提供了优越的条件；第四，岛屿附近就是作业渔场，渔业资源丰富，而且风浪大，一些鱼类随急流撞到礁石上，有利于鸥科鸟类觅食。

表 8-10 南麂列岛主岛、大檑山屿和下马鞍岛 3 个岛屿鸟类的种类分布

种名	拉丁学名	分布区域		
		主岛	大檑山屿	下马鞍岛
白鹭	*Egretta garzetta*	√		
中白鹭	*Egretta intermedia*	√		√
夜鹭	*Nycticorax nyticorax*	√		
岩鹭	*Egretta sacra*			√
黄苇鳽	*Ixobrychus sinensis*	√		
林鹬	*Tringa glareola*	√		
黑尾鸥	*Larus crassirostris*	√	√	√
海鸥	*Larus canus*	√	√	
白翅浮鸥	*Chlidonias leucoptera*		√	√
白额燕鸥	*Sterna albifrons*	√	√	√
乌燕鸥	*Sterna fuscata*			√
白腰雨燕	*Apus pacificus*		√	
家燕	*Hirundo rustica*	√	√	
黄鹡鸰	*Motacilla flava*	√		
白鹡鸰	*Motacilla alba*	√		
白头鹎	*Pycnonotus sinensis*	√		
棕背伯劳	*Lanius schach*	√		
赭红尾鸲	*Phoenicurus ochruros*	√		
蓝矶鸫	*Monticola solitarius*	√		
短翅树莺	*Cettia diphone*		√	
棕扇尾莺	*Cisticolajuncidis*		√	
强脚树莺	*Cettiafortipes*	√	√	
山鹪莺	*Prinia criniger*	√		
三道眉草鹀	*Emberiza cioides*	√		
黑尾蜡嘴雀	*Coccothraustes migratorius*	√		
麻雀	*Passer monlanus*	√		

四、南麂列岛自然保护区在鸟类保护上的重要意义

尽管南麂列岛的鸟类种类并不丰富，但海洋性鸟类（候鸟）数量却颇多，黑尾鸥在候鸟中种群数量最多，在海洋性鸟类的保护上具有重要意义。

（一）下马鞍岛是目前已知的黑尾鸥最大繁殖地之一

2003 年 6 月，在下马鞍岛一次记录到黑尾鸥 2 000 余只，其中约 1/3 为成鸟，其余的为幼鸟。其中部分幼鸟还未离巢，是我国目前已知最大的黑尾鸥繁殖地之一。2003 年 9 月再次对下马鞍岛进行调查时，幼鸟已经离巢，部分种群已经迁飞，但在下马鞍岛仍记录到 500 多只黑尾鸥，其中约有一半数量为幼鸟。部分幼鸟的飞行能力较弱，仍需要成鸟的照顾。根据近年来对我国东部地区鸟类资源调查，下马鞍岛黑尾鸥的种群是目前已知的黑尾鸥最大的繁殖种群之一。繁殖期为鸟类生活史的重要时期，繁殖地鸟类的种群状况将直接影响到种群未来的状况。因此，下马鞍岛对于鸥科鸟类的保护具有重要意义。

（二）对海洋性鸟类的保护具有重要意义

根据历次调查结果，已记录到鸥科鸟类 9 种，除黑尾鸥外，2003 年复旦大学生物多样性与生态工程教育部重点实验室研究人员还在下马鞍岛记录到繁殖的白额燕鸥（*Sterna albifrons*）300 余只，并记录到岩鹭（*Egretta sacra*）3 只。根据浙江动物志记载，岩鹭在浙江省只在宁波曾有过记录。1985 年 1 月，曾在乐清市采到 1 只雌鸟（暗灰型）。本次为在浙江省第二次记录到岩鹭的分布。另外，本次调查还记录到乌燕鸥（*Sterna fuscata*）3 只，这是浙江省首次记录到乌燕鸥的分布。除下马鞍岛外，位于下马鞍岛东北方向的破屿也是海洋性鸟类的重要栖息地，有大批鸟类在此栖息。由于人类活动的干扰极少，该区域为海洋性鸟类的栖息提供了优越的条件。由于南麂列岛周边海域为浙江省的三大渔场之一，丰富的鱼类资源也为鸟类提供了充足的食物来源。这表明，下马鞍岛及周围区域是海洋性鸟类的重要栖息地，对海洋性鸟类的保护具有重要意义。

（三）为岛屿生物地理学的研究提供了理想的研究场所

由于地理上的隔离，岛屿上物种的进化速度比大陆快。我们对主岛、大檑山屿和下马鞍岛 3 个岛屿的初步研究表明，3 个不同自然环境的岛屿的鸟类群落特性具有明显的差异。南麂列岛具有 52 个面积大于 500 m^2的岛屿，各个岛屿不同的自然环境为研究生态学和进化论问题提供了良好的天然实验室，是开展岛屿生物地理学研究的理想场所，具有极高的科研价值。

第九章　旅游资源

南麂列岛旅游资源十分丰富，尤以金沙碧海、奇礁怪石、峭壁幽洞、天然壁画、野生水仙花、天然草坪、贝藻生态、鸟岛等自然景观和郑成功水军操练场、美龄居、摩崖石刻等人文景观而备受旅游者青睐，被誉为“碧海仙山”“贝藻王国”和“东海明珠”。温州明代诗人何白与清代诗人鲍台曾分别用“倘挟飞仙问蓬阆，便遗玉舄白云乡”“曾闻大瀛海，中有蓬莱宫”等佳句来赞美南麂列岛的自然风光。的确，南麂列岛的景观不但充满了自然的天韵和神话般的魅力，而且还具有特殊的海岛风味和地方色彩。南麂列岛风景名胜区大致可以分为 4 个相对独立的区域，分别是：三盘尾景区、大沙岙景区、国姓岙景区、竹柴百屿景区。根据景点组合等级质量、分布集中程度、环境质量、景观特色以及对景观的负面影响因素，可分三级逐一评价景区。三盘尾景区为一级景观区，分布景点有 29 处；大沙岙景区为一级景观区，分布景点有 21 处；竹柴百屿景区为二级景观区，分布景点有 18 处；国姓岙景区为三级景观区，分布景点有 7 处（表 9-1）。综合来看，整个南麂列岛风景名胜区共有 75 个景点，其中，自然景点有 63 个，占景点总数的 84%；人文景点有 12 个，占景点总数的 16%。

一、自然景观

（一）岛屿岩礁

南麂列岛陆域地貌以低山丘陵为主，由岩石、沙砾、红壤组成，南麂岛和附近岛屿的主要岩石为花岗岩，岩体呈岩株状产出。海岸由于长期受波浪、潮汐的侵蚀、冲击，基岩裸露，常见陡崖峭壁，岸线形态曲折，多岬角和海湾。尤其是南麂岛东南部的三尾盘和虎屿一带的大山半岛沿岸，海蚀崖、海蚀穴、海蚀洞、海蚀柱、海蚀台、海蚀岩滩等景观极为丰富而且集中，主要岩石景观有尖峰、陡壁、洞穴、岬角、岩礁、象形石等。南麂列岛地质年代久远，加上海区风大浪高，海涛就像一位能工巧匠，神工鬼斧般地雕琢着悬岩礁石，形成了千姿百态、美不胜收的自然景观，构成了瑰丽秀美、富有特色的海洋游览胜地。三盘尾景区即是其一，它主要由花岗岩构成，在海水浸蚀下形成的海蚀石林如雕似刻，是一处极为难得的石景观赏区，被人誉为“万景园”。它位于南麂岛东南岬角上，由头盘、二盘和三盘组成，面积约 0.42 km^2，宛如 3 只精巧的盘碟若即若离地浮现在烟波浩渺的东海上。这里的老人礁、猴子拜观音、狮伏象岩、关爷磨刀石、天然壁画、五指岩、朝天龟、飞来石、天锣地鼓等，千姿百态，形象逼真，引人入胜。

（二）石头洞穴

据初步探明，南麂列岛有各种幽洞26处，最大的可容纳100~200人。现存主要有青白蛇、听潮崖、空心屿和南天窗等天然岩洞。

（三）海滨沙滩

南麂列岛有大小沙滩3处即大沙岙、火焜岙和马祖岙沙滩，其中以大沙岙沙滩见胜。该沙滩呈新月形，长达800 m，宽达600 m，沙质细腻洁净。经环保部门检测，大沙岙沙滩的水质与沙质分别属好与很好，又兼沙滩两侧山丘挟持，碧波映衬，空间感强，坡度平缓，确为国内罕见的海滨贝壳沙浴场。大沙岙景区位于南麂岛的西南部，面积约0.33 km^2，附近便是国家级海洋自然保护区的核心区。这里碧水金沙，海天相映，自然景观美不胜收。金黄色的大沙滩坡度平缓，是千万年来由无数的贝壳碎屑堆积而成的，沙质柔软细致，加上海水湛蓝洁净，确实是一处举世罕见的天然海滨浴场。白昼，在阳光的照耀下，金光闪烁；夜晚，在海浪的冲刷下，晶莹发亮。与沙滩相连的是碧蓝澄澈的浩瀚大海，风和日丽时，波光粼粼，海天相连，浮光耀金。然而，当陆地上还是风吹枝摇时，与虎屿遥遥相望的蜡烛峰洋面上，却已是惊涛拍岸，而原来风平浪静的大沙岙也不时涌起层层浪涛。而当台风来临时，从太平洋传来的波涛则以排山倒海之势涌向沙滩，巨浪滔天，浪花四溅，浪头冲上虎屿头，高达数十米，壮观无比。

（四）气象景观

1. 观浪

南麂列岛属全国一级风区，每年6级风以上有216 d。夏秋时间，一旦在西太平洋形成热带风暴，距之千里的大沙岙可提前3~4 d出现大浪。如台风在列岛海域登陆，在大沙岙可观测到几米乃至十几米高的惊涛骇浪，气势壮观，不亚于钱塘江中秋观潮。

2. 山巅观日

南麂本岛有两座山：一座叫南麂山，高192 m；另一座叫大山，高229.1 m。这两座山盘踞在一起，东南面形成大沙岙，西北面形成马祖岙，站在山巅可望东海万顷碧波和风起云涌。尤其是看日出，一轮红日，跃出在海平面上；红日西沉，则满天彩霞，渐渐消失于苍茫的暮色之中，尤为壮观。

表 9-1　南麂列岛风景名胜区分区景点情况

景区	一级景点	二级景点	三级景点	四级景点	景点数量	占全区百分比/%
三盘尾景区	猴子拜观音、天然壁画、天然草坪	三盘尾、黄龙石、地下迷宫、风动岩	后隆嘴、前隆嘴、仙人指印、关爷磨刀石、狮子石、大象石、榕树王泉、关帝宫旧址、天然凉亭	熊猫石、试剑石、天鹅石、骏马石、海马岩、石青蛙、飞来石、母子猴、石鼓、海龟石、观音手掌、东嘴头、望夫石	29 个	38. 7
大沙岙景区	天然浴场、大沙岙贝藻类生物景观	石笋峰、虎屿山、蜡烛峰、南天门、栖风居	山巅观日、三寮奇垄、打铁礁、观光台、502 坑道、保护区碑、妈祖庙、战壕碉堡、大山、南麂山	下海龟、青蛇石、大山嘴、白蛇礁	21 个	28. 0
竹柴百屿景区	大檑山屿野生水仙花、竹屿野生水仙花、小柴屿岛贝藻类生物景观	一线天、鸟岛（下马鞍岛）、国家领海基点碑	穿山洞、蜈蚣吸水、柴屿岛（蜈蚣岛）、金门槛、后麂山、笔架山、小檑山屿、稻挑山、尖屿岛	门屿岛、竹屿岛、大檑山屿	18 个	24. 0
国姓岙景区			避风港和军港、斩断尾门、水师操练场、摩崖石刻、国姓庙	龙嘴山、白岩头嘴	7 个	9. 3
合计	8 个	12 个	33 个	22 个	75 个	100

二、生物景观

（一）贝藻类资源

在南麂列岛的潮间带和海底礁石上，生长着一片片、一丛丛色彩斑斓、形态各异的贝藻类海洋生物。当潮水退去之后，这些美丽的海洋生物就在海陆交界处织出一条长长的海上彩带，成为南麂一道亮丽的风景线。丰富的贝藻类资源给海岛增添了五彩斑斓的海洋生物景观，既美丽又神奇。虎屿坐落在大沙岙正前方，犹如虎踞岙口，镇浪静波。虎屿后面有一块称作小虎屿的礁石，恰似老虎拉下的粪屎。虎屿左前方有一块又长又狭的礁石，形似龙船，在海浪中起伏跌宕，这就是名扬天下的龙船礁。虎屿、小虎屿、龙船礁都是保护区的核心区，礁石上生长着密密麻麻的贝类和海藻，特别是在龙船礁，分布在整个保护区潮间带的各种贝藻类，有80%以上的种类可在此找到它们的行踪。

（二）海岛植被（大檑山屿水仙花）

受岛屿气候的影响，海岛植被呈现出特殊的形态，是探寻生物与气候之间相互关系的天然实验室。大檑山屿和竹屿岛上生长着一种野生水仙花，面积共有30亩①左右，其密度之高，生长之盛，花香之浓，实属沿海岛屿所罕见。每逢春节前后，岛上芳香迷人，游人置身其间，犹如步入人间仙境。

（三）天然草坪

天然草坪是南麂岛上一大植被景观，成片分布，如绿荫地毯铺展于山丘上，景色别致，镶嵌于碧海孤岛中，令人惊叹。尤以三盘尾的天然大草坪景色为最佳，其面积约达63亩，大片结缕草集中分布在岛屿上，好似绿色的大地毯，疏松柔软，是一处难得的景观，也是游人憩息的极好场所。

（四）鸟岛

环绕着美丽的南麂岛，还有许多独具特色的小岛屿，如鸟岛、水仙花岛、蛇岛、蜈蚣岛等，无不使人怦然心动。在下马鞍岛、破屿、小柴峙岛等小岛上，灌木杂草丛生，怪石林立，岩洞遍地，这里人迹罕至，生态保护良好，每逢夏、秋期间，成千上万的海鸥、燕鸥、白鹭等海鸟就成群结队地飞来栖息繁殖，这些岛屿便成了鸟类的乐园，同时也成了南麂的一大景观。

三、人文景观

南麂列岛不仅自然景观优美，而且人文景观也十分丰富。南麂的历史，有文字记载可追溯到600多年前，它曾作为台湾到大陆的跳板而成为兵家必争之地。

（一）渔村风光

南麂社区主要从事渔业和生态旅游业，鱼汛期间，渔船云集，场面壮观。海岛上背山面海的石屋，屋前小块空场晒着的鱼干，渔港穿梭的船只和岸边鲜活的鱼虾，海面上成片的大黄鱼深海养殖

---

① 1亩=1/15 hm^2。

网箱和贻贝养殖筏架，具有浓郁的渔乡风情，与海岛秀美的自然环境，构成一幅很吸引人的海岛渔村生活画面。

（二）名人古迹

（1）郑成功收复台湾操练水军校场遗址：清顺治十五年至十六年（1658—1659 年）民族英雄郑成功的部分水军曾驻扎在南麂岛的西岙（现国姓岙）进行操练达两年之久，现南麂留有郑成功水师操练场、摩崖石刻等人文景观，为南麂增添了独特的文化色彩。旧时，老百姓称郑成功为国姓爷，郑成功军队停泊船只的岙口原称西岙，后为纪念郑成功改称为“国姓岙”，一直沿用至今。

（2）南麂美龄居：20 世纪 50 年代蒋介石、胡宗南、蒋经国等一大批国民党高官曾在南麂活动过。传说宋美龄曾打算到南麂岛慰问当年的国民党残部，至今仍留有“美龄居”一座，又称“美龄宫”。1954 年 5 月中旬，国民党的残余驻军为迎接宋美龄来岛慰问临时修筑了一座大块花岗岩垒砌、钢筋、水泥结构的碉堡式建筑。该建筑共有 3 间平房，约 80 m^2，前间是保卫室，中堂是会客室，顶棚有国民党的党徽，右边是卧室，左边为书房，屋后两厢分别是卫生间和厨房，窗口安装有防弹钢丝网，屋顶有小树杂草等掩蔽物，整座房子好像一座坚实牢固的碉堡。门前用鹅卵石铺成，有公路直通大沙岙，如今四周古木苍郁，环境十分清幽。现已修缮对外供游客参观。1955 年 2 月，国民党军队在南麂岛撤退时把岛上 1 996 名南麂原住民全部带到了台湾屏东县高树乡，这使南麂岛又成了台胞返乡寻根之岛，在两岸关系中具有独特的地位。

（三）战壕、碉堡、地道、军营

南麂列岛自古属于兵家必争之地，如今岛上明碉暗堡、地道壕沟的战场痕迹到处可见，它似乎在一次次地告诉人们，南麂列岛是个有着岁月沧桑的地方，这是对青少年进行爱国主义和国防教育的生动教材。20 世纪 50 年代以来又在南麂岛上修建了大量军事设施，包括仓库、军营、坑道，在地上和地下形成了一套完整而壮观的军事指挥防御系统，目前已闲置可供参观。

（四）摩崖石刻

南麂列岛摩崖石刻主要集中在南麂本岛国姓岙内，有“官澳”“虎林”“石首呈珠”“海天拱印”等摩崖石刻。据说这些摩崖石刻均为明末清初郑成功部队所留，具有极高的史料价值。

（五）宗教建筑

此外，还有“妈祖庙”“国姓庙”“关帝宫旧址”等宗教历史遗迹。

（1）妈祖庙：位于南麂本岛马祖岙山顶，相传为早年福建闽清人到南麂列岛捕鱼避风时修建。

（2）国姓庙：明末清初为纪念郑成功所建，在南麂国姓岙底部小山坡上，后年久失修而损毁。据说，当时有屋数间，庙貌颇雄伟，庙内供有国姓爷塑像。到南麂的渔民、商客，无不前往瞻仰。台湾渔民到此避风，登岸后都以一睹国姓庙为快，找到遗址者，往往敬上一炷香，略表心意。当地居民也有意重建国姓庙。

（3）关帝宫旧址：位于三盘尾关帝宫山上，附近有关爷磨刀石、关爷印等石景，其下方海边为关帝岙。

第十章　土地资源

保护区岛屿和海域均为国家所有，管理权属于保护区管理局和当地政府。1983 年岛上林地在山林定权时，使用权归村民集体所有，另有 1 700 亩的使用权在 1997 年由县政府划归企业作为农业开发用地使用。

保护区陆地面积约为 11.13 km^2，约合 16 695 亩（不包括潮间带）。土地构成以丘陵坡地为主，其中主岛——南麂岛面积为 12 443.4 亩，占列岛土地总面积的 74.53%。保护区内现有耕地 492.21 亩，占保护区陆地总面积的 2.95%；林地 834.46 亩，占保护区陆地总面积的 5%，其中疏林面积 714 亩；荒山（包括草乔植被）14 543.89 亩，占保护区陆地总面积的 87.11%；村庄面积 1 490.73 亩，占保护区陆地总面积的 8.92%。

此外，南麂列岛尚有潮间带约 2.89 km^2，约合 4 316.25 亩。其中基岩型潮间带面积最大，约 4 243亩，占潮间带总面积的 98.30%。列岛岸线总长为 74.66 km，其中岩质岸线长 73.41 km，占总岸线长度的 98.32%；人工石砌岸线长 0.53 km，占 0.71%；沙砾岸线长 0.72 km，占 0.96%。可见，南麂列岛是一个典型的基岩型岛屿，它为大量贝藻类的繁殖生长提供了重要自然条件。

南麂列岛为典型的海岛地形、地貌，竖向复杂多变，多为山地、台地，高差从一米到十几米不等，而且可利用地块少，因而，土地利用较简单，也较分散，无水田，少量为旱地。主要用地位于南麂本岛的中部，其中新码头是当地居民、游客和大陆联系的主要交通节点，现有大量村落建筑；司令部是乡镇行政、居民服务配套设施以及游客接待服务的主要区域；大沙岙与三盘尾是游客活动的主要区域，大沙岙又是靠核心区最近的地块；马祖岙、后隆为渔村。

第十一章　淡水资源

根据浙江省水文总站的理论测算：南麂列岛由于海岛面积小，又是丘陵地貌，集水条件差，故多年平均水资源总量仅约 273×10^4 m^3。以 4 年一遇的偏枯水年即 $P=75\%$ 估算，水资源总量为 186×10^4 m^3；以 10 年一遇的枯水年，$P=90\%$ 估算，水资源总量为 137×10^4 m^3；以 20 年一遇的特枯水年，$P=95\%$ 估算，水资源总量为 115×10^4 m^3。

如果采用 10 年一遇的枯水年水资源总量 137×10^4 m^3 为依据，每天每人用水按 0.6 m^3 计算，则南麂列岛水资源人口承载量为 6.255 7 万人。事实上，南麂岛由于丘陵地貌坡度较大，地形破碎，植被条件差，地表蓄水量低，计算的水资源总量理论值一般难以达到。

据 20 世纪 90 年代初的海岛资源调查，岛上有大型 200 m 深机井 1 口，日出水量 250 t，小型集水井 50 口，日出水总量 250 t，还有储水池、储水井 50 多口，日总供水量约 500 t，可满足 1 万人长期生活和生产的需要。为进一步解决海岛用水难问题，1998 年建成了容量 25 000 m^3 的柳成山庄（现蔚蓝相思酒店）配套水库，2007 年又建成了总库容 10.6×10^4 m^3、日供水能力为 9 600 m^3 的外垄水库等。目前，随着海底电缆的铺设成功，海水淡化工程也已提上议事日程。

第十二章 自然能源

南麂列岛的自然能源主要有风能、太阳能、海洋能（包括潮汐能、潮流能和波浪能等）。

一、风能

海岛风能是取之不尽用之不竭的再生能源。南麂岛属于亚热带季风气候区，地处我国风能丰富区，风能资源十分丰富。岛上累年平均6级以上大风日数为216 d，年平均风速为7.9 m/s，为我国一类风区。该岛全年有效风能为4 331 kW·h/m^2，名列浙江省前茅，有效风通密度达584 W/m^2，年有效风速小时数高达7 421 h，约309 d。因此，利用风能发电也是增加南麂列岛能源供应的一条切实有效的途径。

二、太阳能

根据浙江海岛资源综合调查与研究（宋小棣，1995），南麂年平均日照1 774.6 h，每年到达的太阳能密度为3 861 J/m^2。南麂本岛面积为7.64 km^2，到达地面的太阳能年总量可达85×10^8 kW·h。一年中以冬季（12月至翌年2月）太阳能最少，3—5月随着太阳高度角的增大，太阳能也逐月增加，7—8月受副热带高压控制，晴朗多照，太阳能最多，9—11月逐渐减少。按10%电池利用率，1%的可照面积来计算，每年南麂岛可产生820×10^4 kW·h电能，因此合理开发利用太阳能，对于解决海岛能源的缺乏也有着重要的意义。南麂岛已建成1 MWp太阳能光伏离网发电项目。目前，国内太阳能的应用研究领域非常广泛，如使用太阳能发电，推广太阳能热水器、太阳灶、太阳能电池，利用太阳能养殖等，均可在南麂岛获得应用。但要注意防止造成不利的生态影响。

三、海洋能

南麂海域属强潮区域，潮差大，潮流急，从而蕴藏着丰富的潮汐能和潮流能等海洋能资源。但近期受技术条件及环境因素的限制，海洋能的开发难度依然较大。根据浙江海岛资源综合调查与研究（宋小棣，1995），南麂岛火焜岙装机容量为352 kW，国姓岙装机容量为476 kW，马祖岙装机容量为881 kW，大沙岙装机容量为5 464 kW。南麂列岛海域是我国主要强潮地区之一，年平均潮位3.2 m，平均潮差为3.74 m，最大潮差可达6.76 m，一般大潮时的潮差在6.0 m左右，为全省最大，高于浙北、台州、宁波，并远高于舟山岛区（1.86~2.90 m），潮汐能能量密度和可开发利用的环境条件优于全省北部岛区。

南麂岛是全省 5 个典型海岛波浪能站选择地之一，波浪能流密度为 2.82 kW/m^2，理论功率为 26.37×10^4 kW，约占全省总数的 10%多，波浪能分布具有明显的季节变化，一般夏、秋季大，冬、春季小。

第三篇　社会经济

第十三章 社会概况

第一节 行政区划

南麂列岛国家级海洋自然保护区位于浙江省温州市平阳县南麂镇管辖区域，南麂镇现辖4个行政村（兴岙村、马祖岙村、鑫丰村和东方岙村），镇政府驻火焜岙（实际驻司令部）。

公元1300年之前，难觅有关南麂列岛的史料，自明朝始，在平阳乃至温州的方志中始有“南麂”的记载。据民国《平阳县志》载：“昔时南麂及竹屿诸岛并编户入二十四都……明万历十年（1582年）设有南麂副总兵……清顺治十八年（1661年）迁徙，其地始墟。”据平阳县志（1993年）记载，明洪武年间（1368—1398年），就有福建省兴化县渔民来南麂岛从事张网作业，至今已有600多年历史了。关于南、北麂归属之争，从光绪三十二年（1906年）开始，至宣统二年（1910年）始奉部令：平阳开垦南麂、瑞安开垦北麂，永为“定则”。民国二十年（1931年），成立南麂乡。民国三十年（1941年）称南麂乡，隶属小南区（后改鳌江区），民国三十四年（1945年）国民政府在此设立乡公所。1955年2月24日，国民党政权实施“飞龙计划”，将岛上的1 996名居民全部带往台湾。

1955年2月26日，中国人民解放军进驻南麂岛，宣告南麂解放。当年3—5月，温州专署动员平阳、瑞安及文成等县居民268户、872人迁居南麂从事垦种、捕鱼，于6月成立南麂乡人民政府，由洞头县北麂区管辖。1957年8月16日，浙江省人民政府决定，平阳县辖南麂列岛。1958年11月为鳌江人民公社南麂大队（管理区）。1960年5月，成立中共平阳县南麂岛工作委员会和平阳县人民政府南麂岛办事处。1961年成立南麂人民公社，属南麂岛办事处管辖。1983年改称南麂乡。1990年9月建立南麂列岛国家级海洋自然保护区。1991年浙江省编委（9月）、温州市编委（11月）和平阳县编委（11月）分别正式发文同意建立副县级的专门管理机构——南麂列岛国家海洋自然保护区管理局，行政上隶属平阳县人民政府，1992年6月正式挂牌。1992年5月25日，平阳县人民政府转发温州市人民政府《关于平阳县撤区扩镇并乡方案的通知》，浙江省民政厅（浙民基字〔1992〕425号）文件批复同意平阳县撤区扩镇并乡方案，南麂乡辖11个村，乡政府驻火焜岙村，实行乡镇管村体制。同时，撤销中共平阳县南麂岛工作委员会和平阳县人民政府南麂岛办事处。1997年12月，南麂撤乡建镇。2011年4月，浙江省人民政府决定撤销南麂镇建制，其行政区域并入鳌江镇，成立南麂办事处（社区）。2016年1月23日，浙江省人民政府下发《关于平阳县部分行政区划调整的批复》（浙政函〔2016〕14 号），同意调整鳌江镇、万全镇管辖范围，增设海西镇和南麂镇，南麂镇辖 11 个行政村（后隆、国姓岙、对岙、新码头、马祖岙、门屿尾、上百亩、火焜岙、三盘尾、大檑、竹屿），镇政府驻火焜岙村。2019 年 4 月，平阳县人民政府下发《关于同意南麂镇行政村规模优化调整的批复》（平政发〔2019〕52 号），此次村规模优化调整共减少 7 个行政村，经调整，南麂镇辖 4 个行政村：撤销大檑村、新码头村、对岙村、国姓岙村，合并建立兴岙村，村委会驻新码头自然村；撤销马祖岙村、门屿尾村合并建立马祖岙村，村委会驻马祖岙自然村；撤销后隆村、竹屿村合并建立鑫丰村，村委会驻后隆自然村；撤销三盘尾村、火焜岙村、上百亩村合并建立东方岙村，村委会驻火焜岙自然村。

第二节　人口状况

由于南麂列岛独特的地理位置和社会历史原因，决定了南麂列岛人口状况的脆弱性和不稳定性。南麂列岛在历史上曾发生过 3 次人口大变动。第一次是清顺治十八年（1661 年），副总兵撤防后，命令列岛居民全部迁界，其地开始废墟；第二次是 1942 年农历九月初三中午，100 多名日军乘坐两艘舰艇血洗了竹屿岛，杀害无辜渔民 100 多人；第三次是 1955 年 2 月 24 日，盘踞在列岛的蒋军 49 团将岛上居民全部带往台湾，南麂又成为一个空岛。

目前，岛上常住人口是 20 世纪 50 年代后期经政府动员移民而来的，主要来自平阳、瑞安、文成、洞头、泰顺、苍南等地。据统计，1988 年，岛上有常住（户籍）人口 631 户 2 379 人，临时迁居户 967 户 4 376 人，主要居住在南麂本岛以及竹屿、大檑山屿 3 个岛屿上。过去苍南、平阳两县渔民季节性驻岛生产还有门峙岛、柴峙岛、平峙岛等。1989 年，南麂乡有 11 个村，常住人口 616 户2 322人。2011 年，全岛常住人口 784 户 2 282 人，外来住户 232 户 480 人，少数民族 21 人，其余为汉族。2012 年，南麂社区包括 11 个行政村，全岛常住人口 731 户 2 210 人。2016 年，全岛常住人口总数为 2 290 人，男、女人数分别为 1 136 人、1 154 人，年末总户数为 700 户。据 2018 年最新统计，全岛常住人口总数为 2 307 人，年末总户数为 477 户，另有外来住户 235 户 530 人。

南麂列岛国家级海洋自然保护区自成立以来，保护区管理局在保护与管理方面做了大量的工作，但由于保护区人口结构的脆弱性与不稳定性，流动人口对自然资源采取临时定点的掠夺性利用活动，特别是对经济价值高的珍稀鱼类、贝藻类进行掠夺性的捕捞和采挖，不但对南麂列岛的自然资源造成了极大的破坏，也给自然保护区的保护和建设带来了很大的困难。与 20 世纪 80 年代相比，目前岛上流动人口数量已大幅度下降，但近 10 多年来基本上都保持在 500 人左右，近年来，随着旅游业的发展还有所增加，所以，今后有必要进一步加强对流动人口的控制和管理。

第十四章 经济概况

南麂列岛经济来源过去主要以张网捕捞和采捕贝藻类为主，后来随着海水养殖与旅游业不断发展，逐渐向海水养殖和以服务业为主的第三产业转变。近年来，海水养殖业和旅游业发展迅猛，2018 年，旅游人数已超过 10 万人次，全岛实现社会总产值 54 000 万元，其中以海水养殖业为主的渔业生产总值 41 758 万元，以旅游业为主的第三产业产值 12 242 万元，岛上居民的人均收入达到 33 210 元。据统计，2018 年平阳县城镇常住居民人均可支配收入 47 021 元，农村常住居民人均可支配收入 22 730 元，可见南麂镇居民人均收入低于所在县城镇常住居民人均可支配收入，但高于所在县农村常住居民人均可支配收入。

据统计，1989 年，南麂乡全年农村经济总收入 500 万元，其中渔业 261 万元，工业 197 万元，商饮业及其他 20 万元，交通运输业 9 万元，牧业 5 万元，种植业 4 万元，林业 3 万元，建筑业 1 万元；居民人均收入 901 元。1999 年，旅游人数达 2.4 万人次，旅游收入 1 500 万元，海水养殖产值 545 万元，海洋捕捞产值 581 万元，合计收入 2 626 万元。2007 年，游客接待量达 6 万人次，旅游收入 2 250 万元。2009 年，游客接待量超过 7 万人次，旅游收入 3 800 万元。2011 年旅游人数超过 8 万人次，工农业总产值达 8 674 万元，其中渔业产值 4 864 万元，以旅游业为主的第三产业产值 3 810万元；居民人均收入 7 198 元。2012 年，南麂社区全年社会总产值 9 050 万元，其中渔业产值 5 100万元，运输业 300 万元，商饮业 3 150 万元，服务业 500 万元；居民人均收入 7 521 元。2016 年，南麂镇全年工农业总产值达 40 587 万元，其中渔业产值 36 482 万元，以旅游业为主的第三产业产值 4 105 万元；居民人均收入 41 763 元。据南麂列岛所在的平阳县对城乡住户抽样调查，2016 年平阳县城镇常住居民人均可支配收入 39 628 元，农村常住居民人均可支配收入 18 861 元。由此可见，2016 年南麂镇居民人均收入高于所在县城镇和农村常住居民人均可支配收入。

第十五章　文教卫生

一直以来，南麂岛的文化教育设施都是比较落后的。过去由于岛上居民来往大陆不便，岛上的学校班级反而比较齐全。小学、初中义务教育到位，甚至还办过一届高中。据 1989 年调查，当时岛上有中心校 1 所，设小学至初中 8 个班级，教师 20 多人，小学普及率、巩固率和升学率都在 95%以上。1990 年有中学教师 15 人，中学生 149 人；小学教师 15 人，小学生 168 人。为了改善海岛办学条件，1995 年建造了 1 座教学楼，1999 年联通公司又捐资 80 余万元兴建了南麂联通希望小学。后来随着岛民生活水平的不断提高，很多家庭都在鳌江等大陆城镇购房置产，子女多数去大陆就学，南麂中心校学生越来越少，小学生的数量由 1990 年的 168 人减少到 2007 年的 9 人，2009 年,岛上已经没有学生就读，只有几个老师在留守。2012 年南麂中心学校撤并后，为切实解决好南麂镇户籍适龄儿童少年入学问题，根据《平阳县人民政府关于同意撤并南麂中心学校的批复》（平政发〔2012〕168 号）精神，将南麂镇纳入鳌江小学、鳌江三中施教区范围，南麂社区适龄儿童少年小学、初中分别安排至鳌江小学、鳌江三中就读。现在中心校校址正在改建为南麂列岛国家级海洋自然保护区科教馆。

随着社会和经济的发展，近年来，卫生医疗机构不断得到加强，医疗水平有所提高。现有卫生院 1 所，病床 12 张，医务人员 6 人。平阳县人民医院、平阳县中医院还定期派出中级以上医生来岛巡回医疗，基本解决了医疗保健问题。2017 年 7 月 19 日，在南麂镇卫生院增挂了平阳县中医院分院牌匾，平阳县中医院定期派出医生赴岛值班，每年指定 10 余位医生下乡帮扶。2018 年平阳县出台《关于开展医疗卫生服务共同体建设工作的实施意见》（平委发〔2018〕66 号），平阳县中医院牵头组建 1 个医共体，成员单位包括麻步中心卫生院、鳌江镇卫生院（包括鳌江镇钱仓卫生院、鳌江镇梅溪卫生院、鳌江镇梅源卫生院）、南麂镇卫生院等 6 个乡镇卫生院。

南麂的文化事业也有一定的发展，海岛人民的文化生活日益丰富。1990 年建成电视差转台并投入使用，可直接接收中央、浙江、福建 3 个频道的电视节目，但受天气干扰大，信号模糊，当地居民信息不通。2000 年初平阳县广电局和当地政府、居民共同投资 80 余万元建设开通了有线闭路电视，改变了岛上电视节目少、信号差的状况，可接收 10 多个图像非常清晰的电视台节目，大大丰富了当地群众的业余文化生活，对南麂发展旅游业也产生了积极影响。此外，本岛各行政村都接上了广播。在旅游季节，各宾馆酒店有卡拉 OK 厅、舞厅等开放供游客使用，大沙岙海滨浴场还有沙滩排球、露天篝火晚会等文体娱乐活动。

第十六章　基础设施

南麂列岛远离大陆，是东南沿海的前哨，在军事上具有重要的战略地位，因此在历史上具有较强的封闭性。建立自然保护区之前，南麂的基础设施建设相当落后，岛上水电缺乏，交通通信不便，公共设施极不完善。南麂保护区建立后，随着保护、开发力度的不断加大，特别是旅游业的迅猛发展和海珍品养殖业的兴起，当地的基础设施建设有了较大的发展，并不断得到完善。

在20世纪90年代，各级政府和相关企业累计投入1亿余元资金，相继完成了一批水、电、交通、通信、宾馆等设施建设，使岛上的面貌有了较大改观。1995年邮电部门在岛上开通了装机容量870门的微波程控电话和宽带上网，1999年又建成了手机差转台，实现移动、联通信号接收畅通；1995年开工建设国姓岙防波堤，并扩建修建了多座渔用码头；1997年修建了南麂300吨级客货码头，由平阳县企业家投资购置了2艘豪华快艇，平时每天有一班普通交通船或快艇往返于南麂与鳌江之间，在旅游季节（5—10月）还增开了温州、瑞安航线，每天到达南麂的客轮不少于5艘；1999年在平阳县供电局的大力支持下，对全岛电网进行了全面改造，添置了425 kW柴油发电机，结束了南麂岛长期以来限时供电（仅上半夜供电）的历史；南麂岛上公路也有较大改善，1993—1999年岛上连接码头、镇政府、大沙岙和三盘尾的公路已全部由过去高低不平的石子公路改造为块石公路，并在上述地点建成了相应的停车场，1995年还在新码头和大沙岙之间建成一条3.5 km长的环岛公路，1997年修建和拓宽了环岛公路、景区公路，主岛实现了村村通；1999年岛上运营的车辆有中巴15辆、小轿车4辆、货车6辆；这期间有关单位和企业家先后投资2 000余万元，在南麂建成了高、中、低档宾馆、旅馆23家，床位达1 200余个；柳成集团还投资100余万元建成了容量为25 000 m^3的水库；三盘尾和大沙岙景区建设也取得了重要进展，建成了游步道、凉亭以及一些娱乐、服务和安全设施。

随着南麂知名度不断提高，当地旅游业发展迅猛，每年来岛旅游的人数越来越多，1999年已超过5万人次，在旅游高峰期日客流量达到1 000多人次，在码头停靠的客轮达到7艘。原有的客运码头仅300吨级，由于泊位不足，客轮到港后常常无法及时靠岸，给游客造成诸多不便，同时客运站候船室简陋狭小，人满为患，已经远远不能适应旅游发展的需要。2000年，平阳县政府决定投资400万元在原码头西侧兴建一座500吨级的新客运码头，长25.6 m，宽8.0 m，并配套建设450 m^2的新客运大楼、200 m^2的仓库及600 m^2的停车场等附属设施。

进入21世纪以来，南麂的基础设施建设进入了加速期。在交通方面，2003年4月，可停泊300~500吨级客货轮的南麂岛新码头竣工并投入使用，岛上拥有300吨级客货码头和500吨级客运交通码头各1座，大大缓解了南麂码头的拥挤状况，方便广大游客，提高客运营运率，促进南麂旅游业的繁荣，加快海岛经济的全面发展；在供电方面，2005 年南麂镇人民政府投资 200 万元建成 450 kW的供电设施，2006 年继续增加供电方面的投资，投资经费达到 400 万元，至 2009 年供电设施达到1 000 kW，2010 年实现岛上居民与大陆居民用电同价，2011 年投资 2.5 亿元实施国家“863”离网型风光柴储发电工程，于 2014 年建成投运，包括风机 10 台，进一步缓解了岛上用电难问题；在供水方面，2007 年南麂建成具有日供水能力为 9 600 m^3的外垄水库，坝高 16 m，库容达 10.6×10^4 m^3，投资达 400 万元，2010 年还修建了自来水厂；污水处理设施方面，南麂镇人民政府投入 120 万元的资金，分别在马祖岙村、新码头村、司令部以及垃圾填埋场建设了规模为 45 m^3、45 m^3、40 m^3以及 50 m^3的污水处理站，并铺设了 400 m 长的污水管网，有效地消减了主要污水排放点的污水排放总量，避免污水直接排放入海，从而减少了污水对海洋生物的威胁；2010 年完成海鲜排档一条街建设；2011 年动工建设保护区科教馆工程；2012 年建造陆岛交通船“保护区 66 号”，方便岛民出行；2012 年启动三盘尾旅游服务中心建设，提高景区接待能力，并建设污水处理池、垃圾焚烧炉，实现了垃圾污水集中处理；2011 年 7 月鳌江港客运站开往南麂航班的新客运码头建成并投入使用，总投资约 2 504 万元，拥有两座 300 吨级兼靠 500 吨级客运泊位的浮码头，设计年客运能力 16.5 万人次；2016 年建成生态停车场 2 个、500 吨级游客码头 1 座，截至 2016 年底，保护区内的公路均已改造为块石或水泥路面，总里程 14.4 km，有各种车辆 30 多辆贯穿于村庄、景点和码头。

自 2017 年以来，各级政府有关部门进一步加大了南麂岛基础设施建设投入力度，又投入资金近 10 亿元，完成了景区设施完善、宾馆民宿建设、海底电缆、保护区科教馆主体工程、农村生活污水治理工程等。其中，2017—2018 年平阳县旅游部门投资近 2 000 万元实施南麂岛柳成山庄改造提升工程，改造成南麂岛档次较高的蔚蓝相思酒店，提高了接待能力；2018 年平阳县人民政府投资建造 2 艘豪华客轮，每艘载客量 300 人；2019 年 3 月，平阳南麂岛与大陆电力联网工程正式开工建设，并于当年 11 月建成投入使用，已彻底解决了岛上用电难问题，该工程由国网浙江省电力有限公司投资 2 亿元，在南麂岛新建一座 35 kV 全户内变电站，并敷设一条从大陆至南麂岛的 35 kV 海底电缆，线路总长度约 47 km，其中海缆线路长度 42.6 km，这是国内目前最长的三芯 35 kV 交流海底电缆，也是浙江省最长海缆线路。此外，近期又有一系列工程项目上马动工，如旅游部门投资 5 000万元的南麂列岛国家级海洋自然保护区科教馆布展装饰工程、交通部门投资 4 000 余万元的平阳县南麂港航便民及旅游服务中心工程、镇政府投资 1 400 多万元建设的农村生活污水治理续建工程、旅游部门投资 5 600 万元的南麂岛风情示范带设计施工一体化工程、交通部门投资 7 000 万元的平阳县南麂镇道路修复提升工程、投资 1 200 万元的平阳县南麂进港航道及码头港池疏浚工程、投资 2 379 万元的南麂列岛国家级海洋自然保护区保护及监测设施建设项目等。

第四篇　自然保护

第十七章　保护区类型和功能区划

第一节　保护区性质和类型

一、保护区性质

南麂列岛国家级海洋自然保护区建于 1990 年 9 月 30 日，是我国首批经国务院正式批准建立的 5 个海洋类型自然保护区之一。1998 年 12 月，经联合国教科文组织批准，南麂列岛加入联合国教科文组织世界生物圈保护区网络，成为我国最早加入该国际网络的海洋类型自然保护区，也是目前我国唯一的外海岛屿类型世界生物圈保护区。它是一个以保护海洋生物多样性为目标，以海洋贝藻类、海洋性鸟类和野生水仙及其生态环境为主要保护对象的海洋与岛屿生态系统自然保护区。

二、保护区类型

根据自然保护区的主要保护对象，依据《自然保护区类别与级别划分原则》（GB/T 14529-93），将自然保护区分为 3 个类别 9 个类型（表 17-1）。南麂列岛国家级海洋自然保护区属“自然生态系统类别”中的“海洋和海岸生态系统类型”自然保护区。自然生态系统类自然保护区，是指以具有一定代表性、典型性和完整性的生物群落和非生物环境共同组成的生态系统作为主要保护对象的一类自然保护区，下分 5 个类型。其中，海洋和海岸生态系统类型自然保护区，是指以海洋、海岸生物与其生境共同形成的海洋和海岸生态系统作为主要保护对象的自然保护区。

表 17-1　自然保护区类型划分

类别	类型
自然生态系统类	森林生态系统类型
	草原与草甸生态系统类型
	荒漠生态系统类型
	内陆湿地和水域生态系统类型
	海洋和海岸生态系统类型

续表 17-1

类别	类型
野生生物类	野生动物类型
	野生植物类型
自然遗迹类	地质遗迹类型
	古生物遗迹类型

第二节 保护区功能区划

1990 年建区初期，南麂列岛国家级海洋自然保护区主要以海洋贝藻类物种资源及其生态环境为保护对象，大山、大山礁、虎屿岛、小柴峙岛、上马鞍岛和大沙岙部分沙滩为核心区（一级保护区），共 3 处，合计面积为 663 hm^2。2002 年，根据保护区发展变化，为了更好地实现生物圈保护区保护、发展和后勤 3 大基本功能，南麂列岛国家海洋自然保护区管理局委托上海复旦大学生物多样性研究所对保护区功能区划进行调整，并于 2004 年 9 月获国家海洋局的批复。经过调整，保护区的保护对象拓展到海洋贝藻类、海洋性鸟类、野生水仙及其生态环境。核心区拓展到 7 处，即大山（含虎屿岛和大山礁）、小柴峙岛、上马鞍岛、下马鞍岛、破屿、大檑山屿和后麂山岛，面积为 804 hm^2，占保护区总面积的 4.0%，实行封闭式保护，除必要的经批准的监测和科研以外，禁止一切人为活动；缓冲区面积为 3 404 hm^2，占保护区总面积的 16.9%，可进行科学研究观测活动；实验区面积为 15 898 hm^2，占保护区总面积的 79.1%，可进行保护、监测、执法、科研和宣教等设施建设，并适当开展生态旅游和示范性经营等活动。

一、区划原则

根据本保护区的特点和重点保护对象，保护区的内部功能区遵循以下原则进行区划。

（1）有利于维持南麂列岛的海洋贝藻类区系组成及其生态环境，为典型性海洋鸟类提供良好的生存与栖息环境，保护好野生水仙资源及其生态环境，尽量避免保护对象受到人为干扰。

（2）有利于自然保护区管理工作的开展，方便各项措施的落实，方便各项活动的组织与控制，充分发挥保护区的各种功能。

（3）功能区边界确定原则上以自然地形和 GIS 缓冲分析结果为主。

（4）有利于科学研究、宣传教育等活动的开展。

（5）有利于基础设施建设的内部联网和外部衔接。

（6）坚持保护为主，适度开发，开发服从保护。

二、划分依据

根据《中华人民共和国环境保护法》《中华人民共和国海洋环境保护法》《中华人民共和国自

然保护区条例》《海洋自然保护区管理办法》《自然保护区工程总体设计标准》《浙江省南麂列岛国家级海洋自然保护区管理条例》等有关规定，结合保护区建设的性质、任务、保护对象的分布及生物生态学特性等，通过实地考察分析论证，按照保护功能的要求，进行功能区划。

三、功能区划结果

按照区划原则与上述标准，在实地考察、广泛调研和科学分析的基础上，根据保护对象的时间、空间分布格局以及道路、生态旅游点、南麂本岛上居民点及其生产、生活需要等情况，将保护区划分为 3 个功能区，即核心区、缓冲区和实验区。

（一）核心区

核心区的划分主要考虑以下条件：生态系统较为完整，未遭受人为破坏；保护对象分布相对集中，有适宜的栖息环境；区内无人为干扰和影响；外围有较好的缓冲条件。据此将上马鞍岛、小柴峙岛、下马鞍岛、南麂本岛大山、破屿、大檑山屿、后麂山岛 7 个区域划为核心区（地理坐标见表 17-2）。

核心区总面积 804 hm^2，占保护区总面积的 4.0%。在此区域，禁止除监测和科研以外的一切人为活动，其土地、水域和野生动植物等归保护区管理局依法统一管理。

表 17-2 核心区地理坐标

编号	北纬（N）	东经（E）
1 上马鞍岛	27°27′18″	120°57′29″
	27°27′18″	120°58′03″
	27°26′53″	120°58′03″
	27°26′53″	120°57′29″
2 小柴峙岛	27°25′39″	121°05′23″
	27°25′22″	121°05′48″
	27°25′06″	121°05′35″
	27°25′24″	121°05′10″
3 下马鞍岛	27°25′00″	121°01′09″
	27°25′00″	121°00′30″
	27°25′30″	121°00′30″
	27°25′30″	121°01′09″
	27°25′00″	121°01′09″
4 南麂岛大山	27°28′06″	121°02′40″
	27°27′47″	121°03′28″
	27°27′05″	121°04′36″
	27°26′46″	121°03′59″
	27°26′54″	121°03′30″
	27°27′47″	121°02′22″
	27°28′06″	121°02′40″

续表 17-2

编号	北纬（N）	东经（E）
5　破屿	27°26′15″	121°02′14″
	27°26′07″	121°02′03″
	27°26′28″	121°01′46″
	27°26′35″	121°01′57″
6　大檑山屿	27°29′56″	121°04′45″
	27°30′00″	121°05′15″
	27°29′38″	121°05′53″
	27°29′24″	121°05′28″
7　后麂山岛	27°27′54″	121°07′50″
	27°28′24″	121°07′11″
	27°28′35″	121°07′17″
	27°28′28″	121°07′50″

（二）缓冲区

主要根据保护对象分布和地貌特点，在核心区的外围，将以下 3 个区域划定为缓冲区（地理坐标见表 17-3），合计面积 3 404 hm^2，占总面积的 16.9%。这里作为核心区的延续，同时是保护区外来影响的缓冲地带，对贝藻类、鸟类、水仙和周边生态环境也进行严格保护。缓冲区可进行科学研究观测活动。

表 17-3　缓冲区地理坐标

编号	北纬（N）	东经（E）
1　左	27°26′46″	120°57′22″
	27°27′24″	120°57′22″
	27°27′24″	120°58′10″
	27°26′46″	120°58′10″
2　中	27°28′06″	121°02′40″
	27°27′47″	121°03′28″
	27°27′05″	121°04′36″
	27°25′60″	121°04′05″
	27°25′39″	121°04′30″
	27°25′39″	121°05′23″
	27°25′22″	121°05′48″
	27°24′50″	121°05′48″
	27°24′50″	121°59′38″
3　右	27°29′56″	121°04′45″
	27°30′00″	121°05′15″
	27°28′14″	121°08′15″
	27°27′05″	121°08′15″
	27°28′60″	121°05′60″

（三）实验区

除核心区、缓冲区以外的部分是实验区，面积为 15 898 hm^2，约占总面积的 79.1%。可进行保护、监测、执法、科研和宣教等设施建设，并适当开展生态旅游和示范性经营等活动。

四、功能区适应性管理措施

（一）核心区

核心区以保护海洋生态系统与珍稀特有物种为主要目的，保持其生态系统和物种不受人为干扰，在自然状态下演替和繁衍，从而保证核心区的完整、安全与自然状态，增加生物的多样性。

核心区实行绝对保护，只供监测研究，除必要的观测、巡护设施外，不得设置和从事任何影响或干扰生态环境的设施与活动，其土地、水域和野生动植物等归自然保护区依法统一管理，其他任何单位和个人不得侵占和变更。具体管理目标和措施如下。

（1）管理目标：①保证海洋生态系统生态过程的自然性和生态系统的动态平衡；②丰富生物多样性，扩大珍稀物种种群（数量）；③保持岛屿岩礁、海滨沙滩、石头洞穴等自然景观原状；④提供科学研究监测点。

（2）管理措施：①核心区内的生态过程禁止人为干扰，即使是枯老、病死的动植物也不允许清理；②禁止岸礁采集、海上捕捞等任何破坏性人为活动；③核心区内只有管理和生态监测人员获得批准后按计划在规定范围进行活动，其他任何人不得入内活动。

（二）缓冲区

缓冲区是指保护区的缓冲区部分，作用是缓解外界压力、防止人为活动对核心区的影响，对核心区生态环境的保护和维持生态平衡具有必不可少的作用。该区内可进行有规划、有控制的科学研究、考察、教学实习等工作。具体管理目标和措施如下。

（1）管理目标：①减少对核心区生态系统和自然资源的压力，有效保护核心区；②完善海洋生态系统的功能，扩大珍稀物种种群（数量）；③优化海域环境质量，保证海水质量不受污染；④满足教学和科研监测活动需求。

（2）管理措施：①禁止岸礁采集、海上捕捞等经营性活动；②采取封礁繁育、生态恢复实验等人工促进更新措施恢复生物系统；③最大限度地扩大和改善海洋生物的栖息条件。

（三）实验区

实验区是指保护区内核心区和缓冲区之外的其他海域和陆域的保护区，该区域是在有效保护的前提下，以资源的持续培育、永续利用、合理经营与开发为措施，最终达到改善区域经济，为更大范围地利用资源提供示范模式和指导目标。在该区范围内，可适度开展自然资源的综合利用以及生态旅游、科普宣传教育等活动，以增强保护区和周边社区的经济实力。具体的管理目标和措施如下。

（1）管理目标：①通过生态恢复实验等措施修复因人类活动等造成的生态系统退化；②提供珍

稀物种的繁育与科研基地；③提供生态环境宣传教育场所；④提供有价值的生态旅游区域；⑤提供促进保护区自给与地方经济发展的示范性经营基地；⑥建立资源利用、保护、发展一体化的示范模式；⑦提高和完善管理水平。

（2）管理措施：①严格控制与防止对保护区生态系统和物种产生不良影响的各类因素；②控制利用与保护的比重，实行有指导性的开发活动；③加强自然保护区和社区居民及周边群众的联系；④对经营性生产进行集约经营与管理；⑤开展生态恢复实验、扩大海洋动植物的科学研究工作；⑥选择与制订社区经济发展的项目与计划，促进社区经济发展；⑦开展科普型生态旅游和示范性经营等活动；⑧建设必要的公益性设施，使保护区和地方共同受益；⑨建设必要的保护、科研、监测、执法、宣教、旅游的设施和条件，以满足其正常运作。

第十八章　保护区总体规划

第一节　规划目的意义、范围和期限

一、规划目的意义

《浙江省南麂列岛国家级海洋自然保护区管理条例》第七条规定："保护区总体规划是保护区保护、建设和管理工作的依据。保护区总体规划由保护区管理局组织编制，经平阳县人民政府审核，报省海洋管理部门批准后组织实施。"

21 世纪是海洋世纪。我国已完成新一轮沿海开发战略布局，海洋经济的发展已上升到国家战略层面，海洋将成为国家发展战略性新型产业的主战场，最具投资前景。向海洋要资源、要空间、要食品、要经济增长点已成为我国国民经济社会发展的必然。但是，在我国海洋经济以高于同期国民经济整体增长速度的态势下，将给我国海洋生态环境带来巨大压力，南麂列岛海洋自然保护区也呈现出许多亟待解决的问题，主要表现为：海洋环境质量下降，浅海渔业捕捞和潮间带贝类资源采集过度，海洋科技含量不高，海洋产业结构不甚合理；海洋资源合理利用程度不够，海洋生态环境遭受不同程度的破坏；缺乏综合协调保护管理机制和机构，缺少科学合理开发保护的规划和秩序；海洋资源开发中的无偿、无序、无度现象依然存在。为了在快速发展和急剧变化的社会经济背景下协调和解决好南麂列岛在保护和开发方面所面临的一系列紧迫问题以及规范保护区的管理，自保护区建立以来，平阳县政府、南麂镇政府、保护区管理局等各级主管部门针对不同目标和不同管理权限开展了各类规划工作，在一定程度上规范了保护区的管理，但直到 2014 年 12 月才见经上级行政主管部门批准属于保护区的总体规划。南麂列岛国家级海洋自然保护区总体规划的编制，对保护区的建设、管理和发展，对海洋资源的可持续利用、海洋生态环境的保护、促进保护区人类与自然的和谐发展具有十分重要的意义。

南麂列岛国家级海洋自然保护区本着"高要求、高起点、高标准"的原则进行规划建设，力求在保护自然生态系统的同时实现自然资本的增值，为可持续发展提供物质保障。通过对保护区的建设，不仅有效地保护了海洋生态环境和生物多样性，而且还可为科学研究、宣传教育、生产示范提供重要基地。只要经过不断努力，南麂列岛可望成为中国海洋贝藻类的科研教育实习基地、海洋科普基地和岛屿可持续开发示范基地。相信通过强化保护和科学管理，实施可持续发展战略，南麂列岛一定能成为中国主要海洋贝藻类的天然博物馆、基因库，最终建成集旅游、度假、避暑、科研、培训和生产示范于一体的世界一流水平的生物圈保护区。

二、规划范围和期限

（一）规划范围

南麂列岛国家级海洋自然保护区总面积为 20 106 hm^2，其中岛屿陆域面积为 1 113 hm^2，海域面积为 18 993 hm^2，其地理坐标范围为 27°24′30″—27°30′00″N、120°56′30″—121°08′30″E。

（二）规划期限

本次保护区总体规划基准年为 2010 年。规划期限为 2012—2025 年，分 3 期实施。即近期 2012—2015 年、中期 2016—2020 年和远期 2021—2025 年。

三、各类规划编制情况

1992 年 4 月，国家海洋局批复了由浙江省海洋管理处和平阳县人民政府组织编制的《浙江南麂列岛国家级海洋自然保护区建设方案》（国海管发〔1992〕226 号）。1992 年，浙江省海洋管理处委托国家海洋局第二海洋研究所和杭州大学地理系共同编制了《南麂列岛国家级海洋自然保护区主导功能区划和总体规划》，并通过了专家论证，但一直未得到上级单位正式批复。1999 年，浙江省环保局和浙江省计划委员会共同编制了《浙江省自然保护区发展规划》，将南麂保护区列为浙江省重点自然保护区建设示范工程之一。2004 年 9 月，在开展保护区功能区划调整时，由复旦大学生物多样性与生态工程教育部重点实验室、上海复益生态环境科技有限公司和南麂列岛国家海洋自然保护区管理局联合编制了《浙江南麂列岛国家级海洋自然保护区总体规划（2003—2010 年）》。2004 年 12 月，南麂镇人民政府委托北京土人景观规划设计研究院和北京大学景观设计研究院联合编制了《浙江省平阳县南麂镇总体规划（2005—2025 年）》。2006 年 7 月，南麂列岛国家海洋自然保护区管理局、南麂镇人民政府委托北京土人景观规划设计研究院和北京大学景观设计研究院联合编制了《浙江南麂修建性详细规划（2006—2025 年）》。2010 年，平阳县国土资源局组织编制了《南麂镇土地利用总体规划（2006—2020 年）》。2011 年，国务院正式批复的《浙江海洋经济发展示范区规划》提出了将南麂打造成我国海洋生态岛的重大发展目标，在国家战略层面上明确了其在我国海洋生态文明建设中的重要地位。2011 年，南麂列岛国家海洋自然保护区管理局委托国家海洋局第二海洋研究所编制了《浙江南麂列岛国家级海洋自然保护区总体规划（2012—2025 年）》，2014 年 3 月 19 日，受国家海洋局委托，国家海洋环境监测中心组织召开了《南麂列岛国家级海洋自然保护区总体规划》专家评审会，通过了评审，并于 2014 年 12 月 21 日获得国家海洋局正式批复（国海环字〔2014〕747 号）。

2019 年初，南麂列岛国家海洋自然保护区管理局又启动了南麂列岛“多规合一”规划工作。按照“多规合一”的要求，编制南麂统一的规划，是实现“一张蓝图”推进南麂海洋生态保护和经济社会和谐发展的关键之举。2019 年 1 月 8 日，南麂列岛国家海洋自然保护区管理局牵头组织召开了南麂列岛“多规合一”总体规划、详细规划编制工作会议，会议研究了《南麂列岛“多规合一”总体规划、详细规划编制工作实施方案》，征求了各相关部门的意见并进行完善，报县政府审核批准。该方案明确，“多规合一”规划由南麂列岛国家海洋自然保护区管理局和南麂镇牵头推进，平阳县旅游投资有限公司负责筹措“多规合一”规划编制所需的资金，平阳县发展和改革局、县住建局、县国土资源局、县风景旅游管理局、县环保局等部门给予积极配合。

此外，2019 年南麂保护区管理局还启动了南麂养殖容量评估和养殖专项规划编制。开展南麂养殖容量评估、编制养殖专项规划是保护南麂海洋生态环境、合理科学规范南麂大黄鱼产业发展的必然要求，同时也是中央环保督查、“绿盾”专项行动、长江经济带国家级自然保护区管理评估等专项督查行动提出的一项具体工作要求。2018 年初，南麂列岛国家海洋自然保护区管理局和平阳县海洋与渔业局委托国家海洋局第一海洋研究所专家编制了《南麂养殖容量评估和养殖专项规划技术方案》。2018 年 12 月，在平阳县相关领导的高度重视下，平阳县财政局同意将保护区养殖容量评估及养殖专项规划纳入 2019 年度全县 1 000 万元专项规划编制预算安排之中，由南麂列岛国家海洋自然保护区管理局负责组织编写，通过招投标由浙江省海洋水产养殖研究所具体承担。该项目已完成，所编制的《南麂保护区海水养殖专项规划》已于 2020 年 9 月 15 日通过专家评审，并于 9 月 21 日由平阳县人民政府审议通过。

第二节　规划目标

由于南麂列岛远离大陆，建区以来长时间的资金投入不足，保护区的建设和管理仍然与国家级自然保护区的要求有较大的差距。为解决南麂列岛国家级海洋自然保护区面临的环境质量下降和物种资源衰退等问题，缓解保护区环境污染和人类活动带来的压力，改善保护区环境质量下降的状况，提升保护区的管理能力与水平，丰富保护区贝藻类物种和海鸟类物种以及野生水仙种群的多样性，本规划设置了保护区的近期、中期和远期规划目标，提出了有效保护海洋性贝藻类区系组成与生境、典型的海鸟类多样性与栖息地、野生水仙种群与生境等项规划任务。

一、总体目标

根据国家对自然保护区开发、建设的各项方针、政策、法律、法规，结合国家级海洋自然保护区的性质、自然资源、社会经济状况、地理环境等，以“GEF/UNDP/SOA 中国南部沿海生物多样性管理项目”示范为契机，借鉴国际先进海洋自然保护区的管理理念，将南麂列岛国家级海洋自然保护区建设成为生态良好、环境优美、风格独特、设施完善、管理规范、功能齐全的人与自然和谐发展的世界一流水平生物圈保护区，最终达到符合联合国教科文组织要求的保护目标。其总目标包括以下几个方面。

(1) 保护好自然生态环境，保持岛屿原貌，为海洋贝藻类区系组成、典型的海洋性鸟类多样性、野生水仙种群生存提供理想场所。

(2) 保护好珍稀濒危物种，使它们能正常地生存、繁衍、不受侵害。

(3) 保护好区内自然资源，保持贝藻类物种多样性和野生水仙遗传多样性，维持生态系统平衡，防止潮间带贝藻资源遭受破坏和海洋鸟类种群数量的减少，促进自然生态平衡。

（4）正确处理好当前与长远、局部与整体利益，妥善处理好保护区与社区的关系，使保护区能在获得最佳生态效益的前提下，实现一定的经济效益和最好的社会效益，真正实现人与自然的和谐发展。

二、近期目标（2012—2015年）

通过加强保护区的保护、管理和公共设施与基础能力建设，提升管护装备与能力，完善管护措施，达到切实提高管理能力和水平，实现对保护区有效保护和管理的目标，使保护区的生物多样性保持稳定，为中期发展夯实基础。其具体目标包括以下几个方面。

（1）从实际出发，高标准、高起点，建立健全较为完备的保护体系。完成各保护站、点、哨卡的新建、扩建、改建工程等基础设施建设；完善各项保护、科研基础设施、设备，积极开展各项基础性的科研工作，为保护区的可持续发展打好基础。

（2）最大限度地保持保护区内的自然生态环境和景观，使之免遭人为干扰和破坏，维护保护区生态原貌，保持贝藻类物种、海鸟类物种多样性和野生水仙遗传多样性。

（3）采取多种措施，加强保护管理，使贝藻类物种和其他珍稀物种的数量维持稳定。

（4）在实行有效保护、不破坏自然资源和生态环境的前提下，合理利用自然资源和景观资源。

（5）在生物资源的保护、物种多样性和生态环境等方面积极开展具有针对性、实用性的珍稀物种生活习性、人工繁殖和受损生态系统修复等科研工作。

（6）加强管理队伍建设，引进和培训专业人才，努力造就和培养一支政治思想好，业务素质高，技术力量强，爱岗敬业的保护管理和科研队伍；同时逐步改善职工生活条件和工作环境，解决后顾之忧，充分调动职工的积极性，为保护区的建设和发展做出贡献。

三、中期目标（2016—2020年）

在完成近期目标的基础上，进一步强化保护、监管与科研力度，加强与国内外的交流与合作，应用生物DNA条形码技术，逐步建立保护区贝藻类生物多样性的基因库。同时进一步强化保护管理目标，使保护区的生物多样性保持稳中有升。其具体目标包括以下几个方面。

（1）在完成近期目标的基础上保持良好的生态环境与海洋生态系统的完整性和生态过程的自然性，达到人与自然和谐发展；为代表性和稀缺性生物营造良好的生存环境，促进其种群数量的恢复和增加，丰富生物多样性；保存重要的海洋生物基因库，达到资源永续利用。

（2）进一步采取多种措施，强化保护管理，开展保护与修复工程，使贝藻类物种多样性和其他珍稀物种的数量稳中有升，使野生水仙面积在原有基础上再扩大30亩。

（3）建立健全科研、监测与科普宣教基地，强化与社区共建共管，做到协调发展。

（4）强化国内、国际合作，开展专题性科学研究，使生态环境保护和珍稀物种保护达到国际先进水平。到2020年，把保护区建成环境优美、设施先进、管理科学、运营高效、社区协调的示范性国家级海洋自然保护区。

四、远期目标（2021—2025 年）

在基本实现中期目标的基础上，再通过一段时间的巩固、提升与强化，建立健全保护区的各项管理制度，使保护区的建设和管理工作步入法制、法规化的轨道；建立保护区的海洋生态环境监测网络，使海洋生态环境达到良性循环，海水环境质量达到规定标准；通过保护与修复，使保护区的各类生物资源得到全面有效恢复，珍稀濒危物种的种群数量明显增多和野生水仙面积明显扩大，真正把南麂列岛国家级海洋自然保护区建设成为生态良好、环境优美、风格独特、设施完善、管理规范、功能齐全的人与自然和谐发展的世界一流水平生物圈保护区，最终达到符合联合国教科文组织要求的保护目标。

第三节 总体规划主要内容

本规划根据有效保护海洋性贝藻类区系组成与生境、典型的海洋鸟类多样性与栖息地、野生水仙花种群与生境等项规划任务要求，编制了基础设施建设、巡护工作条件、人力资源与内部管理、社区共管、宣传教育工作、科研与监测工作、保护区污染治理及生态修复、海水养殖、生态旅游及示范性经营共 10 个专题规划内容。

一、基础设施建设规划

（一）管理局建设规划

拟对南麂岛原学校校址进行改扩建，内容包括集展览馆、资料馆、实验室、宣教中心、多媒体演示厅等为一体的科教馆建设；另外，拟在鳌江镇规划建设一座供管理局使用的管理综合大楼。

（二）管理站及其他设施规划

根据保护区功能区划的需要，在龙船礁、小柴峙岛、门屿尾、大山咀、上马鞍岛及下马鞍岛（鸟岛）等保护区 6 个重要部位建设管理站和监测网点。

（三）界标和指示牌规划

拟在如下地段设置界碑、界标和指示牌等保护性设施。

（1）新码头、司令部、大沙岙和三盘尾 4 处各设立 1 座保护区标志牌，对保护区的功能分区进行明确的标示，并详细介绍保护区情况及有关注意事项。

（2）在大山核心区海域增设 300~500 个大型浮球（筒）或灯标作为界标，采用锚泊固定。

（3）在核心区小柴峙岛、上马鞍岛和缓冲区柴峙岛、门峙岛、竹屿、大檑山屿、破屿、平峙岛、尖峙岛、后麂山岛及下马鞍岛等 11 个主要岛屿上的明显位置各设 1 座警示牌。

（4）在大沙岙海滨浴场陆域设置隔离栅栏，在海域设置钢丝索和浮球组成的围栏，并在核心区虎屿、小虎屿和龙船礁等关键岛礁的四周海域用钢丝索和浮球进行围拦。

（四）供电工程规划

为确保各瞭望所、管理站卡的正常运转，需进一步建设供电系统，再架设输电线路 10 km。同时适度开展清洁能源生产，实施风能、太阳能发电示范工程。

（五）给排水工程规划

（1）供水：为保障岛上的用水安全，确保各瞭望所、管理站的正常运转，需进一步建设和完善供水系统，规划建设自来水厂 1 座，各瞭望所和管理站建造 50 t 蓄水池，铺设输水管道 10 km。

（2）排水：根据保护区的自然地形，采用雨水、污水分流排放系统，雨水根据地形就近挖明沟自然排放；生活污水经过处理后再渗透排放，粪便污水采用化粪池收集，溢流水集中至消毒池，经一级消毒处理后渗透排放。拟建设覆盖全岛的污水处理、垃圾处理系统，解决岛上居民及游客产生的污水、垃圾，保护生态环境，改善村民的生活条件。

（六）防灾防火设施建设规划

目前，保护区配备有专职消防队（13 人）和消防车（1 辆）。建立防火防灾领导机构，实行专人负责，责任到人。对保护区的重点部位强化防控体系和消防设施建设，确保保护区火灾安全无隐患。同时，加强台风、赤潮等自然灾害应急预案措施的落实。

二、巡护工作条件规划

（一）交通工具规划

计划建造抗风能力 10 级、航速为 25 kn 以上的巡护执法船和抗风能力 9 级、航速 16 kn 的管理应急艇各 1 艘。计划购置越野车 1 辆，巡护摩托车 3 辆。同时，逐步改善岛上绿色环保电瓶观光车辆的配置。

（二）通信设施与其他设备规划

计划购入全球卫星定位系统 1 套，对讲机 40 只，建设通信机站 1 座。另外，计划建设覆盖保护区的视频、雷达监控系统，实现对保护区内的重点区域和船舶动态进行全方位的监控。

三、人力资源与内部管理规划

（一）人力资源管理规划

（1）队伍建设：①努力改善管理局工作人员工作、生活条件，稳定管理队伍，对做出贡献的工作人员予以表彰和相应的奖励。②引进高学历的专业人才和有经验的中级、高级科研人才，逐步壮大科研队伍。③加强与国内外自然保护区及其相关科研机构的交流与合作，及时了解和掌握国内外自然保护区的科研动态，聘请国内外知名专家、学者担任保护区科学顾问，进行技术咨询指导。

（2）业务培训：①成立保护区培训中心。制订培训计划，邀请相关领域知名专家、学者，定期

对职工进行专业知识和业务技能培训。②对专业技术人员进行在岗继续教育。制订继续再教育计划，鼓励职工参加专业深造，攻读研究生学位等。③对全体员工进行法律法规等方面的培训。

（二）内部管理规划

（1）管理体系建设：实行局长主管全局，副局长负责分管部门，科、室、支队、所负责本部门的管理体系。根据保护区的保护任务、职能范围和管理项目等实际情况，管理局内部拟设行政办公室、计划财务科、海洋监察管理科、规划建设科、生态宣教科、海监支队、研究所7个职能科室。

（2）管理措施建设：①实行规范化管理，建立和完善有关生态系统保护的制度、奖惩规定，健全保护区的管理条例和规章制度。②严格执行国家和地方有关自然资源保护的政策、法律、法规条例，充分发挥职能作用，提高执法人员素质和行政执法水平。③充分发挥行政监察部门在执法领域的监察力度，依法严厉查处乱采滥挖、非法捕捞等违法行为。④建立对主要保护对象和生态环境质量、自然景观、动植物群落的监测、评价和预测系统，每年提出评价预测报告和改进恢复措施。

（3）资金管理：①自然保护区建设和管理所需资金要列入当地政府的年度财政预算予以安排落实。资金使用时，应符合国家和地方规定的有关资金合法使用的规定，保证专款专用。②严格执行资金报账制度，有关领导和会计要严格把关，杜绝不合理的支出入账。③自觉接受上级资金监管部门对资金使用情况的核查、审计和监督，以保证各项资金使用的合法、合理，杜绝产生挪用、滥用资金现象，提高资金的利用与使用效率。

四、社区共管规划

保护区与周边社区生产生活息息相关。社区居民参与保护可以增强其主人翁责任感和自豪感，提高保护区自然资源保护管理的有效性。保护区管理局要与当地政府联合进行社区共管规划。

（一）组织机构

在保护区管理局下设生态宣教科，负责协调保护区与社区的关系，处理涉及社区自然保护的日常事务。

（二）管理配套措施

（1）成立社区共管委员会。由保护区、南麂镇、社区群众组成社区共管委员会，以便协调保护区与共同利益者之间的关系，制定资源管护公约，实现资源共管、共享，启动社区居民生态补偿机制，提高村民保护生态环境的自觉性和积极性。

（2）贯彻落实联保公约，制定乡规民约。鼓励社区成员参与，实现保护区与当地社区在自然资源保护、环境保护、森林防火、社区建设与治安等方面的共同管理。

（3）扶持社区科教、文化、卫生事业。具体应办好义务教育、提高居民的文化程度、培养农村技术人才。

（4）社区示范村建设。在明确共管概念责任和利益基础上，选择3个村庄作为示范社区实施共管，积累经验，并推广到整个社区。

（5）协同发展生态旅游业。自然保护区开发生态旅游，不仅能提供多层次劳动力的就业机会，而且有利于促使低效益的资源破坏型经济向高效益的资源保护型经济转变。

（三）最佳产业结构模式

基于保护区与当地社区的基础与要求，选择如下 3 种产业结构模式。

（1）生态旅游业和服务业。保护区可以在发展生态旅游的同时，扶持和引导村民积极参与生态旅游服务项目的开发，推出具有地方民俗、民风特色的生态旅游项目，增加就业机会，促进保护区与周边社区社会经济的可持续发展。

（2）可持续的海洋捕捞与水产品精深加工业。海洋捕捞业历史上曾是当地居民的主要经济来源，今后在加大海洋生物多样性保护、恢复渔业资源的同时，应适度发展可持续的海洋捕捞业。同时，利用岛上的剩余劳动力，适度发展水产品的精深加工。

（3）生态水产养殖业。保护区生态水产养殖应以保护为宗旨，以发展集约化的养殖为目标，利用当地品牌效应，在规划区内进行海水设施养殖，并通过新技术及新管理经验的应用，实现生态水产养殖的稳产、高产及生态作用的高效，保证社区的经济发展。

（四）人口控制与社区建设

（1）人口控制：①协助当地政府开展人口控制工作；②新迁入的暂住人口不得再从事对保护区的保护有不利影响的生产经营活动；③就近安排当地劳动力，解决社区居民就业问题；④鼓励保护区内居民的外迁，严格控制外来人口迁入。

（2）社区建设：本着“布局合理，结构新颖、设施齐全、环境优美”的规划原则，要对当地村庄建设进行统一规划。村庄建设力求与保护区建设相协调，重点突出环境设施建设；建筑物、道路、绿化、各种管线工程及其他构筑物和设施应实行统一规划、综合布局；积极支持、优先发展有利于社区最佳产业结构调整的项目，促进社区的经济发展，带动当地居民脱贫致富。

五、宣传教育工作规划

自然保护区在做好保护和科研工作的同时，也要充分发挥科普教育基地的作用，面对社会公众、周边社区居民，开展保护区自然资源与环境保护意识的宣传教育。

（一）宣传教育的内容

（1）自然保护区概况介绍。向社会公众介绍南麂列岛国家级海洋自然保护区的自然地理特点、海洋生态系统与海蚀地貌、贝藻类资源状况、海洋性鸟类与野生水仙资源等情况以及它们的重要保护价值，使人们充分了解和认识建立南麂列岛海洋自然保护区的重要意义。

（2）自然保护区政策、法律、法规宣传。通过宣传，让公众特别是周边渔民和来岛游客了解有关自然保护区的政策、法规和保护区功能区边界、范围，并自觉遵守有关自然保护法规。特别要对《中华人民共和国海洋环境保护法》《中华人民共和国海岛保护法》《中华人民共和国海域使用管理法》《中华人民共和国自然保护区条例》《浙江省南麂列岛国家级海洋自然保护区管理条例》等进行重点宣传和贯彻落实。

（3）中小学生生态环境保护教育。针对中小学生易接受教育，又能通过“小手拉大手”影响到学生的家庭，大力加强对温州市及周边地区中小学生开展生态环境保护教育和南麂列岛自然保护区宣传，同时也要针对大学生开展科普宣传活动。

（二）宣传教育的形式

（1）通过各种宣传媒介进行宣传教育：除利用广播、电视、报纸、出版物等传统大众传媒进行经常性、形式多样的宣传教育外，还要充分利用保护区网站、微信公众号及交互式多媒体技术等，进行生动活泼的宣传教育。

（2）结合科普活动对大、中、小学生进行自然保护教育：与科协、教委和团委等单位合作，成立青少年海洋生态教育基地。通过举办夏令营等活动，使学生了解自然保护区，了解海洋，树立环保观念和生存危机意识，增强保护自然的责任感。

（3）建立海洋生物多样性博物馆和宣教中心：采用实物标本、展板图片、多媒体技术展示保护区优美的自然风光、丰富的动植物资源和各种生态系统服务功能。

（4）在保护区主要出入口、公路沿线、周边保护带居民点及生态旅游区设置永久性和半永久性的醒目标志、标牌和标语。

（三）宣传教育的对象

（1）对旅游者的宣传教育：在门票、导游图和发放的纪念册上，印制保护对象及与保护区有关的介绍材料、保护生态环境的警语和要求，使游客对保护区重要性有进一步的了解和认识；通过广播、录像、幻灯片等形式对参观者进行生态环境保护的宣传教育；建立海洋生物多样性博物馆和宣教中心，采用现代科技手段从不同角度展示保护区优美的自然风光、丰富的动植物资源和各种生态系统服务功能；在保护区入口处及沿路醒目处，设置永久性宣传标语牌；在保护区尤其是核心区周围设置宣传牌，提高人们环保观念和保护自然资源、生态环境的意识。

（2）对社区居民的宣传教育：成立专门宣传队伍定期到社区进行与自然保护有关的政策、法律、法规的宣传，增强环保法律意识；通过保护区人员定期到社区做报告、开座谈会等活动，促进双方对保护知识的沟通与交流；通过广播、电视、报纸、杂志或定期发放材料等形式对社区群众进行宣传教育，使社区居民自觉参与区内生物多样性保护；举办保护野生动植物的巡回展览，在社区采取展示板、墙报、标语等形式开展宣传教育活动。

（四）宣传教育设施和教育基地建设

（1）与温州市及附近地区中小学建立长期合作关系，通过举办科技夏令营等活动宣传海洋科普知识，培养青少年热爱自然、保护自然的意识，建立中小学生海洋生态科普知识教育基地。

（2）与国内大专院校建立合作关系，建设海洋学、生物学、生态学、水产学等实习基地。

（3）建立和充实海洋生物标本库。保护区内海洋生物资源极为丰富，为标本库的建设提供了良好的素材。计划在本规划期内制作各类标本，丰富展览内容，以供游客参观。

六、科研与监测工作规划

科研与监测是保护区的一项重要工作，也是保护区工作的灵魂，可以为保护区的有效保护和管理以及资源可持续利用提供科学依据，也是国家进行相关基础科学研究的重要基地，可为高校院所提供实习和野外研究基地。

（一）科研规划

科研工作应充分贯彻生物圈保护区的宗旨，加强与国内外高等院校、科研院所、高科技企业、全球环境基金、世界自然基金会等国际组织的合作与交流。规划建设国际海洋生物多样性研究中心，并建立学生实习基地、博士与博士后科研工作站、院士专家工作站以及企业研发基地，通过开展实习培训、申请科研课题以及将科研与市场相结合等方式来筹集科研经费，最终实现保护区、高等院校、科研院所和企业的共赢。根据科研与监测的原则和项目选定的基本任务，确定本保护区在规划期内的科研方向为：珍稀海洋贝藻类繁育与增养殖技术研究；南麂列岛岛屿生态学研究；保护区长期监测定位站和数字化监测网络系统研发；海洋经济动植物种质资源保护与遗传多样性研究以及贝藻类生物 DNA 基因库建立。

（二）监测规划

为配合保护与科研工作的顺利进行，积累基础数据，重点加强生态环境监测与生物多样性监测（表 18-1）。

表 18-1　监测点设置

监测类型	设置地点	重点监测内容或对象	备注
气象监测	三盘尾	常规气象监测	长期监测
环境监测	司令部	空气质量	定期监测
	上百亩坪、三盘尾	土壤	
	各水库、主要蓄水池和深井	水质	
	国姓岙、后隆岙、火焜岙、马祖岙、大沙岙	海水温度、盐度、pH 值、溶解氧浓度、污染物浓度、海浪高度等	定期监测、长期监测
生态监测	大沙岙沙滩、国姓岙泥滩、门屿尾、马祖岙、大山脚、龙船礁、上马鞍岛、小柴峙岛	贝藻类	定期监测、长期监测
	上马鞍岛、下马鞍岛、破屿、小柴峙岛、小檑山屿、后麂山岛等	海洋性鸟类	
	大檑山屿	野生水仙	
	南麂本岛、大檑山屿	植被和野生动物	
	国姓岙、马祖岙、大沙岙	鱼类、虾蟹类、蔓足类等海洋生物	

七、保护区污染治理及生态修复规划

（一）保护区污染治理

（1）环境质量控制：①认真贯彻执行国家有关环境质量标准、污染物排放标准以及环境样品标准、环境基础标准等环境标准的规定。旅游区内的一切设施，不得损害区内的大气、水体环境质量，污染物排放不得超过国家和地方规定的排放指标。②强化建设项目环保第一审批权的地位，新、扩、改建项目严格执行国家产业政策和建设项目环境影响评价制度。保护区各类人工建筑物必须按规划布局，按设计进行施工，并做到与周围环境相协调。③加强对区内及周边居民的环保教育，逐渐改善其居住条件和生活习惯，帮助居民解决部分燃料和生活垃圾处理问题，减轻由此产生的环境影响。④区内所有机构和部门搞好门前“三包”，做好宣传监督，使游人遵守旅游规定，不超越旅游线路、区域，不乱扔垃圾，不乱采贝藻类与花草。⑤区内的娱乐场所采取有效措施，减轻或消除噪声对周围环境的影响，噪声超过国家标准的车辆和船只限制进入区内；区内的机动车船，应安装废气净化装置、消声器和符合规定的喇叭。⑥沿公路两侧种植绿化林带，以乔木、灌木、草地相结合，形成连续密集的障碍带，充分发挥林带的吸声作用。保护区各类设施安装的设备尽量采用静音设备。⑦对保护区特别是旅游区内的生态环境进行监测，以便及时改进保护措施。

（2）环境绿化美化：①保护区内的裸地应因地制宜地进行绿化。②对保护区内沿路、沿线及游路路旁的林木严加保护，实行乔灌草相结合的立体式护路绿化，并逐步实现公路、游路和乡村路林荫化。③在保护和利用现有植被的基础上，点、线、面相结合，以乡土树种为主调，巧用植物季相变化，达到四季有景的乡镇自然风貌。④保护区管理局站址周围采取规则式和自然式相结合的绿化方式，选择富有当地特色及具观赏价值的花草和树种营造绿地、遮阴林和花境。

（3）“三废”处理：①在司令部—柳成山庄—大沙岙—马祖岙建污水收集管道，收集岛上的主要宾馆污水，经污水处理厂（待建）处理达标之后用于海岛绿化等。旅游区宜使用免水冲环保型的分散公厕。②在保护区入口处向入区游人发放环保垃圾袋，要求游人将废弃物装入袋中就近投入垃圾箱。同时，对岛上的废弃物进行分级处理，以“减量化处理+集中转运+统一处理”为岛上废弃物处理方式，以减少岛上陆源有机废弃物的污染。③严格控制汽车和船舶尾（废）气污染，机动车和船舶须经环保部门检验，合格后方可进入保护区，逐步实行绿色环保车辆。

（二）生态修复规划

（1）保护与生态恢复目标：最大限度地保护海洋生态系统完整和保护区内的动植物资源，促进生态系统平衡，防止海洋生态环境退化、贝藻类破坏和鸟类种群减少，探索合理利用自然资源的途径，促进生物圈进入良性循环与自然演替，达到人与自然的协调发展。

（2）保护与生态恢复的措施：①消除对核心区、缓冲区内岛屿的人为干扰，维护岛屿的自然荒野状态，搬迁三盘尾村以及大檑山屿、竹屿、柴峙岛、门峙岛和平峙岛上的居民点，拆除与保护、科研监测以及教学实习无关的设施，并对村落遗址进行生态恢复，将遗址回归自然属性。②对环岛公路周边受损山体、岸线、岛体进行整治与修复，包括：对山体危岩的清除以及进行锚杆加固、挂钢筋网及喷射混凝土；对山体临水侧坡脚修筑挡墙；进行坡面绿化及岛体、岸线修复。③进行保护区环境与资源本底调查、岛礁鱼类资源等调查，全面摸清和掌握海岛生物和生态现状，为生态修复提供依据。在火焜岙、大沙岙、马祖岙和国姓岙内建设大型海藻场，开展海洋生态系统修复研究。同时模拟海洋生物（如鱼类、甲壳类、贝类等）栖息地建设人工繁育设施，恢复海洋生物多样性，实现可持续生态渔业。④为了提高区域内海洋生态系统的生产力和自然维持能力，增加种类组成和生物多样性，对南麂自然保护区的生态恢复主要采取全自然状态下的恢复方法，在特殊地采取人工促进更新的方法，以保证海洋生态系统生态演替过程的自然性。

(3) 生态补偿机制：按照“谁保护谁受益”的原则，推行一个长期的、比较稳定的生态补偿办法，进一步提高保护区渔民保护生态环境的积极性，给予生态保护贡献者相应的补偿，同时对于偷盗采捕、滥采滥捕、采石挖沙、砍树等破坏生态行为给予相应的处罚，奖惩分明、相互牵制，达到人人参与、“群防群护 ”的目的。

八、海水养殖规划

尽管南麂列岛海域目前的海洋环境质量保持在较好的水平，但由于受海洋流系影响，岛屿周围海域氮磷比值较高，存在区域性富营养化现状。因此，应做到合理规划，科学养殖，提升水环境质量，走可持续发展之路。

（一）规划基本原则

（1）保护优先，适度开发。严格控制保护区内的养殖规模，做到适度开发，严禁盲目引进外来养殖品种，以防外来物种的入侵。

（2）因地制宜，向外拓展。鼓励深水网箱养鱼向湾外的深水区域拓展，以降低保护区环境的负荷与压力，提升水环境质量。

（3）科技为先，倡导绿色生产。积极推广先进的养殖技术，实施海域轮养、鱼藻间养、贝藻套养等模式，以降低养殖对海洋环境的污染。

（4）强化监管，持续发展。对保护区内的养殖活动加强监管，进行养殖科学指导和技术培训，普及科学养殖与管理知识，增强养殖户的环境保护意识，提高养殖户的素质，确保保护区生态环境的健康和养殖业的可持续发展。

（二）养殖区域规划

根据目前南麂列岛海域的水环境质量和养殖现状，严格控制养殖规模，进行适度调整。尤其是应改变目前大沙岙、国姓岙、马祖岙和火焜岙的养殖布局，积极鼓励养殖户的深水网箱养鱼向湾外深水区域拓展，并实施海域轮养、鱼藻间养，贝藻套养等科学养殖模式，以提升养殖海域环境的自净能力，降低养殖过程中大量残饵和排泄物入海带来的环境污染。实施渔民转业转产扶持工程，鼓励渔民发展渔家乐、游钓等休闲产业，帮助海岛企业做强海产品品牌，带动当地居民从传统作业向现代化养殖方式转变。

九、生态旅游规划

根据南麂列岛的独特资源优势，适度发展生态旅游，可以增强保护区自我维持和社区可持续发展能力。

（一）生态旅游规划的指导思想

以生态经济学理论为指导，遵循可持续发展战略，以生态效益和社会效益为主，用景观资源满足人们的精神需求。同时寓教于乐，使人们在欣赏、探索和认识自然的旅游活动中，提高对自然保护区的保护意识和参与保护的自觉性。同时，增加自然保护区的收入，进而推动自然保护区事业的发展。

（二）开展生态旅游的原则

（1）保护为主。为避免对生态系统产生不利影响，生态旅游选择在实验区景观资源价值较高、便于开发管理的区域。

（2）道法自然。对于旅游区的建设，要因地制宜，依山就势，顺其自然，体现景区和谐的空间意境和海岛风格。

（3）协调发展。统筹考虑各种发展需求，依据资源的重要性、敏感性与适宜性，合理安排、协调发展，从根本上解决保护与利用的矛盾，实现资源的永续利用。

（4）寓教于游。向游客进行生态保护宣传和教育，让其在欣赏自然美景的同时，树立热爱自然、保护自然的意识，增加海洋生物多样性知识，熟悉环境友好的旅游方式。

（三）环境容量分析

环境容量即单位游览线路长度能够容纳的合理的游人数量，是衡量游览区旅游功能的重要指标之一。自然保护区的生态平衡主要取决于人对保护区环境和资源影响的方式和强度，以及大自然对这种影响的消除能力。只有准确地计算环境容量和游客数量，按照科学合理的环境容量控制游客规模，才能做到人与自然的和谐共处。

（1）环境容量估算：①大沙岙。综合国际上的一般经验，沙滩的基本空间容量控制在 5～25 m^2/人。考虑到南麂列岛的实际情况以及国内一些海岛的实际做法，其基本空间标准为 20 m^2/人。大沙岙浴场沙滩去除核心区以外游览面积以平潮时计算为参考值。计算沙滩面积时应以离水面 50 m 为标准，再考虑到海浪影响和游泳者安全，计算出整个沙滩瞬时能够容纳的游客量为 1 980人。由于在沙滩上的游客数量有明显的峰值，整个沙滩的合理容量为 2 217 人。②三盘尾。根据长年的观测经验，游客主要在三盘尾看日出，一般从早上 4 点至早上 9 点有游客进入景区，可供游览时间大约为 5 h，游人平均游览时间为 2 h。按照线路法计算，游道长 2 730 m，以平均游人占用游道 5～10 m 计算，三盘尾瞬时游客容量在 682～1 365 人。按照面积法计算，三盘尾景区面积 20. 37 hm^2，按照每人 400 m^2标准计算，瞬时游客容量在 1 275 人（黄辉，2007）。

（2）旅游生态容量：南麂列岛位于亚热带地区，地带性植被为亚热带常绿阔叶林。但受海岛小气候和土壤环境影响，本岛风大、土壤层薄，有大量的裸岩出露。本岛高大乔木稀疏，生长有大量低矮的黑松（人工种植），生态容量测算可以参考《风景名胜区规划规范（GB 50298—1999）》中阔叶林的下限值和针叶林的上限值，按照 3 000 m^2/人标准计算。去除核心区和缓冲区外，为了保证全岛陆地和海洋生态环境不受破坏，按以上标准，可瞬时容纳约 2 000 人。随着生态环境的逐渐改善、环保措施的推广和游客环保意识的增强，未来旅游生态容量将会有所增加。

（3）经济发展容量（设施容量）：决定经济发展容量主要有两个方面：旅游内部经济因素，即旅游设施；旅游外部经济因素，即基础设施，支柱性产业。就满足旅游者的基本要求而论，考虑到南麂列岛的实际情况，当地经济发展容量的大小主要由住宿和交通两个方面为决定性因素。南麂岛现有客轮 6 艘，舱位 1 000 个，每艘船每天最多往返两趟，其载客量为 2 000 人。岛上有床位

1 300个，旅游住宿设施的日容量为1 300人。当前游客到南麂列岛主要是体验滨海游泳、海钓、看日出、品尝海鲜等活动，旅游活动期集中在夏季，全年开展旅游经营活动的时间仅约150 d。随着南麂列岛旅游接待设施和休闲度假旅游产品的逐步完善，游客到南麂列岛除了观光、休闲，还可开展会务、度假等活动，逗留时间将从原来的2~3 d延长至5~7 d，年游客接待天数将提高到300 d。

（4）总体容量控制：综合以上分析，南麂列岛旅游容量的制约因素是景区容量和生态容量。不过以上数值是按照旅游景点的标准来计算，而考虑到南麂列岛作为国家级自然保护区，应以保护为主的客观情况，未来旅游发展的游客容量应控制在每天2 000人左右。

（5）客源与市场分析：①基础客源市场分析。保护区所在的温州市自改革开放以来，社会经济有了长足的发展，2011年全市实现国内生产总值3 350.9亿元，城市居民年人均可支配收入31 749元，居全国同类城市前列，农村居民人均纯收入13 243元，高于全省平均水平。随着生活水平的稳步提高，各阶层群众的旅游热情不断高涨，旅游消费成为热点。而保护区具有良好的旅游环境和区位优势，必将吸引大量的温州游客。②潜在客源市场分析。随着南麂列岛旅游项目的增加和南麂列岛知名度的不断提高，南麂列岛将成为浙江省内外、国内外的旅游胜地。福建省、上海市以及苏南地区、台湾游客和海外游客将来会成为南麂列岛的重要客源。

（四）旅游规划

1. 旅游区规划

根据南麂列岛海洋自然保护区功能区划分范围及主要旅游景点分布状况，在原先大沙岙和三盘尾两点一线的基础上，应适当开发其他旅游景区，增加旅游景点，分散游客落脚点，以降低大沙岙和三盘尾的环境压力，具体规划如下。

（1）大沙岙海滨浴场：大沙岙沙滩呈新月形，长达800 m，宽达600 m，面积达48×10^4 m^2，沙质细致。经环保部门检测，大沙岙沙滩的水质与沙质分别属好与很好，又兼沙滩两侧山丘挟持，碧波映衬，空间感强，坡度平缓，属国内罕见的贝壳沙海滨浴场。

（2）三盘尾石景观光旅游区：位于南麂岛东南部的三尾盘沿岸，海蚀崖、海蚀穴、海蚀洞、海蚀柱、海蚀台、海蚀岩滩等景观极为丰富而且集中，主要岩石造景有尖峰、陡壁、洞穴、岬角、岩礁等。天然草坪是三盘尾的另一大景观，成片分布，面积达63亩，大片结缕草，生长茂密、草质柔软，犹如绿荫地毯铺展于山丘上，镶嵌于碧海孤岛中，景色别致，令人惊叹，是浙江省沿海岛屿上难得的景观，旅游前景良好。

（3）火焜岙民俗风情观赏区：以挖掘海岛渔村历史文化、提炼渔村民俗文化、欣赏渔区饮食文化为主要内容；开发集观光、度假、休闲、娱乐、海岛风情、风俗为一体的游览观赏区。同时，建立设施齐全、吃住一体化的中档家庭旅馆。

（4）后隆渔家乐生活体验区：根据目前游客的最终落脚点集中在大沙岙区块的实际，可考虑在现有后隆渔村建立当一天渔夫、海上观光、休闲垂钓等吃住一体化的中、低档渔家乐生活体验区，以增加游客落脚点，这不仅能减轻大沙岙的环境压力，同时也能满足来岛中低档消费游客的需求。

2. 旅游线路规划

根据保护区生态旅游主要景区的分布，在坚持保护为主的基础上，将旅游定位在休闲渔业、度假与海岛观光、渔家乐、民俗风情观赏等，可设计为两线多点的旅游观光线路。其一是三盘尾（天

然草坪、海蚀地貌）—海上观光—大沙岙海水浴；其二是大沙岙—火焜岙民俗风情观赏区—后隆渔家乐生活体验区线路。

3. 旅游项目规划

根据保护区内自然景观、景点的特点，结合宣教工作，可开展多种多样的旅游活动。如海上观鸟、海水浴、沙滩排球、海上垂钓、休闲娱乐、当一天渔夫及渔家乐等。

4. 旅游设施规划

保护区生态旅游已有一定的基础，具备一定规模的旅游接待能力，本期规划主要进行旅游景区、景点的设施完善，进一步开辟旅游新区和更多旅游景点与项目，提升已有旅游设施的品位和强化旅游促销宣传。

5. 旅游管理规划

鉴于海岛旅游受自然因素（大风、大浪、大雾）干扰颇大，经常由于海上交通受阻引起游客滞留，因此要提早预判，根据客船承载量控制上岛人数，同时做好宣传工作，必要时安排公务船予以接送疏散；如遇台风天气，应及时劝导游客不要上岛。

十、示范性经营规划

（一）规划原则

（1）保护优先，合理利用。在有利于自然资源与生态环境保护的前提下，以维护生态系统的整体性、连续性和稳定性，在实验区内适度开展示范性经营活动，兼顾经济、生态和社会效益协调发展。

（2）自然资源经营利用以可持续利用为原则，不能超越自然生态系统的调节适应能力和整体负荷补偿能力。

（3）发展以非保护性的优势资源为经营利用对象，变资源优势为经济优势的项目。

（4）项目通过环境影响评价和技术经济论证，符合保护区生产实际和区域产业政策。

（5）自然资源经营利用有利于提高保护区居民生产的积极性。

（二）示范性经营方式与组织形式

（1）经营方式：经营项目以生态旅游、生态水产养殖为主，充分利用现有条件，采取国家、集体、个体相结合，多渠道、多种形式进行经营的生产方式。

（2）组织形式：由有关单位提出项目申请报告，编制项目建议书和可行性研究报告，报主管部门审核批准后进入实施阶段，保护区管理局负责监督项目建设的全过程。

（三）示范性经营项目

利用自然保护区内经济鱼类的种质资源优势，发展生物工程技术。建立海洋生物苗种繁育中心，进行珍稀海洋生物和重要经济品种的苗种繁育，开展人工放流和海水增养殖所需苗种的研究和开发。

在南麂列岛的海藻资源中，具有药用价值的有 111 种（朱根海，1998）。此外，还有 93 种海洋动物在中医学上用于妇科病的治疗（许晓哲等，1996）。这些海洋药用资源具有极大的研究价值和开发前景。今后可与高校、科研院所、医药集团合作，建立海洋药用资源研发中心，开发高科技产品，加快海洋药物产业的发展。

第四节　规划期重点建设项目

规划期重点建设项目包括：基础设施建设、生态保护与修复、科研与监测、宣传教育和资源开发利用 5 大类，共 16 项重点项目工程，总投资约 2.98 亿元。依据保护区规划期目标，保护区规划设计内容和保护与开发进度见表 18-2，具体如下。

一、基础设施

（1）南麂客运码头改造。在原有码头基础上进行改造，建成年吞吐能力 5.3×10^4 t，15 万人次，新增泊位为 500 吨级的客货运码头 1 座。

（2）岛上基础设施提升与建设。进行岛上道路、交通、供水、供电、污水与废弃物处理工程升级改造与维护及岛上各村庄改造整治等。

二、基本管护设施

（1）国家海洋局南麂海洋环境监测站业务楼建设。建筑面积为 6 000 m^2，其中包括生态环境监测室、样品处理室、仪器室、资料室、办公室等。建筑层高为 3 层，建筑风格为现代滨海风格，尽量体现海岛乡土气息，与环境融为一体。

（2）界标、界牌与标牌。对保护区某些地段和景点设立必要的保护性设施，如分界碑、不同功能区区界标、解说性标牌、宣传性标牌、指示性标牌等。具体如下：①在南麂岛码头、大沙岙和三盘尾等重点部位设立保护区标牌、指示性标牌、解说标牌和宣传标牌等，对保护区的功能分区进行明确标示，并详细介绍保护区情况及有关注意事项。②对保护区的陆域范围设置醒目的界标，海域范围设置大型浮球（筒）或灯标作为界标，采用锚泊固定，以告示来往船只和渔民。③界标、界牌及各类指示性、宣传性标牌应设置在人为活动频繁、交通方便之处或地势开阔、醒目之处。字面应面向进入保护区的行人或行车，使人一目了然；标牌应做到标准化、规格化，并应与自然环境相协调，为便于识别和提醒人们注意，标牌、标桩应采用鲜明底色，一般以白、黄、蓝、红为宜。

（3）执法车、船。根据保护区资源保护和管理工作的需要，配置必要的交通工具。陆域交通工具以机动车辆为主。考虑到保护区海域面积较大，为满足海上巡护管理的需要，建造一艘抗风能力 10 级、航速 25 kn 的巡护执法船。

（4）监控系统及通信。为有效地对保护区进行全面监控，建设一套视频、雷达监控系统，实现对保护区内的重点区域和船舶动态进行全方位监控，确保保护区内生态安全。

表 18-2 南麂列岛自然保护区规划期重点项目投资估算

项目类型	项目名称	属性	建设内容及规模	投资额/万元	建设时间
基础设施建设	管护设施	续建	界标、界牌等指示性标牌，监视瞭望台、监测站等基础性设施升级与建设	300	2014—2017 年
	雷达监控系统	续建	全岛和海面实施全程监控、监视设备	480	2014—2015 年
	巡护执法船	新建	购置抗风能力 10 级、航速 26 kn 的巡护执法船 1 艘	1 050	2015 年
	国家海洋局南麂海洋环境监测站业务楼	新建	建造 600 m^2 海洋环境监测站业务楼	720	2012—2015 年
	南麂客运码头改造	续建	南麂客运码头改造，建成年吞吐能力 5.3×10^4 t，15 万人次，新增泊位 500 吨级的客货运码头 1 座	2 000	2014—2016 年
	岛上基础设施提升与建设	续建	岛上道路、交通、通信、供排水、供电、污水与废弃物处理工程升级改造与维护及岛上各村庄改造整治等	6 000	2014—2017 年
生态保护与修复	核心区居民搬迁及补偿	续建	门屿尾村和大檑村居民搬迁及补偿（门屿尾村 56 户 193 人，大檑村 21 户 54 人）	3 000	2014—2017 年
	野生水仙种群移植	续建	大檑村居民搬迁后，恢复其自然属性，并进行野生水仙人工保护与移植，面积达到 30 亩	100	2014—2015 年
	海洋生态系统修复及跟踪调查	续建	以火焜岙海湾为中心，以潮间带及潮下带大型海藻场（30 hm^2）建设为重点，以浅海区模拟生物栖息地建设（15 000 m^3）为辅助，开展生态修复，并在后期进行跟踪监测调查	650	2014—2016 年
	海岛受损山体与岸线修复	续建	开展海岛受损山体与海岸线修复、三盘尾景区整治修复及其海岛植树造林	3 000	2014—2017 年
科研与监测设施及人员培训	科研与监测	续建	开展保护区环境与资源本底调查、岛礁鱼类资源等调查，全面摸清和掌握海岛生物和生态现状，并实施长期定点的跟踪监测	1 500	2014—2024 年
	科研平台构建及人员培训	续建	科研与监测仪器设备购置。定期邀请相关方面海洋专家对科研人员进行培训，规范监测方法，提高监测能力	500	2014—2024 年
宣传教育设施	保护区科教馆建设	续建	建设面积 3 580 m^2，集“南麂列岛国际海洋生物多样性研究中心”“南麂列岛青少年海洋宣教中心”为一体的多功能馆	3 000	2014—2017 年

续表 18-2

项目类型	项目名称	属性	建设内容及规模	投资额/万元	建设时间
资源开发利用	旅游服务中心建设	新建	原港航及周边的老房子进行拆建，建立南麂列岛游客服务集散中心	1 000	2014—2017 年
	南麂景区、设施提升工程	续建	增建火焜岙民俗风情观赏区和后隆渔家乐生活体验区；开展原有景区设施整改升级，包括大沙岙滨海浴场淋浴房、停车场、排档一条街整改；三盘尾景区入口整改及停车场建设；景区游步道建设、绿化、保洁、消防、管理队伍建设等	5 000	2014—2017 年
	人文景观保护与修复工程	续建	开展人文景观保护与修复，修建对台文化交流基地；挖掘海岛历史文化内涵，包括增加妈祖庙、国姓庙等	1 500	2014—2015 年
合计				29 800	

三、生态保护与修复

（1）核心区居民搬迁工程。对核心区门屿尾村和大檑村居民（门屿尾村 56 户 193 人，大檑村 21 户 54 人）进行搬迁，使其恢复自然属性。并对大檑山屿进行野生水仙花人工养护。同时建立生态补偿机制，对搬迁户进行生态补偿。

（2）保护区受损山体、岸线及岛体修复。开展海岛受损山体和海岸线修复；三盘尾、大沙岙景区整治与修复；海岛本土树木苗种的培育与植树造林。

（3）大型海藻场建设。以火焜岙海湾为中心，开展潮间带及潮下带大型海藻场（30 hm^2）建设和海洋生态系统修复研究。同时模拟海洋生物（如鱼类、甲壳类、贝类等）栖息地建设人工繁育设施，恢复海洋生物多样性，实现可持续生态渔业。

（4）海洋性鸟类监视监测。以下马鞍岛为中心，辐射到上马鞍岛、破屿、尖峙岛、小柴峙岛为跟踪调查路线，开展海洋性鸟类监视监测，保护海洋性鸟类的迁徙繁殖栖息地。

四、科研与监测

（1）调查监测。在保护区以往调查监测的基础上，开展保护区环境与资源本底调查、岛礁鱼类资源等调查，全面摸清和掌握海岛生物和生态现状，并实施长期定点的跟踪监测，为南麂列岛贝藻类生物多样性资源的保护与开发及其管理提供基础数据。

（2）科研平台建设。购置 pH 计、盐度计、DO 测定仪、紫外-可见分光光度计、电子天平、显微镜以及常规项目的调查、监测设备等。

五、保护区科教馆

进行保护区科教馆建设，占地面积为 3 580 m^2。建成集“南麂列岛国际海洋生物多样性研究中心”“南麂列岛青少年海洋宣教中心”等为一体的多功能科教馆。建筑风格为现代滨海风格色彩，体现海岛乡土气息，与环境融为一体。

六、生态旅游项目

（1）旅游服务中心建设。对原港航建筑及周边的老房子进行拆建，建设南麂列岛游客服务集散中心。

（2）南麂旅游景区、设施提升工程。在原有大沙岙和三盘尾两点一线旅游格局的基础上，增设火焜岙民俗风情观赏区和后隆渔家乐生活体验区旅游线路和景点，形成两线多点的旅游格局，以缓解大沙岙旅游景点的压力。开展原有景点设施的整改与升级，包括大沙岙滨海浴场淋浴房、停车场、排档一条街整改；三盘尾景区入口整改及停车场建设；景区游步道建设、绿化、保洁、消防、管理队伍建设等。

（3）人文景观保护与修复工程。开展人文景观保护与修复，包括美龄居修缮；浙江省全境解放纪念碑小公园；南麂标志性雕塑布置和文化墙；碉堡、战壕修复等。

第十九章　保护区建设与管理

第一节　组织机构与人员配置

一、机构沿革

1989 年 4 月平阳县人民政府批准建立了我国第一个由环保部门管理的县级海洋综合型自然保护区，由平阳县城乡建设环境保护局管理，从此拉开了南麂列岛自然保护的序幕。1990 年 9 月经国务院批准南麂列岛正式成为国家级海洋自然保护区，由国家海洋局负责建设管理。1991 年 9 月、11 月，浙江省机构编制委员会（浙编〔1991〕96 号）、温州市编制委员会（温编〔1991〕126 号）和平阳县机构编制委员会先后正式发文同意建立副县级的专门管理机构——南麂列岛国家（级）海洋自然保护区管理局，行政上隶属于平阳县人民政府，与平阳县人民政府驻南麂岛办事处合署办公，实施两块牌子、一套班子，下设办公室、监察管理科、海岛行政工作科、监察队等部门，具体负责保护区的保护、建设、规划、管理和科研宣教工作，业务上接受国家海洋局和浙江省海洋与渔业局的管理指导。1991 年 9 月 18 日，南麂列岛国家海洋自然保护区管理局正式挂牌。1993 年 7 月平阳县编委又发文成立了隶属于保护区管理局的保护区研究所，加强保护区的科研工作，为保护管理提供科学依据。1998 年 1 月 7 日，保护区管理局与南麂镇合署办公，实行“两块牌子、一套班子”的管理体制，保护区管理局局长兼镇党委书记。2011 年 4 月，浙江省人民政府撤销南麂镇建制，其行政区域并入鳌江镇，成立鳌江镇南麂办事处（南麂社区管委会）。2011 年 5 月 16 日，鳌江镇南麂办事处成建制委托给南麂列岛国家海洋自然保护区管理局管理，办事处（社区）书记兼任保护区管理局党委委员。2012 年 2 月 6 日，鳌江镇南麂办事处（南麂社区管委会）行政关系、隶属关系、人事关系等全部划归鳌江镇统一管理。保护区管理局负责岛上的生态保护、海洋科学研究、规划、建设、旅游等；鳌江镇南麂办事处（南麂社区管委会）负责岛上党建、计划生育、民政、扶贫、政法、渔业生产、交通运输等经济社会事务，办事处（社区）书记兼任保护区管理局党委委员。2013 年 1 月 7 日，平阳县人民政府办公室下发《关于印发南麂列岛国家海洋自然保护区管理局（平阳县海洋与渔业局）主要职责、内设机构和人员编制规定的通知》（平政办〔2013〕4 号），根据《浙江省机构编制委员会关于建立南麂列岛国家级海洋自然保护区管理局的批复》（浙编〔1991〕96 号）和《温州市机构编制委员会关于调整南麂列岛国家海洋自然保护区管理局和平阳县海洋与渔业局机构设置的批复》（温市编〔2012〕108号）精神，南麂列岛国家海洋自然保护区管理局与平阳县海洋与渔业局合署办公，实行“一套班子、两块牌子”的管理体制。南麂列岛国家海洋自然保护区管理局（县海洋与渔业局）是主管南麂列岛国家级海洋自然保护区和全县海洋渔业工作的县政府派出机构，其机构规格为副县级。根据上述职责，南麂列岛国家海洋自然保护区管理局（县海洋与渔业局）内设办公室、海洋监察与行政审批科、规划建设科（风景名胜管理处）、海域管理科、渔业产业科5个职能科室，其机构规格为副科级。2015年12月8日，平阳县机构编制委员会发文（平编〔2015〕169号）同意中国海监南麂列岛国家级海洋自然保护区支队机构规格相当于副科级，配支队长1名、政委1名，副支队长1名；下设一大队、二大队、三大队，核定大队中层职数6名。

二、职能配置、内设机构和人员编制

（一）职能配置

2017年11月30日，浙江省人大常委会修改发布的《浙江省南麂列岛国家级海洋自然保护区管理条例》（以下简称《条例》）第四条规定：省海洋行政主管部门和温州市人民政府共同设立南麂列岛国家级海洋自然保护区管理机构（以下简称保护区管理机构）。保护区管理机构负责保护区的保护、建设、规划和管理。保护区管理局可以根据工作需要，设立若干职能机构，具体负责保护区的保护、建设、规划和管理工作。《条例》第五条规定保护区管理局的主要职责是：①执行国家和省有关自然保护区的法律、法规和规定；②组织编制、实施保护区的总体规划；③制定保护区的各项管理制度；④监督协调有关部门设在保护区的机构的工作；⑤设置和维护各种保护设施和标志；⑥组织并管理在保护区内的科学研究活动和生态环境的监测监视工作；⑦开展有关海洋自然资源和生态环境保护的宣传教育活动；⑧监督管理保护区内的旅游开发活动；⑨按本条例规定对违法行为进行查处；⑩平阳县人民政府授予的其他管理职能。

2019年8月8日，中共平阳县委办公室、平阳县人民政府办公室下发《关于印发南麂列岛国家海洋自然保护区管理局职能配置、内设机构和人员编制规定的通知》（办字〔2019〕64号），根据《中共中央关于深化党和国家机构改革的决定》和浙江省委、省政府批准的《平阳县机构改革方案》及《浙江省机构编制委员会关于建立南麂列岛国家级海洋自然保护区管理局的批复》，确定南麂列岛国家海洋自然保护区管理局属县政府派出机构，为副县级。要求南麂列岛国家海洋自然保护区管理局贯彻落实党中央、省委、市委和县委关于海洋生态保护的方针政策和决策部署，在履行职责过程中坚持和加强党对南麂保护区海洋生态保护工作的集中统一领导。主要职责是：①执行国家和省有关自然保护区的法律、法规和规定；②组织编制、实施保护区的总体规划；③制定保护区的各项管理制度；④监督协调有关部门设在保护区的机构的工作；⑤设置和维护各种保护设施和标志；⑥组织并管理在保护区内的科学研究活动和生态环境的监测监视工作；⑦开展有关海洋自然资源和生态环境保护的宣传教育活动；⑧监督管理保护区内的旅游开发活动；⑨按《浙江省南麂列岛国家级海洋自然保护区管理条例》及有关法律法规规定对违法行为进行查处；⑩县人民政府授予的其他管理职能；⑪完成县委、县政府交办的其他任务。

（二）内设机构

根据中共平阳县委办公室、平阳县人民政府办公室《关于印发南麂列岛国家海洋自然保护区管理局职能配置、内设机构和人员编制规定的通知》（办字〔2019〕64号）要求，南麂列岛国家海洋自然保护区管理局设下列内设机构，为副科级。

（1）综合处：负责日常工作的综合协调和督办。负责机构编制、文秘、信息、会务、机要、保密、档案、后勤、接待、预算编制等日常工作。负责局机关基础设施建设，指导所属单位基本建设，并做好相关项目的资金管理。负责本单位及所属单位的资产、财务、基本建设的审计及其他专项审计。负责年度工作计划的拟订、督查、考核。

（2）规划保护处（挂风景旅游管理处牌子）：负责保护区总体规划及专项规划等规划的编制。负责对保护区自然资源和生态环境进行监督。负责保护区重点项目建设和基础设施建设，并建立项目数据库。负责保护区内开发建设项目的监督工作。对接、协调风景旅游相关管理部门监督保护区内旅游活动。监督指导景区旅游产品的开发、管理和宣传推广工作。协助做好岛上游客滞留、安全事故等突发事件应急处理。

（3）宣教法规处（挂社区发展处牌子）：负责制定保护区年度科普宣教工作计划并组织实施。负责推动社会公众和社会组织参与环境保护。开展网络舆情监测，负责单位网站、微信公众号的日常维护与更新管理，做好政府信息公开和服务工作。负责相关媒体采访、协调、接待工作，建立新闻发言人制度，并做好突发事件媒体应对工作。负责组织开展保护区行政执法监督、行政处罚审查、行政听证、行政复议、行政应诉和行政调解等工作。组织开展保护区政策调研。负责保护区“最多跑一次”工作。负责信访工作。掌握保护区社区经济发展状况，处理好保护资源与社区发展的矛盾。掌握社区经济发展规划，协助当地政府做好社区工作，引导和帮助社区群众发展经济，建立社区共管体系。协助当地社区做好防台、防汛、森林防火、环境综合整治等工作。

（4）海域管理处：负责保护区海域使用和管理，主要负责辖区海域海底电缆、管道勘察铺设和海上人工构造物建设等的监督管理。负责保护区海洋、海岛和海岸带海洋设施、海洋工程和其他海域开发活动的监视。参与审核并监督管理保护区海洋、海岛、海岸带重大工程项目。承担海域勘界工作，指导无人岛的开发和管理。协助有关部门做好农渔业技术推广。统一管理和监督保护区各项生产、生活活动，防止污染和破坏生态环境。协调各涉海部门、行业的海洋管理活动。

机关党总支：负责机关和所属单位党的建设和群团工作。

南麂列岛国家海洋自然保护区管理局下属事业单位两个，即海监支队和研究所。具体负责保护区的保护、管理、建设、规划、科研和宣教以及社区共管共建。南麂列岛国家海洋自然保护区管理局所属事业单位的设置、职责和编制事项另行规定。具体工作职责如下。

（1）海监支队：负责自然保护区海域的巡逻和执法工作，配合保护区管理局的工作。

（2）研究所：负责开展自然保护区的科学研究；负责自然保护区的环境监测工作；负责自然保护区对外的科研合作交流；管理科研基地。

（三）人员编制

建区之初，根据《浙江省机构编制委员会关于建立南麂列岛国家级海洋自然保护区管理局的批复》（浙编〔1991〕96 号）和《温州市编制委员会关于建立南麂列岛国家海洋自然保护区管理局的批复》（温编〔1991〕126 号），核定行政编制 15 名，下设事业编制的监察队，定编 17 名。2013 年，根据平阳县人民政府办公室《关于印发南麂列岛国家海洋自然保护区管理局（平阳县海洋与渔业局）主要职责、内设机构和人员编制规定的通知》（平政办〔2013〕4 号），行政编制 17 名，其中：局长 1 名，副局长 4 名（1 名副局长兼县海洋与渔业局局长），总工程师 1 名；核定中层领导职数 6 名；后勤服务人员编制 2 名。纪检、监察机构和人武部的设置、人员编制和领导职数按有关规定执行。2019 年，根据中共平阳县委办公室、平阳县人民政府办公室《关于印发南麂列岛国家海洋自然保护区管理局职能配置、内设机构和人员编制规定的通知》（办字〔2019〕64 号），南麂列岛国家海洋自然保护区管理局人员编制 36 名，其中行政编制 10 名（其中 1 名为工勤人员），设局长 1 名，副局长 3 名，总工程师 1 名；中层领导职数 4 名；后勤服务人员编制 1 名。另核定兼职领导职数 2 名。事业编制 26 名。目前，南麂保护区管理局实有工作人员 41 人，其中行政人员 16 名，事业人员 25 名。根据平阳县清理规范机关事业单位编外用工工作领导小组（平清领〔2018〕13 号）要求，南麂列岛国家海洋自然保护区管理局编外用工控制数名额为 23 名，人员经费列入县财政预算。

三、资金保障或运行经费来源

根据《中华人民共和国自然保护区条例》，自然保护区建设和管理经费由保护区所在地的县级以上地方人民政府安排。各级政府要将自然保护区的发展规划纳入当地的国民经济和社会发展计划组织实施，自然保护区建设和管理所需资金要列入当地政府的年度财政预算予以安排落实。2002 年，浙江省设立了浙江省生态环境保护专项资金，并制定了《浙江省自然保护区专项资金管理办法》。同时，改革完善人员、公用经费补助政策，省财政厅下发了《关于改革和完善省级以上自然保护区财政补助政策的通知》，确定了在定编基础上定经费的财政补助政策。2008 年，浙江省环境保护厅会同浙江省林业、国土资源、海洋渔业等自然保护区主管部门制定了《浙江省自然保护区规范化建设考核指标（试行）》（浙环发〔2008〕58 号），从 2009 年开始，严格按标准开展一年一度的规范化建设达标考核，考核结果与自然保护区专项资金发放相挂钩，有力地推动了自然保护区规范化建设。浙江省财政厅于 2016 年 7 月又下发了“关于提高省级以上自然保护区正常经费补助标准的通知”（浙财建〔2016〕94 号），按照加强自然保护区管理，推进主体功能区建设的要求，结合事业单位养老保险和工资改革，为进一步加大省级财政对省级以上自然保护区的支持力度，切实加强省级以上自然保护区管理，推进生态文明建设，决定提高现行省级财政对省级以上自然保护区正常经费省财政补助标准：自 2016 年起，正常经费补助标准由原来的 8. 4 万元/人提高到 11. 3 万元/人（其中：人员经费支出 8. 9 万元/人，日常公用经费 2. 4 万元/人）。目前，南麂列岛国家级海洋自然保护区按事业定编 26 人计算定额每年为 293. 8 万元。

保护区管理局的日常经费（工资、办公经费等）由浙江省人民政府和平阳县人民政府列入财政预算，管理与业务经费由国家海洋局（现划归国家林业和草原局）、浙江省海洋与渔业局（现划归浙江省林业局）和平阳县人民政府共同解决。浙江省财政每年按编制人数核拨 11. 3 万元/人，由平阳县统筹分配。编外聘用人员工资待遇由平阳县人民政府和保护区管理局共同解决。保护区研究所的课题经费由研究所根据研究内容分别向上级科技、海洋、渔业、环保、人才、科协等有关部门申请补助。此外，保护区还可广开资金筹集渠道，在政府投入和保护区自筹资金以外，制定相关政策，积极开展国际合作，争取国际组织（GEF、MAB、WWF、IUCN等）和相关企业对自然保护区建设的资助，形成以政府投入为主，保护区自筹和国内外捐助相结合的多渠道、多层次、多形式的保护区建设投资体系。制定灵活可行的政策，创造减税、物质鼓励等优惠条件吸引投资方积极向保护区投资，共同参与保护区建设。通过教学科研基地建设和提供便利的设施、设备与服务，以合作或协助的方式吸引有关高校和科研院所开展科研项目，从而引进科研资金。开展科普生态旅游，通过宣教中心和标本展览中心建设学生夏令营，进一步完善基础设施，常态化开展学生夏令营活动，兴办与旅游相关的绿色环保新兴产业。

第二节　管理制度

一、地方性法规

依法管理是对自然保护区进行有效保护的保证。认真贯彻国家和地方相关法律、法规，为保护区工作提供政策保障。南麂列岛自然保护区全面贯彻执行《中华人民共和国环境保护法》《中华人民共和国海洋环境保护法》《中华人民共和国海域使用管理法》《中华人民共和国海岛保护法》《中华人民共和国自然保护区条例》《海洋自然保护区管理办法》《浙江省自然保护区管理办法》等相关法律、法规、规章和管理办法。各级政府和有关部门在制定国民经济和社会发展计划以及进行经济开发和项目建设时，必须严格执行环境保护和生态建设的有关法律法规。南麂列岛自然保护区自然环境与资源的保护，除遵循国家出台的相关保护法律、法规、条例外，还严格执行浙江省人大常委会颁布的《浙江省南麂列岛国家级海洋自然保护区管理条例》（1996年10月1日起施行，2009年11月27日修改，2017年11月30日再次修改），浙江省海洋局颁布的《浙江省南麂列岛国家级海洋自然保护区管理条例实施细则》（1998年12月14日起施行），为保护区全方位发展提供法律保障。

建立保护区后，平阳县人民政府于1991年5月发布了《关于加强南麂列岛国家级海洋自然保护区保护管理的通告》。1996年6月29日浙江省第八届人民代表大会常务委员会第二十八次会议通过了《浙江省南麂列岛国家级海洋自然保护区管理条例》（以下简称《条例》），1998年12月14日浙江省海洋局又颁布了《浙江省南麂列岛国家级海洋自然保护区管理条例实施细则》，使保护区的管理工作逐渐走上了法制化轨道。由于《条例》出台时间较早，随着我国经济社会的发展，国家、省相关法律法规陆续出台和完善，以及南麂列岛自然保护区的不断发展变化，该《条例》已明显不适应保护区的实际情况，从而出现与相关法律法规不接轨，条例内容与保护区功能分区不符，管理体制不顺，执法管理困难等诸多问题。因此，2017年浙江省人大常委会对《条例》做了全面修改，2017年11月30日，浙江省第十二届人民代表大会常务委员会第四十五次会议通过了对《浙江省南麂列岛国家级海洋自然保护区管理条例》的修改决定。目前，保护区已根据修改后的《条例》要求进一步完善了相关管理制度。

二、管理制度

南麂列岛国家海洋自然保护区管理局十分注重管理制度建设。一是在保护区管理方面，力争做到依法治区。1996 年省人大颁布《浙江省南麂列岛国家级海洋自然保护区管理条例》，是保护区保护和开发建设等各项活动的主要依据。在此基础上，保护区还相继制定出台了《浙江省南麂列岛国家级海洋自然保护区行政执法规定》《浙江省南麂列岛国家级海洋自然保护区行政处罚程序规范》等一整套行政处罚法律文书，颁布施行了《关于〈渔业生产许可证〉〈客、货运船舶通行许可证〉〈保护区临时通行许可证〉管理办法》《南麂列岛国家级海洋保护区进区许可管理办法》《南麂列岛国家级海洋自然保护区二、三级保护区潮间带保护管理办法》《关于建立生态补偿金奖惩机制的意见（试行）》《关于加强南麂列岛国家级海洋自然保护区贝藻类管理的通告》《关于加强大沙岙等边浅蛤（沙蛤）管理的通告》《关于船舶进区许可管理的通告》等具体管理制度，还推行南麂“进岛一票制”的管理制度，为保护区依法治区提供强有力的法律保障。二是在内部管理方面，建立健全各项规章制度，力争做到以制度管人。保护区管理局十分注重内部管理制度建设，各科室制定了一系列详细的工作制度，建立了一套较为严格和完整的管理体系。保护区已建立健全了《局领导班子岛上值班制度》《机关干部联系村工作制度》《南麂列岛国家海洋自然保护区管理局请销假与考勤实施细则》《财务管理规定》《档案管理制度》《基本建设项目管理办法》《海洋环保宣传工作制度》《生态旅游管理制度》《海陆监管巡查制度》《社区工作制度》《科研、调查、监测工作制度》《海监支队管理制度》《研究所实验室管理制度》等一系列工作管理制度，整理印制《南麂保护区管理局管理制度汇编》，做到人手一册。

第三节　保护设施

保护区建立以来，由国家财政投入与保护区管理局通过多种渠道和多种方式筹集资金进行了基本的保护设施建设和相关设备购置。1994 年由国家海洋局、浙江省人民政府和平阳县人民政府共同投资 100 万元在岛上建有海洋综合大楼，面积 1 500 m^2，内有海监支队办公室、会议室以及机关人员值班宿舍、专家学生宿舍等。在岛上还建有 500 m^2的监察管理中心和 300 m^2的研究所展览用房及实验室。2010 年以前在平阳县政府大院内设有 4 间办公室，总面积仅 100 m^2；2010 年之后搬迁到鳌江镇办公，条件得到一定改善。2017 年由平阳县人民政府统一划拨安排，保护区管理局行政机关在平阳县城昆阳镇设有办公场所，总面积 500 m^2，下属事业单位海监支队和研究所继续在鳌江镇设有办公室和实验室及海监体能训练房，总面积 1 450 m^2。资源管护设施方面，目前保护区在大沙岙设有区碑 1 座，在核心区大沙岙、门屿尾（龙船礁）附近、柴峙岛、大檑山屿建有固定观察哨，在重点管护区域设有必要的管护围栏、警示牌、海上浮筒、浮标等，如在大山核心区设有陆上界碑 5 块，在大沙岙和马祖岙海上设有红色浮球核心区界标，在大沙岙沙滩上设有拉索核心区界线，在 10 多处核心区和缓冲区交界部位还设有警示标语牌等。陆岛建有雷达视频监控系统，设有 28 个视频监控点，有南麂和平阳两个监控室，监控范围覆盖全保护区。海监支队拥有 3 艘巡逻执法管理船和快艇，分别是“中国海监 7003”艇、“中国海监 7071”艇和“中国海监 7072”艇，另外还配有车辆、高倍望远镜、对讲机、执法记录仪、无人机等执法管理装备。研究所配有温室气体监测分析仪、水质分析仪、有机碳分析仪、温盐深分析仪（CTD）、电脑、照相机、烘箱、去湿机、封塑机、分析天平、生物显微镜、解剖镜、无人机等科研设备。展览室展出贝、藻、鱼、虾、蟹、龟、珊瑚等各类海洋生物标本400余种近1 000件，其中有中华鲟、玳瑁、海龟等国家一级和二级保护动物标本近10件。以上基础设施的建设，为保护工作正常开展创造了良好的条件。

近年来，南麂保护区下大力气进一步推进基础管护设施建设，特别在科研监测与宣教设施方面开始有了更多的投入，以便更好地满足保护区的科学管护需要。目前，南麂保护区建有鳌江和南麂两个实验室，科研设备较为齐全，能基本满足开展日常监测和基础性科学研究的需要。在鳌江口搭建有红树林监测监控平台，配置CH_4/CO_2/H_2O涡度相关测量系统和生物气象辅助传感器系统等各类用于监测红树林及土壤中排放的CH_4、H_2O、CO_2的自动监测设备。2017年，保护区还在南麂火焜岙村建设完成了海藻育苗室和珍稀海洋动物救护中心，用于海洋生物研究、救助和科普宣教工作；启动了南麂列岛自然保护区岛屿森林生物多样性监测样地建设，先后建立了木麻黄、黑松、台湾相思和大檑山屿森林长期监测样地，并购置红外相机进行鸟类等动物监测。在岛上重要路口、重要保护对象周边均设有宣传栏和宣传牌；同时，保护区按照国内一流的标准，正加快推进总投资5 000万元的南麂科教馆建设和贝藻主题公园建设。2019年，投资2 379万元的南麂列岛国家级海洋自然保护区保护及监测设施建设项目获得国家林业和草原局批准，目前正在推进实施。

第四节　保护管理

一、资源管护和海监执法

一直以来，南麂保护区遵循“保护为主、适度开发、开发服从保护”的原则，从多方面开展资源管护工作。根据本区生态环境类型的多样性，生物物种和其他资源分布的差异性，实行三级分区保护管理，即核心区实行特别保护，除经批准必要的科研活动外，禁止人员进入；缓冲区只准进入从事科学研究观测活动；实验区可以在保护区管理局的指导下进行适度开发利用活动，可以进入从事科学试验、教学实习、参观考察、旅游以及驯化、繁殖珍稀、濒危野生动植物等活动。根据本区的实际情况，在保护管理中遵循了“五结合”原则，即物种保护与生态环境保护相结合，重点保护与区域性保护相结合，贝、藻资源保护与其他资源保护相结合，保护管理与科学研究相结合，严格保护与适度开发相结合。在现场管理中，采取“四结合”的方法，即宣传教育与必要的行政措施相结合，海上管理和陆上管理相结合，海洋部门与边防、渔政、交通等部门相结合，专业管理与群众性管理相结合。

南麂保护区拥有一支通过专业培训，获得由国家海洋局颁发海洋监察证书的专业海监队伍，正式编制26人，并设立了一支由各村骨干和海上作业经验丰富的人员组成的义务监察管理队伍，形成了一个以专职监察员为主、兼职监察员为辅的较为完善的群防群护监察保护网络。多年来，保护区海监支队认真组织开展“碧海”“海盾”“护岛”等各类专项执法行动，积极参加浙江渔场修复振兴暨“一打三整治”工作，坚持开展大沙岙沙滩等边浅蛤繁殖期禁采执法大检查和打击未经许可渔业生产作业及垂钓行为的专项执法行动和违反《浙江省南麂列岛国家级海洋自然保护区管理条例》行为等。从2005年中国海监南麂列岛国家级海洋自然保护区支队成立至2019年底，共开展执法检查3 012次（其中实施海上执法检查1 750次），检查航程57 870 n mile，出动参检人员10 443人次，承办非法偷盗、滥捕、采石、挖沙等各类案件186件，办结185件，共收缴罚没款50.74万元（表19-1）。其中，2010年破获“5·11”核心区非法潜水偷采贝类刑事案件，抓获作案人员4名，缴获非法所得贻贝多达420 kg。平阳县人民法院以非法捕捞水产品罪对4人予以刑罚。该案例是全国首例对在国家级海洋自然保护区非法采捕水产品的行为进行定罪判刑的案件，《中国海洋报》及市、县各级媒体都予以报道，社会正面宣传效果良好，对保护区偷捕者起到了有效的威慑作用。

表19-1 南麂列岛国家级海洋自然保护区历年海监执法情况

年份	执法检查次数/次		检查航程/n mile	出动参检人次	立案数/件	结案数/件	收缴罚没款/万元
	总次数	其中海上执法次数					
2005—2012	910	549	21 364	2 649	118	118	31.31
2013	389	246	7 460	940	7	7	3.23
2014	281	182	5 400	968	10	10	3.47
2015	231	146	4 490	713	8	8	1.77
2016	279	147	4 460	1 012	1	1	0.1
2017	306	143	4 550	1 158	6	6	5.75
2018	271	132	3 960	1 086	13	12	2.97
2019	345	205	6 186	1 917	23	23	2.14
合计	3 012	1 750	57 870	10 443	186	185	50.74

2013年，强化海监执法工作，加强领海基点和无居民海岛巡查。联合中国海监第四支队、温州市支队开展“2013年度浙江省国家级海洋自然保护区联合执法行动”，对南麂列岛进行海水采样监督和海岛开发利用项目执法检查，依法查处了违法用海和偷采海洋资源等行为，提升了保护区海监支队的执法能力。开展海域执法大检查、沙滩等边浅蛤禁采和禁止使用地笼网（长蛇笼）的工作。开展“一岛一档”工作，建立和完善海岛档案。2014年，保护区支队积极参加平阳县东海渔场修复“一打三整治”联合执法行动，配合省海洋与渔业执法总队开展东海休渔期执法等工作，组织开展禁止使用地笼网（长蛇笼）渔具和沙滩等边浅蛤禁采等执法大检查，没收地笼网（长蛇笼）生产渔具113件，严厉打击了各类偷盗采捕等破坏生态行为，有力地保障了用海制度的贯彻和海洋环境的保护。2015年，组织开展为期1个月的“南麂海域禁用渔具清理”行动，集中销毁地笼网125个，蟹笼60个，流刺网6件；组织开展沙滩等边浅蛤繁殖期禁采执法大检查，共制止采挖等边浅蛤行为100多人次；组织开展区内养殖用海项目普查，加强和规范养殖业管理；加强稻挑山领海基点和无居民海岛定期维权巡航执法，确保海上维权工作常态化。同时，鼓励岛民积极参与保护区群防群护工作，吸纳各村骨干和海上经验丰富的人员组成了8支海上义务监察管理队伍，配合海监支队加强海上执法巡查，累计巡查航行1万多海里，上报海洋违法案件4起，为保护海洋生态资源

和环境发挥了积极作用。2016 年，持续加强海洋监察执法工作，以深入推进国家级海洋自然保护区执法示范工作为契机，认真组织开展“海盾”“碧海”“护岛”等各类专项执法行动，积极参加浙江渔场修复振兴暨“一打三整治”工作，开展了一系列幼鱼保护暨禁用渔具整治执法行动，集中销毁地笼网 20 个，蟹笼 40 个，流刺网 16 件，核心区大型韩国网 1 个，确保保护区海域生物资源的安全；定期开展领海基点和无居民海岛的巡航检查；在各村张贴通告，组织开展大沙岙沙滩等边浅蛤繁殖期禁采执法大检查，共警告制止采挖等边浅蛤行为 100 多人次；加强对未经许可渔船以及钓鱼客的管理，对截获的渔获进行放生。同时，南麂列岛国家海洋自然保护区管理局积极探索海监执法工作新方法、新途径，挂牌成立由各村骨干和海上经验丰富的人员组成的 24 人南麂保护区义务监察大队，配合海监支队加强海上执法巡查，让岛民以主人翁的姿态积极参与南麂海洋生态保护，为保护海洋生态资源和环境发挥了积极作用。2017 年，保护区海监支队以国家海警局执法示范化建设为抓手，持续加强海监专项执法力度，以更高的标准、更严的要求、更强的力度推进海监执法工作，取得积极成效。2018 年，保护区管理局联合县海事局、县海洋与渔业局、南麂边防所、南麂镇等部门开展伏季休渔、违禁网具清理整治等联合执法行动，严厉打击各类偷盗采捕等破坏海洋生态行为，有力地保护了南麂海洋生态环境。2019 年，保护区海监支队从严把握新形势下海洋生态保护新标准、新要求，坚决对违法行为冒头必打，立案数、结案数较去年实现翻番，目前已呈现出南麂海域非法捕捞和违法垂钓明显减少的态势。

二、规范化建设考核与管理评估

根据环境保护部、国土资源部、水利部、农业部、国家林业局、中国科学院、国家海洋局 7 个部门联合下发的《关于开展国家级自然保护区管理评估工作的通知》（环办〔2008〕19 号）要求，由环境保护部南京环境科学研究所蒋明康研究员带队，由环境保护部、国土资源部、中国科学院等部门专家和浙江省环保局、林业厅、国土资源厅、海洋与渔业局的代表，共同组成国家级自然保护区评估组，于 2008 年 7 月 19 日对南麂列岛国家级海洋自然保护区进行了评估调研。评估组实地考察保护状况以及管护、宣传教育、办公等基础设施，查阅相关文件资料，听取保护区管理局的自评报告，并和地方政府及相关部门负责人进行座谈。保护区逐一对照评估要求认真开展自评工作，对南麂列岛海洋自然保护区建区以来各项工作进展及所取得的成效进行了全面的回顾和总结，找出了当前存在的突出问题，并提出初步的整改建议。评估组充分肯定南麂列岛海洋自然保护区在机构建设、制度建设、经费保障和资源保护等方面做出的成绩，认为政府部门高度重视自然保护区建设与发展，主管部门之间配合密切，保护区管理部门管护有效，同时也指出了保护区仍存在不少问题和差距，并提出了建议。评估结果，保护区管理水平为“良”。这是对南麂列岛海洋自然保护区管理工作绩效的一次科学评估，对保护区准确把握未来发展方向有着重要作用。

为深入贯彻落实《国务院办公厅关于做好自然保护区管理有关工作的通知》（国办发〔2010〕63 号），进一步规范浙江省自然保护区建设和发展，切实提高自然保护区管理水平，根据《浙江省自然保护区管理办法》《国家级自然保护区规范化建设和管理导则（试行）》（环函〔2009〕195 号）和《浙江省自然保护区规范化建设考核指标（试行）》（浙环发〔2008〕58 号）的有关规定，从 2010 年开始，浙江省环保厅、省林业厅、省国土资源厅、省海洋与渔业局及省自然保护区评审委员会有关专家组成考核组对全省省级以上自然保护区规范化建设情况进行了考核评估，每年开展一次。考核组通过听取管理机构工作汇报，查阅相关文件、资料，实地查看主要保护对象变化、管护设施建设、资源开发利用状况，与保护区管理人员、相关部门负责人进行座谈等多种形式，在充分了解有关情况的基础上进行集体考核打分，确定各保护区规范化建设水平等级并形成考核报告。从历年考核结果（表 19-2）来看，通过考核监督和整改提高，南麂列岛国家级海洋自然保护区规范化建设与管理水平不断提高，至 2018 年已连续 6 年考核结果为“优”。2018 年 11 月 21—23 日，中国环境科学研究院环境生态科学研究所组织专家组赴南麂列岛开展长江经济带国家级自然保护区评估工作，获评结果为“优”。

表 19-2　南麂列岛国家级海洋自然保护区历年规范化建设考核评估结果

年份	考核时间	考核分数	考核结果
2008	7 月 19 日	环境保护部等 7 部门评估	良
2010	5 月 10—11 日	89.0	良
2011	11 月 18 日	87.0	良
2012	12 月 26 日	84.4	良
2013	12 月 13 日	90.9	优
2014	12 月 25 日	91.1	优
2015	11 月 16—17 日	91.9	优
2016	12 月 25 日	90.2	优
2017	12 月 28 日	93.0	优
2018	11 月 21—23 日	长江经济带考核评估	优

2017 年 7 月 11 日，环境保护部、国土资源部、水利部、农业部、国家林业局、中国科学院和国家海洋局联合印发了《关于联合开展“绿盾 2017”国家级自然保护区监督检查专项行动的通知》，决定于 2017 年 7—12 月在全国组织开展国家级自然保护区监督检查专项行动。在 2017 年 7—8 月期间，浙江省环保厅、省国土资源厅、省林业厅、省海洋与渔业局等赴浙江省 25 个省级以上自然保护区进行现场督察，找问题、促整改，对照卫星遥感监测和自查问题清单，逐一进行排查，同时将中央环保督察发现的涉及自然保护区的问题、历次自然保护区监督检查中已发现的问题、近年来被约谈督办的自然保护区问题进行调查处理。2017 年 11 月 2 日，“绿盾 2017”国家级自然保护区监督检查专项行动座谈会在杭州召开，随后国家巡查组赴浙江省国家级自然保护区开展实地巡查工作，全面组织排查自然保护区存在的违法违规问题，系统梳理历次自然保护区监督检查中发现问题的整改情况，对其整改进度、整改效果和追责情况进行检查。“绿盾 2017”国家级自然保护区监督检查专项行动由环保部、国土资源部、水利部、农业部、国家林业局、中国科学院和国家海洋局联合开展，通过各省自查、国家巡查、总结通报 3 个阶段的工作，全面排查全国 446 个国家级自然保护区存在的问题。本次从相关部门抽调近 200 人，分 10 个巡查组，对 31 个省份进行为期 1 个月的巡查。为切实加强南麂列岛国家级海洋自然保护区监督管理工作，根据环保部等 7 部门《关于联合开展“绿盾 2017”国家级自然保护区监督检查专项行动的通知》，平阳县人民政府于 2017 年 11

月成立了平阳县“绿盾”国家级自然保护区监督专项行动工作领导小组（平政办机〔2017〕51号），南麂列岛国家级海洋自然保护区全面接受了“绿盾2017”专项行动监督检查。2018年，保护区又开展了“绿盾2018”自然保护区监督检查专项行动等国家层面的专项督查行动，在评估和督查工作中，专家一致肯定南麂保护区海洋生态保护工作取得的成绩，特别是在保护区生物多样性保持稳定、实现人与自然和谐共生等工作成效方面给予高度评价和肯定。通过自查和巡查，依法拆除新码头新增养殖设施，完成环岛公路、南麂码头等项目环评补办工作，完成南麂农污工程和垃圾综合处置工程建设，使南麂污水处置实现全覆盖，南麂垃圾压缩减量化后外运至鳌江进行处置。平阳县人民政府还出台《全面加强南麂列岛国家级海洋自然保护区保护和建设管理的实施意见》，按照“可建可不建的，坚决不建，必须建设的，需经多方协商、依法落实环保措施方可建设”原则，严格管控岛上项目建设。今后将进一步完善南麂保护区管理体制机制，强化部门协调，落实经费保障，推进保护区规范化建设；积极稳妥地解决当地居民养殖作业等历史遗留问题，逐步实现保护区生态保护和开发利用协调发展，维护保护区海域自然生态环境平衡；严格保护区建设项目准入，充分进行可行性论证和环境影响评估，强化资源环境和工程项目监管，确保各项生态保护措施落实到位。2019年继续开展“绿盾”专项行动，使保护区管理水平有了更进一步的提升。

三、生态修复和生态补偿

2004年，南麂列岛国家海洋自然保护区管理局发布《关于加强大沙岙等边浅蛤（沙蛤）管理的通告》，实施了大沙岙等边浅蛤的保护计划，并开展等边浅蛤课题科学研究，为保护管理提供科学支撑。2012年监测显示核心区等边浅蛤栖息密度比缓冲区高10倍，核心区等边浅蛤栖息密度平均达每平方米100个以上，最高可达每平方米216个。2008年9月，南麂保护区管理局联合相关单位承担“铜藻优化自繁模式及投放技术开发”和“铜藻海藻场重建及生态环境生物修复”项目，对铜藻恢复的生态效果调查表明，在马祖岙海区礁石上发现生长良好的铜藻幼苗，最大密度达到每平方米100株，已基本达到重建的目的。同时对铜藻场内外生物多样性进行调查发现，铜藻场内的生物多样性显著高于藻场外，以2009年4月27—29日定量和定性采样调查结果为例，藻场内物种数为18种，而藻场外只有9种。2010年实施国家农业部项目“南麂列岛火焜岙海洋牧场示范区建设”。同时，在示范区内开展了南麂本地物种等边浅蛤、波纹巴非蛤、厚壳贻贝、文蛤、泥蚶、大黄鱼、真鲷、梭子蟹等渔业资源的增殖放流。2011年，完成国家海洋公益性科研项目“我国南方沿海大型海藻生态系统恢复技术集成与示范”的子项目——“铜藻生态系统恢复技术集成与示范”。2012年开展浙江省海洋与渔业局下达的项目“南麂列岛海洋自然保护区岛礁鱼类资源调查”“南麂列岛海洋自然保护区野生紫菜资源调查和保护恢复”等。2012年开始实施中央分成海域使用金项目，主要包括保护区大型海藻场建设和生态修复工程、保护区海洋生物资源与栖息环境调查及保护效果评估、南麂岛保护和整治修复项目。“南麂列岛海洋牧场示范区建设”项目被列入2014年度中央财政渔业资源保护项目实施计划，下拨资金700万元，平阳县财政配套70万元，开展人工鱼礁建设和藻礁建设。2016年12月成功创建了“浙江省南麂列岛海域国家级海洋牧场示范区”，被农业部列为第二批国家级海洋牧场示范区。南麂列岛获批国家级海洋牧场示范区之后，平阳县经过大量的前期工作，于2018年正式启动了浙江省南麂列岛海域国家级海洋牧场示范区人工鱼礁新建一期工程项目。项目总投资2 500万元，全部由国家财政资金拨款。

2010年始，南麂保护区管理局在全国海洋自然保护区中率先实施生态补偿措施，南麂居民每人每年可得到从旅游门票中提取的生态补偿金。具体规定如下。

（1）补偿对象：现有南麂籍村民（农业户口）。

（2）补偿标准：保护区内各村以个人为单位，每人每年100元（其中门屿尾村：以个人为单位，每人每年150元）。

（3）奖惩办法：①各村如1年内在保护区内出现偷盗采捕、滥采滥捕、采石挖沙、砍树等破坏生态行为1次的（包括本村外来人口案件，下同），扣减该村每户每人当年全年生态补偿金的20%，案件当事人按案件处理外扣除当年本人个人全年生态补偿金；2次的扣减每户每人当年全年生态补偿金的50%，案件当事人按案件处理外扣除本人家庭全年生态补偿金；3次的扣除每户每人当年全年生态补偿金的80%；3次以上的全村取消当年生态补偿金。②核心区内如1年出现偷盗采捕等破坏生态行为1次，扣除该村每户每人当年全年生态补偿金的50%，案件当事人按案件处理外扣除本人家庭全年生态补偿金；2次的全村取消当年生态补偿金。③潮间带如出现偷盗情况，潮间带承包者除按第3项第1条处理外，将一并承担潮间带承包协议中有关责任。④村民如举报、协助抓获偷盗采捕、滥采滥捕、采石挖沙、砍树等破坏生态行为者，南麂保护区管理局将按举报奖励办法，以案件罚没款的百分比给予其奖励。

第二十章　保护区现状评价与效益分析

第一节　保护区现状评价

一、自然生态质量评价

根据有关科研单位（俞永跃，2011；高爱根等，2007；毕耜瑶等，2016a，2016b，2018）对南麂列岛自然保护区若干次生态调查结果综合分析显示（表20-1、表20-2），建区20多年来，南麂列岛自然保护区贝藻类资源与20世纪90年代初的调查结果相比，大型底栖海藻种群演变已显示出其生物多样性下降的征兆，其原因除与全球气候变暖导致响应和整个海洋环境质量普遍下降有关外，人为活动的影响，生境改变，如过去渔民成片铲取羊栖菜以供养殖苗种、大量采集鼠尾藻作为海参养殖的饵料和环岛公路建设等而破坏了自然生态却是不可忽视的。而岩礁和沙滩经济贝类数量下降除自然因素影响外，可能与上岛人数增多、人为采捕量增大有关，如大沙岙开放性沙滩（实验区）的贝类数量急剧下降，且个体明显趋小就是实例之一。但是，与实验区相比，核心区、缓冲区贝藻类的种类数多年来变化不大，且贝藻类的生物量和栖息密度有所增加，物种多样性维持相对稳定，这主要与核心区常年保持严格监管保护有关。

表20-1　南麂列岛自然保护区历年潮间带大型贝藻类数量调查结果

	1974—1976年	1992—1993年	2003—2004年	2006—2007年	2013—2014年
贝类总数/种	122	143	105	85	77
藻类总数/种	94	121	85	47	59
断面数/条	4	14	10	8	15
调查研究单位	上海自然博物馆	国家海洋局第二海洋研究所	国家海洋局第二海洋研究所	浙江省海洋水产养殖研究所	中国科学院海洋研究所 浙江海洋大学 南麂保护区研究所

尽管南麂列岛海域目前的海洋环境质量基本上保持在较好的环境质量水平，清洁、较清洁水体占比仍较高，特别是夏季一般都能达到一类海水水质标准，这在东海近海已很不容易，明显优于其

他近岸海域的环境质量水平，但受海洋流系影响，南麂海域仍处于富营养化状态，是我国营养盐丰富的海区之一，岛屿周围海域氮磷比值仍较高，赤潮水华时有发生。因此，保护区自然环境质量仍需进一步提升。

表 20-2　南麂列岛自然保护区岩礁相潮间带贝类生物量和栖息密度变化情况

年份	岩礁潮间带监测断面		核心区龙船礁断面		调查研究单位
	平均生物量/（g·m^{-2}）	平均栖息密度/（个·m^{-2}）	平均生物量/（g·m^{-2}）	平均栖息密度/（个·m^{-2}）	
1992	970.63	1 812	1 437.66	1 118.8	国家海洋局第二海洋研究所
2003	3 324.29	3 248	7 201.31	3 963.8	国家海洋局第二海洋研究所
2015	6 327.22	3 079	8 146.93	5 002.7	南麂保护区研究所

二、保护区管理现状评价

南麂列岛国家级海洋自然保护区的管理工作主要有三个方面：一是自然环境和自然资源的保护与管理；二是开展科研与监测；三是自然资源的合理开发利用和社区发展。保护区管理水平的高低，决定着自然保护区的前途与命运，是搞好自然保护区一切工作的前提。南麂列岛国家级海洋自然保护区自 1990 年建立以来，在各级政府和主管部门高度重视、支持下，保护区的管理已逐步走上正轨并不断得到加强，取得了较好的成效。尤其是《浙江省南麂列岛国家级海洋自然保护区管理条例》的颁布实施、加入世界生物圈保护区网络、南麂列岛旅游景区门票“一票制”与 GEF/UNDP/SOA 中国南部沿海生物多样性管理项目的实施、中央环保督察、海洋督察和“绿盾”“碧海”“护岛”等系列行动，大大促进了生态环境和自然资源的保护管理、科研与监测、开发利用、宣教、社区共管等工作。但保护区现有管理机构仍不够健全，人员结构不尽合理，激励机制不够完善，管理设施需进一步提升规范，管理经费仍显不足；科研与监测力量薄弱，还难以对全辖区和区内所有保护对象进行有效监测与深入研究；保护区界碑界桩、警示标志等基础设施建设有待加强，科普宣传工作还比较薄弱；在社区共管方面，还需进一步提高当地及周边社区群众的自然保护意识，使其自觉参与保护区的保护与管理，实现保护和社区经济的协调发展。

（一）管理体制评价

形成了“区镇一体”的特色管理模式。南麂列岛国家级海洋自然保护区范围与岛上的南麂镇辖区重合，目前保护区管理局和南麂镇实行局、镇事务分离又紧密联系的工作制度，由保护区副局长兼任镇党委书记，通过这种模式对促进保护区与区域社会经济事务统一规划、统一管理、协调发展进行了有益的探索。保护区管理局主要负责科学管护工作，镇政府主要负责社区管理工作，在一些涉及保护区建设、社区经济发展等重大议题上，双方召开联席会议协商解决，较好地处理了保护与开发之间的矛盾。同时，保护区通过生态补偿、适度发展生态旅游、修建民生设施、帮扶社区生产生活等方式，促进了社区可持续发展。虽然保护区建立之初就已提出保护区管理机构与平阳县人民政府驻南麂岛办事处合署办公，实施“两块牌子、一套班子”，后因办事处撤销，此方案未能顺利实施，直到1998年保护区管理局才与南麂镇合署办公，实行“两块牌子、一套班子”的管理体制，保护区管理局局长兼镇党委书记。从2004年1月开始，南麂保护区管理局和南麂镇实行局、镇主要负责人相互兼职的管理新机制，以实践有效保护、统一规划、统一管理、协调发展的目的。但这种“共同管理”模式和管理机制的探索是长期的，仍需要较长时间来融合相互之间的意见，最终实现在解决具体问题上达成“共识”。

（二）管理措施评价

1. 保护管理

配备专职管理巡护队伍——中国海监南麂保护区支队，具有一定的保护经验。建立了一支强有力的执法队伍，执法严格，定期开展海监、巡护人员的培训。通过监控系统对岛礁和海上核心区实现了有效的监督和管理。与岛上边防和渔民合作，建立了共抓共管、群防群护的管护体制。档案保存较为完整，为保护区的持续发展提供了坚实的基础。保护区基本上拥有稳定的财政支撑。保护区管理局实施了专门的南麂列岛自然保护区管理条例，在当地政府支持下加强了保护区的道路、水、电、交通等基础设施和能力建设，增加了核心区面积，调整了功能区划，扩大了保护对象，编制了南麂列岛城镇总体规划。与有关单位合作，保护区管理局实施了GEF/UNDP/SOA中国南部沿海生物多样性保护管理国际项目。在群防群护的管理方式上，保护区管理局探索了社区居民参与措施，同时引导当地社区发展生态旅游和生态养殖，尝试了进区许可管理制度，实行了“进岛一票制”管理以控制进岛人数总量的办法。

2. 宣传教育

在主要旅游区域、交通要道口设立了数处宣传标牌、科普宣传栏及发放宣传印刷品等，开展与保护区管理有关的法律法规和有关政策文件的宣传活动。同时还举办学生夏令营、编写海洋科普读本、发行南麂列岛保护区特种纪念邮票等，大大提高了来岛公众的保护意识，收到了良好的社会效果。

3. 法律法规建设

南麂保护区管理比较规范系统，形成了比较完善的管理制度。1996年6月29日浙江省第八届人民代表大会常务委员会第二十八次会议通过了《浙江省南麂列岛国家级海洋自然保护区管理条例》，1998年12月14日浙江省海洋局又颁布了《浙江省南麂列岛国家级海洋自然保护区管理条例实施细则》，使保护区的管理工作逐渐走上了法制化轨道。围绕当前生态文明建设、自然保护区监督检查等新形势下对保护区保护管理提出的要求，2017年底再次修订了《浙江省南麂列岛国家级海洋自然保护区管理条例》，并在浙江省第十二届人民代表大会常务委员会第四十五次会议上得到了审议批准。

（三）科研与监测工作评价

国内的海洋生物学家和国家有关部门对南麂列岛丰富的贝藻类物种资源及其生态环境研究历来十分重视，自20世纪50年代以来，有关科研单位和大专院校的学者和科技人员曾对南麂列岛先后进行过100余次的科学调查考察活动，积累了大量的资料、标本，为保护区的保护与建设奠定了坚实的基础，也为今后开展保护区定期跟踪监测与评估提供了宝贵的本底资料。尤其是2000年以来，保护区管理局非常重视科研工作，在经费不足的情况下，始终把贝藻类生物多样性保护监测工作放在首位，开展了一系列基础性的研究工作，取得了一批重要成果。多年来的科研与监测成果为保护管理工作提供了科学依据。保护区与国内多所科研院所开展长期合作，充分发挥保护区作为科研平台的作用，积累了大量海洋生物多样性的基础资料，帮助培养了一批科研人才，对其他保护区具有示范作用。开展了生态修复工作，为海洋生态系统的稳定和保护起到了重要作用。南麂列岛保护区通过长期调查工作，对海洋生物资源本底情况掌握得比较清楚，近年来还陆续发现了新的物种。

尽管保护区在近30年来对保护区的本底资源、生物种类恢复等方面的研究做了不少工作，但距要求还有很大差距，特别是与国内、国际同类研究的距离相差更远。而生态环境监测对于自然保护区是一项极其重要的工作，近30多年来保护区在生态环境监测方面做了大量工作，设立了长期定点监测断面，初步了解生态系统及其保护对象的动态变化，据此完善了保护措施，及时调整保护策略，不断提高保护效果。但由于人员、设备和经费的限制，保护区科研工作难以深入，只能开展部分常规的监测工作，仍难以满足目前保护区发展的需求。因此，保护区应加强科研队伍和科研、监测平台建设。

三、保护对象评价

1. 独特的海洋性贝藻类区系组成及其生态环境

区内海洋性贝藻类资源特别丰富，两者分别占全国种数的15%和25%，占浙江省种数的80%，大约30%的种类以南麂列岛海域为我国沿海分布的北界和南界。根据尤仲杰等（1992）的调查结果，有36种贝类目前在中国沿岸仅见于南麂列岛海域或首次在南麂发现，而根据曾呈奎和陆保仁（1985）、曾呈奎（2000）及王树渤等（1994）的研究报道，黑叶马尾藻、头状马尾藻和浙江褐茸藻是在南麂列岛发现的海藻新种，还有22种大型藻类被列为稀有种，近年来还陆续发现了南麂侧链藻、十字曲解藻、放射书形藻和南麂蹄状藻4种硅藻新种（Li et al.，2015，2017，2018，2020），还发现了多种中国海洋藻类新记录，如羽状旋体藻、渐尖旋体藻、尖根星丝藻、具角栖沙藻等（栾日孝等，1996；栾日孝和张淑梅，1997；栾日孝和栾淑君，2005；李宇航等，2017），体现出很好的生物多样性、代表性和稀缺性。

虽然亚热带种类是南麂列岛贝类组成的最主要成分，但该海域既有全国沿岸常见的广布种，又有由黄海冷水团带到浙江沿岸的少数暖温带种类；同时，由于受台湾暖流的影响和控制，出现了较多的热带种类，甚至过去只发现于海南岛南端和西沙群岛的典型热带种也出现在这一海域，这些种类在福建沿海却未被发现，呈明显的“间断分布”现象。因此，我国海域的各类贝类在南麂列岛几乎都可找到它们的代表种。这种热带、亚热带和温带的贝类区系成分同时并存的现象十分罕见。

南麂列岛多样的生境造成了多样性的贝藻类物种资源。各种生境因子对贝藻类的分布起了决定性的作用，因此保护好南麂列岛的各种生境是保护贝藻类资源的一个重要途径。

2. 典型的海洋性鸟类多样性及其生态系统

南麂列岛是海洋性鸟类的重要栖息地和繁殖地。目前，记录到的鸟类共计11目38科64属95种，以雀形目和鸥形目鸟类为主。鸟类种类虽不多，但海洋性鸟类数量颇多。2003年6月在下马鞍岛曾一次记录到黑尾鸥2 000余只，它是目前我国已知的黑尾鸥的最大繁殖地之一，在海洋性鸟类的保护上具有重要意义。

3. 野生水仙种群及其生态环境

在大檑山屿、小檑山屿、竹屿等岛屿上均生长着野生状态的水仙，尤其在大檑山屿上分布着数十亩野生状态的水仙，密度之高、生长之盛、花多香浓为沿海岛屿之罕见。而且具有特殊的多倍体倍型，与福建漳州、浙江舟山和上海崇明的水仙不同，是重要的遗传多样性资源。

第二节　影响保护目标主要因素

一、保护区内部的自然因素

南麂列岛虽然拥有较为丰富的淡水资源，但由于丘陵地貌坡度大、岛屿植被条件差、地表蓄水量低，海岛淡水资源的时空分布与需水的时空要求的供需矛盾突出。目前，岛上居民生活用水基本上能够满足，但鱼汛期间渔业及生活用水需要节制，尤其是夏天旅游旺季，局部地区淡水供应显得十分紧张。

二、保护区内部的人为因素

上百年来人类的海洋大规模采集、捕捞和陆地垦殖，使南麂列岛及其附近海域的生物资源受到破坏。南麂岛的植被原为亚热带常绿阔叶林，由于人类开发，现在原生植被已基本消失。尤其是近年来旅游业、水产养殖业的迅猛发展和环岛公路的建设，给保护区环境容纳负荷带来了一定压力和局部生境遭到破坏，导致贝藻类物种资源出现衰退迹象。

三、保护区外部的自然因素

由于南麂列岛的东南方向是宽广的东海，每年7—9月，灾害性天气——热带气旋经常袭击本区。平均每年有3.3个热带气旋影响南麂，给岛内的渔业生产、海上交通运输和人民生命财产造成严重影响。

另外，南麂列岛海域水质含营养盐较高，水温适中，又有上升流存在，适于浮游植物的大量繁殖和生长。近年来，受陆源污染和人类活动的影响，南麂海域屡有赤潮发生，严重时可能危及海洋生物的繁殖和生长。此外，全球气候变化导致区域海水温度升高，可引起南麂列岛贝藻类物种发生变化。

四、保护区外部的人为因素

南麂岛的季节性流动人口远远超过常住人口，他们主要从事渔业资源采捕和旅游活动，使得岛上资源受到的人类活动干扰比较大。由于历史、地理、文化、经济等原因，一些人对自然保护事业不支持，对保护区的工作也理解不够；同时，保护区成立以来公众保护意识宣传教育还做得不够，影响了公众保护意识的提高。非法采集、捕捞的现象时有发生，给保护区的保护管理工作带来不良影响。

五、政策、体制因素

1991 年 9 月浙江省机构编制委员会批复南麂列岛保护区实行“一套人马、两块牌子”的管理体制，待条件成熟时，撤销保护区管理局和南麂镇，成立南麂列岛国家级海洋自然保护区管委会。但长期以来保护区管理局和南麂镇政府只有党政一把手合二为一，人事、财务一直未能合并，实际上实行的还是“两套人马，两块牌子”的管理体制，给保护区的管理工作带来了一定困难。2011 年乡镇撤扩并后，南麂并入鳌江镇，在南麂设置办事处，并成建制委托保护区管理，但仍没成立管委会。2017 年重新成立南麂镇，由保护区管理局副局长兼任南麂镇党委书记。

南麂列岛地处军事要塞，长期以来处于封闭状态，而岛上的基础设施建设仍十分薄弱。目前与大陆的交通仍不是很方便，文教卫生事业较落后，居民生活水平相对较低。另外，南麂岛的季节性流动人口远远超过常住人口，稳定性差。社区居民的文化素质低，除保护区管理局、南麂镇、海洋站和卫生所等少数单位有一些较高学历的人员以外，高中和中专以上文化程度的人员很少。专业技术人员缺乏，科技落后。居民的生产方式、生活方式和文化素质的落后，给保护区的保护和管理工作带来了一定难度。

六、社区、经济因素

南麂列岛当地群众对自然资源的依赖性很强，长年从事低水平的资源开发性经济，产业结构单一。长期以来南麂的产业结构以渔业为主，其中又以获取渔业资源为主，渔产品加工为次；在渔业资源获取中，仍以天然采捕为主，人工养殖为次，以近海采捕为主，远海为次，采取的生产方式为浅海捕捞和岩礁采掘。随着经济的发展，人们对海产品需求量的增加，对南麂自然资源的压力逐渐增大，尤其是一些季节性外来渔民，从事掠夺性的采捕活动，对资源破坏严重。据近期的调查结果与历史资料比对显示，10 年间南麂列岛沙滩的经济性贝类种类、种群数量有明显下降、个体趋小的变化；非经济性岩礁贝类生物量和栖息密度均明显高于 10 年前的水平，一些经济性种类种群数量下降明显；很多大型藻类的优势种正在失去以往的优势，相当一部分常见种的种群生物量也趋于下降。这些都表明人类的经济活动已经对保护区贝藻类的生物多样性造成了一定的影响。

七、可获得资源因素

由于保护区受工作环境和工作条件等因素的制约，缺乏吸引高素质人才的竞争力，人才素质起点低的状况没有得到根本改观。虽然开展过多种形式的培训，但缺乏各个层次的连续培训，使得保护管理、科研、技术人员的综合能力提升缓慢，难以适应保护区建设和发展的需要。另一方面，由于运行经费短缺，保护区现有基础设施落后、设备简陋，已不能适应保护区保护与发展的客观需要。

第三节　保护效益分析

建立南麂列岛国家级海洋自然保护区，将使海洋贝藻类及其生态环境得到更好的保护，资源可永续利用，岛上经济和社会可持续发展，使本区成为我国主要的海洋贝藻类天然博物馆、基因库和进行科学研究、宣传教育的重要场所。同时适度开展贝藻类等海洋生物苗种的培育和增养殖，投放人工鱼礁和建设海洋牧场，稳妥发展生态渔业和生态旅游业，可使自然保护区以及周边社区的生态、社会、经济三大效益得到提升，最终建设成为符合联合国教科文组织要求的生态良好、环境优美、风格独特、设施完善、管理规范、功能齐全的人与自然和谐发展的世界一流水平的生物圈保护区，从而为人类自然保护事业做出更大贡献。

一、生态效益

南麂列岛国家级海洋自然保护区的建立和发展，使保护区的保护设施更加完善、保护手段更加先进，从宏观上控制了自然与人为因素对资源和环境的影响，使陆域和水域生态环境得到有效保护，体现出很好的生物多样性、代表性和稀缺性，对区内独特的贝藻类区系组成、海洋生物与海洋生态系统的完整性、稳定性、生态过程的自然性等方面的作用是无法估量的。具体生态效益如下。

（1）保持海洋生态系统的完整性和生态过程的自然性。建立自然保护区，对海洋生态系统的完整性具有重要的保护作用。同时，有利于保护区海洋生物个体生长、种群繁衍、群落演替、生态系统能量循环等生态过程的自然性，以使系统向负反馈方向发展，达到保护区与整个区域的自然—社会—经济保持平衡。

（2）为代表性和稀缺性生物营造良好的生存环境，丰富生物多样性。通过进一步完善保护制度，健全保护机构，制定一系列的保护措施，为顺利开展保护区的各项工作提供了依据和保障。在生物资源恢复方面，采取对物种进行恢复的可行措施，对鸟类、水生哺乳类和鱼类等受伤个体进行救护；对濒危物种和重点水产品种进行人工繁育，促进其种群数量的恢复和增加，这些保护措施都对海洋生态系统的平衡创造了条件，使保护区成为代表性与稀缺性生物的最佳栖息地。通过自然保护和科研监测，将扩大物种种群数量与增加群落结构的多样性，使生态系统更为完整，生物多样性更加丰富。

（3）保存重要的海洋生物基因库。南麂列岛自然保护区是一座海洋生物物种的天然储存库。其中一些物种是世界新种与稀有种，这些物种一旦消失或灭绝，将给人类造成不可弥补的损失。通过多种保护措施的实施，保护区内的负面人为影响将大大减弱，为海洋性生物提供得天独厚的栖息、繁衍、生存环境。生态系统内的物质循环、能量流动、信息传递将保持相对稳定的平衡状态，保护区内的生物种群，将在保护的基础上得到发展，物种多样性、遗传多样性和生态系统多样性将得到有效保护，从而为人类合理利用自然资源提供借鉴和指导。

二、社会效益

南麂列岛国家级海洋自然保护区的建立，对当地的社会经济发展具有很大的推动作用。建区后，已陆续引进资金几十亿元用于基础设施建设，通过发展水产养殖和生态旅游业调整了产业结构，当地经济结构已开始从低效益的资源破坏型经济向高效益的资源保护型经济转变，当地居民的人均收入已从建区初期的901元增加到2018年的33 120元。水产养殖业和生态旅游业的发展，还可带动其他相关产业的发展和增加就业岗位，这将有利于促进当地经济繁荣和社会稳定。同时，随着自然保护区事业的不断发展，大大提高了南麂列岛乃至平阳县的知名度，创造了宝贵的无形资产，能争取更多的社会支持和产生巨大的商机。保护南麂，开发海洋，是平阳县一个重大战略抉择，也为平阳县的发展提供了更好的机遇。具体社会效益如下。

（1）提供科研与科普教育的理想基地。南麂列岛保护区以得天独厚的自然地理条件、区位优势、丰富的生物多样性、独特的海洋贝藻类区系组成及其生态环境、典型的海洋性鸟类多样性及其生态系统、野生水仙花种群及其生态环境、多样的自然景观和人文历史景观等成为海洋性生态系统及生物多样性重要的研究基地及科普教育、教学实习的理想基地。保护区的有效保护管理，将为人类永久保留这些资源做出贡献。

（2）提高保护区及周边地区的知名度。随着自然保护事业与生态旅游业的发展，专家、学者、新闻工作者和游客将纷至沓来，通过科考、探险、游憩、绘画、摄影、录像和宣传等活动，将使南麂列岛自然保护区及周边地区的知名度日益提升，创造宝贵的无形资产，有利于改善保护区及周边地区的投资环境，扩大对外开放，促进国际合作与交流，高知名度带来的各种正面效益将不可估量。

（3）加速信息交流。随着保护区科学研究工作的不断深化和自然保护事业的发展，将进一步促进对外交往，扩大人员交流，加速信息传递。将有利于引进人才、技术和设备，对尽快提高保护区工作人员的科学文化素质，提高管理和科研水平，繁荣自然保护事业有积极的推动作用。

（4）提高全民环保意识，促进精神文明和生态文明建设。保护区内拥有丰富的生物资源和自然人文景观资源，不但能满足人们向往、回归大自然的愿望，又是对人们进行自然保护、环境保护宣传教育和科普教育的理想场所，唤起公众的自然保护意识，进一步推动自然保护事业的发展。保护区的一草一木、一山一水及所有的保护设施，都是对公众进行环保教育的很好材料和课堂，有利于陶冶人们的情操，有利于促进身心健康和精神文明与生态文明建设，有利于激发人们热爱海洋、热爱大自然的情怀。

三、经济效益

南麂列岛国家级海洋自然保护区的建立不仅有效保护了当地的海洋生物种质资源及其赖以生存的生态环境，并有力地促进了当地海洋经济的发展，特别是海水养殖业和生态旅游业呈现了前所未有的发展势头，取得了显著的经济效益。保护区的建设和发展不仅对当地旅游业和海水养殖业的发展起到重要的引导作用，而且强有力地带动了周边地区的经济发展，产生了巨大的直接经济效益和间接经济效益。具体经济效益如下。

（1）促进保护区及周边社区的经济发展。保护区优越的景观资源和独特的自然地理条件，为开展生态旅游和多种经营提供了有利条件。在保护区实验区适度发展旅游业和多种经营，可以为保护区内和周边地区的群众提供就业机会，优化就业结构，有利于社会安定和群众生活水平的提高，有利于促进保护区社区共管的良性循环。同时也为投资经营者创造了良好的投资环境，对促进保护区及周边地区的经济发展具有重要的意义。更为重要的是，周边群众会逐渐认识到，保护区建设得好坏与自身利益息息相关，这样又能达到变被动保护为主动保护的目的。

（2）可再生资源的直接经济效益。保护区内经济性贝藻类、鱼类、虾蟹类物种、药用功效物种的种类繁多，通过强化保护，将使可再生资源得到更好地恢复和科学、合理地利用，直接经济效益将得到进一步提高。

（3）生态旅游效益。保护区优美的自然环境及丰富的景观资源，是开展生态旅游的最佳场所。通过发展生态旅游，将推动诸如交通、通信、住宿、餐饮、娱乐等相关产业与社区经济文化的发展，使保护区的生态旅游收益进一步提高。2018 年旅游人数已超过 10 万人次，旅游业产值达到 12 242万元，已成为当地的主导产业。随着保护区旅游设施的进一步完善和服务质量的进一步提升，将吸引更多的旅游观光客和休闲度假人群。

当然，在看到正面效益的同时，旅游业也会给自然保护区带来一定的负面影响。随着旅游工程设施的不断完善，游客人数的不断增加，将给自然保护区带来更大的压力。人类活动增多，会对生态环境产生不利作用，影响野生动植物正常的生长和繁衍，影响生态系统的自然演替。同时，还会带来许多不确定性因素，给自然保护区的管理增加难度。

（4）示范性经营效益。通过引导、扶持社区经济发展，建立保护区和周边社区联合运行的经营机制，保护区的建设发展不仅进入良性循环，同时也为周边社区的发展注入活力，从而得到更好的发展。海水养殖业也取得重要进展，2018 年全岛以生态养殖业为主的渔业生产总产值 41 758 万元。

第五篇　科研宣教

第二十一章 科研监测

保护与开发从科研监测开始。科研监测是自然保护区的一项重要功能，是保护区开展保护工作的重要基础和依据，也是保护价值所在，可以说科研就是保护区工作的灵魂。南麂列岛国家级海洋自然保护区生态环境独特，生物多样性丰富，具有重要的保护和科研价值，可为国内外相关专家学者提供重要的研究基地。同时，保护区还要围绕保护区建设和发展需求来开展科学研究，用大量长期积累的科研监测数据和技术成果来支撑保护区的科学有效保护。《浙江省南麂列岛国家级海洋自然保护区管理条例》明确规定科研监测是保护区管理机构的一项重要职责，为此南麂列岛国家海洋自然保护区管理局专门成立了保护区研究所，负责组织并管理在保护区内的科学研究活动和生态环境的监测监视工作。通过多年常抓不懈的科学监测、日益强化的科研平台打造和积极主动的对外交流合作，南麂列岛国家级海洋自然保护区的科研工作取得了令人瞩目的成绩，积累了大量珍贵的原始数据和资料，出版发表了一批具有重要价值的专著和学术论文，为保护管理和社区发展工作提供了科学依据，同时也为海洋生物多样性研究做出了积极贡献。

第一节 监测活动

一、海洋环境和保护对象的长期监测

对保护区生态环境和保护对象的动态变化进行长期监测始终是一项最基础的工作任务，也是保护区的一项常规科研工作。在南麂列岛国家级海洋自然保护区不同区域内设置固定断面和样地，研究环境和生物多样性几十年、一百年的长期变化，追踪人类活动对它们的影响，意义非常重大。国家有关部门早在 1958 年就在岛上设立水文气象站（南麂海洋站前身），1966 年 8 月，南麂海洋站归属国家海洋局东海分局温州海洋中心站，2001 年 12 月，改名为南麂海洋环境监测站，归属国家海洋局温州海洋环境监测中心站，主要开展海洋气象、水文要素的长期观测，不少数据资料已整理成多篇相关论文发表，为保护区积累了大量珍贵的海洋环境历史本底资料。而对海洋生物和生态的监测过去都是结合每次海洋调查工作进行的，特别是在保护区建立后更加受到重视，专门成立研究所，但早期由于受经费、人员等各种条件限制，只是不定期地开展一些零星监测，尚不规范、系统和全面。1992—1993 年国家海洋局第二海洋研究所等在开展南麂保护区本底调查时针对潮间带贝类共设置了 17 个断面，包括 14 个岩礁相断面（上马鞍岛Ⅰ~Ⅳ、大山脚Ⅰ~Ⅲ、国姓岙岩礁、大檑

山屿、竹屿、后隆、黄鱼屯、下马鞍岛、火焜岙岩礁）和 3 个软相断面（大沙岙沙滩Ⅰ～Ⅱ、国姓岙泥滩），而由于大型藻类仅分布于岩礁上，故调查也只在 14 个岩礁相潮间带开展。此后监测基本上都是围绕这些断面进行的，通常根据监测人员的多少决定断面数量和调查频次。

多年来，南麂列岛国家海洋自然保护区研究所委托温州海洋环境监测中心站南麂海洋环境监测站定期进行南麂保护区不同海域共 7 个浅海站位海洋生态环境监测，以及对大沙岙海滨浴场进行海洋环境监测和预报等，不断积累数据，掌握南麂海洋生态环境质量状况。同时依靠保护区自身力量，坚持对潮间带以贝藻类为主的海洋生物开展定期采样监测调查，并对其他主要保护对象海鸟和水仙花进行常规监测，掌握保护对象动态变化趋势，通过监测及时掌握了南麂列岛国家级海洋自然保护区生态环境质量状况和生物多样性变化，为保护区的科学保护和合理利用提供重要的数据支撑和理论依据。

在国家海洋环境预报中心的指导下和浙江省海洋监测预报中心的支持下，从 2003 年 7 月开始，南麂海洋环境监测站开展了对大沙岙海水浴场的海洋环境预报工作，并通过浙江省电视台和网络媒体发布 24 h 或 48 h 的环境预报，目前自然资源部国家海洋环境预报中心也将南麂岛列入美丽海岛环境预报。自海水浴场环境预报发布以来，到海边休闲和下海游泳的游客明显增加，安全性也更加有保障，对当地经济发展和扩大社会影响起到了较好的促进作用。

根据《浙江省海洋环境监测实施方案》有关要求，从 2006 年开始，南麂列岛国家海洋自然保护区研究所在原有不定期监测的基础上，开始开展更加系统性、全面性、有针对性的生物和环境动态监测。特别是在 GEF/UNDP/SOA 中国南部沿海生物多样性管理国际合作项目（2005—2011 年）实施中还专门制定了《南麂列岛自然保护区中长期生物多样性监测计划》和《南麂列岛自然保护区海洋生物多样性调查技术规程》，进一步规范了保护区的监测工作。从 2009 年开始，对龙船礁、柴峙岛、下马鞍岛、国姓岙、马祖岙、大沙岙、火焜岙、三脚寮、三盘尾共 9 个固定的岩相潮间带断面进行大型底栖生物资源和栖息环境春、秋两季长期监测。从 2010 年开始，对下马鞍岛、尖峙岛及周围小岛的夏候鸟（黑尾鸥）和大檑山屿的野生水仙开展长期监测调查。从 2013 年开始，增加潮间带监测断面，共设岩礁相 11 个断面（龙船礁、小柴峙岛、柴峙岛、下马鞍岛、上马鞍岛、后麂山、国姓岙、火焜岙、马祖岙、三脚寮、三盘尾）和软相 4 个断面（大沙岙沙滩核心区内、大沙岙沙滩核心区外、火焜岙沙滩、国姓岙泥滩），分别进行春、夏、秋、冬四季和春、秋两季长期定位设点采样调查，积累了大量的环境和生物监测数据，在保护区规划、中央环保督察、“绿盾”行动、养殖对生态影响评估等工作中发挥了重要作用。

2014 年浙江省海洋与渔业局下发了“关于印发《浙江省海洋环境质量技术要求（试行）》等 4 项技术规范的通知”，其中“浙江省海洋环境监管监测技术要求”第一章明确了海洋保护区监管监测具体内容。之后，浙江省海洋与渔业局每年都会下达浙江省海洋生态环境监测工作计划，要求各海洋保护区管理机构根据海洋保护区相关管理制度和职责分工，依据年度监测方案的技术要求，组织实施保护区主要保护对象监视监测和生境监测，并将结果上报省海洋监测预报中心。

当前，南麂列岛国家级海洋自然保护区还与华东师范大学合作启动了生物多样性长期监测数据库建设，已建成网站（http://www.njldbiodiversity.com）开始试运行，进一步完善后将形成集存储、集成和查询为一体的在线数据共享平台，使监测数据分析评价更加科学和及时。

二、野外观测研究平台建设

自建区以来，与国内相关高校和科研院所合作建立了多个野外观测研究平台，如浙江海洋大学海洋渔业科学与技术省重中之重学科野外科研工作站（2012 年）、中国科学院海洋研究所海洋生物分类与系统演化实验室南麂列岛野外工作站（2016 年）、北京师范大学浙南蓝碳生态过程监测试验站（2018 年）、南京林业大学南麂列岛岛屿生态监测与研究工作站（2019 年）等。这些监测研究平台的建设，进一步提高了保护区的监测和科研能力。保护区利用这些科研平台开展国内外科研合作交流，引进高层次人才，2016 年，保护区正式挂牌省级博士后科研工作站，并以此为依托，引进“省千人才”1 名，与北京师范大学、厦门大学、华东师范大学等国内著名高校合作开展国际领先的“蓝色碳汇”研究，与中国科学院海洋研究所、上海海洋大学、南京林业大学等联合培养博士后科研人员，已培养出站博士后 3 名，目前在站 1 名，并联合培养了一批硕士研究生，取得了大量有价值的研究成果。2017 年，保护区还与中国科学院院士、中国海洋大学宋微波教授签订了合作协议，2018 年院士专家工作站正式揭牌，共同推进南麂列岛院士专家工作站建设，为南麂保护区科研工作添上了浓墨重彩的一笔，目前已启动一批院士专家工作站研究项目。

三、森林样地建设和监测

从 2012 年开始，浙江省环境保护厅要求各自然保护区建立森林样地开展长期监测，南麂保护区由此开始陆地森林生态监测。2012 年 6 月 25 日在浙江省环保监测中心（杭州）召开“浙江省自然保护区生态环境 10 年变化调查评估”项目工作会议。会议确定各自然保护区开展森林样地建设和监测，浙江省环境保护厅还将此项工作列为当年度自然保护区重点工作。2012 年 7 月 10 日南麂保护区与温州大学签订了“南麂列岛自然保护区森林动态样地建设”项目合同，委托对方在南麂列岛自然保护区内建设 3 个 1 hm^2的森林动态样地，并完成第一次调查，后转由浙江大学生命科学学院于 2013 年继续完成了此项工作。项目组用全站仪将每个 1 hm^2样地标定为若干个 10 m×10 m 的样方，其中一个样地（火焜香木麻黄森林样地）标定好 100 个样方，另两个样地（大山黑松森林样地和大檑山屿样地）标定好 18 个样方。样地（固定标桩）建设好后，其中火焜香木麻黄森林样地，对每个样方内胸径大于 1 cm 的木本植物进行种类识别、挂牌、定位、胸径测量，并测量样地两个对角上各 1 个 30 m×30 m 的样方中乔木层、灌木层和草本层的叶面积指数、郁闭度（盖度）以及各层次和凋落物层的生物量等。其余两个 1 hm^2样地的两个对角上各选 1 个 30 m×30 m 的样方，对每个样方内胸径大于 1 cm 的木本植物进行种类识别、挂牌、定位、胸径测量，并测量乔木层、灌木层和草本层的叶面积指数、郁闭度（盖度）以及各层次和凋落物层的生物量等。调查完成后，用双输入法输入数据，并计算出上述生态系统参数，上报省环保监测中心。该项目于 2013 年 6 月全部完成。

2017—2018 年，南麂列岛国家海洋自然保护区管理局再次委托浙江大学生命科学学院实施南麂列岛自然保护区生物多样性新长期监测样地的建设和调查工作，主要内容为在新码头附近的台湾相思树林中新建设一个 1 hm^2生物多样性长期监测样地，并进行调查。根据《浙江省省级以上自然保护区生物多样性长期监测样地网络建设方案》、环境保护部《生物多样性观测技术导则》《浙江省 1 hm^2森林生物多样性长期监测样地新建、调查和复查规范》等要求，2018 年 3—5 月期间，项目组 10 余人完成了新码头附近 1 hm^2森林生物多样性长期监测样地的设置和相关调查测量。由于地形和植被等原因，1 hm^{2}新建样地分为一个 50 m×150 m 以及 50 m×50 m 两个部分。对该样地胸径 1 cm 的木本植物进行了每木调查，调查记录内容包括编号（立木序号）、种名、胸径和样地内坐标等。该台湾相思树样地为森林生态系统，为海岛人工造林形成。经观测和调查，台湾相思树林以台湾相思树占优势，乔木层密度平均为 2 748 株/hm^2。林下灌木以白檀为主，盖度达到 10%以上。林下草本以艳山姜、草居多，盖度极高，可达到 90%以上。同时还委托中国计量大学生命科学学院于 2017 年9 月至 2018 年 4 月对 2012 年建成的火焜岙 1 hm^{2}木麻黄森林样地进行了再次调查（复查），并对该样地及 2017—2018 年委托浙江大学新建成的 1 hm^{2}台湾相思森林样地的土壤性质进行了调查和测定，浙江大学生命科学学院相关人员也一同参加了此项工作。

四、遥感监测

为了定期对保护区建设工作进行检查，各级环保部门和自然保护区主管部门要通过定期检查制度，督促各级政府和有关部门以及保护区管理机构认真落实自然保护区发展规划的建设目标，针对具体情况采取不同措施，使保护区建设走上合法、良性发展道路。为加强对国家级自然保护区的监督管理，2016 年上半年，环境保护部组织对全国所有 446 个国家级自然保护区开展了人类活动遥感监测，全面了解国家级自然保护区 2015 年人类活动状况及 2013—2015 年的变化情况。2017 年环境保护部下发了“关于印发《自然保护区人类活动遥感监测及核查处理办法（试行）》的通知（国环规生态〔2017〕3 号）”，对自然保护区人类活动遥感监测及核查处理的工作程序和制度措施做了规范，有效地落实了工作责任。从此开始，南麂列岛国家级海洋自然保护区每年均要接受环境保护部统一组织的遥感监测，并开展实地核查和整改，从而有力地促进了保护管理工作更加规范有效。根据 2013—2015 年浙江省国家级海洋自然保护区人类活动变化遥感监测报告结论：截至 2016 年 2 月，浙江南麂列岛国家级海洋自然保护区人类活动有能源设施、旅游设施、交通设施、养殖场、居民点、道路和其他人工设施 7 类，其中，能源设施有 10 处、旅游设施有 3 处、交通设施有 2 处、养殖场有 5 处、其他人工设施有 30 处。同时，利用 2013—2016 年多期高分遥感影像，对浙江南麂列岛国家级海洋自然保护区内人类活动变化情况进行了动态监测，结果表明：2013 年以来，保护区新增 10 处能源设施、1 处养殖场和 6 处其他人工设施；还有 4 处其他人工设施规模扩大。根据 2015 年 10 月至 2016 年 7 月的“高分一号”遥感影像数据对比监测，南麂列岛国家级海洋自然保护区内新增 1 条道路；根据 2016 年 2 月至 2017 年 3 月的“高分一号”遥感影像数据对比监测，南麂列岛国家级海洋自然保护区内旅游设施规模扩大 1 处，养殖场规模扩大 1 处，居民点规模扩大 1 处，新增其他人工设施 1 处，其他人工设施规模扩大 2 处；根据 2017 年 10 月至 2018 年 4 月的“高分一号”遥感影像数据对比监测显示，该保护区养殖场规模扩大 1 处，养殖场整改部分拆除 1 处，为保护区当地社区根据保护和发展需要，调整养殖海区开展大黄鱼生态养殖，改善当地渔民生计。针对这些遥感监测结果，保护区对这些点位逐一进行了实地核查处理，实施全面整改，人类活动得到有效控制，取得了良好效果。

第二节　科研活动

科研工作是自然保护区的重要功能之一，也是搞好保护管理工作必不可少的基础，对于自然保护、社区可持续发展和相关学科理论基础研究和实践等均具有重要意义。保护区作为基层单位，科研工作除坚持上述的长期定位监测活动外，主要是配合有关部门特别是各大专院校和科研院所对本区的自然环境和资源等进行调查考察和科学研究，同时还为大学生、研究生提供教育和研究实习基地，发挥好自然保护区的科研基地作用。此外，科研工作还包括保护区规划、政策调研、管理对策研究、社会经济发展调查等，同时也需适当开展一些与社区产业可持续发展相关的多种经营示范课题研究。

一、科学考察与调查

南麂列岛的科学考察与调查工作最早可追溯到20世纪二三十年代。据中国科学院植物研究所陈心启教授回忆（陈心启和吴应祥，1982），1923年，我国著名植物学家、中国蕨类植物学的奠基人、中国科学院学部委员（院士）秦仁昌教授在南京金陵大学林学系当学生时，曾在南麂岛的海滩上采到过大量野生的水仙鳞茎带回南京栽培，说明那时就已经有研究人员上岛考察。1932年，我国著名动物学家、中国近现代生物学的主要奠基人、中国科学院学部委员（院士）秉志和他的同事阎敦建所著的《中国沿岸之腹足类初步记录》综述性文献中有南麂列岛一种腹足类（角蝾螺）的记载，这是涉及南麂列岛贝类的最早研究报道。

中华人民共和国成立后（南麂于1955年2月26日解放），国内外的海洋生物学家和国家有关部门对南麂列岛丰富的海洋生物资源及其生态环境调查研究一直十分重视，据不完全统计，自20世纪50年代末以来，已先后进行过100余次科学调查考察活动，调查考察人员累计达1 000余人次，公开出版了科考文集1本、论文集2本、专著4本、学术刊物专辑2期，发表了相关学术论文200余篇，还撰写了大量的内部专题报告（见附录3）。以上科学考察成果为南麂列岛保护和发展提供了弥足珍贵的基础资料。

在20世纪50年代末至80年代末开始申报建立自然保护区之前，有记载的规模较大且对后来建立保护区较有影响的调查考察活动主要有：①1959年上海水产学院朱家彦、王维德、张毓人和大连水产专科学校战凤茶等来南麂调查海藻；②1960年2月—1962年2月浙江省海洋水产研究所吴家骓、倪正雅等和浙江省海洋水产养殖研究所仇林根等来南麂进行浙江省水产资源调查；③1963年中国科学院海洋研究所郑树栋、徐法礼等在南麂采集海藻标本499号；④1968年8月中国科学院上海药物研究所朱巧贞、庞大卫等来南麂开展海洋药物调查；⑤1973年10—11月，由山东海洋学院郑柏林教授牵头组织海藻专题考察团赴南麂考察，参加单位除该校外，还有中国科学院海洋研究所、厦门水产学院、上海自然博物馆的藻类专家共8人，历时两周，采集海藻标本600多号、5 000多件；⑥1974年6月，上海自然博物馆单独组团一行6人进行海洋生物综合考察，采集海藻、贝类、甲壳类、多毛类及苔藓虫等标本500多号、5 000多件；⑦1979年8月，由福建海洋研究所庄启谦研究员牵头、中国科学院海洋研究所和上海自然博物馆参加的南麂贝类考察团专家，共6人，采集贝类标本300多号；⑧1979—1980年历时1年多，近50个单位，400多人次参加的全国海岸带和海涂资源调查温州试点工作队，调查了南麂列岛附近海域的浮游生物、底栖生物以及海洋水文气象等状况；⑨1986年5—6月，《中国孢子植物志》编委会海藻组专家一行12人，来自中国科学院海洋研究所、青岛海洋大学、辽宁师范大学、杭州大学、福建师范大学、大连自然博物馆、上海自然博物馆等单位，采集海藻标本1 000余号、7 000多件；⑩1986年2月至1987年6月，浙江省海洋药物开发研究协作组，3 次上岛考察、采集，最多一次上岛 20 多人，协作组主要成员来自浙江医科大学、浙江省医学科学院、国家海洋局第二海洋研究所和台州地区药物研究所。综观这段时期科学考察的主要历程和调查研究内容可见，20 世纪 60 年代主要侧重大型底栖藻类调查，70 年代开始关注贝类，对贝藻类和其他海洋生物资源进行了较系统和有计划的考察和长期的科研，同时也对海洋环境、水产资源和药用生物做了一些调查，为南麂列岛海洋生物本底资料的积累做出了重要贡献，也为南麂列岛申报国家级海洋自然保护区奠定了坚实基础。

从 20 世纪 80 年代末开始申报和建立自然保护区前后，南麂列岛科学考察与调查更加受到各方重视。1987 年 1 月 17—25 日，平阳县城乡建设环境保护局组织邀请了平阳电视台、上海自然博物馆、苍南县水产研究所、平阳县水产局等单位 10 多人赴岛考察，并录制了《南麂列岛贝藻类资源》录像片，为申报南麂列岛国家级自然保护区提供了基础资料。在这之后，南麂列岛又经历了 10 多次规模较大的科学考察与调查，其中尤以 20 世纪 80 年代末的保护区建区前综合考察、全国海岛资源综合调查（平阳）、90 年代初的保护区潮间带海洋环境与生物本底调查、2003 年保护区功能区划调整海洋自然环境调查和 2013—2014 年保护区海洋生物资源与栖息环境调查这 5 次调查考察最为全面系统和深入，进一步积累和充实了南麂列岛生态环境和海洋生物多样性信息。

南麂列岛国家级海洋自然保护区建立于 1990 年 9 月，建区之前（1989 年 8 月 25 日至 9 月 5 日）曾由浙江省环境保护局牵头组织海洋、生物、地理、土壤、地质、环保和规划等方面的专家对南麂列岛进行过一次多学科大型科学综合考察活动，中国科学院海洋研究所曾呈奎、刘瑞玉两位院士担任科学顾问，中国科学院海洋研究所、中国科学院植物研究所、上海自然博物馆、杭州大学、浙江水产学院、浙江省海洋水产养殖研究所、苍南县水产研究所等 10 余家单位参加，参加人员 50 多人，分 4 个专业组，共设置 20 个专题。通过这次综合调查较好地掌握了保护区生物与环境的基本概况，浙江省环境保护局于 1994 年将本次考察成果集结成书，出版了《南麂列岛自然保护区综合考察文集》一书，主要包括该保护区的地质、地貌、气候、土壤、植被、海洋生物、珍稀动植物、海洋环境质量、社会经济及环境管理等内容，其中对该区独特的贝藻资源、名贵的野生植物资源和岩礁景观等旅游资源进行了较详尽的论述，同时也发表了多篇论文（楼曼青等，1991；尤仲杰和王一农，1993；徐嵩龄等，1995；陈余钊等，1996；陈余钊和吴一宏，1997）。

与此同时（1988—1995 年），我国沿海省份恰好开展了第一次全国海岛资源综合调查。平阳县于 1989 年 10 月成立了平阳县海岛资源综合调查与开发领导小组和办公室，具体负责、协调全县的海岛资源综合调查和开发试验，南麂列岛列为本次调查的重点。按照《全国海岛资源综合调查简明规程》与浙江省、温州市《海岛资源调查实施大纲》的有关规定，平阳县科委、农经委、水产局、农业局、气象局、水利局、土地局和环境监测站相继成立了 9 个专业调查组。对乡政府驻地岛——南麂岛进行了气候、林业、植被、土地、土壤、淡水、港口、旅游、海洋生物、环境质量、社会经济、海洋化学、海洋水文、地质地貌等综合调查；对面积大于 500 m^2的有居民海岛——大檑岛（现称大檑山屿）和竹屿岛进行了植被、淡水、渔业、林业、旅游、港口等资源数量、质量的概查；对面积大于 500 m^2 的无居民海岛——柴屿（现称柴峙岛）、平屿（现称平峙岛）、上马鞍岛、下马鞍岛等岛屿仅进行数量、面积、位置和植被状况的简查。本次调查的主要成果有：林业植被、海洋生物等 9 个专业组编写了本专业的调查报告共计 445.9 万字，最后由县海岛办牵头撰写了《浙江省平阳县海岛资源综合调查研究报告》，为平阳县海岛资源综合调查开发利用提供了较完整、系统的基础资料。这些成果在《浙江海岛志》（周航，1995）、《浙江海岛资源综合调查与研究》（宋小棣，1995）等专著中均有反映。这是继1989年浙江省环境保护局组织的南麂列岛综合考察之后的又一次大规模调查，是南麂列岛自然保护区本底资料的一次重要补充。

在南麂列岛国家级海洋自然保护区建立之初，为配合保护区的建设和管理，并为各级管理、开发决策部门提供科学依据，很有必要进一步系统地查清该保护区海洋生物，特别是贝藻类资源和环境质量状况。为此，1991年经浙江省海洋局提议申报，国家海洋局第二海洋研究所论证，国家海洋局批准，下达了“南麂列岛国家自然保护区本底调查——潮间带底栖生物及环境质量评价”调查项目。根据项目计划要求，从1992年开始（野外调查时间为1992年5月—1993年3月），由国家海洋局第二海洋研究所牵头，组织浙江水产学院、浙江省苍南县水产研究所等相关单位参与，在平阳县政府、保护区管理局支持下，历时两年，完成了春、夏、秋、冬四季的外业本底调查和采样，获取了大量的潮间带底栖生物标本以及陆域和潮间带环境质量要素的样品和数据，并通过分析基本查清了该保护区潮间带底栖生物和环境质量的状况，取得了丰硕的研究成果。通过本项目工作，获本区大型动物新记录种共30种，微小型藻类大多为首次记录，大大地丰富了该区的物种资源库。1994年在该项目研究成果的基础上编撰出版了《东海海洋》专辑（第12卷第2期），这是该保护区建立以来为其进行专项调查的首册专辑，具有较好的系统性和完整性。1998年《东海海洋》第16卷第2期又刊出了一期以微小型藻类调查研究成果为主的南麂保护区专辑，内容包括南麂列岛国家级海洋自然保护区微小型藻类种类组成、生态特点、数量分布，南麂列岛附近海域浮游动物分布及其与浮游藻类和营养盐的关系，南麂列岛邻近海域贝类生态分布、药用海藻资源等。其中国家海洋局第二海洋研究所申报的“南麂列岛国家海洋自然保护区微小型藻类的研究”课题还被列为浙江省自然科学基金资助项目（1992—1995年）。

2003年3月16—20日、6月27日—7月4日，国家海洋局第二海洋研究所再次牵头，完成了“浙江南麂列岛国家级海洋自然保护区功能区调整科学考察”项目，撰写了《浙江省南麂列岛国家级海洋自然保护区功能区划调整海洋自然环境调查分析研究报告》等专题报告，并发表了多篇论文。主要有“南麂列岛附近海域潮间带水环境质量现状评价与分析（施青松等，2004）”“南麂列岛国家级海洋自然保护区贝类新记录（高爱根，2004）”“南麂列岛海洋自然保护区潮间带贝类资源时空分布（高爱根等，2007）”“南麂列岛大沙岙沙滩贝类的时空分布（高爱根等，2008）”等。

随着国家海洋强国战略的实施和海洋事业的发展，海洋生态文明建设受到空前重视，海洋自然保护区作为海洋生态文明建设的主阵地正在发挥越来越重要的作用。2010年国家海洋局开始实施中央分成海域使用金支持地方项目，浙江省海洋与渔业局组织申报了“浙江省海洋自然（特别）保护区建设”项目获得批准，项目下达总经费2 000万元，其中，“南麂列岛海洋自然保护区建设”子项目获得1 500万元经费，“南麂列岛国家级海洋自然保护区海洋生物资源与栖息环境调查及保护效果评估”项目作为一项重要内容安排经费275万元，项目执行时间为2012—2015年。其主要任务与目标是开展南麂列岛潮间带贝藻类资源调查，了解南麂列岛海洋自然保护区潮间带生物的种类组成、丰度和生物量组成等群落结构、生物多样性特点；开展南麂列岛浅海生物资源调查研究，掌握鱼类、虾类、蟹类等的种类组成、数量分布、群落结构及优势种种群动态；开展南麂列岛海洋自然保护区生态环境调查与海流系统特征及变动规律研究；在此基础上，建立海洋生物资源及栖息环境数据库，提出南麂列岛国家级海洋自然保护区保护生物多样性措施及生物资源可持续利用对策，为科学管理和合理利用保护区的海洋生物多样性及生态环境，促进保护区的社会与经济可持续发展提供了基础资料。项目任务具体分解如下：由中国环境科学研究院、南麂列岛国家海洋自然保护区管理局负责保护区生态环境调查与评价；由中国科学院海洋研究所、浙江海洋学院、南麂列岛国家海洋自然保护区管理局负责保护区潮间带生物调查研究；由浙江海洋学院、南麂列岛国家海洋自然保护区管理局负责浅海渔业资源调查研究；由南麂列岛国家海洋自然保护区管理局负责项目总协调和后勤保障。根据分工要求，项目组于2013年11月、2014年2月、2014年5月、2014年8—9月分别开展了秋、冬、春、夏4个季节外业调查和采样，并进行内业处理和分析鉴定，获取了大量的样品和数据，并由各单位分头负责完成了调查报告的撰写，大部分成果已撰写成论文报告陆续在有关学术刊物上发表，截至2019年底共发表论文18篇（Li et al.，2015；姚启学等，2016；夏陆军等，2016a，2016b；王瑜等，2016；陈旭淼等，2016；毕耜瑶等，2016a，2016b；Shi et al.，2016a，2016b；李宇航等，2017；Shi et al.，2017；谢旭等，2017a，2017b；毕耜瑶等，2018；Shi et al.，2018a，2018b；Li et al.，2018），2018年还出版了专著《南麂列岛海洋自然保护区浅海生态环境与渔业资源》。先后参与该项目调查与研究的人员共有47人（其中，中国科学院海洋研究所16人，浙江海洋大学12人，中国环境科学研究院10人，南麂列岛国家海洋自然保护区管理局9人）。

此外，2004—2011年实施的"我国近海海洋综合调查与评价"专项也将南麂列岛列为重要调查点，各有关科研单位（如中国海洋大学、国家海洋局第二海洋研究所、浙江省海洋水产养殖研究所等）多次上岛进行相关专业调查，特别是采用地面观测与测量、航空与卫星遥感等，对南麂列岛进行了综合调查，还对潮间带生物和海洋药用生物做了调查。其他国家统一实施的大型海洋调查项目中也大多在南麂设过点。这些调查成果在相关著作中都有体现，如《温州海岛植物（上册）》（陈秋夏等，2017）、《温州市海岛简志》（李红，2015）、《浙江及福建北部海域环境调查与研究》（徐韧，2014）、《浙江海洋资源环境与海洋开发》（金翔龙，2014）、《浙江省海洋环境资源基本现状（上、下册）》（张海生，2013）、《中国海洋保护区》（曾江宁，2013）、《东海海洋环境调查与研究论文集》（黄秀清等，2010）、《浙江海岛志》（周航，1998）等。

二、科研合作

建区以来，南麂列岛国家级海洋自然保护区与北京大学、浙江大学、复旦大学、厦门大学、北京师范大学、华东师范大学、中国海洋大学、上海海洋大学、浙江海洋大学、南京林业大学、中国科学院海洋研究所、自然资源部第一、第二、第三海洋研究所、国家海洋环境监测中心、中国环境科学研究院、上海自然博物馆、大连自然博物馆、浙江自然博物馆、浙江省海洋水产研究所、浙江省海洋水产养殖研究所、福建海洋研究所等多所高校和科研单位一直保持着良好的长期科研合作关系。通过持续深入的对外科研合作研究和交流，完成了一系列研究项目，取得了大量的科研成果，促进了保护区的建设和发展。1992—1993年与国家海洋局第二海洋研究所合作开展了国家海洋局下达的"南麂列岛国家自然保护区本底调查——潮间带底栖生物及环境质量评价"调查项目。1999—2003年，与国家海洋局第二海洋研究所共同承担了国家计委高技术发展研究项目和浙江省海洋开发管理专用资金项目"国家级海洋自然保护区环境与资源遥感动态监测系统——南麂列岛示范区研究"，并在南麂列岛得到应用。该系统通过卫星建立有关地理、生物信息数据库，以往都应用在陆地自然保护区，在海洋自然保护区应用还是首次。2003年，与北京大学、中国科学院植物研究所共同合作开展了“南麂列岛生物圈保护区可持续管理政策研究”课题，并得到联合国教科文组织专项资金资助。2002—2004 年，与复旦大学生物多样性与生态工程教育部重点实验室、国家海洋局第二海洋研究所等单位合作开展了保护区功能区划调整项目研究，又一次对保护区进行了较详细的科学考察和社会经济情况调研，于 2003 年由国家海洋局杭州海洋工程勘测设计研究中心编写了《浙江省南麂列岛国家级海洋自然保护区海洋自然环境调查分析研究报告》，由复旦大学生物多样性与生态工程教育部重点实验室编写了《浙江南麂列岛国家级海洋自然保护区功能区调整科学考察报告》。2004 年，与浙江海洋学院签订合作协议，建立合作伙伴关系，双方成立了科技教育合作联络小组，浙江海洋学院校长冯士筰院士、副校长苗振清教授等专门莅临保护区考察与指导工作，之后双方陆续合作开展了大黄鱼规模养殖新技术研究及产业化、优质大黄鱼健康养殖与产业技术体系构建与示范、水产品新型智能活体运输关键设备与技术的研究与开发等项目研究，取得重要成果，推动了南麂岛大黄鱼生态养殖产业的发展。2005 年开始，与北京师范大学合作，先后开展了等边浅蛤、赤点石斑鱼等物种的遗传多样性和保护生物学研究。2006—2008 年，受全球环境基金（GEF）/联合国开发计划署（UNDP）/中国政府（SOA）资助，与浙江省海洋水产养殖研究所合作开展了“南麂列岛贝藻类生物补充调查及相关研究成果推广”“铜藻繁殖生物学及增殖技术”“铜藻海藻场重建及生态环境生物修复”等项目研究，与国家海洋局第二海洋研究所合作开展了“实施生物多样性调查，汇编生物多样性数据并用于制作地理信息系统层图”“生物多样性分布图件”“南麂城镇规划修编建议书编制”等一系列项目研究。2008—2009 年，与浙江海洋学院合作开展了浅海围网设施与生态养殖技术研究，获浙江省科技厅重大农业专项支持。2010 年，与北京大学天然药物及仿生药物国家重点实验室、温州医学院天然创新药物研究所签订合作协议，共同开展南麂保护区藻类生物的生物活性和药用价值的基础和应用研究，在南麂保护区成立联合实验室。2011 年，与中国科学院海洋研究所达成科研合作意向，双方计划合作共建海洋生物多样性和生态修复研究中心，确定开展长期的合作研究。2011 年，联合国家林业局华东林业调查规划设计院编写了《南麂列岛国家重要湿地资源环境调查评估报告》。2012 年 8 月，浙江海洋学院南麂科研教育基地“海洋渔业科学与技术省重中之重学科野外科研工作站”和“水产学科研究生科研与教育实习基地”在南麂保护区挂牌成立，虞聪达副校长莅临保护区指导科研工作。2013—2014 年，南麂列岛国家海洋自然保护区管理局与中国科学院海洋研究所、中国环境科学研究院、浙江海洋大学等单位合作开展了中央分成海域使用金支持地方项目“南麂列岛国家级海洋自然保护区海洋生物资源与栖息环境调查及保护效果评估”。2016 年，中国科学院海洋研究所海洋生物分类与系统演化实验室野外工作站在南麂岛挂牌成立，进一步深化海洋生物分类研究，同年还与南京林业大学生物和环境学院签订科研合作意向书，开启海岛陆地动植物生物多样性研究，标志着保护区科研工作将从过去偏重海洋转向陆海兼顾的新局面。2018 年 4 月，携手北京师范大学共建“浙南蓝碳生态过程监测试验站”正式揭牌，开展全国领先的蓝色碳汇项目研究，并被列为温州市领军型人才创新创业项目。2018 年 10 月，中国海洋湖沼学会海洋底栖生物学分会一届三次理事会议暨院士专家工作站揭牌仪式在保护区成功举办，中国科学院院士、中国海洋大学宋微波教授亲临保护区指导，保护区与院士专家团队中国海洋大学和中国科学院海洋研究所近 20 位专家形成紧密的学术联系，并谋划科研项目多项，如“南麂列岛保护区常见海洋线虫的物种多样性及 DNA 条形码鉴定示范”“南麂列岛纤毛虫原生动物的多样性与分布格局研究”“南麂列岛海洋自然保护区真蛸资源调查评估和保护对策”等。2019 年 5 月，南京林业大学张金池副校长来保护区考察并举行“产学研”基地签字、授牌仪式，之后赴南麂列岛实地考察，确定了博士后研究项目“南麂列岛野生栀子果实有效成分分析及其品质形成的分子生物学基础研究”。2019 年还专门建立了保护区专家顾问委员会，邀请中国科学院院士、中国海洋大学宋微波教授和中国工程院院士、中国海洋大学麦康森教授等 17 位国内外知名专家学者组成南麂列岛国家级海洋自然保护区专家顾问委员会，为保护区重大决策提供科学咨询。如今，南麂列岛国家级海洋自然保护区已建立了博士后科研工作站、院士专家工作站、海洋生物与环境实验室和多个野外观测站，通过这些科研平台建设和项目合作，柔性引进国内外各类高层次人才从事保护区急需解决课题研究，产出了不少高质量的科研成果，大大提高了保护区的科研水平，有力地促进了保护区建设和发展。

三、学术交流

学术交流是保护区科技活动的主要内容之一。南麂列岛国家级海洋自然保护区不断加强与国内外科技交流，积极参加各种学术活动和业务工作会议，加强与其他保护区的互访交流，取长补短，为保护区发展不断融入了先进的理念和各种有用的信息，使保护管理工作紧跟时代的步伐。据不完全统计，自保护区成立以来，先后参加国际考察培训和学术活动有 10 余人次，参加全国性的学术活动和业务工作交流有 100 余人次，提交学术论文和工作经验体会数十篇，多篇报告在大会上发言交流，并被编入会议的论文集或论文摘要集（表 21-1）。

多年来，南麂列岛国家海洋自然保护区管理局多次派出人员赴国外和我国香港及台湾地区参观考察或参加培训学习，与国际相关生物圈保护区和海洋保护区建立了广泛的联系。1996 年 9 月 2 日，孙瑞庆局长参加中国海岸带管理代表团赴美国考察海洋保护区建设与管理 20 天。1996 年 10 月，林瑞国副局长赴香港米浦湿地保护区参加保护区管理培训学习。1998 年 9 月 29 日至 10 月 8 日，周月报副局长赴香港参加在米埔保护区举办的第四期海洋湿地保护区研讨班培训。1999 年 10 月 25 日至 11 月 4 日，何忠翊副局长受世界自然（香港）基金会的邀请，随国家海洋局团组赴香港米埔自然保护区斯各特野外研习中心参加海洋湿地管理培训班学习。2002 年 9 月 17—30 日科研人员蔡厚才赴挪威、意大利考察深水网箱养殖技术，并于 2005 年 5—8 月作为访问学者赴日本东京海洋大学进修学习。根据国家海洋局安排，曹光招局长于 2006 年 11 月 15—22 日赴美国执行 UNDP/GEF/SOA 中国南部沿海生物多样性管理项目考察任务。2008 年 2 月 4—9 日，联合国教科文组织第三届世界生物圈保护区大会在西班牙首都马德里召开，郑海羽副局长参加会议。2008 年 3 月 17—27 日，SCCBD 项目专门组团赴美国考察海洋自然保护工作，考察团一行 12 人，成员由国家海洋局、项目区所在地海洋管理部门和保护区有关人员组成，郑杰局长作为保护区代表应邀参加考察。2010 年 12 月 12—20 日蔡厚才总工程师赴台湾考察农渔业产业发展。2012 年 6 月 24 日，方明晓局长率团看望台湾屏东县高树乡南麂联合新村的原住南麂乡亲，两岸南麂签订了双向缔结友好互动意向书，这是两岸南麂人中断 57 年后的第一次在台湾见面。2013 年 6 月 3—7 日，应联合国教科文组织人与生物圈计划生态和地球科学部的邀请，蔡厚才总工程师参加了在爱沙尼亚举行的第三届海岛与海岸带生物圈保护区全球网络大会，在会上做了“Transition to Green Economy in Nanji Islands Biosphere Reserve”报告。2014 年 6 月 17—21 日，第四届世界海岛与海岸带生物圈保护区网络大会在菲律宾巴拉望省普林萨斯港市举行，主题为海岛与海岸带保护区面对自然灾害的影响，中国科学院海洋研究所李宇航博士代表南麂列岛保护区参加会议。2015 年 11 月 17—22 日蔡厚才总工程师赴越南岘港参加第五届东亚海大会。2016 年 6 月 15—16 日，“东北亚海洋保护区网络”海洋保护区管理经验交流专题研讨会在韩国顺天湾湿地保护区召开，会议由联合国东北亚次区域环境合作机制（NEASPEC）和顺天市政府主办，来自中国、韩国、日本和俄罗斯的 11 个海洋保护区网络成员以及相关政府部门和国际组织代表等参加会议，中国科学院海洋研究所史本泽博士代表南麂列岛国家海洋自然保护区管理局参加此次会议。2018 年 10 月 1—3 日在韩国济州岛举行第六届世界海岛与海岸带生物圈保护区网络大会，保护区科研人员谢尚微参加会议。

同时，随着南麂列岛国家级海洋自然保护区在国际上的知名度不断提高，外国也有不少专家莅临南麂保护区考察。在 1992 年 6 月召开的巴西世界环境保护和发展大会上，南麂列岛的生物物种分布引起了联合国教科文组织、澳大利亚和欧美一些国家学者的关注，1993 年 9 月 12—19 日在北京香山召开的第一届东亚地区国家公园与保护区会议暨 CNPPA/IUCN 第 41 届工作会议还专门将本区列为会后考察路线之一，会后共有 12 位会议代表到南麂进行了实地考察，对保护区的建设和发展提出许多宝贵的建议。1994 年 6 月，日本东京国立科学博物馆北山太树、齐藤宽博士在上海自然博物馆杭金欣研究员陪同下前来合作研究大型藻类。1996 年 12 月 7 日，祖籍平阳的加拿大皇家科学院北大西洋本部研究员、国际著名的海洋生物学家陈钦明先生，经平阳县侨办安排，专程来南麂岛考察。2006 年 5 月 15 日，美国国家海洋与大气管理局海洋服务局司长 Clement Darnley Lewsey 先生率美国海洋与大气管理局代表团一行来南麂保护区实地考察。2007 年 4 月 18 日，泰国国家科学博物馆馆长、温州医学院院长顾问、海洋科学系主任披猜・宋成（Pichai Sonchaeng）博士等专家，在浙江省海洋水产养殖研究所所长谢起浪研究员陪同下来南麂列岛国家级海洋自然保护区进行工作交流。之后于同年 5 月 17—18 日，在温州医学院海洋科学系 3 位师生的陪同下，泰国东方大学海洋技术学院（Faculty of Marine Technology, Burapha University, Thailand）4 位学生抵达南麂进行为期 2 天的实习考察。2007 年 8 月 22—24 日，来自比利时布鲁塞尔的适应性管理国际咨询专家 Dennis Fenton 先生在国家海洋局项目办工作人员的陪同下来南麂列岛国家级海洋自然保护区指导中国南部沿海生物多样性管理项目（SCCBD）工作。2008 年 4 月 12—15 日，联合国开发计划署（UNDP）“中国南部沿海生物多样性管理项目（SCCBD）”适应性管理专家 Malia Chow 博士和国家海洋局第三海洋研究所刘正华研究员来南麂列岛国家级海洋自然保护区检查和指导工作。2009 年 5 月 28—30 日，经浙江省海洋与渔业局批准，日本东京大学海洋研究所立川贤一（Tatsukawa Kenichi）博士等专家到南麂列岛国家级海洋自然保护区进行了为期 3 天的铜藻考察。2011 年 9 月 16 日，由联合国开发计划署、全球环境基金和国家海洋局共同实施的“中国南部沿海生物多样性管理项目”浙江南麂示范区顺利通过终期评估，来自加拿大的国际评估专家 Dominique Roby 博士、国内评估专家中国农业大学国际农村发展中心执行主任刘永功教授以及国家项目办执行协调员国家海洋局第三海洋研究所周秋麟教授等 40 余人参加评估会。2014 年 4 月 11 日，美国海洋生物研究所核心研究员唐剑武博士应邀来南麂列岛国家海洋自然保护区管理局访问交流，并达成合作意向。

为了让更多的领导和专家了解南麂，扩大保护区的对外影响，同时也对保护区建设和发展进行现场切诊把脉，保护区多次在南麂组织举办业务工作会议和学术研讨会。例如：1994 年 7 月，中国动物学会、中国海洋湖沼学会贝类学分会三届四次理事会议在南麂岛召开；1995 年 6 月，全国海洋自然保护区第一次工作会议在南麂岛召开；1997 年 10 月，中国动物学会、中国海洋湖沼学会贝类学分会第八次全国学术讨论会暨张玺教授诞辰100周年纪念会在南麂岛召开；2008年10月23日中国人与生物圈国家委员会组织专家对南麂列岛加入联合国教科文组织世界生物圈保护区网络进行10周年评估，这是联合国教科文组织按规定进行的一次定期全面评估，具有国际影响力，评估组专家通过对南麂岛的实地考察及听取书面汇报，对南麂保护区10年来的工作成果给予了充分的肯定，并对南麂今后的发展提出了许多宝贵的意见；2010年10月，2010海洋生态文明国际论坛在温州开幕，此次论坛由国家海洋局国际合作司、温州市人民政府、浙江省海洋与渔业局、浙江省科学技术协会共同主办，由南麂列岛国家海洋自然保护区管理局承办，论坛主题为“生物多样性与海洋生态文明”；2018年10月，中国海洋湖沼学会海洋底栖生物学分会一届三次理事会议暨南麂列岛院士专家工作站揭牌仪式在平阳召开并赴南麂岛现场考察，保护区与院士专家团队中国海洋大学和中国科学院海洋研究所等近20位专家形成紧密的学术联系，并谋划科研项目多项；2018年11月5—8日中国人与生物圈国家委员会组织专家对南麂列岛世界生物圈保护区进行第二个10年阶段性评估，由中国科学院院士、中国人与生物圈国家委员会主席许智宏教授带队，参加评估的专家还有中国科学院院士、中国科学院水生生物研究所原所长朱作言教授、生态环境部陶思明副巡视员、中国环境科学研究院王伟副研究员、中国海洋大学郑小东教授、辽宁师范大学王宏伟教授、中国人与生物圈国家委员会秘书长王丁研究员等。

历年来参加的主要学术交流活动还有：1993年7月，参加中国生物圈保护区网络成立大会；同年9月，南麂列岛国家海洋自然保护区管理局局长孙瑞庆、副局长林厚发参加在北京香山召开的第一届东亚地区国家公园和保护区会议暨世界自然保护联盟（IUCN CNPPA）第41届工作会议，会上宣读了“南麂列岛海洋自然保护区生物多样性及其保护”的论文报告，南麂列岛作为我国首批海洋自然保护区的典型受到了与会代表的特别关注，会后出席东亚会议的部分代表（香港渔农处处长刘善鹏博士、国家海洋局资源处处长李鸣峰、国家海洋信息中心、新疆、云南、辽宁、江苏、青岛、厦门等地保护区代表12人）组成东亚生态国际海洋考察团于1993年9月20—23日，专程来南麂进行为期两天的实地考察活动。1994年3月1—5日参加中国人与生物圈国家委员会在浙江省天目山自然保护区举办的“自然保护区持续发展研讨会”，在会上做了“艰苦创业，群防群护，为实现持续发展而努力”的报告。2001年12月，联合国开发计划署代表及国家海洋局、国家海洋局第三海洋研究所、香港科技大学等单位的海洋生物专家来保护区就南麂列岛生物多样性管理项目进行技术咨询研讨。2003年12月3日，保护区科研人员赴温州参加浙江省海洋水产养殖研究所举办的泰国海洋专家学术报告。2012年10月，方明晓局长应邀参加“第14届中国生物圈保护区网络大会”，并在大会上做了“发展与保护同步，人与自然和谐共处——南麂列岛国家级海洋自然保护区以生态保护推进绿色发展”的主题报告。2018年保护区管理局有关人员还先后参加了“中华人民共和国加入联合国教科文组织‘人与生物圈计划’45周年暨中华人民共和国人与生物圈国家委员会成立40周年大会”“全国生物多样性科学与保护研讨会”“海峡两岸生物多样性研讨会”等。

此外，南麂保护区也非常重视与其他兄弟保护区开展工作互访和交流，特别是中国人与生物圈国家委员会组织的世界生物圈保护区10周年阶段性评估、中国生物圈保护区网络会议和省环保部门每年组织的自然保护区规范化建设评估考核等活动给相互交流提供了机会。2007年4月3—4日，由中国海监广东省总队海洋监察处、广东省海洋与渔业局人事教育处、海洋与水产自然保护区管理办公室、海洋与水产自然保护区管理总站、惠东港口海龟国家级自然保护区管理局、珠江口中华白海豚国家级自然保护区管理局等单位组成的保护区执法考察团一行 9 人来南麂列岛国家级海洋自然保护区进行考察和工作交流。2007 年 6 月 5—6 日，在副局长陈纪阳带领下，南麂列岛国家海洋自然保护区管理局海监支队一行 5 人赴浙江凤阳山—百山祖国家级自然保护区参观考察，双方就保护区人员编制、现场执法管理等问题进行了广泛交流。2007 年 9 月 1 日，广西壮族自治区国土资源厅海洋局考察组一行 10 人，在该局环保处陈孟硕调研员带领下来南麂列岛国家级海洋自然保护区考察调研保护区管理和选划建设工作，参加此次调研的还有该自治区所辖的北海市海洋局、防城港市海洋局、钦州市海洋局、山口红树林保护区、北仑河口红树林保护区的领导专家。2007 年 9 月 28 日，中国人与生物圈国家委员会根据联合国教科文组织有关部门要求，组织对丰林世界生物圈保护区进行 10 年阶段评估，南麂列岛国家海洋自然保护区管理局局长郑杰受邀专程赴黑龙江参加此次评估会。2008 年 6 月 4 日，局长郑杰带领办公室、研究所相关人员一行 5 人赴温州、台州等地进行科教宣传方面的调研考察，先后考察了温州博物馆和台州海洋世界等展馆，对展示品种、展馆布置、文字说明以及相关设施设备等进行详细考察。2008 年 12 月 15—19 日，由副局长郑海羽带队，南麂列岛国家级海洋自然保护区科研人员一行 5 人赴中国南部沿海生物多样性保护管理项目（SCCBD）示范区福建东山和广东南澳进行考察学习，在东山示范区，考察组参观东山二中海洋生物标本馆、厦铁工厂化养鱼基地、鲍鱼育苗和养殖场、网箱养鱼基地等，在南澳示范区，先后考察风力发电场、浅海网箱和贝藻养殖场等，还观看南澳县海上渔业安全救助通信网络演示，与当地有关人士座谈海洋自然保护区建设和管理问题。2009 年 6 月 5—6 日，广东雷州珍稀海洋生物国家级自然保护区管理局局长欧春晓带领综合科、环保科、科技科相关人员来南麂列岛国家级海洋自然保护区进行工作考察，双方相互介绍各自保护区的管理体制、执法、科研和开发建设等方面的经验与体会，达到相互学习和共同提高的目的。2009 年 7 月 23 日至 8 月 3 日，副局长郑海羽等赴广东雷州、海南三亚、广西合浦、北仑河口等地考察自然保护、海水养殖及生态旅游等工作。2010 年 1 月 13—15 日，局长方明晓率团赴宁波、舟山考察海岛监控和保护区科研合作工作。2010 年 8 月 25—26 日，象山县海洋与渔业局局长周瑞怀等一行 8 人来南麂列岛国家级海洋自然保护区进行考察访问和工作交流，就保护区管理体制、基础设施建设、海洋牧场建设、海水增养殖等问题与保护区管理局相关人员进行广泛的交流和探讨。2012 年 7 月 24—26 日，浙江凤阳山—百山祖国家级自然保护区百山祖管理处王家金副书记、副局长一行 4 人来南麂列岛国家级海洋自然保护区管理局进行了考察访问和工作交流，就保护区宣传教育、执法、科研、旅游、管理体制、基础设施建设、经费来源等各方面问题与南麂列岛国家海洋自然保护区管理局相关人员进行座谈交流。2012 年 9 月 27 日，中街山列岛海洋特别保护区管理局书记林海达、局长李海雷率该局副局长、业务科室负责人一行 7 人来南麂列岛国家海洋自然保护区管理局考察交流，双方就保护区的管护工作、科研监测、科普宣教、生态旅游、社区共建等方面进行广泛交流，特别就如何理顺海洋保护区的管理体制、有效解决保护和利用的矛盾、畅通保护区建设经费来源渠道等问题进行深入探讨。2012 年 10 月 24 日，农业部东海区渔政局沈家门站（舟山鱼山渔场水产种质资源保护管理处）副站长陈国光一行 5 人，在中国海监温州市支队政委王少勇的陪同下，来南麂列岛国家海洋自然保护区管理局考察交流保护区工作，座谈会上，双方领导介绍各自保护区的基本情况和近期工作开展情况，就保护区建设过程中存在的重点、难点问题及今后的建设发展进行深入的探讨。2013 年 5 月，浙江清凉峰国家级自然保护区楼鑫华书记一行 10 人来南麂列岛国家级海洋自然保护区考察交流。2013 年 5 月 24—25 日，海南省万宁大洲岛国家级海洋生态自然保护区主任严昌天一行 5 人来南麂列岛国家级海洋自然保护区考察交流，就保护区的体制建设、岛体修复工作和海监队伍的发展进行经验交流。2013 年 7 月 26—27 日，宁波象山县海洋与渔业局局长章志鸿率局相关工作人员以及象山县人大代表一行 9 人来南麂列岛国家级海洋自然保护区调研保护区管理工作。2013 年 9 月 10—11 日，台州市海洋与渔业局副局长汪维权率椒江区大陈海洋生态特别保护区和玉环披山省级海洋特别保护区相关人员一行 6 人来南麂列岛国家级海洋自然保护区考察保护区建设管理相关工作。座谈会上，南麂列岛国家海洋自然保护区管理局副局长胡大明向客人们详细介绍了南麂列岛国家海洋自然保护区管理局建设管理、体制机制运行、保护区法律法规和保护管理经验等相关工作，局长方明晓向客人介绍了南麂列岛国家级海洋自然保护区成立以来的机构设置调整、管理体制理顺、基础设施建设、海洋文化挖掘整理和旅游业发展等方面的情况，强调南麂保护区所有的工作都围绕创建“中国海洋生态美丽岛”展开，双方还就如何加强保护区建设管理进行深入交流。2014 年 11 月 13—14 日，南麂列岛国家海洋自然保护区管理局科研人员一行 5 人在分管科研工作的蔡厚才总工程师带领下前往华东师范大学长江口湿地生态系统野外研究站崇西分站（崇西湿地科学实验站）进行考察交流。2016 年 5 月，南麂列岛国家海洋自然保护区管理局局长周胜荣带队赴河北省昌黎黄金海岸自然保护区考察。2017 年 6 月 14 日，南麂列岛国家海洋自然保护区管理局局长周胜荣率队专程前往浙江乌岩岭国家级自然保护区考察学习，重点参观黄腹角雉主题馆，为下一步南麂保护区科教馆的布展提供良好借鉴。

表 21-1　南麂列岛国家级海洋自然保护区参加会议交流一览表

序号	时间	会议名称	地点	主办单位
1	1993 年 7 月 11 日	中国生物圈保护区网络 CBRN 成立大会	北京	中国人与生物圈国家委员会
2	1993 年 9 月 12—19 日	第一届东亚地区国家公园和保护区会议暨世界自然保护联盟第 41 届工作会议	北京香山	世界保护联盟国家公园与保护区委员会（CNPPA/IUCN） 北京市科学技术协会
3	1993 年 10 月 24—30 日	中国动物学会、中国海洋湖沼学会贝类学分会第六次学术讨论会	陕西西安	中国动物学会、中国海洋湖沼学会贝类学分会
4	1994 年 3 月 1—5 日	全国自然保护区持续发展研讨会	杭州临安	中华人民共和国人与生物圈国家委员会
5	1994 年 7 月 22—28 日	中国动物学会、中国海洋湖沼学会贝类学分会第四届三次理事会议	温州南麂	中国动物学会、中国海洋湖沼学会贝类学分会
6	1998 年 9 月 9—14 日	全国自然保护区生态旅游管理研讨会	新疆博格达峰	中国人与生物圈国家委员会
7	1999 年 3 月 22—27 日	中美海洋自然保护区管理研讨会	三亚	国家海洋局国际合作司
8	1999 年 5 月 14—15 日	全省第二次科技兴海示范区工作座谈会	南麂	浙江省科委
9	2000 年 9 月 22—24 日	中国海洋生物技术产业研讨会暨成果交易会	广州	科技部 中山大学
10	2001 年 9 月 13—16 日	2001 中国浙江渔业博览会	宁波	宁波天马国际展览中心
11	2002 年 5 月 10—12 日	中国南部沿海生物多样性管理项目准备阶段国家研讨会	海南三亚	国家项目协调办公室
12	2003 年 8 月 22—25 日	国家“863”计划资源环境技术领域第一届海洋生物高技术论坛	舟山	国家“863”计划资源环境技术领域办公室 浙江海洋学院
13	2003 年 10 月 29—31 日	上海国际水产博览会	上海	组委会
14	2004 年 9 月 12—14 日	中国 2004’水产科技论坛	上海	中国水产学会
15	2004 年 11 月 8—10 日	全国海水生态养殖学术研讨会	宁波	中国水产学会海水养殖分会
16	2005 年 11 月 8—10 日	中国南部沿海生物多样性管理项目启动仪式暨第一次指导委员会会议	北京	国家项目协调办公室
17	2006 年 3 月 3—5 日	UNDP/GEF/SOA 中国南部沿海生物多样性管理项目第二次指导委员会会议	海口	国家项目协调办公室

续表 21-1

序号	时间	会议名称	地点	主办单位
18	2006 年 6 月 11—15 日	中国南部沿海生物多样性管理项目第一次项目区交流会	温州	国家项目协调办公室
19	2006 年 7 月 3—8 日	第二届亚洲网箱水产养殖国际大会	杭州	浙江大学
20	2006 年 10 月 24—26 日	全国海水健康养殖与可持续发展学术研讨会	大连	中国水产学会海水养殖分会
21	2007 年 4 月 9 日	中国南部沿海生物多样性管理项目第三次指导委员会会议	武夷山	国家项目协调办公室
22	2007 年 5 月 29—31 日	世界养殖水产品贸易大会	青岛	联合国粮农组织（FAO） 中华人民共和国农业部
23	2007 年 9 月 27 日	中国南部沿海生物多样性管理项目（SCCBD 项目）2007 年度项目区经验交流会	广西南宁	国家项目协调办公室
24	2007 年 11 月 7—13 日	中国生物圈保护区网络第九次大会和东南亚地区生物圈保护区网络第五次会议	贵州荔波	联合国教科文组织雅加达办事处 中国人与生物圈国家委员会 贵州省林业厅 贵州省黔南布依族苗族自治州政府
25	2008 年 1 月 7—9 日	中国南部沿海生物多样性管理项目第四次指导委员会会议	深圳	国家项目协调办公室
26	2008 年 4 月 15—23 日	中国南部沿海生物多样性管理项目圆桌研讨会	厦门	国家项目协调办公室
27	2008 年 9 月 22—23 日	中国南部沿海生物多样性管理项目（SCCBD 项目）2008 年度项目区经验交流会	厦门	国家项目协调办公室
28	2008 年 10 月 30 日—11 月 2 日	中国浙江国际海洋科技论坛暨 2008 年全国海水养殖学术研讨会	舟山	中国水产学会海水养殖分会 浙江海洋学院
29	2008 年 10 月 23 日	南麂列岛加入联合国教科文组织世界生物圈保护区网络 10 周年阶段评估会议	平阳	中国人与生物圈国家委员会 南麂列岛国家海洋自然保护区管理局
30	2008 年 11 月 24—27 日	中国南部沿海生物多样性管理项目中期评估座谈会	三亚	国家项目协调办公室
31	2008 年 12 月 19 日	2008 年中国生物圈保护区网络大会	北京	中国人与生物圈国家委员会

续表 21-1

序号	时间	会议名称	地点	主办单位
32	2009 年 1 月 14—16 日	中国南部沿海生物多样性管理项目第五次指导委员会会议	舟山	国家项目协调办公室
33	2009 年 3 月 23 日	UNDP/GEF/SOA SCCBD 2009 年项目管理培训班	北京	国家项目协调办公室
34	2009 年 9 月 14—16 日	2009 年中国南部沿海生物多样性管理项目海洋保护区管理计划编制培训班	呼和浩特	中国海洋生物多样性保护和生态系统管理培训与教育中心
35	2009 年 10 月 29 日—11 月 1 日	全国自然保护区管理培训班	盐城	环境保护部
36	2009 年 11 月 2—5 日	2009 年全国海水养殖学术研讨会	连云港	中国水产学会海水养殖分会
37	2009 年 11 月 6—12 日	2009 厦门国际海洋周活动	厦门	国家海洋局 厦门市人民政府
38	2009 年 11 月 7—11 日	中国动物学会、中国海洋湖沼学会贝类学分会第十四次学术讨论会	南昌	中国动物学会、中国海洋湖沼学会贝类学分会
39	2009 年 11 月 16—18 日	2009 海洋生态文明（温州）国际论坛	温州	国家海洋局 温州市人民政府
40	2010 年 1 月 21—23 日	中国南部沿海生物多样性管理项目第六次指导委员会会议	桂林	国家项目办
41	2010 年 1 月 28 日	宣传贯彻《中华人民共和国海岛保护法》大会	北京	国家海洋局
42	2010 年 7 月 12—15 日	海鸟保护暨海洋保护区管理国际论坛	宁波象山松兰山	浙江自然博物馆 浙江省动物学会 浙江省象山县人民政府
43	2010 年 7 月 27—28 日	华东生态保护联盟首届年会暨河口及滨海湿地应对气候变化研讨会	上海	九段沙湿地自然保护区管理署
44	2010 年 10 月 17—19 日	2010 海洋生态文明（温州）国际论坛	温州	国家海洋局 温州市人民政府
45	2011 年 5 月 4—5 日	中国南部沿海生物多样性管理项目经验模式研讨会	大连	国家项目协调办公室
46	2011 年 6 月 27—28 日	中国南部沿海生物多样性管理项目总结准备会议	汕头	国家项目协调办公室

续表 21-1

序号	时间	会议名称	地点	主办单位
47	2011 年 9 月 5—10 日	“人与生物圈计划” 40 周年纪念大会暨第 13 届生物圈保护区网络大会	拉萨	中华人民共和国人与生物圈国家委员会
48	2011 年 10 月 15—18 日	2011 海洋生态文明（温州）国际论坛 中国南部沿海生物多样性管理项目总结研讨会	温州	国家项目协调办公室
49	2012 年 6 月 25 日	自然保护区生态环境十年变化调查评估项目工作会议	杭州	浙江省环保监测中心
50	2012 年 7 月 23—25 日	生态系统野外观测技术培训会议	龙泉市	浙江省环境监测中心
51	2012 年 10 月 16—20 日	第 14 届中国生物圈保护区网络大会暨湖北神农架国家级自然保护区成立 30 周年纪念大会	湖北神农架	中华人民共和国人与生物圈国家委员会
52	2012 年 10 月 24 日	海岛保护与利用示范区建设工作研讨会	北京	国家海洋局海岛管理司
53	2012 年 12 月 5—6 日	国家级海洋保护区执法示范和海洋工程环境保护执法示范工作总结会	桂林	中国海监总队
54	2013 年 3 月 12 日	“东亚海（PEMSAE）” 第四期项目（2013—2018 年）实施内容征求意见会	杭州	国家项目协调办公室
55	2013 年 6 月 2—8 日	第三届海岛和海岸带生物圈保护区全球网络大会	爱沙尼亚	联合国教科文组织人与生物圈计划生态和地球科学部
56	2013 年 9 月 28—30 日	中国渔业协会大黄鱼分会筹备会、中国大黄鱼产业发展研讨会	福建宁德	中国渔业协会
57	2013 年 10 月 16—18 日	第四届 “全国石斑鱼类繁育与养殖产业化” 论坛	青岛/莱州	中山大学 中国水产学会海水养殖分会 山东省海洋与渔业厅
58	2013 年 11 月 17—20 日	中国藻类学会第十七次学术研讨会	武汉	中国海洋湖沼学会藻类学分会 中国科学院水生生物研究所
59	2014 年 2 月 4—7 日	2014—2015 年国家海洋局与保护国际基金会年会	云南大理	保护国际基金会

续表 21-1

序号	时间	会议名称	地点	主办单位
60	2014 年 6 月 17—21 日	第四届世界海岛与海岸带生物圈保护区网络大会	菲律宾巴拉望省普林萨斯港市	联合国教科文组织人与生物圈计划 韩国济州岛生物圈保护区 西班牙梅诺卡生物圈保护区和菲律宾巴拉望省持续发展理事会
61	2014 年 8 月 14—16 日	第十一届全国生物多样性科学与保护研讨会	沈阳	国际生物多样性计划中国委员会 中国科学院生物多样性委员会等
62	2014 年 9 月 12 日	第十六届中国人与生物圈保护区网络大会	吉林长白山	中华人民共和国人与生物圈国家委员会
63	2014 年 10 月 22—24 日	中国渔业协会大黄鱼成立大会暨第一次会员代表大会、第二届中国大黄鱼产业发展论坛	福州	中国渔业协会
64	2014 年 11 月 14—16 日	第四届全国藻类多样性和藻类分类学术研讨会	上海	中国海洋湖沼学会藻类学分会 上海师范大学
65	2014 年 12 月 8—10 日	PEMSEA 中国第四期项目启动暨中国-PEMSEA 海岸带可持续管理合作中心成立大会	青岛	国家海洋局国际合作司 国家海洋局第一海洋研究所
66	2015 年 6 月 28 日—7 月 2 日	中国梵净山生态文明与佛教文化论坛暨“人与生物圈计划”战略研讨会	贵州铜仁	生态文明贵阳国际论坛 2015 年会
67	2015 年 8 月 5—6 日	互联网+大黄鱼节暨第三届中国大黄鱼产业发展论坛	宁德	中国渔业协会大黄鱼分会
68	2015 年 8 月 31 日—9 月 4 日	第三届海峡两岸海洋生物多样性研讨会	厦门	国家海洋局第三海洋研究所
69	2015 年 11 月 3 日	海洋工程环境保护和海洋保护区执法示范专题会	厦门	中国海警局
70	2015 年 12 月 20—23 日	2015 年国家级海洋公园管理培训班	广东南澳	国家海洋局生态环境保护司 国家海洋局第一海洋研究所
71	2016 年 5 月 22 日	国际生物多样性日暨中国自然保护区发展 60 周年大会	北京人民大会堂	环境保护部、国土资源部、水利部、农业部、国家林业局、中国科学院、国家海洋局

续表 21-1

序号	时间	会议名称	地点	主办单位
72	2016 年 6 月 15—16 日	“东北亚海洋保护区网络”海洋保护区管理经验交流专题研讨会	韩国顺天湾湿地保护区	联合国东北亚次区域环境合作机制（NEASPEC） 韩国顺天市政府
73	2016 年 6 月 25 日	2016 平潭国际海岛论坛	福建平潭	国家海洋局
74	2016 年 9 月 23—25 日	第四届中国大黄鱼产业发展论坛暨第二届大黄鱼文化节	宁波	中国渔业协会大黄鱼分会
75	2016 年 10 月 9—12 日	第十二届全国生物多样性科学与保护研讨会	北京雁栖湖国科大	中国科学院科技促进发展局 中国科学院生物多样性委员会等
76	2016 年 10 月 24—28 日	2016 年度国家级海洋保护区管理研讨会	舟山	东亚海项目办
77	2016 年 11 月 7—9 日	“全球变化下的海洋与湖沼——区域响应和未来海洋”中国海洋湖沼学会学术交流会	海口	中国海洋湖沼学会 海南大学
78	2016 年 10 月 13 日	第二届全国生物多样性监测会议	北京	中科院地理所
79	2016 年 10 月 14 日	第十届海峡两岸森林动态样区研讨会	北京	中科院地理所
80	2016 年 11 月 8 日	中国海洋湖沼学会海洋底栖生物学分会第一届会员代表大会	海口	中国海洋湖沼学会海洋底栖生物学分会
81	2016 年 12 月 16—18 日	浙江省水产学会捕捞与渔船渔机专业委员会暨浙江省海洋渔业装备技术研究重点实验室 2016 年学术研讨会	舟山	浙江海洋大学
82	2017 年 3 月 17 日	浙江省海洋资源环境承载力专题报告审查会	杭州	浙江省海洋监测预报中心
83	2017 年 6 月 25 日—7 月 1 日	中国生物圈保护区生物多样性监测培训	广东韶关	中华人民共和国人与生物圈国家委员会 国际动物学会 广东车八岭国家级自然保护区管理局
84	2017 年 7 月 13—15 日	中国海洋湖沼学会海洋底栖生物学分会第一届理事会第二次会议	山东聊城大学	中国海洋湖沼学会海洋底栖生物学分会
85	2017 年 8 月 2—5 日	联合国教科文组织“人与生物圈计划”十年战略中国行动方案研讨会	北京	中华人民共和国人与生物圈国家委员会
86	2017 年 11 月 14—18 日	海洋底栖生物分类与鉴定技术培训班	杭州	国家海洋局第二海洋研究所

续表 21-1

序号	时间	会议名称	地点	主办单位
87	2018 年 6 月 12—16 日	2018 年中国林学会树木学分会常务理事会议	平阳	中国林学会树木学分会
88	2018 年 7 月 28 日—8 月 2 日	中华人民共和国加入联合国教科文组织人与生物圈计划 45 周年暨中华人民共和国人与生物圈国家委员会成立 40 周年大会、第二十届中国生物圈保护区网络（CBRN）大会	北京	中华人民共和国人与生物圈国家委员会
89	2018 年 8 月 12—15 日	2018 海峡两岸海洋生物交流会	厦门	自然资源部第三海洋研究所
90	2018 年 10 月 10—12 日	现代海洋设施养殖国际学术论坛暨中国水产学会鱼类工业化养殖专业委员会第三届学术研讨会	舟山	中国水产学会鱼类工业化养殖专业委员会 浙江省自然科学基金委 舟山市科学技术局
91	2018 年 10 月 1—3 日	The 6th UNESCO Training Course for Island and Coastal Biosphere Reserve Managers	韩国	Jeju Secretariat
92	2018 年 10 月 22—26 日	2018 年度国家级海洋保护区管理培训研讨会	青岛	东亚海项目办 自然资源部第一海洋研究所
93	2018 年 10 月 23—27 日	中国海洋湖沼学会海洋底栖生物学分会第一届第三次理事会议暨南麂列岛院士专家工作站揭牌仪式	平阳	中国海洋湖沼学会海洋底栖生物学分会
94	2018 年 11 月 6—8 日	南麂列岛世界生物圈保护区 10 年评估会议	平阳	南麂列岛国家海洋自然保护区管理局
95	2019 年 7 月 18—19 日	中国海洋湖沼学会海洋底栖生物学分会第二届底栖生物学学术研讨会、中国海洋湖沼学会海洋底栖生物学分会第一届第四次理事会议	厦门	中国海洋湖沼学会海洋底栖生物学分会
96	2019 年 12 月 6—8 日	南麂列岛岛屿生态及生物多样性研讨会暨南麂保护区专家顾问委员会第一次年会	平阳	南麂列岛国家海洋自然保护区管理局

第三节　国际合作

南麂列岛国家级海洋自然保护区在国际上具有很高的知名度，自建区之后受到了国际学术界和自然保护领域同仁的极大关注，特别是加入世界生物圈保护区网络之后，国际合作更加广泛，先后两次被国家海洋局国际合作司选为国际合作项目实施示范区。

从2005年开始，由全球环境基金（GEF）技术援助、联合国开发计划署（UNDP）组织实施、中国政府国家海洋局（SOA）和南部沿海（浙江省、福建省、广东省、海南省和广西壮族自治区人民政府）海洋主管部门及美国国家海洋与大气管理局（NOAA）共同承担的国别项目——“中国南部沿海生物多样性管理项目”（SCCBD）将南麂列岛列为4个示范区之一，开展海洋生物多样性与可持续利用示范。该项目于1994年开始筹备，于2002年10月获得GEF理事会批准，2005年2月正式签署项目文件，执行期为8年（2005—2012年），项目资金总额1 297.9万美元，其中，全球环境基金（GEF）赠款351.5万美元，中国国家海洋局配套877.4万美元，美国国家海洋与大气管理局配套46万美元，其他捐赠23万美元。项目主要内容包括加强管护设施建设、加强人员培训、寻找和解除生态威胁和加强生态修复等内容。通过项目的实施，南麂基础设施建设得到了加强，包括管护设施、执法设备和建立垃圾污水处理系统等；日常管护得到提高，配置了执法艇、远程监控设备，提高了日常管护的效率，使违法活动减少，保护生物多样性更为有效；通过加强管理以及重建铜藻场，恢复典型物种铜藻，提高了生物多样性；通过开展基线信息收集以及制定适合本地的《南麂列岛自然保护区海洋生物多样性调查技术规程》和《南麂保护区中长期生物多样性监测计划》，掌握了保护区自然地理、生物多样性和人文资源等背景情况，并实施了长期监测计划；开展了城镇规划修编，按照海洋生物多样性保护的要求，提出修订城镇建设规划的意见，并实施主流化；通过人员能力培训，保护区管理局人员和科研人员能力得到提高，实施小额项目开展宣传活动，提高了公众对生物多样性保护的意识。2011年9月15—17日，UNDP/GEF/SOA中国南部沿海生物多样性管理项目浙江南麂示范区终期评估会在浙江平阳召开，来自加拿大的国际评估专家Dominique Roby博士、国内评估专家中国农业大学国际农村发展中心执行主任刘永功教授等对SCCBD项目进行了终期评估。2011年11月16日，UNDP/GEF/SOA中国南部沿海生物多样性管理项目（SCCBD）总结研讨会在温州召开，国家海洋局国际合作司唐冬梅副处长主持会议，国家海洋局国际合作司张占海司长、联合国开发计划署驻华代表马超德先生、美国国家海洋与大气管理局乔纳森·贾斯汀先生、温州市人民政府任玉明副市长分别致辞。该大会由浙江省海洋与渔业局、福建省海洋与渔业厅、广东省海洋与渔业局、广西壮族自治区海洋局和海南省海洋与渔业局主办，财政部国际司支持，中国南部沿海生物多样性管理项目国家项目办承办。来自海洋研究领域的科学家及国内海洋学界知名学者，联合国开发计划署（UNDP）、美国国家海洋与大气管理局（NOAA）、全球环境基金（GEF）等国际组织，还有来自国内沿海省市政府部门官员共计200余人参加了会议。该项目经过近7年的实践，实现了预期目标，使示范区的管理和保护能力得到显著增强，一系列消除生物多样性威胁的示范活动取得明显实效，所形成的经验和成果得到较好的推广应用。项目实施期间，国家海洋局与5个示范区所在省（区）的人民政府联合签署了《中国南部沿海生物多样性保护宣言》，提出了海洋生物多样性对经济社会发展的重要性，中国南部沿海生物多样性管理项目为实现中国 21 世纪议程的目标向前迈出一大步，为实现生物多样性公约的近期目标做出了实质性的努力。该项目结束后，2011 年出版了中国南部沿海生物多样性管理项目成果报告系列丛书——《基于海岛管理的南麂列岛生物多样性保护实践与经验》等。

2014 年 12 月 9 日，东亚海环境管理伙伴关系计划（简称东亚海计划，英文缩写 PEMSEA）中国第四期项目启动暨中国-PEMSEA 海岸带可持续管理合作中心（简称中国-PEMSEA 合作中心）成立大会在青岛市召开。国家海洋局党组成员、副局长陈连增，PEMSEA 执行主任安德鲁・罗斯（Adrian Ross）等约 120 人出席会议。浙江南麂作为我国 13 个示范区之一（为唯一的保护区示范区，其他均为地方政府）在此次大会上与国家海洋局国际合作司签署了 PEMSEA 第四期项目协议：关于实施 GEF/UNDP/PEMSEA 在中国推广实施东亚海可持续发展战略计划合作协议。PEMSEA 第四期项目计划在 2014—2019 年期间继续拓展海岸带综合管理在各国的实施范围、深化东亚海计划的《东亚海可持续发展战略》在各国的实施。项目进一步确立海岸带与海洋管理的伙伴关系，恢复健康的海洋与海岸带生态系统，同时建立基于海洋的可持续蓝色经济知识共享平台。中国东亚海项目第四期的实施将力争与 21 世纪“海上丝绸之路”的共建做到有机地结合，为东亚海地区的共赢和互利及东亚海可持续发展战略目标的实现做出新贡献。强化海岸带综合管理，促进沿海地区可持续发展，已经成为沿海地区政府的重要职能。为了进一步提高南麂海岸带综合管理的能力，进而推动南麂可持续发展，并为其他地区，包括东亚海其他国家的沿海地区，提供实行海岸带综合管理的经验，国家海洋局国际合作司与南麂列岛国家海洋自然保护区管理局决定，在国家海洋局与东亚海项目办公室签署的“在中国推广实施东亚海可持续发展战略计划协议备忘录”的框架下，合作开展推广实施东亚海可持续发展战略计划项目。经友好协商，双方达成如下协议。

国家海洋局国际合作司职责：①促进、便利本项目与参加示范区计划的其他项目的协调与合作；②为参与项目计划及其实施人员组织、提供海岸带综合管理的理论、实践和方法培训；③为项目实施活动提供必要的相关法规、政策、规范、指南等文件和参考材料；④根据需要为项目活动组织和提供地方海岸带综合管理体制机制、环境资源监测和评估及信息服务系统、海岸带可持续发展财政机制、参与国际有关标准制度论证等方面的技术咨询；⑤为项目管理和实施人员组织、协调相关领域的国内外工作学习和实地考察、交流；⑥组织安排项目主管领导和其他人员参与“东亚海环境管理伙伴关系地区计划”发起的“地区地方政府网（PNLG）年会”等活动；⑦每年举行一次会议，对项目的执行情况和所取得的成果进行审议，解决项目执行过程中出现的问题（可委托专家组进行）。

南麂列岛国家海洋自然保护区管理局职责：①动员当地跨机构、跨行业、跨学科部门通过引进国际海岸带管理的新理念、先进经验和技术实施海岸带综合管理；②建立和加强多学科海岸带生态、社会经济和管理活动的监测、评估、信息综合服务系统，为开拓以生态系统为基础的海岸带综合管理提供科学依据；③配合推广完善海岸带综合管理政策；④配合推广海岸带状况报告（SOC 报告）；⑤配合推广完善海岸带综合管理协调机制；⑥配合推广海岸带战略；⑦配合推广综合信息管理系统；⑧在本地进行保护区评价指标体系（METT）应用，通过转变管理观念、健全管理法规制度、改善管理环境、实现管理技术手段的现代化等方法，促使保护区管理绩效提高 10%；⑨完成海洋保护区网络案例；⑩鼓励公众积极参与海岸带综合管理活动；⑪积极参与国内外海岸带综合管理人员的经验交流活动，包括“东亚海环境管理伙伴关系地区计划”发起的“地区地方政府网络（PNLG）年会”活动；⑫不断总结本项目活动经验，改进项目的计划及其实施，按本协议所附的工作进度表编制项目进展、影响、经验和成果报告；⑬为该项目的实施提供相应的配套经费。

项目实施期间，南麂列岛国家海洋自然保护区多次参加项目培训和会议交流。2015 年 9 月 21—25 日赴青岛参加国家海洋局第一海洋研究所中国-PEMSEA 海岸带可持续管理合作中心举办的东亚海项目海岸带综合管理标准培训研讨会。2015 年 11 月 17—22 日赴越南岘港参加第五届东亚海大会。2016 年 10 月 24—28 日赴舟山参加 2016 年度国家级海洋保护区管理研讨会。2018 年 10 月 22—26 日赴青岛参加 2018 年度国家级海洋保护区管理培训研讨会，在会上做了“南麂列岛国家级海洋自然保护区以生态保护推进绿色发展”报告。南麂保护区还完成了浙南闽东沿海海洋保护区网络案例，向中国-PEMSEA 海岸带可持续管理合作中心提供了该网络建设的意义及初步构想，并开展了相关工作调研。

第四节　科研项目和成果

一、科研项目

多年来，南麂列岛国家级海洋自然保护区实施了大量的科研项目，包括全国各有关科研单位在南麂开展的科研项目以及当地科研人员特别是保护区科研人员主持或参与完成的课题，其中有国家、省、市、县各类科技项目、保护区规划和功能区划相关研究、生态产业发展、社会经济调查、一些建设项目中包含的科研内容、申报书和可研编制以及国际合作项目（前已有专节介绍）等。比较重大的项目有联合国开发计划署—全球环境基金—中国政府（UNDP/GEF/SOA）中国南部沿海生物多样性管理项目、国家财政部国家级自然保护区专项资金项目、国家海洋局中央分成海域使用金项目、中央财政海洋经济创新发展区域示范项目、浙江省生态环境保护专项资金项目、浙江省海洋开发管理专用资金项目、浙江省海洋与渔业局环保资金项目以及农业部（农业农村部）人工鱼礁与海洋牧场建设项目、中央财政现代农业生产发展资金鱼类产业提升项目、浙江省财政深水网箱开发和人工鱼礁建设项目等。

为了更好地推进保护区科研工作，利用好自然保护区的科研平台，吸引国内外高层次人才加盟保护区科研，进一步提高科研水平，从 2013 年开始，保护区专门安排资金陆续向有关科研单位下达项目合作计划，取得了明显成效。这期间，吸引了国内一批水平较高的专家前来合作，较好地弥补了保护区自身科研能力的不足和专业的局限，先后建立了多个野外观测基地和各种研究平台，被列为浙江省博士后科研工作站和温州市院士专家工作站，取得了一批重要的科研成果，陆续发现新物种 10 多种，发表 SCI 论文多篇，而且一些成果的应用有力地促进了保护和开发协调发展。

项目具体情况详见表 21-2。

表 21–2 南麂列岛国家级海洋自然保护区历年主要科研项目一览表

序号	项目名称	实施期限	项目承担单位	项目来源	获奖情况
1	浙南人工鱼礁研究	1985—1987	浙江省海洋水产养殖研究所	农业部项目	
2	南麂列岛资源综合科学考察	1990—1993	浙江省环保局、中科院海洋研究所、中科院植物研究所、浙江水产学院、苍南县水产研究所等	浙江省环保局项目	浙江省环保局科技进步一等奖
3	平阳县海岛资源综合调查	1990—1992	平阳县科委等	平阳县科委项目	平阳县科技进步一等奖、温州市科技进步一等奖
4	南麂列岛国家海洋自然保护区本底调查	1992—1993	国家海洋局第二海洋研究所等	国家海洋局项目	
5	南麂列岛国家海洋自然保护区微、小型藻类的研究	1992—1995	国家海洋局第二海洋研究所	浙江省自然科学基金资助项目	
6	羊栖菜育苗技术研究	1993—1995	苍南县水产研究所、洞头县水产研究所	农业部“八五”攻关项目	农业部、浙江省科技进步三等奖
7	栉孔扇贝在南麂海域的养殖试验	1995—1996	南麂列岛国家海洋自然保护区研究所	温州市科技发展计划项目	温州市科技进步三等奖
8	南麂保护区美国红鱼养殖试验	1996—1997	南麂列岛国家海洋自然保护区研究所	国家海洋局海洋综合管理司项目	
9	栉孔扇贝南移养殖技术研究	1996—1997	平阳县南麂岛开发有限公司	浙江省科技计划项目	平阳县科技进步一等奖
10	美国红鱼养殖试验	1996—1997	温州市渔业技术推广站	温州市科技发展计划项目	
11	浙江南麂海珍品基地建设	1997—2000	平阳县南麂岛开发有限公司	国家级星火计划项目	
12	北方种群墨西哥湾扇贝引种、育苗及试养	1997—1998	中国科学院海洋研究所 平阳县南麂岛开发有限公司	农业部 948 项目	
13	美国红鱼养殖与人工育苗技术研究	1997—1998	温州市渔业技术推广站 浙江省亚热带作物研究所	温州市重大科技攻关项目	

续表 21-2

序号	项目名称	实施期限	项目承担单位	项目来源	获奖情况
14	海带食品系列加工技术开发	1997—1998	平阳县南麂岛开发有限公司	平阳县科技计划项目	
15	南麂列岛自然保护区标本馆建设	1998—1999	南麂列岛国家海洋自然保护区研究所	平阳县社会发展项目	平阳县科技进步三等奖
16	角蝾螺生物学及人工养殖技术的研究	1998—1999	南麂列岛国家海洋自然保护区研究所	温州市科技发展计划项目	
17	南麂海洋保护区保护和开发协调发展研究	1998—1999	南麂列岛国家海洋自然保护区研究所	温州市软科学计划项目	温州市科技进步二等奖、平阳县科技进步二等奖
18	黄姑鱼网箱养殖技术研究	1999—2000	南麂列岛国家海洋自然保护区研究所	平阳县科技兴海项目计划	
19	南麂岛海珍品浅海养殖技术开发	1999—2000	平阳县南麂岛开发有限公司	浙江省科技计划项目	平阳县科技进步一等奖
20	海底箱式养鲍和海陆交替养鲍技术研究	1999—2000	平阳县南麂岛开发有限公司	温州市科技计划项目	
21	海底网箱养鱼技术开发研究	1999—2000	平阳县南麂岛开发有限公司	温州市科技计划项目	
22	国家级海洋自然保护区环境与资源遥感动态监测：南麂列岛示范区研究	1999—2003	国家海洋局第二海洋研究所 南麂列岛国家海洋自然保护区管理局	国家计委高技术发展研究项目 浙江省海洋开发管理专用资金项目	
23	南麂列岛自然保护区保护和开发协调发展研究	1999—2000	南麂列岛国家海洋自然保护区研究所	浙江省科技计划项目	
24	美国红鱼亲鱼培育试验	1999—2000	南麂列岛国家海洋自然保护区研究所	平阳县渔业开发项目计划	平阳县科技进步二等奖
25	鮸鱼网箱养殖技术研究	1999—2000	南麂列岛国家海洋自然保护区研究所	温州市科技发展计划项目	
26	南麂海域水环境本底调查		平阳县南麂岛开发有限公司	温州市科技计划项目	
27	南麂保护区羊栖菜苗种生产基地建设	1999—2000	南麂列岛国家海洋自然保护区研究所	浙江省海洋开发管理专用资金项目	
28	墨西哥湾扇贝苗种生产及养殖开发研究	2000—2001	全国科技兴海技术转移宁波中心 平阳县南麂岛开发有限公司	浙江省科技计划项目	

续表 21-2

序号	项目名称	实施期限	项目承担单位	项目来源	获奖情况
29	网箱养殖真鲷试验	2000—2001	平阳县海洋与渔业局	平阳县科技局项目	平阳县科技进步三等奖
30	南麂海珍品深海潜网养殖技术开发和示范	2000—2001	平阳县南麂岛开发有限公司	平阳县重大科技项目	平阳县科技进步一等奖
31	南麂岛深海潜网养鱼技术研究与开发	2000—2001	平阳县南麂岛开发有限公司	温州市科技兴海项目	
32	角蝾螺活体运输技术研究	2000—2001	南麂列岛国家海洋自然保护区研究所	平阳县科技兴海项目	平阳县科技进步三等奖
33	真蛸行为习性及暂养技术研究	2000—2001	南麂列岛国家海洋自然保护区研究所	平阳县科技兴海项目	平阳县科技进步二等奖
34	南麂列岛自然保护区海洋生物多样性保护	2001—2003	南麂列岛国家海洋自然保护区管理局	国家级自然保护区专项资金和省级生态环境保护专项资金项目	
35	海底箱式养鲍产业化技术开发项目	2001—2002	平阳县南麂岛开发有限公司	浙江省科技计划项目	平阳县科技进步一等奖
36	紫海胆养殖技术研究	2001—2002	平阳县南麂岛开发有限公司	温州市科技计划项目	
37	平阳县浅海养殖试验基地建设	2001—2002	平阳县海洋与渔业局	平阳县科技局项目	平阳县科技进步三等奖
38	浙南海区牙鲆网箱养殖技术研究	2001—2002	平阳县海洋与渔业局	平阳县科技局	
39	刺参笼养试验	2001—2002	平阳县海带养殖场	平阳县科技局	
40	大型抗风浪深水网箱养殖产业化技术研究（试点）	2001—2002	平阳县南麂岛开发有限公司	浙江省海洋开发管理项目	
41	南麂列岛人工鱼礁工程建设	2001—2002	平阳县南麂岛投资有限公司	浙江省海洋与渔业局人工鱼礁项目	
42	南麂海区鮸鱼网箱养殖试验	2001—2002	南麂列岛国家海洋自然保护区研究所	温州市科技发展计划项目	

续表 21-2

序号	项目名称	实施期限	项目承担单位	项目来源	获奖情况
43	南麂海区养殖鮸鱼病害防治技术研究	2001—2002	南麂列岛国家海洋自然保护区研究所	平阳县科技兴海项目计划	平阳县科技进步三等奖
44	大型深水网箱抗风浪破坏性试验	2001—2002	平阳县南麂岛开发有限公司	浙江省海洋开发管理项目	
45	南麂野生贝类增养殖新品种筛选	2001—2002	南麂列岛国家海洋自然保护区研究所	平阳县科技兴海项目	平阳县科技进步三等奖
46	海底箱式养鲍产业化技术开发	2001—2002	平阳县南麂岛开发有限公司	浙江省科技计划项目	
47	南麂海域紫海胆生物学及增养殖技术研究	2001—2002	平阳县南麂岛开发有限公司	温州市科技计划项目	
48	南麂海域紫海胆生物学及增养殖技术研究	2001—2002	南麂列岛国家海洋自然保护区研究所	温州市人事局 551 人才工程资助项目	
49	近海浮绳式网箱及养殖技术开发	2001—2003	平阳县海洋与渔业局	浙江省科技厅项目	平阳县科技进步一等奖
50	南麂野生鱼类种质资源开发	2001—2003	平阳县海洋与渔业局	温州市、平阳县科技局项目	平阳县科技进步一等奖
51	温州市平阳县南麂列岛人工鱼礁生态渔业	2002—2003	平阳县南麂岛海洋投资有限公司	农业部海洋捕捞渔民转产转业项目	
52	海底箱式养鲍生产性中试	2002—2003	平阳县南麂岛开发有限公司	浙江省科技计划项目	
53	南麂岛深水网箱养殖鱼类引进试验	2002—2003	平阳县南麂岛开发有限公司	温州市水产科技计划项目	
54	南麂岛石斑鱼等鱼类育苗技术引进与开发	2002—2003	平阳县南麂岛开发有限公司	平阳县重大科技项目	平阳县科技进步二等奖
55	浙江南麂岛抗风浪深水网箱规模化养殖示范基地建设	2002—2003	平阳县南麂岛开发有限公司	浙江省海洋开发管理项目	
56	南麂列岛人工鱼礁建设	2002—2003	平阳县南麂岛海洋投资有限公司	浙江省海洋捕捞渔船报废转产专项资金项目	
57	南麂海区养殖鱼病防治技术研究	2002—2003	南麂列岛国家海洋自然保护区研究所	平阳县科技兴海项目	平阳县科技进步三等奖

续表 21-2

序号	项目名称	实施期限	项目承担单位	项目来源	获奖情况
58	南麂海区两种东风螺养殖对比试验	2002—2003	南麂列岛国家海洋自然保护区研究所	平阳县科技发展计划项目	
59	南麂海区养殖石斑鱼细菌性病害防治技术研究	2002—2005	平阳县海洋与渔业局	温州市科技局项目	
60	南麂列岛生物圈保护区可持续管理政策研究	2003/07—2004/07	北京大学 中国科学院植物研究所 南麂列岛国家海洋自然保护区管理局	联合国教科文组织专项资金项目	
61	南麂列岛礁区人工鱼礁建设	2003—2004	平阳县南麂岛海洋投资有限公司	浙江省海洋捕捞渔民转产转业专项资金项目	
62	南麂列岛礁区人工鱼礁海域资源增殖放流	2003—2004	平阳县南麂列岛海洋投资有限公司	浙江省海洋捕捞渔民转产转业专项资金项目	
63	大型深水网箱适养鱼种筛选及规模化人工育苗	2003—2004	平阳县南麂岛开发有限公司	平阳县重大科技项目	平阳县科技进步三等奖
64	浙江南麂岛抗风浪深水网箱规模化养殖示范基地建设（第二期）	2003—2004	平阳县南麂岛开发有限公司	浙江省海洋开发管理项目	
65	南麂海区虾夷扇贝引种试验	2003—2005	平阳县海洋与渔业局	温州市科技局	平阳县科技进步二等奖
66	厚壳贻贝养殖试验	2003—2004	平阳县南麂镇南岙浅海养殖场	平阳县科技局	
67	浙江省南麂列岛国家级自然保护区总体规划编制及海上管护设备购置	2004—2005	南麂列岛国家海洋自然保护区管理局	国家级自然保护区中央专项补助项目	
68	深水网箱产业化开发技术研究	2004—2005	温州市海洋与渔业局	温州市科技计划项目	温州市科技进步二等奖
69	深水网箱养殖活鱼起捕、分级及运输技术开发	2004—2005	平阳县南麂岛开发有限公司	温州市、平阳县科技计划项目	平阳县科技进步二等奖
70	南麂列岛海洋生物保护技术研究与应用	2004/09—2005/12	南麂列岛国家海洋自然保护区管理局	浙江省科技计划项目	

续表 21-2

序号	项目名称	实施期限	项目承担单位	项目来源	获奖情况
71	海水养殖杂食性经济鱼类——鲟鱼和蓝子鱼的品种开发，鲟鱼的苗种咸化驯养及海水网箱养殖	2004—2005	中国水产科学研究院东海水产研究所 平阳县南麂岛开发有限公司	国家高技术研究发展计划（863 计划）项目	
72	大黄鱼规模养殖新技术研究及产业化	2004—2009	浙江海洋学院 厦门大学 宁波大学 平阳县南麂岛开发有限公司等	国家 863 计划项目	浙江省科技进步三等奖
73	南麂等边浅蛤的种群遗传结构及资源恢复中最佳种群的筛选	2005—2008	北京师范大学 南麂列岛国家海洋自然保护区研究所	温州市科技计划项目	平阳县科技进步二等奖
74	南麂岛海域刺参人工繁育技术研究	2005—2006	平阳县南麂岛开发有限公司	平阳县科技计划项目	
75	真蛸苗种培育及快速养成技术开发	2005—2006	南麂列岛国家海洋自然保护区管理局	浙江省、温州市、平阳县科技计划项目	平阳县科学技术一等奖
76	双棘黄姑鱼网箱养殖试验	2005—2007	平阳县南麂镇南岙浅海养殖场	温州市科技局项目	平阳县科技进步三等奖
77	南麂海域赤潮生物监测、预警及灾害评估研究	2005—2007	平阳县海洋与渔业局、暨南大学、南麂海洋环境监测站	温州市、平阳县科技局项目	平阳县科技进步一等奖
78	海洋微生物源绿色生物杀虫剂的研发	2005—2006	平阳县海洋与渔业局 浙江大学	温州市、平阳县科技局项目	平阳县科技进步二等奖
79	南麂岛刺参养殖技术推广	2006—2007	平阳县南麂岛开发有限公司	浙江省欠发达地区开发性渔业项目	
80	杂交鲟海水驯化及养殖试验	2006—2007	平阳县南麂岛开发有限公司 南麂列岛国家海洋自然保护区管理局	平阳县重大科技计划项目	
81	无公害大黄鱼标准化养殖推广实施 大黄鱼标准化养殖推广实施示范	2006—2007	平阳县南麂岛开发有限公司 南麂列岛国家海洋自然保护区管理局	浙江省农业标准化推广实施项目	

续表 21-2

序号	项目名称	实施期限	项目承担单位	项目来源	获奖情况
82	真蛸苗种培育及快速养成技术	2006—2007	平阳县南麂岛开发有限公司 南麂列岛国家海洋自然保护区管理局	浙江省科技计划项目	平阳县科学技术奖一等奖
83	黑鲍人工繁育及苗种中间培育技术研究（黑鲍人工繁育与养殖技术开发）	2006—2009	平阳县海洋与渔业局、宁波大学	浙江省科技厅、温州市科技局、温州市海洋与渔业局项目	
84	南麂海区中科红海湾扇贝养殖试验	2006—2008	平阳县海洋与渔业局	温州市海洋与渔业局	
85	南麂海域赤点石斑鱼的遗传多样性及种质资源评价	2007—2008	南麂列岛国家海洋自然保护区管理局	温州市科技兴海项目、平阳县重大重点科技计划项目	
86	基于远程实时监控系统的南麂列岛黑尾鸥生态观察	2007—2008	南麂列岛国家海洋自然保护区管理局	平阳县科技计划项目	
87	《平阳县南麂生态渔业高科技园区规划》研究与制订	2007—2008	平阳县科学技术局	平阳县科技计划项目	
88	章鱼网箱养殖技术研究	2007—2009	平阳县海洋与渔业局	温州市海洋与渔业局项目	
89	海水杂食性鱼类养殖的研究开发	2006—2007	浙江省海洋水产研究所	浙江省科技计划项目	
90	深水网箱养殖大黄鱼室内暂养技术研究	2007—2008	平阳县南麂岛开发有限公司 南麂列岛国家海洋自然保护区管理局	平阳县重点科技计划项目	
91	南麂列岛国家级海洋自然保护区宣教能力建设	2008—2010	南麂列岛国家海洋自然保护区管理局	浙江省海洋环保和生态建设项目	
92	GIS 在南麂列岛海洋生物多样性保护中的应用	2008—2010	南麂列岛国家海洋自然保护区管理局	浙江省海洋与海岛管理项目	
93	南麂列岛海洋生物多样动态监测及可持续管理	2008—2010	南麂列岛国家海洋自然保护区管理局	浙江省自然保护区专项资金项目	
94	铜藻作为刺参饵料的开发应用	2008/05—2009/12	南麂列岛国家海洋自然保护区研究所	平阳县科技发展计划项目	
95	半叶马尾藻中国变种和瓦氏马尾藻繁殖生物学比较研究及栽培试验	2008/10—2009/10	平阳县南麂岛海洋投资有限公司 南麂列岛国家海洋自然保护区管理局	平阳县科技发展计划项目	

续表 21-2

序号	项目名称	实施期限	项目承担单位	项目来源	获奖情况
96	浅海围网设施与生态养殖技术研究	2008—2010	浙江海洋学院 南麂列岛国家海洋自然保护区管理局	浙江省重点科技项目（工程农业技术专项）	浙江省科技进步三等奖
97	南麂浅海围网养殖设施的开发应用	2008—2010	南麂列岛国家海洋自然保护区管理局	平阳县重大、重点科技计划项目	
98	斜带髭鲷生物生态学及网箱养殖技术研究	2008—2009	平阳县新科海水养殖专业合作社 平阳县海洋与渔业局	平阳县科技局项目	平阳县科技一等奖
99	海马人工繁育及养殖技术开发	2008—2010	平阳县海洋与渔业局	浙江省、温州市海洋与渔业局项目	
100	大潮差浅海养殖围网敷设关键技术研究	2008—2010	浙江海洋学院 南麂列岛国家海洋自然保护区管理局	浙江省教育厅科研计划项目	
101	南麂岛火焜岙沙滩等边浅蛤增殖放流效果跟踪调查	2009—2010	南麂列岛国家海洋自然保护区管理局	浙江省海洋环保和生态建设项目	
102	南麂列岛海洋自然保护区岛礁鱼类资源调查	2009—2010	南麂列岛国家海洋自然保护区管理局	浙江省海洋环保和生态建设项目	
103	大黄鱼产业化养殖品质控制关键技术开发	2009—2010	平阳县南麂岛开发有限公司 南麂列岛国家海洋自然保护区管理局	平阳县科技发展计划项目	平阳县科学技术奖一等奖
104	南麂浅海围网养殖设施的开发应用	2009—2011	南麂列岛国家海洋自然保护区管理局	温州市科技计划项目	
105	网箱石斑鱼与斜带髭鲷混养殖技术研究	2010—2011	平阳县南麂顺发海水鱼养殖场	温州市科技局资助项目	
106	坛紫菜潮间带自然岩礁养殖试验	2010—2011	平阳县南麂镇大檑紫菜养殖场 南麂列岛国家海洋自然保护区管理局	平阳县科技计划项目	平阳县科学技术奖二等奖
107	2010 年浙江省海洋牧场示范区项目	2010—2012	温州市海洋与渔业局 南麂列岛国家海洋自然保护区管理局	农业部、财政部 2010 年转产转业和渔业资源保护项目	
108	大黄鱼养殖系列微生物饲料研发	2010—2011	温州大学 南麂列岛国家海洋自然保护区管理局	平阳县科技发展计划项目	

续表 21-2

序号	项目名称	实施期限	项目承担单位	项目来源	获奖情况
109	厚壳贻贝低潮带自然岩礁增殖试验	2010—2011	平阳县大檑海水养殖场 南麂列岛国家海洋自然保护区管理局	平阳县科技发展计划项目	
110	南麂海洋生物多样性知识课外辅助读本（走进贝藻王国）编写	2010—2011	浙江省海洋水产养殖研究所 南麂列岛国家海洋自然保护区管理局	联合国开发计划署—全球环境基金—中国政府“中国南部沿海生物多样性管理”项目，分包合同 17	温州市科普图书一等奖
111	坛紫菜潮间带岩礁养殖技术深化研究	2011/03—2013/06	平阳县南麂镇大檑紫菜养殖场 南麂列岛国家海洋自然保护区管理局	平阳县科技计划项目	
112	南麂岛大黄鱼浅海围网养殖设施开发	2010—2011	平阳县南麂岛开发有限公司	温州市度海洋与渔业扶持项目	
113	南麂列岛岛礁鱼类资源调查及管理技术开发	2010/04—2011/07	浙江海洋学院 南麂列岛国家海洋自然保护区管理局	浙江省海洋与渔业局项目	
114	南麂列岛海洋牧场示范区（火焜岙海湾）自然环境与生物资源调查	2010/12—2011/12	浙江海洋学院 南麂列岛国家海洋自然保护区管理局	温州市海洋与渔业局项目	
115	南麂列岛海洋牧场示范区礁体结构和布局设计及投放技术开发	2011/03—2011/08	浙江海洋学院 南麂列岛国家海洋自然保护区管理局	温州市海洋与渔业局项目	
116	浙江省南麂岛保护和整治修复项目	2011—2013	南麂列岛国家海洋自然保护区管理局 国家海洋局第二海洋研究所	2011 年中央分成海域使用金项目	
117	南麂列岛海洋自然保护区野生紫菜资源调查和保护恢复	2012—2013	南麂列岛国家海洋自然保护区管理局	浙江省海洋环保项目	
118	浙江省海洋自然（特别）保护区建设项目——南麂列岛海洋自然保护区建设项目	2012—2016	浙江省海洋与渔业局 南麂列岛国家海洋自然保护区管理局 国家海洋局第二海洋研究所宁波海洋开发研究院	2010 年中央分成海域使用金项目	

续表 21-2

序号	项目名称	实施期限	项目承担单位	项目来源	获奖情况
119	南麂列岛国家级海洋自然保护区海洋生物资源与栖息环境调查及保护效果评估	2012—2016	南麂列岛国家海洋自然保护区管理局 中国科学院海洋研究所 中国环境科学研究院 浙江海洋大学	2010 年中央分成海域使用金项目	
120	离岸型智能化外海围网养殖示范	2012—2016	平阳县碧海仙山海产品养殖有限公司 浙江海洋大学	2012 年度中央财政海洋经济创新发展区域示范项目	
121	温州近海特色鱼类养殖新型生物饲料的研发	2012—2013	平阳县碧海仙山海产品养殖有限公司 温州大学	浙江省级公益性技术应用研究计划项目	
122	2012 年南麂保护区监视调查	2012/03—2013/04	南麂列岛国家海洋自然保护区管理局	浙江省海洋与渔业局项目	
123	南麂列岛自然保护区森林动态样地建设	2012/08—2012/12	温州大学 南麂列岛国家海洋自然保护区管理局	浙江省环保厅资助项目	
124	《话说温州海洋》科普图书出版	2013/03—2013/12	温州市科学技术协会 南麂列岛国家海洋自然保护区管理局	浙江省科协省级科普项目	温州市科普图书一等奖
125	南麂列岛自然保护区水仙群落动态样地建设	2013/02—2013/12	浙江大学 南麂列岛国家海洋自然保护区管理局	南麂列岛国家海洋自然保护区管理局委托项目	
126	南麂列岛海域甲藻胞囊调查与生态学研究	2013—2015	南麂海洋环境监测站 平阳县海洋与渔业局	浙江省科技厅项目	
127	南麂列岛海洋牧场示范区建设	2014—2016	平阳县海洋与渔业局	浙江省海洋与渔业局项目	
128	国家级海洋自然保护区生态监控体系建设——视频监控平台连接和宣传教育资料整理	2014/07—2015/06	南麂列岛国家海洋自然保护区管理局	国家海洋局温州海洋环境监测中心站	
129	南麂列岛潮间带底栖硅藻生物多样性与环境指示	2014/01—2016/07	中国科学院海洋研究所	南麂列岛国家级海洋自然保护区博士后研究项目	

续表 21-2

序号	项目名称	实施期限	项目承担单位	项目来源	获奖情况
130	国家海洋局国际合作司与南麂列岛国家海洋自然保护区管理局关于实施 GEF/UNDP/PEMSEA 在中国推广实施东亚海可持续发展战略计划合作协议	2014—2020	南麂列岛国家海洋自然保护区管理局	国家海洋局国际合作司项目	
131	南麂列岛自然保护区大型海藻场建设海域环境和生物本底与跟踪调查研究	2015/05—2017/04	中国科学院海洋研究所 南麂列岛国家海洋自然保护区管理局	2010 年海域使用金中央分成项目	
132	2015 年南麂列岛国家级海洋自然保护区监测	2015/06—2015/12	国家海洋局温州海洋环境监测中心站	南麂列岛国家海洋自然保护区管理局委托项目	
133	平阳县 2015 年南麂大沙岙海滨浴场监测预报	2015/06—2016/06	国家海洋局温州海洋环境监测中心站	南麂列岛国家海洋自然保护区管理局委托项目	
134	海岸带生态保护、恢复和固碳工程	2015—2020	南麂列岛国家海洋自然保护区研究所	2015 年度温州市领军型人才创新创业项目	
135	红树林恢复的两个不同物种（无瓣海桑和秋茄）对海平面上升的响应研究	2016/01—2017/12	厦门大学 南麂列岛国家海洋自然保护区管理局	浙江省海洋环保项目	
136	南麂列岛海域潮致混合特征及其对保护区的生态学意义/博士后研究项目	2016/01—2017/12	上海海洋大学	南麂列岛国家级海洋自然保护区博士后研究项目	
137	平阳县 2016 年南麂列岛自然保护区监测	2016/05—2016/12	国家海洋局温州海洋环境监测中心站	浙江省海洋环保补助资金项目	
138	人为干扰下的南麂列岛自然保护区小型底栖生物群落及环境评价	2016/07—201807	中国科学院海洋研究所博士后研究项目	浙江省海洋环保补助资金项目	
139	红树林恢复的固碳和温室气体排放研究	2016/12—2017/12	北京师范大学 南麂列岛国家海洋自然保护区管理局	2016 年温州市领军人才创新创业项目资助项目	
140	南麂列岛国家级海洋自然保护区养殖规划及整治专题研究技术方案编制及技术支撑	2017—2018	国家海洋局第一海洋研究所 南麂列岛国家海洋自然保护区管理局	平阳县海洋与渔业局项目	

续表 21-2

序号	项目名称	实施期限	项目承担单位	项目来源	获奖情况
141	南麂列岛野生水仙种群动态监测和遗传结构研究	2017/01—2018/12	南京林业大学 南麂列岛国家海洋自然保护区管理局	平阳县财政保护区监测经费预算	
142	红树林恢复树种秋茄对气候变暖的响应研究	2016/12—2018/04	厦门大学 南麂列岛国家海洋自然保护区管理局	浙江省海洋环保项目	
143	南麂列岛国家级海洋自然保护区生物多样性长期监测数据库构建	2017/04—2019/06	华东师范大学 南麂列岛国家海洋自然保护区管理局	浙江省海洋环保项目	
144	鳌江口红树林移植区的生态修复效应评价	2017/03—2018/04	厦门大学 南麂列岛国家海洋自然保护区管理局	浙江省海洋环保项目	
145	南麂列岛国家级海洋自然保护区浅海生境状况监测	2017/03—2017/12	国家海洋局温州海洋环境监测中心站	平阳县财政预算资金项目	
146	南麂列岛国家级海洋自然保护区大沙岙海水浴场监测预报	2017/03—2017/11	国家海洋局温州海洋环境监测中心站	平阳县财政预算资金项目	
147	南麂列岛国家级海洋自然保护区边界核查和矢量化	2017/05—2017/08	浙江大学	浙江省海洋环保项目	
148	南麂列岛自然保护区生物多样性监测样地调查	2017/08—2018/07	中国计量大学 南麂列岛国家海洋自然保护区管理局	浙江省海洋环保项目	
149	南麂列岛自然保护区生物多样性新监测样地建设及监测技术开发	2017/10—2018/07	浙江大学 南麂列岛国家海洋自然保护区管理局	浙江省自然保护区资金项目	
150	南麂列岛自然保护区鸟类和兽类多样性监测技术开发	2017/10—2020/09	浙江大学 南麂列岛国家海洋自然保护区管理局	浙江省海洋环保项目	
151	红树林及其土壤的碳收支研究	2018/01—2018/12	北京师范大学 南麂列岛国家海洋自然保护区研究所	2017 年度温州市领军人才创新创业项目	

续表 21-2

序号	项目名称	实施期限	项目承担单位	项目来源	获奖情况
152	南麂列岛生态与景观规划	2017—2018	南京林业大学 南麂列岛国家海洋自然保护区管理局	浙江省林业发展和资源保护专项资金项目	
153	南麂列岛森林植物物种资源调查	2017/11—2018/07	南京林业大学 南麂列岛国家海洋自然保护区管理局	浙江省自然保护区资金项目	
154	南麂列岛潮间带湿地大型底栖环节动物群落及近岸海洋生态评价	2017/05—2019/12	浙江海洋大学 南麂列岛国家海洋自然保护区管理局	浙江省林业发展和资源保护专项资金项目	
155	浙江省南麂列岛海域国家级海洋牧场示范区人工鱼一期工程	2019—2021	平阳县顺安标准渔港投资有限公司	农业部项目	
156	2018 年南麂列岛国家级海洋自然保护区大沙岙海水浴场监测预报	2018/06—2018/11	国家海洋局温州海洋环境监测中心站	浙江省海洋环保项目	
157	2018 年南麂列岛国家级海洋自然保护区浅海生境状况监测	2018/06—2018/11	国家海洋局温州海洋环境监测中心站	浙江省海洋环保项目	
158	鳌江口不同树龄红树林恢复区碳汇功能分析	2019/01—2019/12	华东师范大学	2018 年度温州市领军人才创新创业项目	
159	南麂列岛纤毛虫原生动物的多样性与分布格局研究	2018/07—2020/12	中国科学院海洋研究所	南麂列岛国家级海洋自然保护区院士专家工作站研究项目	
160	南麂列岛保护区常见海洋线虫的物种多样性及DNA 条形码鉴定示范	2018/07—2020/07	中国科学院海洋研究所	南麂列岛国家级海洋自然保护区院士专家工作站研究项目	
161	南麂列岛海洋自然保护区真蛸资源调查评估和保护对策	2019—2020	中国海洋大学	南麂列岛国家级海洋自然保护区院士专家工作站研究项目	
162	南麂保护区养殖专项规划编制	2019—2020	浙江省海洋水产养殖研究所	平阳县人民政府规划专项资金项目	
163	南麂列岛野生栀子果实有效成分分析及其品质形成的分子生物学基础研究	2019—2021	南京林业大学	南麂列岛国家级海洋自然保护区博士后研究项目	

二、科研成果

多年来，保护区通过一系列科研项目的实施，取得了许多重要的科研成果。主编或合编了一批科研专著和科普图书，主要有：1983 年，浙江省水产厅和上海自然博物馆主编出版了《浙江海藻原色图谱》；1992 年，浙江省海洋管理局编辑出版了《南麂列岛国家级海洋自然保护区论文选（一）》；1994 年，《东海海洋》刊登了“南麂列岛国家海洋自然保护区本底调查——潮间带底栖生物及环境质量评价”专辑；1994 年，浙江省环境保护局编辑出版了《南麂列岛自然保护区综合考察文集》；1998 年，《东海海洋》刊登了“南麂列岛微小型藻类研究”专辑；2000 年，孙建璋等出版了《南麂列岛海滨生物实习指导》；2006 年，出版了《孙建璋贝藻类文选》；2010 年张占海主编出版了《少儿海洋科普绘画作品选》；2011 年蔡厚才、彭欣等编著出版了《走进贝藻王国》；2011 年俞永跃主编出版了《基于海岛管理的南麂列岛生物多样性保护实践与经验》；2013 年方明晓、陈宗禹、蔡厚才主编出版了《走读南麂——碧海仙山南麂列岛风物人文解说》；2014 年蔡厚才等主编出版了《话说温州海洋》；2017 年《大自然》刊出了“贝藻王国——生物多样性丰富的南麂列岛”科普特刊；2018 年俞存根、蔡厚才、刘录三、林岿璇等编著出版了《南麂列岛海洋自然保护区浅海生态环境与渔业资源》等。

历年来共获省（部）级、市级、县级科学技术进步奖 40 余项。其中，《浙江海藻原色图谱》获 1983 年全国优秀图书二等奖；“南麂列岛资源综合科学考察”获浙江省环境保护局科技进步奖一等奖；“平阳县海岛资源综合调查”获平阳县科技进步奖一等奖、温州市科技进步奖一等奖；“羊栖菜人工育苗技术研究”获农业部（1994 年）、浙江省（1995 年）科技进步奖三等奖；“大黄鱼规模养殖新技术研究及产业化”项目获 2009 年度浙江省科技进步奖三等奖；“优质大黄鱼健康养殖与产业技术体系构建与示范”项目获教育部 2008 年度高等学校科学研究优秀成果奖（科技进步奖）二等奖；“水产品新型智能活体运输关键设备与技术的研究与开发”项目获国家海洋局 2012 年海洋科学技术奖二等奖；“浅海养殖围网设施及生态养殖技术研发与产业化应用”项目获 2015 年度浙江省科技进步奖三等奖；“深水网箱产业化开发技术研究”项目获 2008 年度温州市科技进步奖二等奖，另获 2006—2007 年度温州市永乐医药农业科技奖励基金会农业科技成果二等奖；“南麂海洋保护区保护和开发协调发展研究”项目获 2000 年度温州市科学技术进步奖二等奖；“栉孔扇贝在南麂海域的养殖试验”获 1997 年度温州市科技进步奖三等奖；《走进贝藻王国》获 2011 年第二届温州市优秀科普资源评选活动科普图书一等奖；《话说温州海洋》获 2015 年第四届温州市优秀科普资源评选活动科普图书一等奖。

此外，历年来还发表了 200 余篇相关的学术论文。其中，《南麂列岛保护区分级保护管理实践》获 1998 年度平阳县优秀学术论文二等奖；《贝藻类的故乡——南麂列岛》获 2000 年温州市科普创作征文评比活动一等奖；《南麂海洋保护区海珍品养殖问题探讨》获 2001 年度平阳县优秀学术论文二等奖；《南麂海区深水网箱适养鱼种初步筛选》获 2004 年平阳县优秀学术论文二等奖；《赤潮灾害对水产养殖业损失的分级评估》获 2009 年平阳县优秀学术论文一等奖；《加快南麂渔村改造，促进我县旅游业发展对策研究》获 2009 年平阳县优秀学术论文二等奖；《浙江省海岛生态保护管理中的突出问题及对策建议》获平阳县法学会 2013 年度“科学发展与法治保障”征文活动优秀论文奖；《创新大黄鱼养殖模式 实现我县渔业生态发展》论文获 2016 年平阳县“创新引领发展”论坛优秀论文二等奖；等等。

第二十二章 科普宣教

自然保护区的管理工作是一项公益事业，要通过宣传教育活动才能引起全社会对保护区工作的重视，从而获得社会各界的支持和广大群众的理解。所以，宣传教育工作是促进自然保护事业发展的重要抓手。同时，自然保护区又是提高人们自然保护意识、普及科学知识、建设生态文明的重要宣教阵地，保护区管理部门有必要利用好自然保护区这一大自然赋予的优良平台，面向社会公众特别是旅游者、大中小学生和周边社区居民，开展形式多样的科普宣教活动。由于南麂列岛国家级海洋自然保护区地理位置特殊，自然风光优美，生物多样性丰富以及生态地位独特，在国内外享有较高的声誉，受到了社会各界的极大关注，特别是近年来旅游业发展迅猛，来岛游客逐年增多，虽然给保护区的管理带来了很大压力，但同时也为开展科普宣教工作创造了非常有利的条件，可以更好地发挥自然保护区的宣传教育功能。

第一节 科普宣教资源

长期来，南麂列岛国家级海洋自然保护区利用自身的独特优势，不断强化宣传教育设施和科普基地建设，有效利用各种科普宣教资源，积极开展形式多样的各类宣教活动，进一步向公众宣传和普及海洋生物多样性保护知识，大大增强了公众的海洋环保意识。

一、宣传教育设施和科普基地建设

南麂列岛国家级海洋自然保护区自建立以来一直比较重视海洋自然资源和生态环境保护的宣传和教育工作，致力于宣传教育设施和基地建设，特别是科普教育工作受到了比较早的关注。1990 年 1 月，在建立县级自然保护区之后，在苍南县水产研究所的支持下，平阳县环保部门利用平阳县海带养殖场空闲房子建成一处简易的南麂列岛自然保护区贝藻类标本室，后因保护区划归海洋部门管理未做移交而荒废。1993 年 7 月南麂列岛国家海洋自然保护区研究所成立，并重新在位于南麂新码头白岩头的部队旧营房里建成海洋生物标本室，并在闲置的坑道里建成一条 100 多米长的水族活体展览长廊，融科学性、知识性、趣味性于一体，因地制宜较好地发挥了宣传和科普教育功能。该设施于 1995 年 6 月全国海洋自然保护区第一次工作会议在南麂召开之际正式挂牌，迎接会议代表前来参观考察指导，时任国家海洋局局长严宏谟等领导亲临现场参加挂牌仪式，并给予充分肯定，同时新闻媒体也进行了大量的报道，之后就经常有旅游者前来考察参观，成为保护区对外宣传的一个重要窗口。但由于当时此处位置较为偏僻，交通不便，而且展馆面积不大，标本种类和数量较少，活体暂养成本较高，难以做到正常展出，仍不能很好地满足保护区宣传教育的需要。后因设施受环岛公路建设影响而停止对外开放。1998 年，在申报加入世界生物圈保护区阶段，保护区投资 30 余万元，迁址南麂岛中心地带即镇政府所在地——司令部修建了新的小型展览馆即贝藻王国展览中心，进一步充实了生物标本和展览内容，并免费向游客和青少年学生开放。该展览中心面积近 120 m^2，共展出贝、藻、鱼、虾、蟹、珊瑚、爬行类等海洋生物标本 400 余种近 1 000 件，其中有中华鲟、玳瑁、海龟等国家一级和二级保护动物标本近 10 件，本地标本 300 余种。同时还展出南麂自然风光、历次重大活动以及鲜为人知的核心区贝藻类生态的摄影图片和领导、专家题词、科研成果等珍贵资料。多年来已先后成功地接待了全国总工会“手拉手”夏令营活动，浙江省中学生物教师南麂考察活动，上海大学生绿色营活动，加入世界生物圈保护区颁证仪式以及 10 周年和 20 周年评估活动，南麂列岛国家级海洋自然保护区建区 20 周年，南麂解放 50 周年、55 周年、60 周年纪念活动，中国海洋湖沼学会、中国动物学会贝类学分会理事会议和会员大会，中国海洋湖沼学会海洋底栖生物学分会理事会议，中国林学会树木学分会常务理事会议，浙江省动物学会学术交流活动，温州市、平阳县中、小学生夏令营活动等一系列科技科普活动和重大庆典活动。据统计，每年接待国家、省、市、县各级领导、专家学者、新闻记者、教师学生和游客参观考察达 1 万人次左右，建馆以来累计接待公众已超过 20 万人次，在宣传保护区、普及海洋知识和自然保护知识、增强海洋意识和环境意识、培养海洋人才、促进海洋科学研究等方面发挥了重要的作用。该展览中心于 1999 年被温州市科协列为全市唯一的青少年海洋科普教育基地；2003 年被浙江省科协命名为“浙江省科普教育基地”；2006 年 8 月，被列为“温州市首批对外宣传采访基地”；2009 年，被授予“温州市社会科学普及示范基地”；2010 年被浙江省海洋与渔业局授予首批“浙江省海洋科普教育基地”；2010 年，被列为“平阳县爱国主义教育基地”；还先后被确定为“中国青少年美育协会实践基地”“平阳县第一中学学生社会实践基地”等。2010 年平阳县人民政府决定将南麂中心学校校舍移交用作建设保护区科教馆，并于 2011 年 12 月动工建设主体工程，开始筹建中国贝藻博物馆（南麂列岛国家级海洋自然保护区科教馆），项目总用地面积 8 058 m^2，总建筑面积 3 370 m^2。但由于各种原因主体工程完工之后一直未能布展，直到 2020 年才开始由平阳县旅游投资有限公司接手负责南麂列岛国家级海洋自然保护区科教馆布展装饰工程，计划投资 5 000 万元。

二、音像宣传资料

历年来，中央、省、市、县各级电视台在南麂拍摄了大量的各类专题片。1987 年平阳县城乡建设环境保护局邀请平阳县电视台拍摄了《南麂列岛贝藻类资源》资料片。1993 年中央电视台《神州风采》栏目来南麂拍摄专题片并播出。1995 年 6 月 12 日中央电视台“与你同行”节目摄影记者来拍摄保护区研究所坑道水族馆。1998 年，南麂保护区管理局邀请平阳县电视台摄制《南麂保护区 VCD 宣传光盘》。2001 年 8 月，中央电视台第 10 套节目《绿色空间》栏目组来南麂拍摄专题环保科普纪录片《南麂列岛的贝藻家族》，并于 2002 年 1 月正式播出。2004 年 6 月，中央电视台《搜寻天下》栏目摄制组在南麂保护区拍摄环保探索专题纪实片《浪涧南麂岛》。2004 年、2005 年连续在中央一台、中央新闻台、中央四台等媒体的温州城市气象预报节目中插播南麂列岛自然保护区画面。2005 年，中央电视台少儿频道拍摄并播出电视专题片《温州中学学生南麂贝类王国探秘行》。

2010年，中央电视台第十频道“百科探秘”栏目组拍摄《南麂列岛国家级海洋自然保护区宣传片》《南麂列岛国家级海洋自然保护区科教片》《我家住在南麂岛MTV》。2011年，中央电视台科教频道科普类电视栏目拍摄《地理·中国》南麂专题片。2012年，中央电视台拍摄《远方的家》百集系列节目《沿海行》南麂部分。2018年《航拍中国》第二季拍摄南麂镜头。2018年6月20—22日，中央电视七台来南麂拍摄《人与生物圈在中国》专题节目。2016—2019年，中央电视九台大型自然类纪录片《蔚蓝之境》（自然篇）多次来南麂拍摄，这是国内首部全景式展示我国海洋风貌的纪录片，以中国近海为舞台，着眼于海洋生态和资源，用唯美鲜活的影像、情感化和故事化的叙事，呈现一片神秘、壮阔、活力的蔚蓝之境，历时4年倾力打造，一共6集，其中有大量的南麂画面，已于2020年1月24—29日正式播出。

三、新闻报道

有关南麂的新闻报道屡屡见报，特别是通过结合重大节庆活动邀请新闻媒体参加采访报道，对保护区起到了很好的宣传作用。建区初期，保护区通过《瞭望》周刊海外版和《文化交流》《浙江日报》《中国海洋报》《中国环境报》《温州日报》等一些国内外有重要影响的报刊进行报道，大力宣传保护区的风貌和建设成就，大大地提高了保护区在国内外的知名度。近年来的重要报道主要有：2005年3月1日，温州新闻网登出特稿：《它成了海洋保护区，小渔村南麂的百年沧桑》；2006年6月13日，《温州日报》刊登《潮进人退两安居，群防群护更相宜——“贝藻王国”演奏海洋生物和谐曲》；2007年7月14日新华网发表新闻《我国海洋科学家在浙江南麂列岛发现造礁石珊瑚》；2010年10月17日中国新闻网登出《多国科学家温州论海洋生物多样性，呼吁全民参与》，报道来自美国、加拿大、泰国、马来西亚、科特迪瓦以及中国台湾、香港等8个国家和地区海洋研究领域的科学家及国内海洋学界知名的科学家、各级政府管理部门官员约180余人集聚温州，共同讨论海洋生物多样性和海洋生态文明；2013年7月1日人民网发表《台湾屏东乡亲平阳南麂寻根，阔别58年终于“回家了”》；2016年1月20日《中国海洋报》第1版发表记者王自堃采访文章《“岛不老，家不老……”——浙江温州南麂列岛发展与保护纪实》；2016年8月26日《浙江日报》记者沈晶晶发表鳌江口红树林采访文章《平阳启动蓝色碳汇计划——鳌江口，千亩滩涂复绿吸碳》；2016年9月20日《中国海洋报》发表记者王自堃采访文章《“贝藻王国”演绎生态蓝——记南麂列岛国家级海洋自然保护区的“蓝色碳汇计划”》；2018年8月，《人民日报》、新华社等主流媒体聚集南麂，传播点赞“海上牧场”一派丰收景象；2018年9月5日浙江新闻联播播出《平阳南麂岛：一条大黄鱼，游来亿元产业!》；2018年9月17日，《温州日报》发表《一条鱼，游出富民产业链》；2018年9月20日《中国环境报》发表平阳县委常委、常务副县长李坚文章《美丽海岛如何实现绿色发展?》；2019年7月31日“世界巡护日”中国人与生物圈网络特别报道《几载峥嵘，热血铸平安；此心不改，风雨守海岛》；2019年8月21日浙江新闻客户端发表《南麂大黄鱼，洄游在平衡生态与经济之间》；等等。

四、科普书籍和宣传画册

建区以来，先后编撰出版一系列科普和文学书籍。1993年，周慎、张声和编撰《碧海仙山南麂列岛》，全国政协副主席、中国科学院院士、平阳籍著名数学家苏步青教授题写书名。2003年，杨奔、林勇主编《蓝色牧场——南麂岛》，由上海人民美术出版社出版。2008 年，科普作品《贝藻类的故乡——南麂列岛》被收入《浙江省普通高中新课程语文读本》（必修五）一书，在浙江文艺出版社出版。2009 年，平阳文学艺术联合会编撰《诗意南麂》，由中国文学艺术出版社出版。2010 年，国家海洋局国际合作司司长、中国南部沿海生物多样性管理项目办主任张占海主编《少儿海洋科普绘画作品选》，由海洋出版社出版。2011 年，蔡厚才、彭欣等编著南麂海洋生物多样性知识课外辅助读本《走进贝藻王国》，由上海人民美术出版社出版，该书获温州市科普图书一等奖。2013 年，方明晓主编，陈宗禹、蔡厚才副主编《走读南麂——碧海仙山南麂列岛风物人文解说》，由中国美术学院出版社出版。2014 年，蔡厚才、彭欣、陈献稿等编著《话说温州海洋》，由上海社会科学院出版社出版，再次获温州市科普图书一等奖。此外，还在相关刊物上发表了大量的科普文章：如蒋加伦、陈荣发在《文化交流》1992 年第 12 期上发表《海洋贝藻的“自然博物馆”》；何麟喜、尹信群在《大自然》1998 年第 6 期上发表《碧海仙山南麂行》；《今日浙江》2005 年第三期发表《贝藻王国南麂列岛》；徐海蛟、蔡榆在《中国国家地理》第 2 期浙江专辑（下）发表《南麂列岛——南来北往的海贝在这里相会》；由中国科学院海洋研究所徐奎栋研究员牵头，在《大自然》2017 年第 6 期刊出南麂专辑，发表 9 篇科普文章，中国科学院院士、中国海洋大学宋微波教授专门撰写刊首语；2020 年蔡厚才在《人与生物圈》第 1 期上发表《让大海成为优良的实验室》；等等。此外，2008 年保护区还编辑印制了《南麂列岛》画册，2013 年保护区和平阳县人民政府台湾事务办公室共同编写了《南麂岛——浙江省对台交流基地》画册，平阳县海洋与渔业局在举办 2018 中国·平阳首届大黄鱼节时印制了《印象南麂生态黄鱼》画册等。

五、其他宣教资源

1992 年创办《贝藻王国情况通报》，及时宣传介绍南麂保护区的发展动态与保护成果。1999 年，由苏步青院士题词的《碧海仙山——南麂风光明信片》面向社会正式发行，这是平阳县首次发行的明信片，此套明信片共 6 枚，由中国邮票设计大师周炳成设计绘制。1999 年创办《南麂列岛生物圈保护区通讯》。2007 年，发行《南麂列岛自然保护区》特种纪念邮票 1 套 3 枚；同年，开通南麂保护区网站（www. njld. org）。后来又陆续开通了新浪微博——中国南麂、微信公众号——中国南麂，大力宣传南麂保护区资源管护成效、科研监测成果、对外交流和宣传、政策法规以及工作动态，为公众提供了一个了解南麂保护区的良好平台。开辟专门的科普宣传窗和印发宣传手册、折页等，大力开展面向公众特别是当地社区和旅游者的宣传教育活动，取得显著成效。在保护区主要路口设置标志牌，明确标示保护区的范围及功能分区界线，宣传有关法律、法规及相关规定、规则，提请人们注意保护自然环境和资源，增强人们的保护意识，宣传普及有关科学知识，为人们提供路线指南及其他服务等。此外，还大力开展“手拉手”南麂岛夏令营活动、大学生南麂科普志愿者活动、海洋生物多样性知识竞赛及夏令营活动、海洋科普知识进校园活动、“大手拉小手”环保行动、环保健步走、“世界海洋日暨全国海洋宣传日”“世界环境日”“国际生物多样性日”宣传活动，成立“海之梦”海洋环保志愿者协会，开展系列环保志愿活动，向公众宣传南麂自然保护区相关知识，展示建设成效，增强公众海洋环境保护意识，进一步营造全民认识海洋、热爱海洋、保护海洋的良好社会氛围，有力地推动海洋保护事业发展。

第二节 重大科普宣教活动

1993年3月2日，在《中华人民共和国海洋环境保护法》颁布10周年之际，《中国海洋报》记者分别采访国务委员、国家科委主任、国家环保委员会主任宋健和国家海洋局局长严宏谟，并在该报上发表题为《保护海洋环境需要警钟长鸣》文章，充分肯定南麂列岛海洋自然保护区的保护效果。

1993年6月5日，南麂列岛国家级海洋自然保护区区碑揭幕仪式在南麂大沙岙举行，因遇大风停航，国家海洋局局长严宏谟、浙江省人民政府副秘书长周航、省科委主任马洵等国家、省、市、县领导在温州景山宾馆召开座谈会，并研究决定共同下拨保护区建设经费100万元。同时，岛上也按时举行了区碑揭幕仪式，先期到达岛上的省、市、县领导参加了活动。

1994年，温州市青少年夏令营基地在南麂岛挂牌成立。1996年7月，全国少工委“手拉手”南麂岛夏令营活动开营，中央电视台就此项活动做了现场专题采访，并在9月20日大风车栏目播出“南麂96全国手拉手夏令营活动”专题。1998年6月，再次成功举办了全国少工委组织的全国红领巾“手拉手”夏令营活动。

1995年4月4日，平阳县委、县府联合发出关于开展“情系南麂”联谊活动的通知，决定在清明至中秋期间组织开展以“纪念南麂解放40周年为契机，扩大两岸交流，重塑平阳新形象”为主题的系列联谊活动。4月8—10日17位台胞在平阳县委、县政府安排下，在南麂岛开展“重圆故土梦”联谊活动。9月7日上午，“月到中秋一定圆”三胞茶话会在县府五楼会议厅举行，下午“鹿岛觅知音”开发南麂暨经贸洽谈会在鳌江供销大厦举行，晚上“海峡兄弟情”两岸画家作品联展在鳌江供销大厦举行。9月8日，“东方夏威夷”海峡两岸记者中秋联谊会在南麂岛举行，该活动由新华社、人民日报社、中国新闻社、中央电视台、中央人民广播电台、经济日报社和平阳县人民政府联合举办，参加联谊活动的还有光明日报、中国青年报、北京晚报、浙江日报和台湾“中国时报”、台湾“联合报”、台湾“中国广播公司”、台湾“中华电视公司”等20家新闻单位的记者，以及参加“最醇是乡情”南麂文学笔会和“碧海仙山”摄影采风活动的有关人士共60多人。9月12日中秋之夜在南麂大沙岙举行“情系南麂”系列联谊活动——“南麂岛情”大型歌舞晚会。

1997—1998年，国家海洋局和文化部联合主办了“迎接1998国际海洋年全国海洋歌曲征集评选活动”，讴洋牵头组织出版了《“南麂杯”全国海洋征歌获奖歌曲100首》和我国首张海洋歌曲专辑《重返海洋》。这张专辑汇集了“南麂杯”全国海洋歌曲征集的一、二、三等奖和特别奖的作品12首。这12首歌曲是从2 000多首参评作品中脱颖而出的。

1998年9月30日至10月4日，上海首届大学生绿色营活动在南麂开展为期5天的以“生态旅游、生态养殖和生态村建设”为内容的考察活动。上海大学生绿色营是有志于献身绿色事业的上海大学生组成的民间组织。’98上海大学生绿色营是首届上海大学生绿色营，重点关注东海海域的海洋生态问题，“保护海洋、开发海洋”是这次活动的主题。8月25—28日，绿色营筹备组派出先遣小组对南麂进行了踏勘考察。此次活动的目标是探索海洋生态保护和开发之间的协调发展以及在上海与南麂列岛海洋自然保护区之间建立一种长期合作发展的绿色伙伴关系，以启动为期3年的“保护与开发海洋，共建21世纪海洋生态文化”的创意活动。在南麂期间，绿色营先后考察了三盘尾石景区、大沙岙海滨浴场、海珍品养殖区、核心区龙船礁和小柴峙岛、缓冲区柴峙岛等，参观了贝藻王国展览中心和网箱养鱼，分组调查了当地的人文、经济、政策状况、旅游、渔业、居民健康状况等，进行了潮间带贝藻类标本采集和样方调查，还通过座谈、专访、问卷等方式与当地政府官员、保护区科研和管理人员、开发商、渔民等进行了广泛的交流。考察结束后，他们在上海各高校、上海图书馆、各商业中心街等宣传阵地举办绿色营图片展览，开辟东方广播电台上海大学生绿色营热线“绿色的呼唤”，在《新民晚报》《文汇报》《中国环境报》《上海环境报》《青年报》等报刊上设立系列专题报道，并召开科学研讨会共同探讨此次考察结果，就如何开发与保护南麂列岛达成共识，并向有关部门提出建设性建议。这次活动得到了上海市教育局、环保局、美国商会、国家海洋局东海分局、各有关高校、南麂列岛国家海洋自然保护区管理局等单位的支持。

1998年10月，由全国人大常委会环资委、中宣部、国家环保总局、国家海洋局等14个部委局联合组织、由人民日报、新华社、中央电视台等21家中央新闻单位选派记者组成的，以“保护海洋、开发海洋”为宣传主题的“中华环保世纪行——建设万里文明海疆”采访团前往南麂岛采访报道。

1999年7月26日，在平阳县隆重举行了“南麂列岛世界生物圈保护区颁证仪式”，联合国教科文组织驻中国、蒙古国、朝鲜代表处官员，中国人与生物圈国家委员会，国家海洋局，浙江省海洋局，温州市和平阳县人民政府等有关部门领导共100多人前来参加。会议由中国人与生物圈国家委员会秘书长韩念勇主持，联合国教科文组织官员 N. Noguchi（野口昇）先生，国家海洋局副局长陈炳鑫，浙江省海洋局副局长周玉成，温州市常务副市长阮晖，平阳县县长戴祝水及南麂列岛国家海洋自然保护区管理局局长曹光招先后发表热情洋溢的讲话。会上，浙江省法制局领导宣读了浙江省副省长卢文舸发来的贺电。最后，由 N. Noguchi 先生向南麂列岛国家海洋自然保护区管理局颁发“联合国教科文组织南麂列岛生物圈保护区”证书，由韩念勇秘书长向南麂保护区授予铜牌。此外，南麂风光明信片也在会上进行了首发式。会后，部分与会代表和专家赴南麂保护区考察。浙江电视台、温州电视台、平阳电视台、温州日报、钱江晚报、平阳报先后播出或报道了此次活动的盛况。

2002年7月11—13日，浙江省休闲渔业研讨会在南麂岛召开。会议由浙江省海洋与渔业局主办，参加会议的有全省各市、县水产局、水电局，省级有关部门和平阳县人民政府等代表60多人。此次会议的主要内容是现场观摩浙江省第一批大型人工鱼礁投放活动，交流各地发展休闲渔业先进经验等。7月12日上午8时整，在南麂岛马祖岙西北海域开始投放人工鱼礁6座，礁体达2 400空立方米。在省海洋与渔业局局长夏阿国总指挥下，新千年浙江省首批人工鱼礁下水，一架低空盘旋的直升机做实况航拍，3艘中国渔政船做现场护卫。此次人工鱼礁投放在浙江省乃至全国产生很大的反响，中央电视台（7套）、中国海洋报、浙江日报、浙江经济报、温州日报、浙江电视台、温州电视台和《中国水产》杂志等许多新闻媒体都做了宣传报道。

从2002年开始连续举办了4届海钓比赛。2002年5月27日，2002中国·南麂海钓节暨“南麂杯”首届全国海钓比赛拉开帷幕。2004年5月29日，2004中国·南麂国际海钓节暨“南麂杯”第二届国际海（矶）钓邀请赛开幕。2007年9月14—17日，2007中国·南麂第三届国际海钓节暨“海燕杯”海钓名人俱乐部邀请赛在南麂举行。2009年10月24—25日，2009中国·南麂第四届海钓节暨“南麂杯”海钓邀请赛在南麂举行。

2005年10月，南麂岛被《中国国家地理》杂志等全国35家新闻媒体评为“中国最美十大海岛”之一（排名第五），大大提升了南麂保护区的知名度和美誉度。

2006年，由上海市文联和上海市文艺创作中心等单位发起组织的“2005—2006年全国剧本征集活动”颁奖大会在上海举行，温籍军旅作家陈惠方和八一电影制片厂王强合作创作的二十集电视连续剧《南麂情缘》荣获二等奖。《南麂情缘》是一部以发生在南麂岛的真实故事为原型创作的电视连续剧，以两岸三家祖孙三代人的恩怨为主线，重点讲述祖国大陆改革开放后，两岸同胞摒弃前嫌、共创美好未来的故事。

2007年7月10日，正式对外发行了《南麂列岛自然保护区》特种纪念邮票。7月8日，平阳县政府在温州国际大酒店举行《南麂列岛自然保护区》特种邮票首发式暨2007年平阳旅游节活动新闻发布会，向新闻单位和旅行社推介“碧海仙山”“贝藻王国”的无限风光和平阳“红蓝绿”特色旅游，并热忱欢迎各界人士到平阳游览，欣赏美丽风光，感受节会文化。中新社、《经济日报》《光明日报》《法制日报》《中国邮政报》《浙江日报》《浙江工人日报》《钱江晚报》《温州日报》《温州晚报》、温州电视台等30多家新闻单位的记者和省、市、县级20多家旅行社的老总等参加了新闻发布会。7月10日，《南麂列岛自然保护区》特种邮票首发式暨2007年平阳旅游节开幕仪式在平阳县体育馆隆重举行。会上，温州市副市长徐育斐和平阳县委书记、人大常委会主任仇杨均分别致辞。全国邮政集团公司、国家邮票印制局等单位负责人，浙江省人大常委会秘书长李步星，温州市、平阳县和南麂保护区管理局领导等出席开幕式。本次活动由中国邮政集团、浙江省邮政公司、温州市人民政府主办，温州市邮政局、温州市旅游局、平阳县人民政府承办，来自中新社、新华社、《浙江日报》《温州日报》、温州电视台等30多家国家、省、市新闻单位的记者共同见证了《南麂列岛自然保护区》特种邮票首发这一神圣时刻，南麂列岛独特的自然风光将通过邮票这一“国家名片”走向全国，走向世界，吸引更多的外地游客前来旅游参观，为南麂和平阳旅游的发展带来新的机遇。《南麂列岛自然保护区》特种邮票，是温州市继《雁荡山》《江心屿》《楠溪江》邮票之后公开发行的又一地方题材邮票，1套3枚，图案分别为三盘尾、龙船礁和大沙岙，展现了南麂列岛独特的自然风光和保护区精华。3枚邮票面值均为1.2元，规格为50 mm×30 mm，另有整张印制的16枚版，整张规格为240 mm×150 mm。该邮票7月10日起在全国各地邮局出售，出售期限6个月。

2007年7月28日，“绿色长征，和谐先锋”—— 全国青少年绿色长征接力活动“黄金海岸”团队到达南麂保护区，并开展一系列活动。该团队的全体团员与南麂列岛国家海洋自然保护区管理局管理科研人员一起召开座谈会；在大沙岙沙滩树立宣传标语，宣传绿色环保与和谐理念，宣示当代大学生保护自然环境、共创绿色奥运、共建和谐社会的决心和行动；深入社区开展调查问卷及宣传工作。该活动由国家林业局宣传办公室、共青团北京市委员会、北京市学生联合会、北京林业大学共同主办，由共青团北京林业大学委员会、首都大学生环保志愿者协会、首都青少年生态文化研究中心联合承办，由中国传媒大学、西藏大学、南京大学、浙江大学等全国24所高校以及26个国家级自然保护区协办，并得到了新一代研究院、高盛等国内外爱心企业或机构的支持。该活动组成10支青少年志愿者团队，按照雪域高原、西北荒漠、东北林海、黄河之旅、长江之歌、京杭运河、国宝家园、雨林探险、草原漫步、黄金海岸10条线路，奔赴分布在全国23个省、市、自治区的26个著名的国家级自然保护区，开展宣讲生态环保、绿色奥运、和谐社会的“绿色长征”活动。

"黄金海岸团"是"绿色长征，和谐先锋"—— 全国青少年绿色长征接力活动10支团队中唯一一支以海洋生态环境为科研考察目标的考察团。该团队以北京林业大学6名志愿者为核心队员，在大连海事大学、燕山大学、浙江大学等高校35名环保志愿者的共同参与下，奔赴辽宁、河北、浙江三省海洋自然保护区，广泛开展"携手保护海洋，共建美好明天"为主题的宣传、调研活动。

2007年10月14日，在温州医学院生命科学学院与检验医学院的大力支持下，由浙江省海洋水产养殖研究所、南麂列岛国家海洋自然保护区管理局联合在该校主办了以"关注海洋，保护环境"为主题的南麂列岛贝藻类生物补充调查及相关研究成果推广的海洋生物标本展览及海洋知识宣传活动。通过此次活动，进一步扩大了中国南部沿海生物多样性管理项目在公众中的影响，促进公众对海洋生物多样性作用的认识，并主动参与到海洋生物多样性保护与管理之中。同时也加强了在校学生的海洋生物多样性以及环境保护意识，增强了对海洋知识的了解，丰富了同学们的课余生活，了解了海洋生物多样性以及环境保护的重要性。最后，同学们在宣传横幅上庄重地签下了自己的名字，表达了保护海洋环境的理想与决心。

2007年12月2日，在平阳县鳌江实验小学成功举办了"我爱海洋生物，我爱海洋"小学生现场绘画比赛以及"关注海洋生物，加强环境保护"初中生海洋科普知识竞赛初赛。"我爱海洋生物，我爱海洋"小学生现场绘画比赛由平阳县68所小学从四、五、六年级的学生中选择出2~3名优秀选手参加现场比赛。在比赛现场，学生们充分发挥了自己的想象力，把自己心中的海洋生物、海洋环境所面临的问题以及应该采取的措施等通过一张张画纸生动地展现出来。赛后海洋出版社出版了《少儿海洋科普绘画作品选》。"关注海洋生物，加强环境保护"初中生海洋科普知识竞赛由平阳县34所中学每所选3名学生参加笔试，取团体总分前6名的学校进入决赛。决赛于2007年12月16日进行，此次决赛中每个参赛队通过个人必答题、团体必答题、抢答题、风险题等进行现场答辩赛，最终决出冠军为鳌江五中，亚军为实验中学和昆阳二中，季军为新纪元学校、鳌江四中和闹村中学。通过此次活动使平阳县68所小学和34所中学的10万余名学生了解了更多的海洋知识，对海洋生物多样性作用有了初步认识，提高了海洋环境保护意识，而且丰富了学生的课余生活，对培养青少年的创新精神和实践能力，提高科学文化素质都具有非常重要的意义。

2010年10月18日，南麂列岛国家级海洋自然保护区建区20周年纪念和南麂岛解放55周年庆典活动在平阳县隆重举行。温州市副市长、平阳县委书记仇杨均在庆典大会上致辞，平阳县委副书记、县长王中毅在欢迎晚宴上致辞。参加2010年海洋生态文明（温州）国际论坛的国内外海洋研究领域的部分专家、学者，平阳县和南麂列岛国家海洋自然保护区管理局领导等参加庆典活动。参加庆典的人员还观看了以"唯一的南麂，共同的责任"为主题的晚会。

2009—2012年，连续组织举办4届"世界海洋日暨全国海洋宣传日"庆祝活动，南麂保护区海洋生物多样性知识竞赛及夏令营活动。自2010年起每年开展导游培训，组织编写旅游教材，邀请专家讲课，内容包括南麂景区及人文历史知识、海洋科普知识、导游业务知识等。通过培训，使带团来南麂的导游和本地导游更加了解保护区基本情况和相关要点，掌握海洋与环保知识，再通过他们影响广大游客，提高全民的环境保护意识。

2013年6月20日，浙江省全境解放纪念碑在南麂揭碑；美龄居展览馆开馆；台湾相思园开园；《走读南麂》一书首发；纪实影视专题片《解密"飞龙计划"》首次试映。2013年6月25日，保护区管理局举行《解密"飞龙计划"》专题片审片会，平阳县委宣传部、统战部、党史办、文广新局、台联、南麂社区等单位参加会议。

2015 年南麂列岛参加国家海洋局宣传教育中心联合中国海岛网、中国海洋摄影家协会等有关单位开展的“美丽海岛”评选活动。2016 年 6 月 25 日，在 2016 平潭国际海岛论坛上，国家海洋局党组成员、副局长张宏声宣布 2015 年中国“十大美丽海岛”评选结果，南麂列岛再次获此荣誉称号。

2015 年 8 月 27 日，由 10 名清华大学学生组成的“美丽海岛 · 生态之旅”大学生海岛主题社会实践教育活动走进南麂岛，开展为期 5 天的一系列社会实践活动。该活动是由共青团中央学校部推荐高校师生组建实践调研组，前往此前由中国海岛网推选的美丽海岛开展生态调查、公益保护主题创作等社会实践。在当年中国海岛网推选的美丽海岛评选中，南麂岛以 246 364 票获得了此次网络评选的第 8 名。实践队通过走访普通海岛居民和游客，以及亲身体验的方式，在南麂岛开展大学生海岛生态旅游攻略、微视频及摄影大赛，并将作品通过相关媒体进行展示，进一步扩大海岛宣传力度。在 5 天时间里，调研组分别参观了南麂解放纪念碑、南麂大沙岙、台湾相思园、三盘尾等景点，开展了沙滩环保公益活动，并进行了环岛考察，对南麂经济、民生、自然、人文、生态、旅游等方面进行了详细了解，对南麂旅游产业发展提出了不少建议。

2017 年 4 月 15 日，由浙江省旅游局、浙江广播电视集团主办的“诗画浙江——好歌曲唱作大赛”总决赛暨颁奖盛典在丽水 · 古堰画乡圆满落幕。由毛光正作词，张宏光作曲，南麂列岛国家海洋自然保护区管理局朱海南演唱的《我家住在南麂岛》，成功进入本次总决赛前十强名单，这是温州市唯一入选前十强的作品。

2018 年 7 月 30—31 日，以“协调人与生物圈，保护生命共同体”为主题的中华人民共和国加入联合国教科文组织“人与生物圈计划”45 周年暨中华人民共和国人与生物圈国家委员会成立 40 周年大会在北京国家会议中心举行，南麂列岛国家海洋自然保护区管理局在会场设立南麂列岛世界生物圈保护区展览专区。

2018 年 10 月 25 日，2018 中国 · 平阳首届南麂大黄鱼节在东海之滨、鳌江之畔隆重开幕。活动内容包括南麂大黄鱼摄影大赛、千人健步活动、“温州生态大黄鱼南麂论剑”高峰论坛、南麂岛渔耕体验活动、“印象南麂 · 生态黄鱼”主题文艺演出及农博会主题展示等，中国工程院院士、中国海洋大学麦康森教授宣布开幕并在高峰论坛上做了主题报告。

第六篇　产业发展

南麂列岛国家级海洋自然保护区是一个以海洋生物及其生态环境为主要保护对象的海洋（海岛）生态系统自然保护区。该区地理位置优越，气候条件适宜，海洋资源十分丰富，是一个具有重要保护价值和很大开发潜力的自然保护区。该保护区的建立有效地保护了当地的海洋生物种质资源及其赖以生存的生态环境，并有力地促进了当地社区产业的发展，特别是海水养殖业和旅游业出现了前所未有的发展速度。然而，这些产业的迅猛发展对环境和资源也产生了一定的压力，大大增加了保护管理工作的难度。21 世纪是海洋的世纪，南麂列岛已先后被列为全国首批科技兴海示范基地、国家级海洋牧场示范区、国家级海钓基地、浙江省深水网箱规模化养殖示范基地、省级风景名胜区、4A 级旅游景区等，保护区内的海洋开发力度必将进一步加大。同时，该区不仅是国家级自然保护区，还是我国第一个加入联合国教科文组织世界生物圈保护区网络的海洋类型自然保护区，被公认为在全球海洋生物多样性保护上具有重要的地位和价值，今后必须进一步加强自然保护区建设和管理。随着自然保护区保护与监管力度的加大，必然给保护与利用带来新的矛盾，势必会影响保护区内社区的经济发展。这就要求保护区与当地社区共同寻找一条新的经济发展之路，在保护的前提下，不断提高保护区内社区的经济收入，达到共同发展的目的。目前，保护区内村民主要从事海洋捕捞和海水养殖，兼开展生态旅游等活动。随着自然资源保护与利用研究的逐步深入，以及旅游业的蓬勃发展，保护区内社区的产业结构必将随之变化，将进一步向合理、高效利用的方向发展，最终形成以生态旅游业和生态养殖业为重点的最佳产业结构模式，以期达到保护区与当地社区社会经济的高质量可持续发展。在《中国 21 世纪议程——中国 21 世纪人口、环境与发展白皮书》中也明确提出“在南麂列岛海洋自然保护区内开展保护和开发协调发展实验，建设人与生物圈保护区”这一要求。因此，我们迫切需要正确处理和协调好保护和开发两者的关系，有效缓解它们之间所出现的日益尖锐的矛盾。本篇专门介绍南麂列岛海洋自然保护区产业开发现状及存在的问题，并提出相应的对策和措施，以确保该保护区的环境和资源得到有效保护，促使社会和经济可持续发展。

第二十三章　生态旅游

南麂列岛风光旖旎，景色宜人，山秀、石奇、滩美、草绿、海蓝、空远，尤以金沙碧海、奇礁怪石、天然壁画、天然大草坪和野生水仙花等自然景观而著称于世，被誉为“碧海仙山”和“东海明珠”，两次被评为“中国十大美丽海岛”之一。同时，南麂列岛又有着丰富的军事、历史、人文资源。南麂列岛是我国首批国家级海洋自然保护区，又是我国最早加入联合国教科文组织世界生物圈保护区网络的海洋类型自然保护区，是高品位综合性的海岛旅游胜地，有岛屿、海礁、岩滩、海湾、岬角、气象和人文景观等，发展生态旅游大有潜力。

一、旅游现状

旅游是一项收益高、关联度大的行业，旅游服务业在快速、有效增加社区群众收入、吸收社区富余劳动力资源方面，有着其他产业不可替代的优势。同时，旅游业的兴旺可以带动商业、服务业、交通运输业等其他相关产业的发展，从而更加有力地推动社区经济全面发展。在整个旅游产业中，生态旅游全球增长最快，年均递增 10%~15%。生态旅游作为人们物质文化生活水平提高后的一种高级精神享受，是人们旅游需求结构不断变化后的具体表现，是当前国际旅游市场发展最为迅速、适应性最广泛的一项旅游活动。保护区依托其明显的区位、政策及资源优势，适度开发以保护环境为主题的生态旅游，将对保护区的宣传、对外交流、科研合作等工作起到促进和推动作用。南麂列岛国家级海洋自然保护区生态旅游活动的开展已具备了较好的发展基础。保护区可以在发展生态旅游的同时，扶持和引导村民积极参与生态旅游服务项目的开发，推出具有地方民俗、民风特色的生态旅游项目，增加就业机会，促进保护区与周边社区社会经济的可持续发展。

海洋旅游业是南麂列岛近年发展最迅速的一项新兴产业。南麂的旅游业起步于 20 世纪 80 年代末、90 年代初，但当时客源仅局限于平阳县本地，来岛人数并不多，尚未形成一项产业。建立保护区前夕，南麂列岛的旅游活动就已开始。据统计，1988 年赴南麂列岛避暑度假、观光旅游的游客约 1.5 万人次。1990 年在申报南麂列岛自然保护区及建立之后，周边的居民慕名来岛观光日益增多。随着保护区的建立和发展，当地政府积极调整产业结构，将发展旅游业作为一个重要目标，大大促进了旅游业的发展。1998 年，南麂旅游工作归南麂镇管理。2001 年，平阳县旅游局在南麂设立南麂列岛风景旅游管理处，协助和指导南麂旅游工作。2007 年，保护区成立平阳县南麂列岛投资有限公司，负责南麂旅游开发建设和相关服务业事宜。2012 年 3 月，南麂列岛国家海洋自然保护区管理局规划建设科增挂“南麂列岛风景名胜管理处”牌子，具体负责南麂旅游工作，在景区管理、卫生保洁、景区维护和基础设施建设等方面进一步加大投入和建设力度。先后建造“浙江省全境解放纪念碑”、三盘尾景区入口文化墙、望夫石景区观景平台，建设游步道及标识、照明、环卫系统、景区雷达视频监控等设施，组织编撰旅游手册《走读南麂——碧海仙山南麂列岛风物人文解说》。特别是加快涉台旅游景点开发建设，修缮“南麂美龄居”；拍摄反映国民党军队撤退情形的《解密“飞龙计划”》专题片。2012 年始，还相继建设郑成功和王理孚等历史人物雕塑、军事陈列室、作战室、战壕碉堡等景点。2016 年开始，国有企业平阳县旅游发展投资有限公司开始接管南麂旅游项目开发和运营、旅游配套基础设施建设、旅游产业投资、旅游商贸、酒店服务及其他相关旅游配套服务产业等，增加了投入，提高酒店档次和服务质量，建成了一批有特色的民宿。南麂列岛现有各类接待床位 2 000 多张。

目前，南麂已开发了三盘尾和大沙岙两大景区。三盘尾的石景观赏和大沙岙的海水浴已成为南麂的两大拳头旅游产品。保护区创办了溶知识性与趣味性于一体的贝藻展览中心，受到了游客特别是大中小学生的普遍好评，还初步推出了环岛游、垂钓、观鸟、摩托艇、沙滩排球、沙滩足球、野外帐篷等一系列旅游项目，形成了颇具特色的海岛旅游业。随着南麂知名度不断提高和基础设施不断改善，游客人数基本上呈逐年增加的趋势，旅游业已成为南麂的支柱产业。据调查，1999 年旅游人数达到 2.4 万人次，年旅游总收入达 1 500 万元，客源已扩大到温州各县和丽水、金华、杭州、上海等省内外各地。2012 年岛上接待游客 8 万多人，2018 年旅客接待量在 10 万人左右。目前，旅游人数已超过 10 万人次，游客来源也以外省游客为主了。

南麂旅游业虽然有了很大的发展，但由于起步晚，基础差，还有很大的潜力可以发掘。首先，南麂旅游的季节性十分强，受自然因素的影响比较大，旺季时间太短，绝大多数游客都集中在夏季来岛观光。如何延长旺季时间，对于南麂今后进一步发展旅游业至关重要。其次，目前对外开放的景区只有三盘尾和大沙岙沙滩浴场，许多景点尚未开发或有待于进一步开发，如大檑水仙花岛、郑成功水军操练场遗址、鸟岛、海蚀地貌等，一些很有发展前景的项目如海上垂钓、孤岛旅游、潜水等还没有开发或刚刚起步；景区景点服务设施相对简陋，主要集中于南麂本岛，基础配套设施尚需进一步完善；岛上缺乏文化娱乐设施，晚上时间难以安排。由于上述原因，游客在岛上的停留时间无法延长。再次，南麂的旅游至今仍属于大众观光旅游，距生态旅游的要求有很大距离，当今回归大自然已成为一种时尚，南麂列岛作为自然保护区和生物圈保护区，生态旅游开发还有很大的潜力。生态旅游是指到大自然中去、将自然环境教育和解释寓于其中、受到生态上可持续管理的旅游。它包含着以下几方面鲜明的思想和观点：生态旅游是促进环境、社会、经济协调发展的旅游，是实现保护与发展相互协调的重要手段之一；生态旅游不是单纯的旅游，旅游者除了享受自然美景，还必须有一种保护环境的责任感；生态旅游是使游客通过在自然界的旅行，受到环境教育，获得知识，陶冶情操；生态旅游应当是使当地社区、居民通过发展旅游业受益并改善生活的旅游。此外，旅游纪念品和土特产市场潜力也相当大，但现在销售种类单一，档次不高，在生产方面只进行一些水产品粗加工，今后必须在开发本地特色产品上下功夫。随着旅游业的进一步发展，环境压力也越来越大，捕捞对象如贝藻类等也面临着过度采捕的威胁，有必要加大保护力度和寻找替代食品。

二、发展前景

南麂列岛国家级海洋自然保护区是1990 年 9 月经国务院批准的我国首批 5 个国家级海洋类型自

然保护区之一，1998 年成为我国最早加入联合国教科文组织世界生物圈保护区网络的海洋类型自然保护区。2002 年开始被联合国开发计划署（UNDP）立项，获得全球环境基金（GEF）资助，作为中国南部沿海生物多样性管理项目（SCCBD）4 个示范区之一，也是浙江省海洋生态保护国际性合作的首个项目，受到省政府专门成立的浙江地方指导委员会的直接指导。2005 年南麂列岛被《中国国家地理》杂志等 35 家新闻媒体评为“中国最美丽的十大海岛”（名列第五位）之一，2015 年再次被国家海洋局宣传教育中心联合中国海岛网·中国海洋摄影家协会等单位共同评选为“中国十大美丽海岛”之一。此外，南麂列岛还先后被列为省级风景名胜区、全国海钓基地、省级科普教育基地、省级海洋科普教育基地、省级对台基地、省级生态镇和市级文明镇、市外宣基地、市青少年海洋科普教育基地、市社会科学普及教育基地等。保护区丰富的自然资源，优美的自然景观，正以其独特的优势吸引着游客，根据未来旅游发展趋势，游人接待规模将会进一步提高。在不破坏生态环境和自然景观，不影响保护工作的前提下，结合实际情况，适度进行生态旅游开发利用，将会给自然保护区带来可观的经济效益，从而达到促进保护区建设和服务地方经济发展的“双赢”。

为了不断推进南麂生态旅游的健康发展，必须准确、全面地认识和理解生态旅游的真正含义，增加必要的设施，完善各项措施。现提出如下建议，供有关部门参考。

（1）制定出生态旅游规划。要制定一个科学的生态旅游规划，为开发和管理生态旅游资源提供指导。应根据南麂保护区的自然特点、社会经济状况及生态旅游的具体要求，对旅游景点、路线、项目、规模等进行合理的确定，以保证旅游发展不对自然保护产生不利影响。

（2）重视科研监测，强化科学支持。摸清资源本底，开展生态环境动态监测，进行环境影响评价，确定合理的环境容量，编制自然保护区生态旅游指南，普及科学知识。

（3）引进旅游人才，加强人员培训。引进急需的生态旅游专业人才，配备专职旅游管理人员和合格的导游，举办各种形式的培训班，向保护区管理人员、经营者、导游、当地居民灌输生态旅游知识，提高其服务质量和环保意识。

（4）增加对环境保护的资金支持。调整目前旅游收入的分配状况，将旅游收入按一定比例反馈到环境保护中去；建立资源有偿使用制度和合理的收费标准，所收取的资源补偿费必须全部用于自然保护，做到专款专用。

（5）逐步完善游客服务体系。建立游客服务中心，提供路线安排、项目选择、咨询、导游等服务；尽快设立和完善景点介绍牌、旅游路线标示牌和知识讲解标牌等设施。

（6）强化宣传和环境教育功能，加快科普教育基地建设。完成保护区科教馆（贝藻博物馆）布展，申报国家级科普教育基地，提高展览档次。在条件成熟时，建造一座有南麂特色的水族馆或博物馆。

（7）发挥保护区资源优势，不断推出生态旅游新项目。根据南麂保护区的旅游资源特点和实际条件，在开发好现有旅游景点的基础上，逐步推出各类生态旅游新项目。近期可开展的项目有：①渔业观光：海上垂钓、孤岛采贝、鱼排观鱼、传统捕鱼等。在开展这些项目时，特别需要对旅游者进行有效管理，防止过度利用资源。②海岛生物观赏：开发水仙花岛、鸟岛、蜈蚣岛及蛇岛的特色生物资源。③人文旅游：参观美龄居、郑成功水军操练场遗址、妈祖庙等人文景观，深入渔村体验渔民生活，了解当地的历史和民俗民风。④运动休闲旅游：帆船、摩托艇、沙滩排球、沙滩足球、帆板、皮划艇、冲浪、潜水、野外烧烤、篝火晚会等。⑤科考旅游：举办学生夏令营，组织科学考察旅游，承办学术会议等。⑥探险旅游：孤岛旅游、攀岩、海底探险等。

（8）开发旅游产品，造福当地社区。重视生产和销售生态旅游产品，包括开发旅游纪念品和海洋绿色食品，制作精美的图片、标本、音像制品、邮品，出版旅游手册等。

（9）增加安全设施，加强安全管理。在一些危险地段建好围栏设施，在大沙岙海滨浴场增设拦鲨网，海上活动要配置救生衣等安全设备，配备救生员，水上运动应合理分区，如分别划定摩托艇和游泳的活动区域，避免出现伤害事故，并为旅客进行安全保险。

第二十四章 渔业生产

第一节 海洋捕捞

南麂列岛的海洋捕捞业有着悠久的历史。据平阳县志（1993）记载，明洪武年间（1368—1398年），就有福建省兴化县渔民来南麂岛定居进行张网捕鱼，至今已有600多年历史。传统的南麂渔场是我国近海重要渔场之一，其范围南起闽浙交界，北到北麂北，西自大陆沿岸，东至水深100 m的大陆架海区。因此，不仅平阳、苍南两县渔船常年在此渔场生产，而且省内外渔船也常云集在此生产，最多时渔船达5 000余艘。近几十年来，随着近海渔业资源的不断衰退，特别是建立自然保护区后进行严格管理，加强渔业资源保护，来南麂渔场捕鱼的外地渔船已不多见。

南麂列岛位于浙江省主要渔场之一的南麂渔场，水产资源种类繁多，贝藻类、虾蟹类和鱼类资源十分丰富。海洋捕捞业是历史上居民的主要经济来源。今后在加大海洋生物多样性保护、恢复渔业资源的同时，可适度发展可持续的海洋捕捞业。同时，利用岛上的剩余劳动力，适度发展水产品的精深加工，以提高水产品的附加值和社区居民的生活水平。

定置张网生产是南麂本地海洋捕捞业的主要生产方式，产量最高，作业渔具有大网、应捕网、抛碇等，捕捞对象有日本鳀鱼、七星鱼、龙头鱼、黄鲫、鲐鲹类、带鱼、银鲳、虾蛄、哈氏仿对虾、中华管鞭虾、中国毛虾等。据统计，1992年南麂本地张网船只数108艘，吨位857 t，马力3 281匹，网门数679个，劳动力231人，产量2 507 t，产值225万元。1999年南麂本地张网船只数56艘，吨位793 t，马力3 406匹，网门数596个，劳动力164人，产量6 534 t，产值581万元。虽然船只数明显减少，但总吨位、马力数、网门数几乎没有变化，而劳动力减少明显，产量增加显著，说明单船马力和吨位都在明显增大，捕捞效率大大提高，产量反而增加了。历史上苍南县也有一大批渔民在南麂岛海域进行季节性定置张网作业，网门数曾达6 000个左右，约占苍南县定置作业总数的60%，年产量约9 000 t。定置张网是一种资源破坏型渔具，网目十分细密，选择性差，只能捕捞游泳能力弱的小型鱼类和经济鱼类幼体，对利用小杂鱼资源虽有一定的作用，但对海洋生物资源保护十分不利。定置张网在南麂渔场早已达到饱和状态，渔场拥挤，纠纷不断，单位产量明显降低，效益下降，致使许多渔民冒险在禁渔期内进行违法作业。此外，过去捕捞上来的渔获物在山坡上、马路边甚至景区内四处乱晒，腥臭冲天，招引苍蝇，滋生病菌，污染环境，破坏景观，给游客留下了极差的印象，也不符合自然保护区的要求。近年来，随着渔业“一打三整治”工作的开展，目前已开始史上最严格的禁渔规定，严厉打击“三无”渔船和非法捕捞渔具等，取得了明显成效。

历史上在南麂渔场生产的流动作业有底拖网、对网、流网、钓、笼以及其他小型作业，主要来自平阳、苍南两县，年产量达4万余吨，还有其他各县和外省来此生产的渔船产量也相当可观，仅台湾渔民在该渔场拖虾，历史上年产量就曾达到8 000 t。南麂当地至今尚无大型的流动作业。从20世纪70年代末开始发展手钓作业，规模不大，捕捞对象有赤点石斑鱼、褐菖鲉等，效益较好，曾有钓船20只左右，产量约1 t，主要在春季作业，近年随着赤点石斑鱼资源逐年衰退也几乎很少有人作业了。另外，还有一些小型作业渔具，如笼、刺网、大拉网等，但规模不大，船只小，生产设备较落后，存在一定的安全隐患。笼可捕捞蟹、蚪、章鱼等，刺网可捕一些较高档的经济鱼类和梭子蟹，大拉网则可在大沙岙海域捕捞丁香鱼（日本鳀鱼幼鱼）等。

与其他地区相比，目前南麂的海洋捕捞业还是相当落后的。主要表现在：渔业基础设施落后，后方基地尚未形成，码头、冷库规模太小，淡水资源严重不足，加工、供销环节不配套；渔船吨位小，设备差；渔民的思想保守，文化素质低，技术水平差；近海捕捞渔具陈旧原始，渔法落后，作业种类单一，不上规模，外海、远洋捕捞尚未起步。

根据上述情况，我们认为，南麂发展外海和远洋渔业目前不具备条件，今后也没有必要鼓励发展。应根据保护区实际，大力保护近海渔业资源，调整作业结构，限制定置张网和流刺网规模，适当发展笼、延绳钓、手钓等多种作业，改进渔具渔法，积极发展观光休闲渔业，将过去的资源破坏型渔业逐步转变为资源保护型渔业。

第二节　海水增养殖

一、概况

南麂列岛自1957年冬海带南移试养成功后，开始大力发展海水增养殖业，为浙闽沿海大规模推广发展海水增、养殖业起到了引领作用。20世纪70年代初，贻贝养殖技术、石斑鱼钓养技术开始发展，并推广到浙南闽北。20世纪80年代初，海参、鲍鱼、海湾扇贝三大海珍品的引进、驯化、繁育都取得了可喜的成绩。从20世纪90年代开始发展网箱养鱼，并继续开展鲍鱼、栉孔扇贝、海湾扇贝、墨西哥湾扇贝、太平洋牡蛎、紫贻贝、厚壳贻贝、海带、羊栖菜等贝藻类养殖推广，掀起了海洋开发的高潮。平阳县对此项工作十分重视，1995年提出了建设“海上平阳”的总体目标，即以开发南麂海珍品养殖为重点，把平阳建设成为海洋经济大县。为此，该县专门成立了由县长和四套班子领导担任正、副组长的海洋开发领导小组，成立了定编10人的海洋开发办公室（后并入平阳县水产局），县四套班子两次组员赴山东考察海洋开发工作，县人大做出了《加快海洋开发，建设“海上平阳”的决议》，县政府还相继出台了《加快渔业发展的若干规定》等一系列政策措施，把实施“海上平阳”战略作为“九五”期间平阳县经济发展的一个新增长点。在此背景下，南麂列岛国家海洋自然保护区管理局和当地镇政府紧紧抓住这个十分难得的机遇，遵循“保护为主，适度开发，开发服从保护”的原则，坚持强化生态保护，大力加强基础设施建设，积极调整产业结构，重点发展海珍品养殖业和旅游业，取得了较为显著的成效，促进了当地社区经济的发展。1997 年南麂岛被国家科委等 5 个部委列为全国首批 10 个科技兴海示范基地之一，重点进行海珍品养殖开发，特别是大黄鱼、厚壳贻贝等优质海产品生态养殖取得了显著效益。2002 年南麂列岛被列为浙江省首批规模化深水网箱养殖示范基地之一，2016 年被列为第二批国家级海洋牧场示范区，2019 年南麂镇（大黄鱼）入选第九批全国“一村一品”示范村镇，2020 年南麂镇入选全国农业产业强镇建设名单。

目前，南麂列岛已成为浙江省重点海水增养殖地区之一，南麂岛生态大黄鱼更是名扬天下。养殖海区大多集中在国姓岙、马祖岙，在火焜岙、竹屿等也有少量养殖，养殖面积约 400 hm^2，主要开展了深水网箱养鱼和厚壳贻贝、牡蛎、扇贝、鲍鱼、海带、羊栖菜等贝藻类养殖。据 GEF/UNDP/SOA-SCCBD 项目基线报告（俞永跃，2011）显示，南麂近年来水产养殖的品种、面积、产量均表现为逐年递增。目前，南麂海水养殖业仍主要采用粗放的养殖方式，养殖自身污染比较严重，特别是鱼类大多是投喂冰鲜饵料，在养殖过程中有大量残饵和排泄物入海，易造成水质和底质恶化，导致海域富营养化程度加重。由此可见，养殖活动对保护区内的生境和贝藻类生物多样性有一定的负面影响，要引起高度重视。保护区生态水产养殖应以保护为前提，以发展生态化养殖为目标，利用当地品牌效应，在适宜的海区内适度进行海水设施养殖，并通过新技术及新管理经验的应用，实现生态水产养殖的稳产、高产及生态作用的高效，保证社区经济的可持续发展和生态环境的健康。南麂列岛得天独厚的生态环境条件，有利于发展生态水产养殖。而过度养殖和不合理的养殖布局等必然导致海洋生态环境的恶化，退化的环境又会反过来对养殖业造成危害。因此，必须加强保护区养殖业的管理，走可持续发展之路，适度控制养殖规模，推广先进的健康养殖技术，实施海域轮养、鱼藻间养、贝藻套养等模式，以降低养殖业对海洋环境的污染。同时，要对养殖户进行养殖科学指导和技术培训，普及健康养殖技术管理知识，增强养殖户的环境保护意识与素质，确保生态环境的健康和养殖业的可持续发展。

二、分品种养殖情况

（一）海带养殖

海带为南麂列岛的传统养殖品种。早在 1957 年冬浙江省海洋水产研究所就已在南麂大沙岙海区试养海带成功，1958 年浙江省水产厅在南麂岛创办了浙江省南麂浅海试验场（1959 年下放给温州地区领导，改名为“国营温州专区南麂海水养殖场”，1965 年又下放给平阳县管辖，改名为“地方国营平阳县海带养殖场”），1959 年浙江省水产厅投资 120 万元在南麂岛建成了 2 幢海带育苗室，育苗面积 3 253 m^2，大小育苗池 77 个，是我国当时最大的海带养殖育苗场。1961 年该场养殖海带面积最多达 10 700 台（1 189 亩），培养出一支海水养殖的技术力量。南麂乡渔民于 1976 年在国营海带场示范推动下，也曾养殖海带 4 670 台（519 亩）。随着养殖技术不断提高，单位产量逐年增加。1979 年是南麂海带养殖又一鼎盛时期，放养面积达 900 亩，从业劳动力近 400 人。后因产品滞销，人工和运输成本增高，海带养殖每况愈下。1986—1987 年完全停养，1988 年开始又有少量养殖，养殖面积 20 亩，产量 13 t，1989 年养殖面积 30 亩，产量 45 t。20 世纪 90 年代，由于推广海带、贻贝混养技术，降低成本，加之海带销售见好，放养面积才有所增加，主要作为鲍鱼饵料和开发盐渍海带出售。1993 年海带养殖面积达 170 亩，产量 120 t。2007 年南麂有关渔业企业和渔民又开始大量养殖海带，面积达到 600 亩左右，并进行海带加工销售。2008 年南麂加入世界生物圈保护区 10 周年评估专家认为，在南麂海域养殖海带，对促进南麂渔民转产转业，提高海水净化能力，加快渔业结构调整等具有重要意义，应予以大力支持，但养殖规模须适应市场的需求，同时由于南麂列岛属国家级海洋自然保护区，在南麂本岛从事海带加工，势必会造成对海水的污染，因此建设海带加工厂须经保护区管理局审批，并配备污水处理设施，对污水进行净化处理达标后方可排放。之后建成了几处海带加工厂，但最终又因海带价格波动和海岛运输、劳务成本高而停养下来。

（二）羊栖菜养殖

南麂列岛羊栖菜自然苗种资源较为丰富，当地渔民从 1989 年开始试养 50 亩，亩产仅 200 kg，加上当时技术不过关，产品质量差，根本无法销售，因此养殖连年亏损，只能靠出售自然苗种获利，采集自然苗种对海洋生态有较大的破坏作用，受到保护区的严格限制，1993 年只有养殖 20 多亩。后来通过不断摸索，养殖技术渐趋成熟，1997 年开始扭亏为盈，但养殖面积不到 10 亩，没形成规模。1998 年养殖面积增加到 65 亩，产量达 33 t，产值为 38.3 万元，产生了可观的经济效益。但由于养殖技术仅为少数人所掌握，没有得到总结推广，广大渔民普遍担心产品质量和销售有问题，加上苗种价格大幅度升高，且大量外流，养殖规模一直无法扩大，1999 年、2000 年养殖面积均徘徊在 50 亩左右。随着洞头羊栖菜养殖产业化和苗种繁育成功，近年来南麂也已经不再有人养殖了。

（三）贻贝养殖

紫贻贝自 1973 年开始由平阳县海带养殖场从大连引进试养，当时因技术原因，产量较低。1992 年以来逐步推广贝藻混养技术，实行海带和贻贝套养，产量明显提高，而且销路一直较好，经济效益较显著，因此推动了养殖面积的增加。据统计，1993 年养殖面积 300 亩，产量 600 t；1998 年养殖面积达 650 亩，产量 1 054 t，产值 105.4 万元。后因平阳县海带养殖场转营旅游为主，紫贻贝养殖一直由该场工人承包养殖，产量波动较大，但均有较好的收成，产品深受市场欢迎。

自 2000 年以来，厚壳贻贝由南麂渔民自发开始养殖，效益高，近年来已达相当规模，面积达 1 000亩左右，年产量约 650 t，年产值超过 500 万元，基本上取代了原有的紫贻贝养殖。前几年还建成了省级规模化贝类繁育基地 1 个，市级厚壳贻贝特色精品园 1 个，累计繁育 7 亿颗厚壳贻贝苗种。2011 年 5 月 26 日，省级新农村科技示范点项目“南麂岛厚壳贻贝人工育苗技术研究”通过现场验收，南麂岛厚壳贻贝育苗技术取得突破性进展，有利于南麂岛野生资源恢复和发展特色贝类增养殖产业。过去南麂岛海区因为苗种匮乏问题，厚壳贻贝养殖规模一直较小，产量总体不高。生产的稚贝主要供应本地渔民养殖，解决苗种购买难问题，同时用于南麂本地增殖放流项目，修复野生资源，改善海区水环境。如有剩余苗种才出售给外地养殖户，舟山嵊泗等地养殖户闻讯纷纷前来考察、订购。但由于技术掌握困难，在缺乏项目支撑后未能继续开展育苗工作，今后有必要重新恢复研究试验。

（四）太平洋牡蛎养殖

1996 年平阳县水产局引进太平洋牡蛎进行试养，并取得成功。1997 年推广 100 亩养殖面积，产量200 t，产值80万元，取得了显著的经济效益。该品种个体大，可带壳销售，十分适合游客的口味，因此有一定的发展潜力。近年来，一直有渔民在养殖，但规模不大，主要销售给岛上的大排档以及酒店供游客食用。

（五）扇贝养殖

扇贝是一种重要的经济贝类，南麂海区养殖的品种主要有海湾扇贝、栉孔扇贝、墨西哥湾扇贝3种。海湾扇贝于1983年由平阳县海带养殖场从青岛引进试养，1984年人工育苗成功。栉孔扇贝于1995年由保护区研究所从山东引进阶段性试养成功。墨西哥湾扇贝于1998年由中国科学院海洋研究所从美国引进试养，并人工育苗成功。从1996年开始，平阳县南麂岛开发有限公司开始大面积推广养殖海湾扇贝和栉孔扇贝，1997年筏架式养殖面积曾达370亩，但由于过量养殖、度夏困难、销路不畅等原因，最终导致严重亏损而停产，1999年仅试验性养殖栉孔扇贝20亩，之后一直保持小规模养殖至今，效益比较高，主要供应南麂旅游市场和平阳县鳌江、昆阳等附近城镇。

（六）鲍鱼养殖

鲍鱼系“海八珍”之冠。1974年平阳县海带养殖场从青岛引进数十只鲍鱼进行人工筏式笼养试验。1979—1983年期间由浙江省海洋水产研究所和平阳县海带养殖场引进试养并育苗成功。1979年3月浙江省海洋水产研究所从舟山转引幼鲍3 000只，在南麂岛大沙岙小虎屿进行自然增殖。1980年平阳县海带养殖场从辽宁省金县引进皱纹盘鲍3 000只，又从福建省东山县引进杂色鲍亲鲍1 400多只。1981年浙江省水产厅在南麂岛投资20万元，新建了一幢250 m^2的鲍鱼育苗室，开展皱纹盘鲍人工育苗生产性中试，3年共育苗20余万只，1983年9月通过省级鉴定。但由于生长周期过长，附着生物多，养殖成活率较低，投入大，风险高，效益不佳而中断。近年来，由于当地旅游业掀起，鲍鱼养殖又重新得到发展，但养殖规模尚小，年放养数量波动在1万只左右。产品仅限旅游旺季直接销售给当地各大宾馆，效益较好。平阳县南麂岛开发有限公司还在海底沉箱养鲍、海陆交替养鲍和引进新品种等方面进行了有益的试验探索。

（七）海参、海胆养殖

海参是棘皮动物门海参纲的重要经济种类，在我国21种可供食用海参中，刺参以质佳味美营养丰富居上乘。刺参在我国自然分布于黄海、渤海沿岸。1958年冬至1981年冬，平阳县海带养殖场曾8次从北方引种刺参，投放南麂岛潮带间石沼养殖，观察到刺参连续存活5年和夏眠，还进行了人工育苗试验。2001年冬，平阳县南麂岛开发有限公司重新启动刺参南移试验，从大连碧龙海珍品有限公司引进参苗10 000头，成参2 000头，分别开展海底网笼、海底沉箱、筏式吊笼、网箱、潮间带围塘养殖试验，取得一定的成效。同时还进行了中间球海胆（虾夷马粪海胆）、紫海胆筏式笼养初步试验，但未能形成产业化，还有待于进一步研究探索。

（八）网箱养鱼（大黄鱼养殖）

南麂海域水质优良，温度适宜，天然饵料丰富，因此，网箱养鱼有比较大的发展潜力。从20世纪80年代初开始，南麂岛渔民就尝试小规模的传统木质（或竹质）鱼排网箱鱼类暂养和养殖。

因为南麂海域地处外海，受台风影响特别严重。网箱养殖的历史迄今还不到40年，却已经历了多次台风毁灭性的打击。南麂的网箱养殖业就是在这种艰难的条件中，几起几落，不停地探索和完善着自己独特的养殖模式，一步步走向成熟。

南麂岛礁资源丰富，其间分布着大量的岩礁性鱼类，赤点石斑鱼更是其中的佼佼者，并且在国际上有较大的市场。20世纪80年代初，国有企业平阳县外贸公司在南麂设立赤点石斑鱼（俗称红斑）收购站，开展收购活动，并邀请香港技术员来岛传授赤点石斑鱼捕捞（手钓）和暂养技术。1983年在南麂国姓岙海区建设了第一批18口传统网箱，用于石斑鱼暂养，南麂的网箱养殖产业从此起步。其后，苍南县外贸公司也在该海区建设了18口传统网箱。当时由于条件所限，后来几年并没有更多其他的鱼排建成，规模一直比较小，以暂养为主，但是经济效益显著，为后来推广海水网箱养殖产业打下了基础，也培养了南麂岛第一批网箱养民。

1992年开始南麂岛新码头村、对岙村、国姓岙村（现三村已合并为兴岙村）村民陆续开始较大规模地建设传统网箱设施，1993年当地渔民开始引进鮸状黄姑鱼（白鮸）、鲈鱼等试养，海水网箱养鱼取得了初步的成效，当年全区共试养各种鱼类149口网箱，总产值达160万元，净利润105万元，每个劳动力平均获利7万元。但1994年17号台风登陆温州瑞安梅头，南麂国姓岙海区受到极大的冲击，岙内各类网箱损失殆尽，南麂岛网箱养殖又从零开始。之后，开始筹建国姓岙防波堤，1995年由平阳县南麂岛开发有限公司投资建成了长达280 m的国姓岙防波堤，使岙内的网箱受到一定的保护，到1997年达到620口网箱，产量155 t，产值310万元，至2000年陆续兴建鱼排达到2 000余口，开展多个品种鱼类养殖，养殖产量达500 t左右。由于传统网箱抗风浪能力较差，养殖区域主要集中在国姓岙防波堤内，各鱼排彼此相邻，连接成片，基本上已呈饱和状态。这期间养殖区虽然也有受到台风波及造成一定的损失，但总体产量较为稳定，养殖品种也从之前的鮸状黄姑鱼、鲈鱼、赤点石斑鱼、真鲷、黑鲷少数几个品种发展到后来的鮸状黄姑鱼、鲈鱼、赤点石斑鱼、真鲷、黑鲷、大黄鱼、黄姑鱼、美国红鱼、鮸鱼、红鳍东方鲀、鮀鱼、花尾鹰鎓、花尾胡椒鲷、斜带髭鲷、真蛸（章鱼）等10多个品种，其中不少还是本地特有的品种如赤点石斑鱼、鮀鱼、花尾鹰鎓、真蛸等。

2001—2005年，为了拓展养殖海区，提高养殖鱼类品质，开展深水抗风浪网箱养殖，在省海洋与渔业局的大力支持下，由平阳县南麂岛开发有限公司出资引进4口周长为48 m的HDPE重力式全浮深水网箱进行养殖试验，其后又兴建各类深水网箱100口，总数达104口。养殖区开始时设在南麂大沙岙海区，开展大黄鱼、鮸鱼、黄姑鱼、双棘黄姑鱼、美国红鱼、石斑鱼、真鲷、黑鲷、双斑东方鲀等13个品种的养殖，鱼苗中间培育基地设在国姓岙和马祖岙海区。公司积极开展品牌运作，“南麂岛”大黄鱼的商标也开始驰名温州，先后被评为浙江省著名商标和温州市知名商标。此时，整个南麂的大黄鱼养殖总产量达100 t以上，产值超过1 000万元，南麂网箱养殖产业前景一片大好，形成了以企业为龙头，渔民参与养殖的模式。2001年还在马祖岙兴建综合育场场1座，开展大黄鱼、真鲷、黑鲷和双斑东方鲀等人工育苗取得成功。在这期间，南麂网箱养殖完成了由鱼类人工暂养向全人工养殖的转变，由单一品种向多品种的转变，由内湾区向深海区的转变，由养殖个体户到养殖企业品牌化的转变。

2004年、2005年台风“云娜”“艾利”“海棠”“麦莎”等接二连三在浙闽沿海登陆，南麂岛的各类网箱又一次清盘，特别是大沙岙养殖区受到严重影响，证明在台风季节该海区不适合网箱养鱼，只能在冬季进行养殖，促使了网箱养鱼从该海区退出或进行轮换养殖，即冬季非台风季节在大沙岙养殖，夏季台风季节移到马祖岙或国姓岙养殖。2005 年台风过后，南麂岛相关企业和养殖户，充分开展生产自救和思考，新型网箱的抗风浪能力和鱼类品质特别是大黄鱼品牌也得到了养民的肯定。之后，南麂传统网箱和新型网箱建设同时发展，利用国姓岙传统网箱开展鱼苗中间培育，再以深水网箱或插杆围网养成，提升鱼类的养殖品质。其间，国姓岙又恢复到了以前的 2 000 口左右传统网箱，并新建深水网箱 20 余口，插杆围网 10 余口，使得南麂网箱大黄鱼养殖年总产量徘徊在 50 t左右。

这期间，南麂岛网箱养殖也开展了多品种、多方式的养殖试验，包括网箱鲍鱼吊笼养殖，真蛸网箱养殖试验，褐菖鲉网箱养殖试验等，都取得了较好的经济效益，有力地推进了本地经济鱼种的驯化。但经过多年养殖，南麂国姓岙海区的各种弊端也开始显现，如白点病、本尼登虫病等鱼病频发，海底淤积严重，船舶石油污染等问题，亟须开发南麂新养殖海区，近年来也探索在竹屿海区进行大黄鱼、鮸鱼、黄姑鱼等深水网箱养殖，开拓了南麂新养殖区，有效地分流了养殖网箱。南麂岛网箱养殖的重心也由国姓岙开始向马祖岙海区转移。有的企业还在探索向更深更开阔的外海区域拓展养殖空间。

2013 年南麂网箱养殖被列为浙江省水产养殖互助保险试点，当年南麂海水养殖企业和养殖户有 8 户投保，总保险金额为 1 705. 15 万元。当年遭受第 23 号“菲特”超级台风袭击，获省渔业互保协会理赔 1 080 万元。渔业政策政保险在一定程度上解决了台风、病害、赤潮、低温等危害的后顾之忧，为南麂网箱养殖产业发展增加了最有效的助推剂。

“菲特”台风过后，南麂国胜岙传统网箱损失达 70%以上，深水网箱也受到部分影响，但设施抗风浪能力明显优于传统网箱得到了进一步验证。南麂网箱养殖户意识到传统网箱和国姓岙海区已经不适合鱼类养殖。部分养殖户将网箱养殖区改为筏架养殖贝类，也有的养殖户投资深水网箱建设和养殖，并开发了竹屿岛、柴屿岛海区为深水网箱的新养殖区。

经过几年的恢复和发展，截至 2019 年底，南麂海域共有深水网箱 110 口，浅海围网 20 口，传统网箱 1 000 口，塑料方形网箱 16 口，大黄鱼养殖产量达 1 000 t，产值达 1. 2 亿元。南麂岛各企业也加强了品牌建设，“麂翔”“麂东”“蓝麂”“南麂海派”“海之韵”“兴贻”“鸿运来”“竹屿”“耕海牧鱼”等商标纷纷成功注册。浙江碧海仙山海产品开发有限公司的“麂翔”大黄鱼，还成为杭州“G20”峰会指定食材。

虽然南麂养殖活动已开展近 40 年，但由于岛上养殖户海权意识淡薄，长期以来除平阳县南麂岛开发有限公司外，并没有渔民向国家海洋部门申请海域使用权证，过去都没有取得相关养殖证件。为此，在政府和主管部门的指导下，南麂相关养殖企业和养殖户在 2017 年 7 月，成立了平阳县南麂岛大黄鱼协会，进行海域证办理工作，让南麂岛的网箱养殖更加正规化、标准化、合法化。2018 年根据中央环保督察和海洋督察要求，对养殖网箱进行了整改，进一步淘汰不符合要求的陈旧落后设施，采用新型环保材料，养殖面貌焕然一新。2019 年保护区还开展海水养殖容量评估和专项规划工作，使海水养殖更加符合自然保护区的发展要求，促进产业高质量发展。

第三节　海洋牧场建设

一、海洋牧场建设历史回顾

由于持续过度捕捞和环境污染，特别是底拖网等杀伤性捕捞方式的高强度作业，严重破坏了我国沿海的海洋生态平衡，导致了海底荒漠化、渔业资源衰退。通过投放人工鱼礁和建设海洋牧场，可有效改善和修复海洋生态环境，养护和增殖渔业资源，这已被发达国家所广泛实践，并取得了良好效果。海洋牧场是以海洋生态系统自然修复为主，通过投放人工鱼礁、底栖贝类，种植藻场和增殖渔业资源等措施，再造鱼类生存环境，加快渔业资源恢复的一种综合举措。海洋牧场建设可以有效恢复海洋生物资源，改造海域生态环境，产出优质海产品，带动增养殖业、休闲渔业和其他产业的发展，实现渔业可持续发展和渔民增收，具有显著的生态、经济和社会效益。日本的人工鱼礁发展较早，20 世纪 90 年代就已形成产业化。我国人工鱼礁建设虽在 20 世纪 80 年代就已起步，但真正形成产业还是最近 10 多年来才逐渐成熟起来。目前，我国的广东和山东沿海区域人工鱼礁发展已初具规模。浙江省正在迎头赶上，目前平阳南麂列岛、嵊泗马鞍列岛、普陀中街山列岛、台州大陈、宁波渔山、温州洞头等也形成了一定的规模，在人工鱼礁和海洋牧场建设方面都积累了一定的经验。

为了破解海洋资源衰退、海洋环境污染等问题，作为浙江省重要的渔场之一，南麂列岛从20 世纪 80 年代开始，积极探索修复南麂岛及其邻近海域渔业资源的有效途径，使南麂海域成为浙江省最早投放人工鱼礁的地方，走在全省的前列。追溯南麂列岛的海洋牧场建设情况已有较长的历史，早在 1984 年 7 月，就由浙江省海洋水产养殖研究所、温州市渔政处、平阳县水产局共同承担了农业部下达的项目——浙南人工鱼礁研究，拉开了南麂列岛人工鱼礁建设的序幕。该项目持续了 4 年时间，开展了本底调查、礁区选择、礁体设计、制作与投放，以及后期跟踪调查与测定。1986 年 4 月 20 日至 5 月 2 日，在平阳县南麂列岛上马鞍岛海区共投放 9.0 m×4.4 m（不包括水翼）× 4.5 m钢筋混凝土制多层翼船型自沉式人工鱼礁 4 座，重 48.83 t，总有效空方数 345 m^3，形成礁区面积 6 770 m^2。这是浙江省投放的首批人工鱼礁，在国内也是较早开始人工鱼礁建设的海区之一。经国家海洋局第二海洋研究所 2001 年采用旁扫声呐影像探测和浅地层探测，取得了 1986 年投放在南麂上马鞍岛的 4 座多层翼船型人工鱼礁的浅层剖面与底质勘察资料。根据勘察资料显示，到 2001 年1 月 13 日探测时，这 4 座鱼礁依然存在，礁体出露高度仍保持在 2.2~3.2 m。另外，从投礁后连续 4 年跟踪调查资料分析表明，礁区生态环境得到明显改善，延绳钓、流刺作业的产量从投礁后 6 个月起分别稳定在投礁前的 2.55~4.20 倍和 3.80~4.55 倍，为天然礁区的 1.12~2.04 倍，自然海区的 1.49~9.75 倍，洄游性、定栖性、趋礁性种类增多，显示了一定的增殖和增产效果。由此证明，这批人工鱼礁的设计是符合南麂列岛海域实际的，而且具有明显的渔业资源恢复效果。

2001 年开始，南麂列岛进入大规模人工鱼礁建设阶段，对报废木质渔船、钢质渔船、水泥船进行改造和制作砼礁、鲍礁、轮胎礁、贝壳礁及钢质礁等，力求通过投放生态型人工鱼礁改善海区的海洋生态环境，增殖渔业资源。2001—2006 年，平阳县南麂岛海洋投资有限公司承担了浙江省海洋与渔业局项目——南麂列岛人工鱼礁生态渔业建设项目，在平阳县南麂列岛国家级海洋自然保护区海域实施。2001 年 7 月 12 日，该公司在南麂列岛马祖岙及其附近海域共投放钢质客轮改造型船礁 1 座，钢质渔轮改造型船礁 1 座，钢质构架轮胎鱼礁 1 座，钢质构架贝壳填充鱼礁 1 座，钢质构架普通鱼礁 2 座，共 6 座礁体，计空方数 2 400 m^3。由此拉开了浙江省 21 世纪新一轮人工鱼礁建设大潮的序幕。7 月 16 日，在该礁区放流真鲷、黑鲷、大黄鱼苗 70.3 万尾。2002 年 11 月 26 日至 12 月5 日，该公司再次在南麂列岛马祖岙及其附近海域投放钢质渔轮改造型礁 2 座，木质渔轮改造型礁 10 座，混凝土浇灌船型礁（砼礁）2 座、鲍礁 220 座，计空方数 28 033.6 m^3，总投放面积为 151 hm^2（2 272 亩），形成了 12 个单位渔场和一个鲍礁群。2003 年 6—8 月，该公司又在南麂列岛下马鞍岛与破屿及其附近海域共投放鱼礁空方数 61 008 m^3，共购进 29 艘木质渔船和一艘 240 t 的水泥运沙船，总投放面积约 139 hm^2（2 092 亩），形成了 30 个单位渔场，并在礁区人工增殖放流大黄鱼、双斑东方鲀、真鲷共计 204.5 万尾。2004 年 6 月 23 日在马祖岙礁区放流真鲷、黑鲷、花尾胡椒鲷、大黄鱼苗 151.5 万尾，7 月 15 日再次放流大黄鱼、真鲷、黑鲷苗 52.3 万尾。2005 年 4 月该公司又后续补充投放人工鱼礁空方数 28 347.1 m^3，投放地点为马祖岙、下马鞍岛及其附近海域已建人工鱼礁区，投放改造型木质渔船鱼礁共 18 艘。5 月 10 日又投放改造型木质渔船鱼礁 1 艘，计 1 145.6 m^3，投放马祖岙海域。截至 2006 年验收时，平阳县南麂岛海洋投资有限公司在南麂海域共计投放各类鱼礁空方数 120 934.3 m^3，完成了该项目一期工程，共改造报废木质渔船 58 艘、钢质渔（客）船 4 艘、水泥船 1 艘，建设砼礁 2 座、鲍礁 220 座、轮胎礁、贝壳礁及钢质礁等 4 座，配套建设航标 24 座，放流真鲷、黑鲷、大黄鱼等鱼苗 478.6 万尾，总投资 1 230 万元。

近年来，又在历史建设的基础上，积极推进和扩大南麂列岛海域海洋牧场的建设规模。2010—2016 年，先后由温州市海洋与渔业局、南麂列岛国家海洋自然保护区管理局、平阳县海洋与渔业局完成 2 个海洋牧场示范区建设项目，平阳县进入了以人工鱼礁为载体的海洋牧场建设阶段。2011—2012 年，以南麂列岛火焜岙海湾为中心，以潮间带及潮下带大型海藻场建设为重点，以浅海区人工鱼礁建设为辅助，构建南麂列岛海洋牧场，涉及海域面积 30 hm^2。其中，利用天然岩礁进行铜藻等大型海藻场建设，面积 7 hm^2；海藻增殖礁建设，面积 3 hm^2；浅海底置鱼礁采用钢质礁、水泥礁 2 种，礁体空方数 15 000 m^3；浮鱼礁用浮子、筏架、绳索及网衣等构成，礁体空方数 30 000 m^3；配套建设礁区浮标系统，面积 20 hm^2；增殖放流海藻、贝类等苗种。该项目为中央财政 2010 年浙江省海洋牧场示范区项目，总投资 640 万元，由温州市海洋与渔业局和南麂列岛国家海洋自然保护区管理局共同负责实施，由浙江海洋学院承担建设方案设计和研究任务，完成了实施方案制定，研发了适应火焜岙海域的大型藻礁、浮鱼礁、各类人工底礁、TR 礁等，授权人工鱼礁发明专利 20 多项。项目于 2012 年底全部投放完成，并进行了鱼贝藻的增殖放流。2013 年由温州市海洋与渔业局委托浙江省海洋水产研究所对实施效果进行了评估调查。

2013 年由平阳县海洋与渔业局委托上海海洋大学编制了《平阳县南麂列岛海洋牧场（人工鱼礁）建设规划》，并通过浙江省海洋与渔业局向农业部申报了南麂列岛海洋牧场建设项目。"南麂列岛海洋牧场示范区建设"项目被列入 2014 年度中央财政渔业资源保护项目实施计划，下拨资金 700 万元，平阳县财政配套 70 万元，开展人工鱼礁建设和藻礁建设，计划建设 5 个礁群，其中 4 个鱼礁群和 1 个藻礁带；通过投放混凝土礁体，形成水下礁体空方数 1.2×10^4 m^3，礁区面积 1 400 亩。在礁区开展恋礁性鱼类和大型藻类的投放增殖，计划投入恋礁性鱼类 4.5 万尾，投放各种贝藻类

4.5 万粒（株）。该项目由平阳县海洋与渔业局和南麂列岛国家海洋自然保护区管理局共同负责实施。为了更好地实施该项目，寻求先进技术经验的支持，为该项目提供技术保障，平阳县海洋与渔业局分别与上海海洋大学、浙江海洋大学、浙江省海洋水产养殖研究所等单位签订了技术合作框架协议。为了大力推进南麂列岛海域海洋牧场及其示范区建设，平阳县人民政府于 2015 年 5 月成立了以分管副县长为组长的“南麂列岛海洋牧场建设领导小组”（平政办机〔2015〕15 号），下设办公室，挂靠平阳县海洋与渔业局。之后，中共南麂列岛国家海洋自然保护区管理局党委于 2015 年 6 月 4 日下发文件，成立了南麂列岛国家级海洋自然保护区管理局（县海洋与渔业局）科研资源整合领导小组（南海管委〔2015〕8 号），力求加快整合南麂列岛国家海洋自然保护区管理局和县海洋与渔业局的科研机构、平台、仪器设备和人员，避免重复建设和资源浪费，切实提高科研水平和工作效率。此两项工作为大力推进南麂列岛海洋牧场示范区建设构建了良好的决策基础和科技支撑。同时，为了进一步落实相关具体工作，中共南麂列岛国家级海洋自然保护区管理局党委又下发文件成立“南麂列岛海洋牧场示范区建设项目实施小组”（南海管委〔2015〕9 号）。实施小组成立标志着“南麂列岛海洋牧场示范区建设”项目开始启动。6 月 12 日，项目实施小组组织人员赴上海海洋大学商定该项目实施方案编制细节，并委托上海海洋大学完成《南麂列岛海洋牧场示范区建设》项目实施方案编制，在方案初步确定之后，实施小组根据浙财农〔2014〕279 号文件精神，积极联络该项目的海洋环评和海域使用论证事宜，通过招标确定由宁波市海洋与渔业研究院负责海域使用环评和论证。之后，经过前期设计、招标、调查、论证及立项工作，2016 年，在南麂列岛海洋自然保护区东界外海域新建 5 个鱼礁群和 1 个藻礁带，投放 2 m×2 m×2 m 框型混凝土鱼礁1 630 个，计空方数 13 040 m^3，礁区面积 1 400 亩，其中确权面积 47.919 1 hm^2。在礁区开展恋礁性鱼类和大型藻类的投放增殖，投入恋礁性鱼类约 4.5 万尾，投放各种贝藻类约 4.5 万粒（株）。该项目由平阳县海洋与渔业局下属国有企业平阳县顺安标准渔港投资有限公司具体负责建设，温州交通建设集团负责施工。此后，平阳县海洋与渔业局还组织对所有已建人工鱼礁进行了一次全面的海底声学摄像和潜水等调查。

此外，自 2014 年以来，平阳县海洋与渔业局结合“一打三整治”专项行动工作，将缴获的 17 艘船况较好的钢质“三无”船舶进行改装，作为人工鱼礁用于海洋牧场建设，共计在上马鞍海洋牧场区投放空方数 2 636.25 m^3。其中，2014 年 11 月 2 日，投放 3 艘，计空方数 291.84 m^3；2015 年 2 月3 日，投放 6 艘，计空方数 1 329.90 m^3；2015 年 5 月 22 日，投放 8 艘，计空方数 1 014.51 m^3。这批鱼礁与 1986 年试验投放在同一海域的人工鱼礁建设海域面积合计超过 45 hm^2。

据统计，截至 2016 年底，平阳县南麂列岛人工鱼礁区完成投资额 3 153.86 万元，共计在南麂列岛海域投放各类养护型人工鱼礁单体 3 882 个，投放人工鱼礁共计空方数 182 970.6 m^3，建成牧场区用海面积为 498.5 hm^2，对南麂列岛海域海洋生态环境修复和渔业资源恢复起到了重要作用。

二、国家级海洋牧场示范区创建

2015 年 5 月农业部组织开展国家级海洋牧场示范区创建活动，旨在进一步加强现代渔业建设，促进海洋生物资源与生态环境养护。活动计划通过 5 年左右时间，在全国沿海创建一批区域代表性强、公益性功能突出的国家级海洋牧场示范区，充分发挥典型示范和辐射带动作用，不断提升海洋牧场建设管理水平，积极养护海洋渔业资源，修复水域生态环境，带动增养殖业、休闲渔业及其他产业发展，促进渔业提质、增效、调结构，实现渔业可持续发展和渔民增收。这与海洋自然保护区的建设目标是完全相吻合的。

为了将南麂海洋牧场项目做大做强，让海洋牧场发挥应有生态效益、社会效益和经济效益，南麂列岛国家级海洋自然保护区启动了“南麂列岛国家级海洋牧场示范区”创建工作。根据省海洋与渔业局《关于组织申报国家级海洋牧场示范区的通知》（浙海渔政〔2015〕16号）精神，南麂列岛完全具备创建国家级海洋牧场示范区的条件。为此，于2015年7月，南麂列岛海洋牧场示范区建设项目实施小组组织人员赴省海洋与渔业局向经办处室汇报沟通，得到上级的大力支持。此后，实施小组积极联络此前在南麂实施过海洋牧场（人工鱼礁）项目的建设单位，收集资料，以三家技术合作单位为技术依托单位组织编写了申报材料，将南麂列岛历年建设海洋牧场资源整合包装，8月，向浙江省海洋与渔业局递交了南麂列岛国家级海洋牧场示范区申报材料，最终于2016年12月成功创建了“浙江省南麂列岛海域国家级海洋牧场示范区”，被农业部列为第二批国家级海洋牧场示范区。

南麂列岛国家级海洋牧场示范区位于浙江省平阳县的南麂列岛海域，主要分布于南麂列岛国家级海洋自然保护区实验区海域及保护区毗邻海域（少部分早期投放的人工鱼礁后被划入保护区缓冲区和核心区内，现进行严格保护），属于养护型海洋牧场，包括已建设的上马鞍岛牧场、马祖岙西侧牧场、下马鞍岛—破屿牧场、大檑山屿—后麂山东侧牧场、火焜岙海湾牧场和国家级自然保护区东界线外东侧牧场建设区，总建设面积达到698.5 hm^2，人工鱼礁空方数182 970.6 m^3，可以辐射整个自然保护区及毗邻海域。各海洋牧场区的功能和建设面积见表24-1。南麂列岛海洋牧场示范区已列入平阳县海洋牧场总体规划，符合平阳县海洋功能区划（2013—2020年），与以前投放建设的人工鱼礁区合并，建成的示范区将形成我国沿海区域特色鲜明、管理维护工作全面、监测评估技术先进的养护型为主的海洋牧场示范区。用海功能与南麂列岛国家级海洋自然保护区的功能区划、《平阳县海洋功能区划》的南麂列岛保留区以及渔业发展等相关规划相符。

表24-1　南麂列岛海洋牧场示范区功能规划及面积

海洋牧场区	区域功能	建设面积/hm^2
上马鞍岛牧场建设区	资源生态保护、增殖，已投放多层翼船型、钢质“三无”船舶，加大增殖放流，建设钓点和海上浮式钓台，开发海钓等休闲渔业发展体验型休闲渔业	45.5
下马鞍岛-破屿牧场建设区	资源生态保护，已投放改造型船礁（木质船、水泥质），由于前期已划入保护区缓冲区，该牧场建设以保护为主	139
马祖岙西侧牧场建设区	资源生态保护、增殖，已投放改造型船礁（木质船、钢质船）、砼礁、鲍礁，可加大近岸水域建设人工藻床，进行贝藻类、黑鲷等经济鱼种的增殖放流	191
火焜岙海湾牧场建设区	资源生态保护、增殖、休闲，已投放钢质礁、水泥礁、浮鱼礁，加大石斑鱼、黑鲷等岩礁性鱼类增殖放流，建设近岸钓点和海上围网等平台，开发休闲渔业，可在岙外东北沿岸建设海藻床	30
大檑山屿-后麂山东侧牧场建设区	资源生态保护、增殖、休闲，已投放船礁（木质船、钢质船）、砼礁，可建设人工藻床等，加大鱼类增殖放流，拟建设建网礁带平台，开发生态、休闲渔业	93
国家级自然保护区东界线外东侧牧场建设区	资源生态保护、增殖、休闲，计划投放构件沉礁、筏式浮藻床等，开发生态、休闲渔业	200
合计		698.5

南麂列岛获批国家级海洋牧场示范区之后，平阳县经过大量的前期工作，于2018年正式启动了浙江省南麂列岛海域国家级海洋牧场示范区人工鱼礁新建一期工程项目。本期人工鱼礁建设功能定位为资源生态保护型海洋牧场，拟在南麂列岛国家级海洋自然保护区东界线外东侧牧场区建设，其地理坐标为27°27′28″—27°28′15″N、121°08′30″—121°10′00″E，共投放构件礁空方数4.37×10^4 m^3，礁区海域面积达200 hm^2。本项目通过人工鱼礁建设，逐步恢复和提升南麂海域鱼类及贝类的自然资源种群及其产卵场生态环境质量，使南麂海域鱼类年产量明显增长，海洋牧场示范区及周边海域的主要经济鱼类资源及生态环境有一定恢复。再经过几年的资源生态利用工程建设和机制创新，努力建设好南麂列岛海域高效、文明、发达的海洋牧场示范区，在我国海洋牧场建设中起到示范作用。具体建设内容是：利用本项目承担单位已有的人工鱼礁建设经验和技术成果，在南麂列岛国家级海洋自然保护区及其东界外海域，开展本底调查、环评论证、海域使用论证等前期工作，选址确定人工鱼礁建设范围，推荐确定人工鱼礁建设方案，研究开发人工鱼礁建设技术，投放框形钢筋混凝土鱼礁（3 m×3 m×3 m）1 581个，空方数4.27×10^4 m^3，初步形成4座单位鱼礁山；投放水泥船单体鱼礁（10 m×4.9 m×4.5 m）5座。同时建造水下监控系统1套，实施人工鱼礁后期评估，创新海洋牧场管理机制。项目总投资达2 500万元，全部由国家财政资金拨款。该项目已完成建设任务，于2021年3月26日通过正式验收。

三、海洋牧场建设效益和管理实践探索

自1986年投放第一组人工鱼礁以来，南麂列岛海洋牧场建设已历时30多年。目前，南麂列岛海洋牧场建设主要是营造适宜生物生长、栖息、索饵以及产卵的场所，逐渐形成良性循环的海洋生态环境。在此基础上，采用人工繁育苗种，在人为修复或建造的适宜环境中暂养，到达指定规格后，增殖放流入海，使其摄食海洋中的天然饵料自然成长，达到恢复和增殖资源的目的。这样优越的海洋环境条件，结合优良品种的选育驯化和科学管理，可以使海洋生物整个生活史处于良性的、可控的健康环境中，从而大幅度增加渔业资源数量。通过多种途径的资源增殖养护手段，南麂列岛海洋牧场示范区已经取得明显的生态恢复效果。南麂列岛海洋牧场建设后的本底和跟踪调查结果显示，人工鱼礁投放后礁区的渔获量和渔获种类相较自然海区均有显著增加。通过垂钓和水下摄影显示，礁体附近生物量有了较大改观。通过对当地渔民的走访，了解到投礁后，目标鱼种相比投礁前有了较大增长，生物资源量有一定的恢复。同时，30余年的增殖放流工作取得了明显成效，在增殖放流海域周边，也能捕捞到相关的放流品种，海域渔业资源衰退势头得到了一定程度的遏制，渔民收入增加，社会各界和渔民群众对增殖放流给予了广泛认同和普遍好评。渔业增殖放流使得沿岸岛礁海域渔业资源，特别是鲷科等恋礁性鱼类数量保持在较好水平，有力地支撑了海钓业和休闲渔业的迅速发展。通过增殖放流与人工鱼礁的结合，渔业生态环境和渔业资源得到了明显的修复和改善。此外，海洋牧场的建设在加速营养盐循环利用、增加有机物质产出的同时，还有助于降低赤潮发生的风险和概率。

虽然南麂列岛海域国家级海洋牧场示范区为养护型，但除体现一定的生态效益外，其社会、经济效益也已逐渐体现，开始受到游客和垂钓者的青睐，有力地促进了当地的休闲渔业等第三产业发展。2019年10月，平阳县渔业主管部门对南麂海洋牧场建设区海域生计渔民（钓捕）和业余垂钓爱好者进行了社会调查。结果发现，南麂有多艘渔船在鱼礁区进行钓捕作业，钓获的主要种类有褐

菖鲉、花鲈、黑鲪、黑鲷、黄鳍鲷，渔获量分别为500 kg/（船·d）、200 kg/（船·d）、200 kg/（船·d）、50 kg/（船·d）、50 kg/（船·d），每天在南麂鱼礁区海域的钓捕船在10艘以上，且钓捕的渔获物均为鱼礁区的主要增殖和养护对象。此外，海洋牧场区休闲垂钓者众多，南麂已有钓鱼俱乐部5家，休闲钓鱼船6艘，全年接待服务钓鱼客近万人。

海洋牧场的建设，不仅能增加水产品产量，也有利于提高水产品品质。海洋牧场不仅在渔业产业结构调整中具有重要作用，更有利于修复海洋生态环境和恢复近海渔业资源。传统捕捞和养殖生产方式已遭遇资源衰退和用海面积限制、环境污染等发展“瓶颈”，而海洋牧场建设采用了高新技术开展新型渔业生产，根据自然条件和市场需求选择目标品种、确定生产总量，牧场内海洋生物都是生活在自然状态下，运动充分、肉质较好，能够有效地满足人们对水产品种类、质量和数量的全方位要求。

目前，人工鱼礁建设“重投放轻管理”的问题比较突出，人工鱼礁建设区的后续管理尚未步入正轨。例如，在人工鱼礁区常常可看到非管理者进行流网、延绳钓等作业，不少价值较高的经济鱼类在尚未形成有规模的鱼群时就被捕获，不利于人工鱼礁渔场的形成。因此，要加强人工鱼礁区建成后日常的检查、维护与管理，积极探索和实施有渔民参与的人工鱼礁管理模式和体制，使人工鱼礁建设的效益通过有效的管理得到最大的体现。2017年开始，平阳县海洋与渔业局根据农业部印发的《国家级海洋牧场示范管理工作规范（试行）》，已将工作重心逐渐转移到国家级海洋牧场示范区管护上来，改变一直以来“只重建设而轻管理”的思路，力求做到建设与管护并重。下一步，平阳县将根据南麂列岛海域国家级海洋牧场示范区规划和功能定位，在兼顾水产养殖和休闲渔业，同时促进渔民转产转业、涉渔“三无”船舶治理和海洋生态环境保护，发展生态型渔业生产方式等方面加大工作力度。将出台海洋牧场相关政策，在海洋功能区划、海域使用和资金政策方面扶持海洋牧场建设与投入，鼓励社会资本投入海洋牧场建设，建立多渠道、多层次、多元化的长效投入机制；加强对国家级海洋牧场示范区的监督管理，派遣海洋与渔业执法人员定期对国家级海洋牧场示范区进行巡查，打击滥渔行为，加强海洋生态保护，促进海洋渔业资源恢复；加快建设水上水下监控系统，建立海洋牧场综合效益评估体系，分析海洋牧场示范区对渔业生产、当地经济和生态环境的影响，为下一步海洋牧场建设和管理决策制定相关目标和管理要求。当前平阳县将依托南麂列岛海域海洋牧场示范区人工鱼礁一期工程建设，兴建水下监控系统、水上观光平台、科普基地、展示厅，通过可视化、智能化和信息化监测系统，让海洋牧场数据实时上传至互联网，扩大南麂列岛海域国家级海洋牧场示范区影响力，把海洋牧场示范区的示范作用真正发挥到位，引领社会资本往绿色、生态型的海洋牧场产业发展，带动当地捕捞渔民转产转业，促进就业、增加渔民收入、振兴渔村经济，让海洋牧场产业成为高质量发展产业，带动“三产”融合发展。编制“平阳县海洋牧场管理办法”，规范海洋牧场申报、审批与管理工作，发挥海洋牧场经济和社会效益。结合“一打三整治”“转产转业”“海上旅游”等工作，将缴获或报废的渔船变废为宝，改造为人工鱼礁，发展海上旅游业、垂钓业，建设海钓基地，发展休闲渔业，鼓励民营企业或个人投资海洋牧场建设，为转产渔民创造再就业机会，使海洋牧场项目成为今后南麂列岛海洋与渔业工作的新亮点、经济发展的新增点。

第四节　贝藻类采集

南麂列岛的贝藻类资源十分丰富，而且经济种类占相当比重，由此形成了颇具特色的贝藻类采集业。终年在南麂列岛从事采收贝藻类作业的渔民，称为“散海”渔民，过去主要来自苍南舥艚、炎亭、大渔、石砰、赤溪、渔寮等沿海地区，南麂当地居民也将这种采集业作为一项主要副业。由于贝藻类采集业的采集对象正好是保护区的主要保护对象，因此这种资源利用方式对保护对象构成了直接威胁，自然也就成为保护区需要重点控制和管理的人类活动。随着南麂旅游业的发展，当地的餐饮业对贝藻类的需求与日俱增，大大刺激了贝藻类采集业的发展。随着采集强度不断加强，一些未受保护区域的贝藻类资源遭到了严重破坏，个体越来越小，产量越来越低，众多餐馆的要求就难以得到满足，反过来又导致价格上涨，进一步刺激渔民加大采集强度，形成了恶性循环。一些不法分子还将目光瞄向核心区和受群众保护较好的区域，保护稍有放松就会遭到偷盗，大大增加了保护管理的难度。据统计，1998 年南麂贝藻采集业产量约 120 t，产值 200 多万元，但目前产量已明显下降，需要进一步加大保护力度，并适当进行增殖恢复，并尽量用养殖品种代替自然采捕。下面介绍几个传统采集产量较高的品种。

一、“辣螺”

“辣螺”为各种荔枝螺的俗称。周年出产，以清明至端午为旺季，每到繁殖盛期时，往往在低潮线附近的岩礁底面或侧面，重叠聚集成堆，称为“辣螺墩”，大的可达 20 kg。采回的“辣螺”可直接烧煮后食用，也可将壳捣碎，取出碎壳，加 20%食盐进行腌制，7 天后可食，其味鲜美辛辣可口，别具风味，是浙南地区群众的佐餐佳肴，有“开胃健脾”的功效。其种类主要是瘤荔枝螺、疣荔枝螺、黄口荔枝螺；其次是朝鲜花冠小月螺、单齿螺、锈凹螺，偶尔也有银口凹螺、角蝾螺（幼体）。历史上一般年产腌制“辣螺”10 t 左右。

二、“岩头青”

“岩头青”为岩礁上挖取的贝类及一些蔓足类的总称。主要种类是条纹隔贻贝、青蚶、嫁蝛、厚壳贻贝、龟足、藤壶等。“岩头青”是来南麂旅游者最喜食的海鲜，夏季常常供不应求，大潮汛采集量较大，在旅游淡季也往往鲜销大陆。

三、“沙蛤”

“沙蛤”主要集中在大沙岙沙滩上，20 世纪 50 年代时个体很大，密度极高，从沙滩上一端走到另一端可捡一大篮。70 年代后，特别是到了 90 年代，个体越来越小，密度越来越稀。其种类主要是等边浅蛤、中国蛤蜊、巧环楔形蛤等，历史上一般每年可采集 30 t 左右，现仍有一定的产量。但保护区已采取严格保护措施，大沙岙沙滩一部分划为核心区严禁采捕，其他区域也规定禁采期加以保护。“沙蛤”的味道鲜美无比，有“天下第一鲜”之美称，其壳色又十分美丽，可用于制作工艺品。

四、紫菜

南麂列岛天然生长着 8 种紫菜，以大檑山屿所产长紫菜质地最佳，年产干品 1 500 kg 左右。冬至开采，称为“开坛”，头三坛菜都归岛上居民采收，三坛菜后才允许外地人采收。“散海”渔民

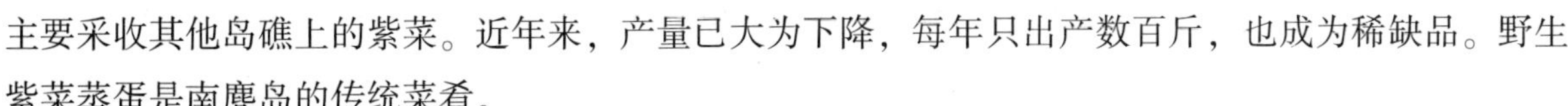

主要采收其他岛礁上的紫菜。近年来，产量已大为下降，每年只出产数百斤，也成为稀缺品。野生紫菜蒸蛋是南麂岛的传统菜肴。

五、羊栖菜

当地俗称“海大麦”，以春节前后采收的“冬菜”质地最佳，清明前后采收的“春菜”次之。采收的羊栖菜一般过淡水晒干，易于存放，否则因盐分释出容易还潮，不受市场欢迎。羊栖菜深受浙南一带素食者喜爱，产妇分娩后数天内食之，据称有“破血去瘀”之功能。1988 年天然产量曾达到 30 t 左右。20 世纪 90 年代以来，由于天然苗种被大量采集用于人工养殖，产量逐年降低，直至基本无收。但苗种产量还相当可观，近年来，由于人工育苗取得成功，不再采集野生苗种，资源正逐步得到恢复。

第五节　水产品加工

南麂的水产品加工业至今仍停留在十分原始的阶段，渔民们普遍使用锅煮、日晒、风吹、盐腌等传统加工方法。虽然也办过鱼粉厂、小型冷库、小包装加工厂等，但有的因效益不好而停产，有的因规模太小而难以产生大的效益，有的因污染环境而关停。

20 世纪 80 年代南麂曾生产过鱼粉，1988 年岛上有鱼粉加工厂 6 家，产量曾达 1 245 t，产值 197.3 万元，成为当时仅次于海洋捕捞业的第二大产业。其中最大的火焜岙鱼粉厂年产值达 110 万元。但由于设备落后，电力能源短缺，交通不便，货源不稳定，根本无法与浙江玉环等地的鱼粉生产企业竞争，加上环境污染严重（至今火焜岙沙滩底泥仍存有黑色的污染残留痕迹），不久后企业全部关闭。后来南麂渔民只能依靠阳光将张网捕获的低值鱼晒干，出售给外地厂家作为生产鱼粉的原料，一时漫山遍野铺满渔获物，臭气冲天，苍蝇飞舞，植被遭到严重破坏，遇到天气不好，大量的渔获物就会腐烂变质，既造成经济损失，又污染环境。建立自然保护区后，特别是近年来对海洋环境和渔业资源的保护越来越受到重视，这种水产品利用方式已基本消失。

南麂有小型冷库 3 座，分别建在火焜岙、新码头和后隆。主要收购当地渔民捕获的各种渔获物进行冷冻，然后销往大陆。有几年，冷冻章鱼（真蛸）出口日本、韩国等取得了较好的经济效益，冷藏丁香（海蜒）、腌虾皮出口日本、韩国等也取得了一定的经济效益，也曾用于加工储藏盐渍海带。但冷库的速冻能力小，仅 1~2 t/d，冷藏能力也十分有限，每次仅 10~15 t。近年来，随着南麂大黄鱼产业的迅猛发展，小型冷库主要用于大黄鱼养殖配套使用，用于冷藏饵料、成品鱼以及制冰等。近年来，岛上一些大黄鱼企业纷纷在大陆城镇开设门市部，均建有冷库和活鱼暂养池等配套设施。

由于旅游业的带动作用，近年来后隆、对岙、新码头等渔村已开始采用简单的方法对各种水产品进行包装，如羊栖菜、虾皮、虾干、鱼干、辣螺、鱼生等均已有小包装或罐头出售。但由于缺乏资金购买先进的生产设备，不懂现代先进的水产品加工方法如调味技术、烘烤技术等，加上地处海岛、交通不便，受到水、电等的限制，生产至今尚未形成规模，产品一直上不了档次。今后应在水产品精深加工和综合利用上下功夫，大力开发绿色水产食品，打响南麂旅游特产品牌。

参考文献

毕耜瑶,蔡厚才,陈万东,等.2016a. 南麂岛潮间带软体动物多样性与群落结构[J]. 渔业研究,38(2):102-111.

毕耜瑶,蔡厚才,陈万东,等.2016b. 南麂岛岩礁潮间带软体动物种类数量变化及其演替[J]. 渔业现代化,43(3):65-73.

毕耜瑶,许永久,俞存根,等.2018. 南麂列岛海洋自然保护区岩相潮间带软体动物种类组成与数量分布[J]. 水产学报,42(6):902-911.

蔡厚才.2008. 贝藻类的故乡——南麂列岛[M]//浙江省教育厅教研室. 高中语文读本(必修五). 杭州:浙江文艺出版社:5-8.

蔡厚才,彭欣,等.2011. 走进贝藻王国[M]. 上海:上海人民美术出版社.

蔡厚才,彭欣,陈献稿,等.2014. 话说温州海洋[M]. 上海:上海社会科学院出版社.

蔡如星,江福连,车建国,等.1992. 浙江南麂水域的蔓足类[A]//浙江省海洋管理局. 南麂列岛国家级海洋自然保护区论文选(一). 北京:海洋出版社:69-76.

曹光招,蔡厚才.2003. 浙江南麂列岛自然保护区[M]//王恺. 中国国家级自然保护区. 合肥:安徽科学技术出版社:393-407.

晁文春,何贤保,苗振清,等.2013. 春夏季南麂列岛海域甲壳类种类组成及分布特征[J]. 浙江海洋学院学报,32(3):214-224.

陈大刚,张美昭.2015. 中国海洋鱼类[M]. 青岛:中国海洋大学出版社.

陈国通,杨晓兰,杨俊杰,等. 1994. 南麂列岛环境质量调查与潮间带生态研究[J]. 东海海洋,12(2):1-15.

陈秋夏,王金旺. 2017. 温州海岛植物[M]. 北京:中国林业出版社.

陈赛英,王一婷,孙建章,等. 1980. 浙江南麂列岛贝类区系的研究[J]. 动物学报,26 (2):171-177.

陈心启,吴应祥.1982. 中国水仙考[J]. 植物分类学报,20(3):371-379.

陈旭淼,陈万东,蔡厚才,等.2016. 南麂列岛火焜岙潮间带底栖纤毛虫物种多样性和群落时空分布[J]. 海洋科学,40(12):82-93.

陈彦伟,姜晶晶,丁兰平,等.2020. 浙江南麂列岛有节珊瑚藻(红藻门 Rhodophyta)的分类研究[J]. 海洋与湖沼,51(1):163-175.

陈余钊,缪雄伟,施德法.1996. 南麂列岛风景区绿化规划设想[J]. 华东森林经理,10(4):34-36.

陈余钊,吴一宏.1997. 平阳县南麂列岛植被资源及保护利用的调查研究[J]. 华东森林经理,11(4):28-30,49.

丁兰平,黄冰心,栾日孝.2015. 中国海洋绿藻门新分类系统[J]. 广西科学,22(2):201-210.

丁兰平,黄冰心,王宏伟.2015. 中国海洋红藻门新分类系统[J]. 广西科学,22(2):164-188.

方明晓,陈宗禹,蔡厚才.2013. 走读南麂——碧海仙山南麂列岛风物人文解说[M]. 杭州:中国美术学院出版社.

高爱根,陈国通,杨俊毅,等.1994. 南麂列岛海洋自然保护区潮间带软体动物生态研究[J]. 东海海洋, 12(2):44-61.

高爱根.2004. 南麂列岛国家级海洋自然保护区贝类新记录[J]. 东海海洋, 22(3):68.

高爱根,曾江宁,陈全震,等.2007. 南麂列岛海洋自然保护区潮间带贝类资源时空分布[J]. 海洋学报, 29(2):105-111.

高爱根,曾江宁,徐晓群,等.2008. 南麂列岛大沙岙沙滩贝类的时空分布[J]. 海洋学研究, 26(2):13-19.

管秉贤. 1978. 我国台湾及其附近海底地形对黑潮途径的影响[J]. 海洋科学集刊,北京:科学出版社,14:1-21.

郭炳火,林葵,宋万先. 1985. 夏季东海南部海水流动的若干问题[J]. 海洋学报,7(2):143-153.

何贤保,章飞军,林利,等. 2013. 南麂列岛岛礁区域鱼类种类组成和数量分布[J]. 海洋与湖沼, 44(2):453-460.

黄冰心,丁兰平. 中国海洋蓝藻门(蓝细菌门)的新分类系统[J]. 广西科学,2014,21(6):580-586.

黄冰心,丁兰平,栾日孝,等.2015. 中国海洋褐藻门新分类系统[J]. 广西科学,22(2):189-200.

黄辉.2007. 海岛型旅游目的地环境容量计算——以南麂列岛为例[J]. 安徽农业科学,35(32):10 433-10 434.

黄秀清,项有堂,程祥圣.2010. 东海海洋环境调查与研究论文集[M]. 北京:海洋出版社.

黄宗国.2008. 中国海洋生物种类与分布(增订版)[M]. 北京:海洋出版社.

黄宗国,林茂.2012. 中国海洋物种多样性[M]. 北京:海洋出版社.

纪焕红,叶属峰,刘星,等.2006. 南麂列岛海洋自然区浮游动物的物种组成及其多样性[J]. 生物多样性,14(3):206-215.

姜竺卿.2015. 温州地理[M]. 上海:上海三联书店.

蒋志刚,刘少英,吴毅,等.2017. 中国哺乳动物多样性(第2版)[J]. 生物多样性,25(8):351-364.

金翔龙.2014. 浙江海洋资源环境与海洋开发[M]. 北京:海洋出版社.

李红.2015. 温州市海岛简志[M]. 杭州:浙江大学出版社.

李锡文.1996. 中国种子植物区系统计分析[J]. 云南植物研究,18(4):363-384.

李扬,李欢,吕颂辉,等.2010. 南麂列岛海洋自然保护区浮游植物的种类多样性及其生态分布[J]. 水生生物学报,34(3):18-628.

李扬,吕颂辉,江天久,等.2009. 浙江南麂列岛海域氮磷营养盐季节动态及其环境影响因子分析[J]. 海洋通报, 28(4):74-80.

李宇航,陈万东,蔡厚才,等.2017. 南麂列岛砂质潮间带底栖硅藻多样性与群落结构的时空变化[J]. 生物多样性,25(9):981-989.

刘瑞玉.2008. 中国海洋生物名录[M]. 北京:科学出版社.

刘亚林,蒋晓山,邹清,等.2018. 温州海域常见海洋生物图谱[M]. 北京:海洋出版社.

楼曼青,郑秀才,陈裕林,等.1991. 南麂列岛主要土壤性状及土地资源利用[J]. 浙江农业科学,(3):131-133.

栾日孝,栾淑君.2005. 中国红质藻科(Erythropeltidaceae)5个新记录种[J]. 湛江海洋大学学报,25(6):1-4.

栾日孝,任春华,战景旭,等.1996. 中国顶丝藻科(Acrochaetiaceae)新记录Ⅰ[J]. 植物研究,16(3):299-304.

栾日孝,张淑梅.1997. 中国顶丝科新记录Ⅲ[J]. 植物研究,17(4):366-370.

毛汉礼,任允武,万国铭. 1964. 应用T-S关系定量地分析浅海水团的初步研究[J]. 海洋与湖沼,6(1):1- 22.

彭欣,谢起浪,陈少波,等. 2009. 南麂列岛潮间带底栖生物时空分布及其对人类活动的响应[J]. 海洋与湖沼, 40(5):584-589.

仇林根.1992. 南麂海区的海洋鱼类及主要甲壳类[A]//浙江省海洋管理局. 南麂列岛国家级海洋自然保护区论文选(一). 北京:海洋出版社: 77-87.

仇林根,尤仲杰.1992. 南麂海域其他海洋生物初步调查[A]//浙江省海洋管理局. 南麂列岛国家级海洋自然保护区论文选(一). 北京:海洋出版社: 98-102.

戎建涛,朱弘,库伟鹏,等.2017. 浙江南麂岛主要森林植被群落学特征研究[J]. 西北林学院学报,32(2):294-300.

施青松,周青松,张健,等.2004. 南麂列岛附近海域潮间带水环境质量现状评价与分析[J]. 东海海洋,22(4):51-57.

石晓勇,李鸿妹,王颢,等. 2013. 夏季台湾暖流的水文化学特性及其对东海赤潮高发区影响的初步探讨[J]. 海洋与湖沼,44(5):1 208-1 215.

宋小棣. 1995. 浙江海岛资源综合调查与研究[M]. 杭州:浙江科学技术出版社.

孙建璋,杭金欣. 1992. 南麂列岛的底栖海藻[A]//浙江省海洋管理局. 南麂列岛国家级海洋自然保护区论文选(一). 北京:海洋出版社:20-29.

孙建璋,王友松,余海. 2000. 南麂列岛滨海生物实习指导[M]. 北京:海洋出版社.

孙建璋. 2006. 孙建璋贝藻类文选[M]. 北京:海洋出版社.

孙建璋,余海,陈万东,等. 2006. 浙江底栖海藻记录[J]. 浙江海洋学院学报,25(3):312-321.

汤雁滨,廖一波,寿鹿,等. 2014. 珊瑚藻类对南麂列岛潮间带底栖生物群落多样性的影响[J]. 生物多样性,22(5):640-648.

王剀,任金龙,陈宏满,等. 2020. 中国两栖、爬行动物更新名录[J]. 生物多样性,28(2):189-218.

王树渤. 1994. 中国褐藻属二新种[J]. 植物分类学报,32(40):375-377.

王献溥. 1994. 南麂列岛植被的分布和演替[A]//浙江省环境保护局. 南麂列岛自然保护区综合考察文集. 北京:中国环境科学出版社:30-35.

王旭,朱根海. 1998. 南麂列岛潮间带底栖藻类与环境的关系探讨[J]. 环境污染与防治, 20(1):36-38.

王颖. 2013. 中国海洋地理[M]. 北京:海洋出版社:166.

王永泓,陈国通. 1994. 南麂岛邻近海域底栖生物群落结构分析[J]. 东海海洋,125(2):62-69.

王瑜,刘录三,林岿璇,等. 2016. 南麂列岛海域春秋季网采浮游植物群落结构特征[J]. 广西科学, 23(4): 317-324.

魏崇德,陈永寿. 1991. 浙江动物志(甲壳类)[M]. 杭州:浙江科学技术出版社.

翁学传,王从敏. 1985. 台湾暖流水的研究[J]. 海洋科学, 9(1): 7-10.

翁学传,王从敏. 1989. 关于台湾暖流水的研究[J]. 青岛海洋大学学报,19(1):159-168.

吴征镒. 1991. 中国种子植物属的分布区类型[J]. 云南植物研究,增刊Ⅳ:1-139.

吴征镒. 2003.《世界种子植物科的分布区类型系统》的修订[J]. 云南植物研究,25(5):535-538.

吴征镒,周浙昆,李德铢,等. 2003. 世界种子植物科的分布区类型系统[J]. 云南植物研究,25(3):245-257.

吴征镒,周浙昆,孙航,等. 2006. 种子植物分布区类型及其起源和分化[M]. 昆明:云南科技出版社.

夏陆军,陈万东,郑基,等. 2016a. 南麂列岛海洋自然保护区的虾类种类组成和数量分布[J]. 中国水产科学,23(3):648-660.

夏陆军,俞存根,蔡厚才,等. 2016b. 南麂列岛海洋自然保护区虾类群落结构及其多样性[J]. 海洋学报,38(2):73-83.

项斯端. 2004. 中国多管藻属及新管藻属的研究[J]. 浙江大学学报(理学版),31(1):88-97.

谢旭,俞存根,蔡厚才,等. 2017a. 南麂列岛海域蟹类群落结构及其与环境因子的关系[J]. 海洋学报,39(10):65-77.

谢旭,俞存根,蔡厚才,等. 2017b. 南麂列岛浅海区鱼种组成、分布与环境因子的关系[J]. 广东海洋大学学报,3(4):46-54.

许建平,杨士英. 1992. 南麂列岛及其附近海域的水文和气候特征[A]//浙江省海洋管理局. 南麂列岛国家级海洋自然保护区论文选(一). 北京:海洋出版社:1-9.

许晓哲,许子春,朱根海. 1996. 南麂自然保护区常见海洋药用动物及其在中医妇科中的应用[J]. 中国海洋药物,(4):45-53.

徐凤山,张素萍. 2008. 中国海产双壳类图志[M]. 北京:科学出版社.

徐韧. 2014. 浙江及福建北部海域环境调查与研究[M]. 北京:科学出版社.

徐嵩龄,孙建璋,钟晓东,等. 1995. 岛礁型海洋生物保护区(IMPA)的设计与管理:理论与实例研究[J]. 生态学报,15

(1):95-103.

徐芝敏,蒋加伦,孙建璋. 1994. 南麂列岛潮间带海藻资源与生态[J]. 东海海洋,12(2): 29-43.

杨晓兰,张健,叶新荣,等. 1994. 南麂列岛自然保护区潮间带环境质量现状评价[J]. 东海海洋,12(2):70-77.

杨文鹤. 2000. 中国海岛[M]. 北京:海洋出版社.

姚启学,宋伟华,蔡厚才,等. 2016. 基于 ArcGIS 的南麂列岛潮间带大型底栖藻类研究[J]. 安徽农业科学,44(18):11-15,61.

叶新荣,卢冰. 1994. 南麂列岛海域的油类含量[J]. 东海海洋,12(2):101-104.

尤仲杰,王一农. 1989. 南麂列岛海产双壳类的补充报道[J]. 浙江海洋学院学报,8 (1):17-28.

尤仲杰, 孙建璋,王一农. 1992. 南麂列岛的贝类[A]//浙江省海洋管理局. 南麂列岛国家级海洋自然保护区论文选(一). 北京:海洋出版社:34-54.

尤仲杰,王一农. 1993. 南麂列岛岩相潮间带贝类生态学研究[A]//贝类学论文集(第四辑). 青岛:青岛海洋大学出版社: 67-77.

俞存根,蔡厚才,刘录三,等. 2018. 南麂列岛海洋自然保护区浅海生态环境与渔业资源[M]. 北京:科学出版社.

俞永跃. 2011. 基于海岛管理的南麂列岛生物多样性保护实践与经验[M]. 北京:海洋出版社.

曾呈奎,陆保仁. 1985. 东海马尾藻一新种——黑叶马尾藻[J]. 海洋与湖沼,16(3):169-174.

曾呈奎. 2000. 中国海藻志,第三卷褐藻门,第二册墨角藻目[M]. 北京:科学出版社.

曾定勇,倪晓波,黄大吉. 2012. 冬季浙闽沿岸流与台湾暖流在浙南海域的时空变化[J]. 中国科学:地球科学,42(7):1 123-1 134.

曾定勇,倪晓波,黄大吉. 2012. 南麂岛附近海域潮汐和潮流的特征[J]. 海洋学报,34(3):1-10.

曾江宁. 2013. 中国海洋保护区[M]. 北京:海洋出版社.

张海生. 2013. 浙江省海洋环境资源基本现状[M]. 北京:海洋出版社.

张健,杨晓兰,魏琳瑛. 1994. 南麂列岛潮间带环境本底调查[J]. 东海海洋,12(2):77-83.

张良兴,黄宗国,李传燕,等. 1982. 浙江南部沿岸附着生物与钻孔生物Ⅲ. 南麂岛的附着生物与钻孔生物生态[J]. 海洋学报,4(3):367-377.

张晓辉,周燕,龙华,等. 2006. 南麂列岛海洋保护区浮游动物调查[J]. 动物学杂志,(4):83-86.

张鑫,张绍文. 2009. 南麂列岛国家级海洋自然保护区生态补偿机制分析[J]. 管理观察, (18):228-230.

张占海. 2010. 少儿海洋科普绘画作品选[M]. 北京:海洋出版社.

赵盛龙,徐汉祥,钟俊生,等. 2016. 浙江海洋鱼类[M]. 杭州:浙江科学技术出版社.

浙江省海岛资源综合调查领导小组、《浙江海岛资源综合调查与研究》编委会. 1995. 浙江海岛资源综合调查与研究[M]. 杭州:浙江科学技术出版社.

浙江省环境保护局. 1994. 南麂列岛自然保护区综合考察文集[M]. 北京:中国环境科学出版社.

郑光美. 2017. 中国鸟类分类与分布名录(第三版)[M]. 北京:科学出版社.

郑朝宗. 1994. 南麂列岛植物区系基本特点和资源的开发保护[A]//浙江省环境保护局. 南麂列岛自然保护区综合考察文集. 北京:中国环境科学出版社:36-47.

郑小东,曲学存,曾晓起,等. 2013. 中国水生贝类图谱[M]. 青岛:青岛出版社.

周航. 1998. 浙江海岛志[M]. 北京:高等教育出版社.

周年兴,林振山,黄震方,等. 2008. 南麂列岛旅游生态足迹与生态效用研究[J]. 地理科学, 28(4):571-577.

周秋麟,陈宝红,杨圣云. 2002. 中国东南四个典型海域的生物多样性及保护[A]//中国生物多样性保护与研究进展——第五届全国生物多样性保护与持续利用研讨会论文集. 北京:气象出版社:269-276.

朱根海,陈国通,杨俊毅,等. 1994. 南麂列岛潮间带的微小型底栖藻类[J]. 东海海洋,12(2):16-28.

朱根海，王旭，王春生，等．1998a．南麂列岛国家海洋自然保护区微、小型藻类生态研究Ⅰ．种类组成与生态特点[J]．东海海洋，16(2)：1-21.

朱根海，王旭，王春生，等．1998b．南麂列岛国家海洋自然保护区微、小型藻类生态研究Ⅱ．数量分布[J]．东海海洋，16(2)：22-28.

朱根海．1998．南麂列岛自然保护区药用海藻资源及其应用[J]．东海海洋，16(2)：63-68.

朱根海，王春生，高爱根，等．1998．南麂列岛国家海洋自然保护区几种海洋动物胃含物中的微、小型藻类组成分析[J]．东海海洋，16(2)：29-40.

朱弘，蔡厚才，尤禄祥，等．2017．浙江南麂列岛大檑山屿水仙自然居群的物种多样性、环境解释及空间分布格局分析[J]．植物资源与环境学报，26(3)：100-108.

朱弘，蔡厚才，李涌福，等．2019．中国东部沿海水仙归化群体的遗传多样性[J]．热带亚热带植物学报，27(6)：669-676.

朱弘，伟鹏，戎建涛，等．2015．浙江南麂岛陆生维管束植物多样性及区系特征[J]．植物分类与资源学报，37(6)：713-720.

朱淑霞，蔡厚才，朱弘，等．2019．浙江南麂列岛外来入侵植物调查及其入侵性分析[J]．北华大学学报(自然科学版)，20(6)：800-805.

诸葛阳，陈水华．1994．南麂列岛陆生脊椎动物的区系特点及动物资源利用的初步调查[A]//浙江省环境保护局．南麂列岛自然保护区综合考察文集．北京：中国环境科学出版社：48-52.

松宮義晴，和田時夫．1977．水型から見た東シナ海・黄海の水塊解析と底魚漁場について[J]．長崎大学水産学部研究報告，43：1-21.

Cai Houcai, Yi Zhijun. 2013. Transition to green economy at Nanji Islands Biosphere Reserve[A]// Sustainable Management in Island and Coastal Biosphere Reserves. 3rd Meeting of the World Network of Island and Coastal Biosphere Reserves, Hiiumaa and Saaremaa Islands, Estonia, 4-6 June 2013.

Han Jie, Lv Fenghua, Cai Houcai. 2011. Detection of species-specific long VNTRs in mitochondrial control region and their application to identifying sympatric Hong Kong grouper (*Epinephelus akaara*) and yellow grouper (*Epinephelus awoara*) [J]. Molecular Ecology Resources, (11):215-218.

Li Y, Suzuki H, Nagumo T, et al. 2015. *Fallacia decussata*, sp. nov. : a new marine benthic diatom (Bacillariophyceae) from Northeast Asia[J]. Phytotaxa, 224(3):258-266.

Li Y, Chen X, Sun Z, et al. 2017. Taxonomy and molecular phylogeny of three marine benthic species of *Haslea* (Bacillariophyceae), with transfer of two species to *Navicula*[J]. Diatom Research, 32(4):451-463.

Li Y, Nagumo T, Xu K. 2018. Morphology and molecular phylogeny of *Pleurosira nanjiensis* sp. nov., a new marine benthic diatom from the Nanji Islands, China[J]. Acta Oceanologica Sinica, 37(10):33-39.

Li Y, Sun Z, Nagumo T, et al. 2020. Two new marine benthic diatom species of *Hippodonta* (Bacillariophyceae) from the coast of China: *H. nanjiensis* sp. nov. and *H. qingdaoensis* sp. nov.[J/OL]. Journal of Oceanology and Limnology, https://doi.org/10.1007/s00343-020-0104-8[Accepted for publication Jul. 22, 2020].

Ping C, Ten T C. 1932. Preliminary ntes on the gastropoda shell of Chinese coast[J]. Bull. Fan. Men. Inst. Biol., 3(3): 37-54.

Shi Benze, Xu Kuidong. 2016a. Four new species of *Epacanthion* Wieser, 1953 (Thoracostomopsidae, Nematoda) from intertidal sediment of the East China Sea[J]. Zootaxa, 4085 (4):557-574.

Shi Benze, Xu Kuidong. 2016b. *Paroctonchus nanjiensis* gen. nov. sp. nov. (Nematoda, Enoplida, Oncholaimidae) from intertidal sediment in the East China Sea[J]. Zootaxa, 4126 (1):97-106.

Shi Benze, Xu Kuidong. 2017. *Spirobolbolaimus undulata* sp. nov. from intertidal sediment in the East China Sea, with transfer of two Microlaimus species to Molgolaimus (Nematoda: Desmodorida)[J]. Journal of the Marine Biological Association of the United Kingdom, 97(6):1 335-1 342.

Shi Benze, Xu Kuidong. 2018a. Two rapacious nematodes in intertidal sediment: *Gammanema magnum* sp. nov. and *Synonchium cauditubatum* sp. nov. (Nematoda, Selachinematidae)[J]. European Journal of Taxonomy, 405:1-17.

Shi Benze, Xu Kuidong. 2018b. Morphological and molecular characterizations of *Africanema multipapillatum* sp. nov. (Nematoda, Enoplida) in intertidal sediment from the East China Sea[J]. Marine Biodiversity, 48:281-288.

大事记

公元1300年之前，难觅有关南麂列岛的史料，自明朝始，在平阳乃至温州的方志中始有“南麂”的记载。

明朝

洪武年间（1368—1398年），有福建兴化渔民来南麂岛定居进行张网捕鱼。

洪武二年（1369年），平阳改州为县，建温州卫平阳守御千户所。为防倭寇骚扰，实行“海禁”。

嘉靖二十七年（1548年），四月倭寇船泊南麂，金乡卫指挥吴川于六月二十日挥师追击，寇船触礁覆没。九月，浙江省巡抚朱纨征讨温盘、南麂倭寇，连战三个月，获胜。

嘉靖四十年（1561年），八月戚继光奉命带六千戚家军“自温州道抵金乡”，入闽平寇，继后在温州沿海抗倭，屡战屡胜，历经三年，彻底平息倭寇。

万历十年（1582年），设南麂岛副总兵。

清朝

顺治十五年至十六年（1658—1659年），郑成功部分水师驻扎南麂岛，在国姓岙操练水军。留有摩崖石刻：“官澳 虎林”“海天拱印 虎林”“石首呈珠 虎林”等。

顺治十五年（1658年），五月九日郑成功战船从南麂出发，蔽江而至，平阳汛防各标官兵惊恐，守将单任暹降。

乾隆二十三年（1758年），《平阳县志》载：南麂为平阳二十四都。

嘉庆六年（1801年），十月初七温州镇总兵胡振声追击蔡牵船队于南麂洋，获船三艘和盗匪（义军）林照等四十四人。

光绪三十年（1904年）秋，王理孚奉县署令调查南麂岛情况。

宣统二年（1910年），南、北麂归属之争，从光绪三十二年（1906年）开始，至今始奉部令：平阳开垦南麂、瑞安开垦北麂，永为“定则”。

民国时期

民国元年（1912年），八月平阳乡贤王理孚开始开垦南麂，陆续移民近万人。

民国十二年（1923 年），我国著名植物学家、中国蕨类植物学的奠基人、中国科学院学部委员（院士）秦仁昌教授在南京金陵大学林学系当学生时，曾在南麂岛的海滩上采到过大量野生的水仙鳞茎带回南京栽培。

民国十八年（1929 年），南麂历史上第一艘鳌江至南麂 20 吨级轮船“静江”号开航。

民国二十年（1931 年），成立南麂乡。

民国二十一年（1932 年），秉志、阎敦建著的《中国沿岸之腹足类初步记录》综述性文献中有南麂列岛一种腹足类（角蝾螺）的记载，这是涉及南麂列岛贝类的最早研究报道。

民国三十年（1941 年），日军在南麂岛登陆，杀害岛上居民 60 余人。

民国三十一年（1942 年），农历九月初三午时，日舰炮轰南麂竹屿岛，大批日军上岛，用机枪屠杀居民 100 多人，并烧毁岛上所有民房。

中华人民共和国

1949 年

5 月 12 日，平阳县和平解放，南麂为国民党军队残部盘踞，国民党独立第 29 纵队驻守南麂，司令部设在打铁洞，司令为林笃弇。

1950 年

7 月，解放军第二次攻打洞头岛之际，奇袭占领了南麂岛。

10 月 25 日，解放军主动放弃南麂，撤兵回温州。

1952 年

1 月，解放军第四次攻打解放洞头之际，一鼓作气又攻占了南麂岛。

8 月 14 日，胡宗南袭占了南麂岛，并委任徐骧为南麂地区司令，王生明为副司令。

1953 年

9 月 1 日，国民党残部在南麂岛成立了伪“平阳县政府”。

10 月 14 日，章春任国民党伪平阳县政府代副县长，伪县政府所在地设在后隆村。

1954 年

3 月，王生明升任南麂岛国民党地区司令。

5 月 9 日上午 8 时，蒋介石乘“峨嵋”舰抵达南麂，勘察修建飞机场址等，巡视约 2 小时后，蒋介石回到“峨嵋”舰午膳。蒋经国和刘廉一继续巡视。

10 月，王生明调任一江山岛国民党防卫司令，程慕颐接任南麂岛地区司令。

1955 年

1 月 18 日，国民党南麂地区司令部撤销，另成立南麂防卫司令部，原大陈防卫司令部少将副司令官赵霞升为中将，就任南麂防卫司令部司令官，程慕颐任副司令官。

2月22日，国民党台湾当局制定南麂撤退的“飞龙计划”。

2月23日，蒋介石召集陈诚、俞大维、周至柔、孙立人以及各总司令商议，决定从南麂撤退。

2月24—25日，“飞龙计划”开始实施，南麂防卫司令赵霞中将任行动总指挥，将南麂岛军、民及物资分3个梯次撤到台湾，居民由赵霞中将负责指挥调度，军队由黎玉玺中将率海军护航，海军两栖部队司令刘广凯少将负责执行。

2月26日，中国人民解放军进驻南麂岛，宣告南麂解放，也标志着浙江全境的解放。

3—5月，温州专署动员平阳、瑞安、文成等县268户、872人迁居南麂岛。

6月，成立南麂乡，由洞头县北麂区管辖，首任乡长郑祥澄。

1957年

8月16日，浙江省人民政府决定，平阳县辖南麂列岛。

是年冬季，浙江省海洋水产研究所在南麂大沙岙海区试养海带成功。

是年，成立鳌江水文站，隶属于省水文站温州分站。下设昆阳、萧江、西湾、南麂4个分站。

1958年

6月，创办了浙江省南麂浅海试验场（隶属于浙江省水产厅，1959年下放给温州地区领导，改名为“国营温州专区南麂海水养殖场”，1965年又下放给平阳县管辖，改名为“地方国营平阳县海带养殖场”）。

12月，上海水产学院朱家彦、王维德、张毓人，大连水产专科学校战凤荼等来南麂调查海藻。

是年，南麂水文气象站（南麂海洋站前身）成立，隶属于平阳县水利局。

1959年

8月，平阳县运输公司建造120吨位的“浙海平1号”代客轮，开辟鳌江至南麂岛航线。

是年，浙江省水产厅投资120万元在南麂岛建成海带育苗室，是我国当时最大的海带养殖育苗场。

1960年

2月，浙江省水产局、浙江省气象局、浙江省海洋水产研究所等单位专家10余人赴南麂开展浙江省水产资源调查（1960年2月—1962年2月）。

5月，中国科学院海洋研究所杨宗岱、李效义等来南麂调查海藻。

8月，拥有60个客位的“浙平机2号”木质客轮建成，接替“浙海平1号”轮，定线鳌江至南麂。

1963年

5月，成立中共平阳县南麂岛工作委员会和平阳县人民政府南麂岛办事处。

6月，中国科学院海洋研究所郑树栋、徐法礼等来南麂调查海藻。

7 月 6 日，在南麂龙船礁发现黑叶马尾藻新种，中国科学院海洋研究所曾呈奎院士为之命名，模式标本存中国海洋生物标本馆（中国科学院海洋研究所）。

1966 年

8 月，国家海洋局东海分局温州中心海洋站成立，下设南麂海洋站等。

1968 年

8 月，中国科学院上海药物研究所朱巧贞、庞大卫等赴南麂调查海洋药物资源状况。

1970 年

3—7 月，黄海水产研究所刘恬敬、索如瑛等来南麂调查紫菜分布与生长状况。

1972 年

6 月，上海自然博物馆邱连卿、陆瑞琳、杭金欣等赴南麂开展海藻和陆生植物调查。

1973 年

10—11 月，中国科学院海洋研究所陆保仁、夏思湛、董美琳、徐法礼，山东海洋学院郑柏林，上海自然博物馆杭金欣，厦门水产学院卢澄清等来南麂开展海藻调查，采集标本 600 多号。

1974 年

6 月，上海自然博物馆张松林、陈赛英、杭金欣、金莉莉等来南麂采集海藻、贝类、甲壳类、多毛类及苔藓虫等。

1975 年

5 月，杭州大学项思端等来南麂开展海藻调查。

1976 年

孙建璋、杭金欣在《植物分类学报》上发表《南麂列岛底栖海藻的初步调查》一文。

1978 年

3 月，经平阳县人民政府批准创建平阳县水产科学研究所，隶属于平阳县水产局，编制 4 人。后于 1981 年 11 月平阳、苍南分县后划归苍南，更名为苍南县水产科学研究所。

5 月，国家海洋局第三海洋研究所黄宗国、李传燕、张良兴、李福荣、郑成兴来南麂调查附着生物及钻孔生物（1978 年 5 月—1979 年 6 月），采集标本 673 号。

1979 年

6 月，在南麂龙船礁采集到美丽珍珠贝，打破热带贝类分布以厦门为界的定论。

6月，杭州大学蔡如星等来南麂开展潮间带生态调查。

7月，建成"浙平机10号"钢质客轮（250个客位、载货20吨），替换了"浙平机2号"轮。

8月，福建海洋研究所庄启谦，中国科学院海洋研究所任先秋、齐钟彦、马绣同，上海自然博物馆陈赛英、王一婷等来南麂调查贝类资源状况。

1981年

是年，浙江省水产局投资10万元，在南麂岛马祖岙建成海珍品（鲍鱼、海参）育苗室。

1983年

是年，浙江省环保局开始着手规划南麂列岛自然保护区建设的前期调研工作，搜集了大量有较高科研价值的宝贵资料和文献，为申报建立自然保护区奠定了良好基础。

9月，平阳县海带养殖场与浙江省海洋水产研究所联合进行皱纹盘鲍人工育苗生产性中试课题研究，共育苗20余万只，成果获浙江省科技进步二等奖。

1985年

4月，平阳县在南麂举行解放30周年纪念活动。

5月，曾呈奎、陆保仁在《海洋与湖沼》上发表《东海马尾藻属一新种——黑叶马尾藻》一文。

是年，平阳县海带养殖场与浙江省海洋水产研究所共同引种海湾扇贝，在南麂育苗成功，获贝苗10万多颗，成果获温州市科技进步三等奖。

1986年

4月24日，南麂渔场上马鞍海区投放我国东南海区第一座人工鱼礁。

5月25日—6月18日，《中国孢子植物志》编委会成员山东海洋学院郑柏林，中国科学院海洋研究所陆保仁、夏邦美、徐法礼、张峻甫，辽宁师范大学王宏伟，杭州大学阮积惠，福建师范大学陈灼华，大连自然博物馆栾日孝，上海自然博物馆杭金欣等来南麂开展海藻调查，采集标本1 000余号。

5月9日，温州市环保局向浙江省环保局申报建立省级南麂贝藻类自然保护区（温环〔1986〕56号）。

10月30日，平阳县人民政府经温州市人民政府同意，向浙江省人民政府申报建立省级贝藻类自然保护区（平政〔1986〕67号）。

1987年

是年，平阳县城乡建设环境保护局组织录制了《南麂列岛贝藻类资源》电视片。

1988年

5月16日，由平阳县人民政府主持，平阳县环保局、水产局、南麂岛办事处和平阳县海带养殖场四方签订了建立南麂自然保护区的相关协议。

6 月，国家环境保护局和国家自然保护区评审委员会同意将南麂列岛自然保护区列为国家级自然保护区，上报国务院。

9 月 15 日，南麂新码头客货码头主体工程完工。

12 月 1 日，浙江省环保局、平阳县环境保护局赴国家环境保护局向金鉴明副局长汇报建立南麂自然保护区有关事宜。

12 月，浙江省海洋管理处在全国海洋自然保护区工作座谈会上提出建立南麂列岛自然保护区的意见和设想。

1989 年

3 月 31 日—4 月 1 日，浙江省环境保护局受国家环境保护局委托，在杭州主持召开南麂列岛国家级自然保护区建设可行性论证会，对平阳县城乡建设环境保护局编制的《浙江省平阳县南麂列岛自然保护区规划纲要草案》进行论证。中国科学院海洋研究所、上海自然博物馆等 14 个单位、30 多位专家参加会议。

4 月 22 日，平阳县人民政府第 30 次常务会议决定批准建立我国第一个由环保部门管理的县级海洋综合型自然保护区——南麂列岛自然保护区，并同意成立相应的管理机构。

5 月，浙江省环保局和浙江省海洋管理处分别向国家环境保护局和国家海洋局提出建立国家级海洋自然保护区的申请，国家海洋局在综合评议和审查后，于同年 6 月报请国务院审批（国海管字〔1989〕564 号）。

5 月 15 日，浙江省环保局、平阳县环保局赴北京向国家环境保护局请示汇报南麂列岛自然保护区科考规划一事。

8 月 25 日—9 月 4 日，国家环境保护局赵宏，浙江省环保局李兴灿、石坚荣、刘浩梁、葛伟华，温州市环保局董定询、蒋振国、孙正进，温州市环境监测站江成松、刘真，中国科学院植物研究所王献溥，中国科学院海洋研究所唐质灿，杭州大学诸葛阳、张友良、郑朝宗、陈水华，浙江水产学院尤仲杰，上海自然博物馆杭金欣，浙江省海洋水产养殖研究所仇林根等 50 多人组成考察队来南麂开展保护区综合考察。

9 月 29 日，平阳县人民政府第 39 次县长常务会议通过并颁布《南麂列岛自然保护区资源管理暂行规定》。

10 月 27 日，平阳县人民政府下发《关于建立平阳县海岛资源综合调查与开发领导小组的通知》（平政发〔1989〕189 号），领导小组下设办公室（设在县科委）。

1990 年

9 月 30 日，经国务院批准（国函〔1990〕83 号）正式建立南麂列岛国家级海洋自然保护区，为我国首批 5 个国家级海洋自然保护区之一。

1991 年

1 月，南麂列岛国家级自然保护区综合考察成果通过国家环境保护局组织的成果鉴定。

5月，平阳县人民政府发布《关于加强南麂列岛国家级海洋自然保护区保护管理的通告》（平政〔1991〕25号）。

7月5日，浙江省海洋管理处和平阳县人民政府共同组织编写的《南麂列岛国家级海洋自然保护区建设方案》在杭州通过专家论证，中国科学院海洋研究所刘瑞玉研究员、浙江省水产局副局长吴家骓研究员任专家组组长。

9月9日，国家海洋局综合管理司主持在东海分局（上海）召开南麂列岛国家级海洋自然保护区本底调查工作协调会，国家海洋局人事司、指挥中心、东海分局、第二海洋研究所和浙江省海洋管理处、南麂列岛海洋自然保护区管理局筹建组等单位参加。

9月18日，浙江省机构编制委员会发文（浙编〔1991〕96号）同意建立南麂列岛国家级海洋自然保护区管理局，为副县级机构，与平阳县人民政府驻南麂岛办事处合署办公。行政上隶属于平阳县人民政府，下设办公室、海洋监察管理科、监察队等。业务上接受国家海洋局和浙江省海洋管理处的管理指导。

11月18日，国家海洋局局长严宏谟题词："保护南麂列岛及海域，功在当代，利及千秋。"

11月，市、县编委分别正式发文建立南麂列岛国家海洋自然保护区管理局（副县级），隶属于平阳县人民政府，下设办公室、海洋监察管理科、监察队等，业务上接受国家海洋局和省海洋管理处的管理指导。

1992年

4月20日，由浙江省海洋管理处和平阳县人民政府共同组织编制的《南麂列岛国家级海洋自然保护区建设方案》获国家海洋局正式批复（国海管发〔1992〕226号）。

5月13日，国家海洋局第二海洋研究所组织专家抵南麂开始进行周年海洋生物与环境本底调查。

5月25日，平阳县人民政府转发市人民政府《关于平阳县撤区扩镇并乡方案的通知》，省民政厅（浙民基字〔1992〕425号）文件批复同意平阳县撤区扩镇并乡方案，南麂乡辖11个村，乡政府驻火焜岙村，实行乡镇管村体制。同时，撤销中共平阳县南麂岛工作委员会和平阳县人民政府南麂岛办事处。

5月，浙江省海洋管理处委托国家海洋局第二海洋研究所和杭州大学地理系共同编制《南麂列岛国家级海洋自然保护区主导功能区划和总体规划》，并通过专家评审鉴定。

6月16日，浙江省人民政府副省长李德葆、温州市委书记孔祥友、副市长王培德等视察南麂。

6月18日，南麂列岛国家海洋自然保护区管理局举行挂牌仪式，平阳县人民政府王吼狮县长参加。

1993年

3月2日，《中华人民共和国海洋环境保护法》颁布10周年。《中国海洋报》记者分别采访国务委员、国家科委主任、国家环保委员会主任宋健和国家海洋局局长严宏谟，并在该报上发表题为"保护海洋环境需要警钟长鸣"的文章，充分肯定南麂列岛国家级海洋自然保护区的保护效果。

4月24日，"平航1号"客轮温州—南麂试航成功。

6月5日，南麂列岛国家级海洋自然保护区区碑揭幕仪式在南麂大沙岙举行，国家海洋局局长严宏谟、浙江省人民政府副秘书长周航、省科委主任马洵等国家、省、市、县领导在温州景山宾馆召开座谈会，并研究决定共同下拨保护区建设经费100万元。

7月10日，平阳县编制委员会发文（平编〔1993〕8号）同意成立南麂列岛国家海洋自然保护区研究所，为全民所有制事业性质。

7月11日，中国生物圈保护区网络成立大会在北京召开，南麂列岛国家级海洋自然保护区成为首批网络成员。

8月19日，浙江省委副书记葛洪升视察南麂岛。

9月12—19日，第一届东亚地区国家公园和保护区会议暨世界自然保护联盟第41届工作会议在北京香山饭店召开，孙瑞庆局长、林厚发副局长代表本区前往参加。

9月20—23日，出席东亚会议的部分代表香港渔农处处长刘善鹏博士、国家海洋局资源处处长李鸣峰、国家海洋信息中心、新疆、云南、辽宁、江苏、青岛、厦门等地保护区代表12人在南麂进行为期2天的考察活动。

10月24—30日，林厚发副局长等赴陕西西安参加中国动物学会、中国海洋湖沼学会贝类学分会第六次学术讨论会。

1994年

3月1—5日，中国人与生物圈国家委员会在浙江省天目山保护区组织召开“自然保护区持续发展研讨会”，中国科学院院士、中国人与生物圈国家委员会前副主席、秘书长阳含熙，原浙江省委书记、中顾委委员铁瑛等领导参加会议，南麂列岛国家海洋自然保护区管理局派出蔡厚才参加会议并在会上做了“艰苦创业，群防群护，为实现持续发展而努力”的报告。

7月22—28日，中国动物学会、中国海洋湖沼学会贝类学分会第四届三次理事会在南麂岛召开，来自全国的30多名贝类专家参加会议，副理事长张福绥、庄启谦主持会议，理事长齐钟彦发来贺信。

7月27日，由国家海洋局、浙江省人民政府和平阳县人民政府共同投资150万元建成的1 200 m^2南麂保护区综合大楼竣工落成。

12月22日，中共浙江省委书记李泽民视察南麂岛。

1995年

4月4日，平阳县委、县府联合发出关于开展“情系南麂”联谊活动的通知，决定在清明至中秋期间组织开展以“纪念南麂解放40周年为契机，扩大两岸交流，重塑平阳新形象”为主题的十大联谊活动。

6月8日，南麂国姓岙防波堤工程开工建设。该工程位于南麂岛国姓岙口，设计总长度为780 m，宽5.2 m，系栅栏式透空结构，总造价为1 600万元。第一期工程先建300 m，1999年完工，实际建成280 m。

6月10—14日，全国海洋自然保护区第一次工作会议在南麂岛召开，国家海洋局局长严宏谟等领导和一批海洋自然保护专家和管理工作者参加会议，严宏谟局长为保护区研究所南麂海洋生物标

本馆开馆揭牌。

7 月 1—2 日，浙江省委副书记刘枫视察南麂，并命名南麂岛三盘尾景区为“南麂万景园”。

10 月 21—27 日，南麂列岛国家海洋自然保护区管理局派人赴浙江宁波参加中国动物学会、中国海洋与湖沼学会贝类学分会第五次代表大会暨第七次学术讨论会，局长孙瑞庆被聘请为特邀理事。

11 月 12 日，南麂环岛公路一期工程奠基开工。该工程自新码头至马祖岙码头，全长 2. 43 km，路基宽 6. 5 m，路面宽 3. 5 m，系沙石结构，按国家四级公路标准设计。

是年，正式开通数字微波程控电话，共 870 门。

1996 年

1 月 6 日，平阳县委、县政府在平阳宾馆召开南麂海珍品养殖基地建设项目可行性研究报告论证会。参加会议的有农业部渔业局、浙江省水产局、浙江省海洋水产养殖研究所、福州市水产研究所、温州市科委、温州市水产局及平阳县科委、县水产局、县工行、县农行等 27 个单位共 59 名专家和领导。

6 月，日本国立科学博物馆北山太树、齐藤宽博士和上海自然馆杭金欣等对南麂列岛的海洋动植物进行了联合考察。

6 月 29 日，浙江省八届人大常务委员会第二十八次会议通过《浙江省南麂列岛国家级海洋自然保护区管理条例》，并于 10 月 1 日正式实施。

7 月 24 日，全国少工委“手拉手”南麂岛夏令营活动开营。

8 月 13 日，温州市计委在温州饭店主持召开浙江南麂海珍品基地建设项目建议书兼可行性研究报告评审会。参加会议的有省、市、县有关部门的专家和领导共计 27 人。

9 月 11 日，浙江省人民政府万学远省长视察南麂列岛。

9 月 2 日，孙瑞庆局长参加中国海岸带管理代表团赴美国考察海洋保护区建设与管理 20 天。

10 月，林瑞国副局长赴香港参加中国海洋保护区米埔培训班学习。

11 月 19—23 日，由国家科委和国家海洋局联合召开的第二次全国科技兴海经验交流会在浙江省召开，这次会议于 19 日在杭州开幕，经宁波、舟山、台州（玉环）至温州闭幕。国家科委副主任邓楠以及张有余、鲁松庭、钱兴中等省、市领导出席闭幕式。会后部分代表到南麂岛进行现场考察。

12 月 7 日，县政府在平阳召开评审会，通过了委托同济大学编制的南麂岛海洋综合开发区规划设计。参加会议的有省海洋局、国家海洋局第二海洋研究所、杭州大学等单位的专家，平阳县四套班子领导及有关部门负责人。

12 月 7 日，祖籍平阳的加拿大皇家科学院北大西洋本部研究员、国际著名海洋生物学家陈钦明先生，经平阳县侨联安排，专程来南麂岛考察。

12 月 17 日，国家计划委员会下达《关于浙江南麂海珍品基地项目建议书的批复》（计农经〔1996〕2892 号）。

1997 年

1 月 28 日，浙江省海洋局下发关于对南麂大沙岙-马祖岙及下百亩坪规划设计方案的批复，原则同意“南麂大沙岙-马祖岙及下百亩坪规划设计”方案。

2月25日，国家科委下达“浙江南麂海珍品基地建设”国家级星火计划项目，由平阳县南麂岛开发有限公司承担。

3月27日，浙江省水产局受省计经委委托，在杭州金海宾馆召开浙江南麂海珍品基地项目可行性研究报告论证会。参加会议的有浙江省科委、省水产局、省海洋局、省环保局、省海洋水产研究所、省海洋水产养殖研究所、宁波大学等7个单位共9名专家。

5月13日，平阳县南麂岛开发有限公司和中国科学院海洋研究所、浙江省海洋水产研究所等单位共同承担的“南麂岛海珍品浅海养殖技术开发”项目（起止年限1997—1999年）被列为浙江省1997年首批重大科技项目（浙科计发〔1997〕119号）。

7月，浙江省农办、省计经委、省财政厅确认全省61家农业龙头企业为“百龙工程”企业，平阳县南麂岛开发有限公司名列其中。

7月25日，由平阳县南麂岛开发有限公司投资460万元从武汉南华高速船舶工程有限公司购进一艘70座高速客船“南麂8号”，鳌江至南麂航行时间缩短为70分钟，比普通客轮快2个多小时。

10月4—10日，中国海洋湖沼学会贝类学分会第八次全国学术讨论会暨张玺教授诞辰100周年纪念大会在南麂岛隆重召开，来自全国14个省市130名从事贝类学科研、教学及生产的代表参加会议，中国科学院海洋研究所曾呈奎院士、刘瑞玉院士亲临会议指导，并分别在会上做了“中国海洋农牧化”“中国海洋渔业资源持续利用”大会报告。

10月8日，国家科委、国家海洋局、国家计划委员会、农业部、中国轻工总会五部门联合下发“关于设立全国科技兴海示范基地的通知”（国科社字〔1997〕045号），浙江平阳（南麂列岛）名列其中（全国共10个）。

12月，南麂撤乡建镇。

1998年

1月3日，中国工程院院士张福绥等4位专家赴美国引种北方种群墨西哥湾扇贝亲贝60只，直接在南麂岛驯养，进行人工育苗试验。

3月5日，浙江省科委主任马洵调研南麂岛科技兴海工作，温州市科委、平阳县科委主任陪同考察。

4月18日，新华社记者李俊等到南麂采访。

5月15日，贝藻王国展览中心在南麂岛建成并对外开放，共展出海洋生物标本400多种近1 000件。

5月18日，南麂列岛国家级海洋自然保护区隆重举行南麂撤乡建镇庆典大会。

6月16—18日，中国人与生物圈国家委员会秘书长赵献英女士在浙江省海洋局、国家海洋局东海分局有关领导陪同下到南麂进行实地考察。

7月3—4日，浙江省人民政府秘书长蔡惠明和省政府办公厅副主任叶鸿达一行专程来南麂岛考察总体规划及建设情况，平阳县王纪树副县长、温州市政府办公室和平阳县政府办负责人陪同考察。

9月9—14日，南麂列岛国家海洋自然保护区管理局局长曹光招参加中国人与生物圈国家委员会在新疆博格达峰生物圈保护区召开的“全国自然保护区生态旅游管理研讨会”。

9月29日，平阳县人民政府向浙江省海洋局上报《关于上报〈浙江省南麂列岛国家级海洋自然保护区管理条例实施细则〉草稿的函》（平政函〔1998〕170号）。

9月29日—10月8日，南麂列岛国家海洋自然保护区管理局副局长周月报赴香港参加在米埔保护区举办的第四期海洋湿地保护区研讨班培训。

9月30日—10月4日，上海首届大学生绿色营活动在南麂开展为期5天的以“生态旅游、生态养殖和生态村建设”为内容的考察活动。

10月10—11日，中国科学院、农业部组织专家到南麂对农业部下达的“948”项目——“墨西哥湾扇贝引种、育苗及试养”进行阶段性现场验收，已一次性成功引种由41个亲贝繁育出35万个子一代。

10月22—23日，由全国人大常委会环资委、中宣部、国家环保总局、国家海洋局等14个部委局联合组织的以保护海洋、开发海洋为宣传主题的“中华环保世纪行”采访团前往南麂岛采访。

12月8日，南麂列岛国家级海洋自然保护区被正式批准加入世界生物圈保护区网络，成为我国第一个纳入联合国教科文组织世界生物圈保护区网络的海洋类型自然保护区。

12月14日，浙江省海洋局颁布实施《浙江省南麂列岛国家级海洋自然保护区管理条例实施细则》。

1999年

1月1日，全国政协副主席、中国科学院院士、平阳籍著名数学家苏步青题词的《碧海仙山——南麂风光明信片》正式发行，此套明信片共6枚，由中国邮票设计大师周炳成先生设计绘制。

5月14—15日，浙江省科委在南麂岛召开全省第二次科技兴海示范区工作座谈会，总结交流上年度科技兴海示范工作经验。

7月10—12日，温州市地理学会组织全市中学地理教师对南麂列岛国家级海洋自然保护区进行了为期3天的乡土地理考察，参加人数达100多人。

7月26日，联合国教科文组织中国人与生物圈国家委员会和国家海洋局联合在平阳举行南麂列岛世界生物圈保护区成员颁证仪式。

10月25日—11月4日，南麂列岛国家海洋自然保护区管理局副局长何忠翊受世界自然（香港）基金会的邀请，随国家海洋局团组赴香港米埔自然保护区斯科特野外研习中心参加“海洋湿地管理培训班”学习。

12月28日，南麂列岛国家海洋自然保护区管理局被国家环保总局等4个部委授予“全国自然保护区管理先进集体”荣誉称号。

是年，浙江省环保局和省计委组织编制的《浙江省自然保护区发展规划》将南麂保护区列为全省2个重点自然保护区建设示范工程之一。

是年，由局干部职工集资联建的2 800 m^2的保护区后方基地在大陆鳌江镇建成。

2000年

2月22日，平阳县科委主持召开南麂岛海珍品养殖研讨会，通报第三次全国科技兴海经验交流会精神，平阳县副县长陈志军到会指导并做重要讲话。

3月4日，中国科学院院士、俄罗斯医学科学院外籍院士、中华预防医学会会长、中国预防性病艾滋病基金会会长曾毅教授和夫人李泽琳教授，在卫生部有关领导陪同下，参观考察南麂岛海洋开发情况。

7月，南麂保护区管理局与共青团平阳县委、平阳县教育局联合开展百名大学生南麂科普志愿者活动。

7月31日，国家星火项目——浙江南麂海珍品基地建设项目通过国家级验收。

8月，由孙建璋高级工程师主编的《南麂列岛海滨生物实习指导》一书由海洋出版社出版发行。

11月14—15日，浙江省渔政局局长阮成宗等一行3人来南麂岛考察指导南麂岛国家级生态休闲渔业产业化示范区建设工作。

2001年

1月6日，海南大学张本教授来南麂岛考察石斑鱼育苗工作，并进行技术咨询。

2月，由全球环境基金（GEF）资助的“中国南部沿海生物多样性管理国别项目”派专家来南麂开展首次考察。

4月10日，由国家海洋局第二海洋研究所完成南麂列岛人工鱼礁浅层剖面勘查报告，为南麂列岛投放人工鱼礁提供科学依据。

4月28日，南麂列岛被浙江省人民政府命名为省级风景名胜区。

5月，由全球环境基金（GEF）资助的“中国南部沿海生物多样性管理国别项目”再次派专家来南麂保护区实地考察，并将本区初定为示范区之一。

6月8日，平阳县水产局组织有关专家在雨田大厦召开南麂海珍品综合育苗厂建设项目可行性论证会议。

6月25—28日，著名经济学家钟朋荣教授、刘伟教授等一行5人来南麂岛考察海洋开发情况。

6月，首组4只大型浮式抗风浪网箱在南麂大沙岙海区建成试养。

7月11—13日，浙江省休闲渔业研讨会在南麂岛召开。会议由省海洋与渔业局主持，参加会议的有各市、县水产局、水电局，省级有关部门和平阳县人民政府等代表共60多人。

7月12日，浙江省海洋与渔业局局长夏阿国、平阳县县长戴祝水等领导亲临南麂岛指导南麂海域人工鱼礁投放，共计空方数2 400 m^3。

8月，平阳县南麂岛开发有限公司在南麂岛投资建设一座1 500 m^3水体的综合育苗场。

9月28日，南麂列岛被中国钓鱼协会授予国家级游钓基地。

10月12日，平阳县组织召开南麂列岛发展战略研讨会。县委副书记郑国惠主持会议，县长戴祝水、县人大常委会主任白植俊、县政协主席林宣雨、县人大常委会副主任钱克肱等领导出席会议，县计委、县经委、鳌江镇政府、南麂镇政府及有关部门负责人参加会议。

10月24日，《浙江南麂列岛自然保护区海洋生物多样性保护项目可行性研究报告》在杭州通过专家论证，并上报财政部和国家环保总局列入国家级自然保护区专项资金项目获得资助。

12月21—23日，国家海洋局国际合作司领导，联合国开发计划署官员和有关人员在南麂列岛

国家级海洋自然保护区组织召开技术咨询及研讨会，与当地利益相关者就保护区存在的主要威胁和来源、管理机制、已投资和正在投资的项目情况进行研讨，最终确定优先解决领域和资金援助及匹配方案。

2002 年

2 月 9 日，平阳县委再次组织在县政府小礼堂召开南麂岛发展战略研讨会。会议由平阳县委副书记郑国惠主持，参加代表有平阳县长戴祝水、县委副书记白一舟、南麂岛开发领导小组全体成员及有关行业的专家。同时邀请北京大学刘伟教授、陈子季副教授到会作报告和指导。

2 月 23 日，南麂岛生态渔业座谈会在温州国贸大厦 10 楼召开。温州市海洋与渔业局局长沈茂斌、副局长林传平、李治根、陈启海，平阳县海洋与渔业局局长陈朝阳等部门领导及相关专家应邀出席会议。

4 月 4 日，国家财政部农财司副司长卢贵敏、农业部渔业局副局长张合成等一行来平阳对南麂列岛人工鱼礁建设情况进行考察。省海洋与渔业局副局长刘向东、省财政厅副处长蒋建建、平阳县委副书记郑国惠、县财政局局长陈应许等陪同考察。

4 月 25 日，浙江省海洋与渔业局在杭州召开“南麂列岛人工鱼礁和海珍品养殖基地海洋工程建设项目环境影响报告书”审查会。参加单位有国家海洋局、浙江省环保局等 11 个单位共 20 人，邀请专家 7 人，对该“报告书”进行了评审。

4 月 26 日，浙江省海洋与渔业局在杭州召开“南麂列岛人工鱼礁建设生态渔业建设总体规划”专家论证会。与会专家经过认真的审查和讨论，形成论证意见书，一致同意通过评审。

5 月 2—5 日，中国人与生物圈国家委员会秘书长韩念勇、副秘书长北京大学李文军博士前来南麂保护区考察，并落实联合国教科文组织小型项目（ASPACO）申报事宜。

5 月 27 日，2002 中国 · 南麂海钓节暨“南麂杯”首届全国海钓比赛拉开帷幕，此次海钓比赛由平阳县人民政府和中国钓鱼协会联合主办。

5 月，在海南三亚召开的“中国南部沿海生物多样性管理项目”准备阶段国家研讨会上，南麂自然保护区被确定为该项目的 4 个示范区之一。

6 月 10 日，南麂列岛被联合国开发计划署（UNDP）列为“中国南部沿海生物多样性管理项目”4 个示范区之一，并与中国国家海洋局共同向“全球环境基金（GEF）”提交总额为 2 500 万元人民币的资助申请。

8 月，温州市委书记李强等领导来南麂考察指导工作。

9 月，在平阳召开“南麂列岛国家级海洋自然保护区总体规划大纲评审会”，来自国家海洋局、省海洋与渔业局、浙江大学、国家海洋局第二海洋研究所、国家海洋局第三海洋研究所等单位的专家参加评审会。

10 月 14—15 日，在北京召开的全球环境基金理事会会议上，“中国南部沿海生物多样性管理项目”经会议审议后获得通过，从 2005 年开始实施。

2003 年

4 月 17 日，南麂列岛成为浙江省首批 20 个科普教育基地之一。

4月20日，可停泊300~500吨级客货轮的南麂岛新码头竣工并投入使用。

5月，国家海洋局第二海洋研究所和南麂列岛国家海洋自然保护区管理局共同承担的“国家海洋自然保护区环境与资源遥感动态监测系统——南麂列岛示范区研究”项目在杭州通过专家鉴定。

6—7月，平阳县南麂海域实施人工鱼礁工程，投放70座人工鱼礁，整个南麂海域累计投放各类人工鱼礁空方数达9.1×10^4 m^3，成为浙江省规模最大的人工鱼礁区。

10月28日，浙江省海洋与渔业局下发《关于南麂列岛人工鱼礁生态渔业建设一期工程可行性研究报告的批复》（浙海渔计〔2003〕104号），建设人工鱼礁120 760 m^3，项目总投资1 200万元。

12月20日，南麂岛大黄鱼通过国家环保总局有机产品认证中心（南京）认证获有机农场证书，成为我国第一条有机海水鱼。

是年，“南麂列岛生物圈保护区可持续管理政策研究”获联合国教科文组织专项资金资助，项目起讫时间为2003年7月—2004年7月，由北京大学、中国科学院植物研究所和南麂保护区研究所共同承担实施。

2004年

3月7日，浙江省环保局在杭州主持召开南麂列岛国家级海洋自然保护区功能区调整方案论证会，中国科学院海洋研究所刘瑞玉院士、浙江大学诸葛阳教授、国家环保总局自然生态保护司副司长王德辉等参加会议。

3月，保护区管理局、南麂镇合署办公，实现“四个一”管理模式（即一套班子领导、一个办公地点、一个口子管理和一张图纸开发）。

5月29日，2004中国·南麂国际海钓节暨“南麂杯”第二届国际海（矶）钓邀请赛开幕。

9月13日，国家海洋局批复浙江南麂列岛国家级海洋自然保护区功能区划分调整方案（国海环字〔2004〕384号），扩大了核心区的面积，增加了保护对象。

9月，南麂外垄水库工程开工，工程总投资390万元，坝高16 m，蓄水量10.6×10^4 m^3。

11月，南麂列岛6种贝类进入新记录。

12月，南麂列岛国家级海洋自然保护区总体规划在温州通过专家评审。

2005年

2月24日，平阳县召开纪念南麂解放50周年大会。

5月19日，时任中共浙江省委书记、省人大常委会主任习近平视察南麂列岛国家级海洋自然保护区时指出：“南麂是一个宝岛，南麂自然保护区是浙江省唯一的国家级海洋类型自然保护区，这里拥有得天独厚的自然景观和丰富多样的海洋生物资源，具有重要的科学和生态价值，一定要高度重视这里的生态环境，把生物多样性保护好。”

6月1日，浙江省人民政府副省长陈加元考察南麂。

10月27日，由《中国国家地理》杂志社主办，全国34家新闻媒体参与的“中国最美的地方”评选活动揭晓，南麂岛入选“中国最美的十大海岛”之一。

11月，中国政府正式启动了“中国南部沿海生物多样性管理”项目，项目执行期为2005年至2012年，南麂列岛为4个项目示范区之一。

2006 年

3 月 3—5 日，南麂列岛国家海洋自然保护区管理局副局长郑海羽赴海南海口参加 UNDP/GEF/SOA 中国南部沿海生物多样性管理项目第二次指导委员会会议。

5 月 15 日，美国国家海洋与大气管理局海洋服务局司长 Clement Darnley Lewsey 先生率美国国家海洋与大气管理局代表团一行来南麂列岛国家级海洋自然保护区实地考察。

6 月 11—15 日，由全球环境资金（GEF）资助、联合国开发计划署（UNDP）执行、国家海洋局具体实施的中国南部沿海生物多样性管理项目第一次项目区交流会在浙江温州召开，并赴南麂岛参观考察。

10 月 21 日，国家环保总局、国家林业局、农业部、国土资源部、水利部、国家海洋局、中国科学院下发《关于表彰全国自然保护区管理先进集体和先进个人的决定》（环发〔2006〕163 号），南麂列岛国家海洋自然保护区管理局局长曹光招被评为先进个人。

11 月 9 日，国家邮政局正式公布 2007 年中国特种邮票发行计划，平阳县南麂列岛自然保护区榜上有名，正式登上“国家名片”。

2007 年

1 月 8 日，UNDP/GEF/SOA 中国南部沿海生物多样性管理项目（SCCBD）浙江项目区工作会议在杭州召开，国家项目办执行协调员国家海洋局第三海洋研究所周秋麟教授到会指导。

4 月 9—10 日，UNDP/GEF/SOA 中国南部沿海生物多样性管理项目（SCCBD）第三次指导委员会会议在福建武夷山召开，南麂列岛国家海洋自然保护区管理局副局长郑海羽参加会议。

4 月 16 日，南麂列岛国家海洋自然保护区管理局研究所配合浙江省海洋水产养殖研究所对南麂保护区后麂山、大檑岛、大山脚和斩断尾 4 个断面站位进行为期 2 天的春季潮间带生物采样调查。此项调查项目为“全国近海海洋综合调查与评价”专项（简称“908”项目）潮间带生物调查。

4 月 18 日，泰国国家科学博物馆馆长、温州医学院院长顾问、海洋科学系主任披猜 · 宋成（Pichai Sonchaeng）博士等，在浙江省海洋水产养殖研究所所长谢起浪研究员陪同下来南麂列岛国家级海洋自然保护区进行工作交流。

5 月 20 日，环岛公路二期工程竣工通车，此次二期工程总长超 15. 5 km，工程总投资 635 万元，于 2006 年 5 月 2 日开工。

6 月，由中国海洋大学医学院海洋药物研究所承担的“908”专项来南麂保护区开展海洋药物采样调查。

6 月，按照浙江省物价局（浙价服〔2006〕283 号）、平阳县人民政府（平政发〔2007〕52 号）文件精神，自 2007 年 6 月 20 日起将对南麂列岛景区试行进岛“一票制”大门票，价格定为：旺季每票 100 元，淡季每票 50 元。

7 月 10 日，《南麂列岛自然保护区》特种邮票正式对外发行。

7 月 12 日，国家海洋局在北京举行中国南部沿海生物多样性管理项目（SCCBD 项目）地理信息系统（ArcGIS）软件赠送仪式，南麂列岛国家海洋自然保护区管理局局长郑杰代表南麂示范区专程赴京参加赠送仪式，并接受此套价值数十万元的软件。

7月14日，新华网报道中国科学院海洋研究所唐质灿研究员等在浙江南麂列岛发现造礁石珊瑚，将我国大陆沿岸造礁石珊瑚的分布北限记录，由福建东山岛海域，向北推进到浙江南部平阳县南麂列岛。

8月22—24日，来自比利时布鲁塞尔的适应性管理国际咨询专家 Dennis Fenton 先生在国家海洋局项目办工作人员的陪同下来南麂列岛国家海洋自然保护区指导 UNDP/GEF/SOA 中国南部沿海生物多样性管理项目（SCCBD）工作。

9月14—17日，2007中国·南麂第三届国际海钓节暨“海燕杯”海钓名人俱乐部邀请赛在南麂举行。

9月28日，中国人与生物圈国家委员会根据联合国教科文组织有关部门要求组织对丰林生物圈保护区进行10年阶段评估，南麂列岛国家海洋自然保护区管理局局长郑杰受邀参加活动。

9月27日，UNDP/GEF/SOA 中国南部沿海生物多样性管理项目（SCCBD 项目）2007年项目区经验交流会在广西壮族自治区南宁市召开，南麂列岛国家海洋自然保护区管理局副局长郑海羽参加会议。

11月7—13日，以“文化多样性促进生物多样性保护与可持续发展”为主题的中国生物圈保护区网络第九次大会和东南亚地区生物圈保护区网络第五次会议在贵州茂兰生物圈保护区召开，南麂列岛国家海洋自然保护区管理局纪委书记林锟出席此次会议。

11月15日，UNDP/GEF/SOA 中国南部沿海生物多样性管理项目（SCCBD 项目）2008年工作计划编制会议在北京召开，南麂列岛国家海洋自然保护区管理局副局长郑海羽等参加会议。

2008年

2月4—9日，联合国教科文组织第三届世界生物圈保护区大会在西班牙首都马德里召开，南麂列岛国家海洋自然保护区管理局副局长郑海羽参加会议。

3月7—8日，中国科学院生命科学与生物技术局副局长苏荣辉和中国人与生物圈国家委员会秘书处副处长易志军来南麂列岛国家海洋自然保护区管理局考察，之后，易志军副处长于9—12日专程赴南麂开展世界生物圈保护区10周年评估前期调研。

3月17—27日，根据 UNDP/GEF/SOA 中国南部沿海生物多样性管理项目（SCCBD）计划安排，应美国国家海洋与大气管理局（NOAA）的邀请，SCCBD 项目专门组团赴美国考察海洋自然保护工作。考察团一行12人，由国家海洋局国际合作司副司长陈越任团长，成员由国家海洋局、项目区所在地海洋管理部门和保护区有关人员组成，南麂列岛国家海洋自然保护区管理局局长郑杰作为保护区代表应邀参加此次考察。

4月12—15日，联合国开发计划署（UNDP）“中国南部沿海生物多样性管理项目（SCCBD）”适应性管理专家 M. Malia Chow 博士以及国家海洋局第三海洋研究所刘正华研究员来南麂列岛国家级海洋自然保护区检查和指导工作。

4月15—23日，由联合国开发计划署（UNDP）全球环境基金资助的“中国南部沿海生物多样性管理项目（SCCBD）”中期评估检查研讨会在厦门国家海洋局第三海洋研究所举行。

4月28日，南麂镇被国家环境保护部命名为“全国环境优美乡镇”。

5月22—24日，宁波大学蒋霞敏教授和王一农副教授等6人来南麂采集贝藻类标本。

7月，根据国家环保部《关于开展国家级自然保护区管理评估工作的通知》（环办〔2008〕19号）精神，为提高国家级自然保护区的管理水平，依法强化监督管理，国家环境保护部等7部门对南麂保护区进行了评估。

8月，蔡厚才撰写的《贝藻类的故乡——南麂列岛》被收入《浙江省普通高中新课程语文读本》（必修五）一书，由浙江文艺出版社出版。

12月6—9日，联合国开发计划署中国南部沿海生物多样性管理项目（SCCBD）中期评估检查团莅临南麂保护区开展为期3天的评估检查。

10月23日，南麂列岛举行加入联合国教科文组织世界生物圈保护区网络10周年阶段评估会，获得来自国内这一领域专家们的认可。

12月19日，由中国人与生物圈国家委员会主办的2008年中国生物圈保护区网络大会在京召开，南麂列岛国家海洋自然保护区管理局局长郑杰参加会议。

2009年

1月14—16日，UNDP/GEF/SOA中国南部沿海生物多样性管理项目（SCCBD）第六次指导委员会会议在浙江舟山召开，南麂列岛国家海洋自然保护区管理局局长郑杰等参加会议。

3月23日，UNDP/GEF/SOA中国南部沿海生物多样性管理项目（SCCBD）2009年项目管理培训班在北京举行，南麂列岛国家海洋自然保护区管理局副局长郑海羽等4人参加此次会议。

3月30日—4月10日，由联合国教科文组织北京办事处（UNESCO Office Beijing）和中国人与生物圈国家委员会（China MAB）发起组织，以“遥感与地理信息技术应用于生物圈保护地管理以适应气候变化”为主题的第三届东亚生物圈保护网络暨联合国教科文组织（EABRN-UNESCO）培训班在中国科学院对地观测与数字地球科学中心（CEODE）举行，南麂列岛国家海洋自然保护区管理局派员参加本期培训班。

4月24日，UNDP/GEF/SOA中国南部沿海生物多样性管理项目（SCCBD）浙江项目区拆分合同检查评估会议在温州召开。来自国家项目办、浙江省项目办、南麂列岛国家海洋自然保护区管理局和各分包合同承担单位的领导和专家20余人参加会议。

6月26—27日，浙江省委书记、浙江省人大常委会主任赵洪祝在浙江省委常委、秘书长李强等陪同下，视察南麂列岛国家级海洋自然保护区。

5月28—30日，经浙江省海洋与渔业局批准，日本东京大学海洋研究所立川贤一博士（Tatsukawa Kenichi）等到南麂列岛国家海洋自然保护区进行为期3天的铜藻考察。

6月2—3日，受“中国南部沿海生物多样性管理项目（SCCBD）”国家项目办的委托，南麂列岛国家海洋自然保护区管理局在杭州主持召开了分包合同SC-15、SC-16项目成果集成会议。

10月24—25日，2009中国·南麂第四届海钓节暨“南麂杯”海钓邀请赛在南麂举行。

12月4日，“中国南部沿海生物多样性管理项目（SCCBD）”国家项目办公室的领导、专家一行来平阳对该项目分包合同15、16进行了验收。

12月，国家海洋局东海分局发文，授予中国海监南麂保护区支队等3个支队为东海区2009年度中国海监优秀“示范支队”，浙江省仅此1家。

2010 年

1 月 21—23 日，中国南部沿海生物多样性管理项目（SCCBD）第六次国家指导委员会会议在广西壮族自治区桂林市召开，南麂列岛国家海洋自然保护区管理局研究所所长杨加波参加会议。

7 月，“南麂列岛海洋牧场示范区建设”项目被列入 2010 年中央财政海洋牧场项目计划，项目补助资金 600 万元，市海洋与渔业局配套 40 万元。由温州市海洋与渔业局、南麂列岛国家海洋自然保护区管理局共同承担。

7 月 12—15 日，南麂列岛国家海洋自然保护区管理局蔡厚才总工等赴浙江象山参加由浙江自然博物馆、浙江省动物学会和象山县人民政府共同举办的“海鸟保护暨海洋保护区管理国际论坛”。

8 月 5 日，国家海洋局国际合作司中国南部沿海生物多样性管理项目国家项目办同意中国南部沿海生物多样性管理项目分包合同 17——编写南麂保护区生物多样性知识课外辅助读本通过验收。

10 月 17—18 日，2010 海洋生态文明国际论坛暨南麂列岛国家级海洋自然保护区成立 20 周年纪念活动在温州开幕，此次论坛由国家海洋局国际合作司、温州市人民政府、浙江省海洋与渔业局、浙江省科学技术协会共同主办，南麂列岛国家海洋自然保护区管理局等单位承办。论坛主题为“生物多样性与海洋生态文明”。

2011 年

4 月，浙江省人民政府撤销南麂镇建制，其行政区划并入鳌江镇。

5 月 4—5 日，中国南部沿海生物多样性管理项目经验模式研讨会在大连举行，标志着该项目正式进入终期评估阶段。来自国家项目办和浙江、广东、福建、海南、广西等项目区的代表共 30 余人参加会议，南麂列岛国家海洋自然保护区管理局总工蔡厚才等参加会议。

6 月，南麂岛微电网项目立项。该项目累计总投资约为 2 亿元，建设基于风光柴储为方案的电源形式，并在此基础上建设南麂智能配电网工程。此项目列为国家“863”计划课题内容。

7 月 19 日，鳌江港客运站正式揭牌启用，平阳鳌江港至南麂的新客运码头建成并投入使用。该项目于 2010 年 6 月 29 日开工兴建，总投资约 2 504 万元，是一个拥有两个 300 吨级兼靠 500 吨级客运泊位的浮码头，设计年客运能力 16. 5 万人次。

9 月 16 日，由联合国开发计划署、全球环境基金和国家海洋局共同实施的“中国南部沿海生物多样性管理项目”浙江南麂示范区顺利通过终期评估。来自加拿大的国际评估专家 Dominique Roby 博士、国内评估专家中国农业大学国际农村发展中心执行主任刘永功教授以及国家项目办执行协调员国家海洋局第三海洋研究所周秋麟教授等 40 余人参加了评估会。

9 月 26 日，《浙江省南麂岛整治修复及保护项目实施方案》通过国家海洋局审批，下达资金 1 000万元。

11 月 16 日，UNDP/GEF/SOA 中国南部沿海生物多样性管理项目（SCCBD）总结研讨会在温州召开，南麂列岛国家海洋自然保护区管理局局长方明晓以及项目相关人员参加会议。

12 月 13 日，南麂列岛国家海洋自然保护区管理局蔡厚才总工主编的南麂海洋生物多样性知识课外辅助读本《走进贝藻王国》荣获温州市科普图书一等奖，该书由上海人民美术出版社于同年 4 月正式出版发行。

12 月 27 日，中国贝藻博物馆（南麂列岛国家级海洋自然保护区科教馆）奠基仪式在南麂列岛举行。项目总占地面积 8 058 m^2，总建筑面积 3 370 m^2。同日，还举行了“中国海监 7072”艇首航仪式。

2012 年

4 月 12 日，“中国海监 7003”艇首航南麂。该艇由国家海洋局统一配备，总造价 800 万元，艇长 19 m，型宽 4. 78 m，型深 2. 7 m，航速 45 kn。

8 月 28 日，浙江海洋学院“海洋渔业科学与技术省重中之重学科野外科研工作站”和“水产学科研究生科研与教育实习基地”揭牌仪式在南麂保护区管理局举行。

9 月 19—21 日，浙江省委常委、组织部长蔡奇到南麂保护区调研指导工作，提出打造“国际生态文明美丽岛”的目标。

6 月 24 日，南麂列岛国家海洋自然保护区管理局局长方明晓率团看望台湾屏东县高树乡南麂联合新村的原住南麂乡亲及后裔，两岸南麂人签订了友好备忘录，这是两岸南麂人中断 57 年后的第一次在台湾见面。

10 月 12 日，国家海洋局副局长王飞一行到南麂保护区调研指导工作。

10 月 16—20 日，以“中国的生物圈保护区在绿色经济方面的成果，和未来可能的发展途径”为主题的第 14 届中国生物圈保护区网络大会暨湖北神农架国家级自然保护区成立 30 周年纪念大会在神农架保护区举行，南麂保护区管理局局长方明晓作为特邀代表参加大会并在大会上做了“发展与保护同步，人与自然和谐共处——南麂列岛国家级海洋自然保护区以生态保护推进绿色发展”的主题报告。

12 月 7 日，温州市委组织部长李一飞一行探望台湾屏东县南麂联合新村的南麂同胞。

2013 年

2 月 21 日，南麂村民代表 38 人赴台湾屏东县高树乡南麂联合新村看望原住南麂乡亲。

3 月 7—9 日，财政部投资评审中心副处长刘力率领检查组一行 10 人来南麂，对南麂列岛国家海洋自然保护区管理局 2010—2011 年中央分成海域使用金项目资金使用和管理情况进行审查。

4 月 7—8 日，中国海监海岛执法示范工作验收会在宁波象山召开。会议由中国海监浙江省总队副总队长祝航主持，中国海监总队海岛执法处处长谢弘阳、中国海监东海总队行政执法处处长杨开良等出席会议，南麂列岛国家海洋自然保护区管理局海监支队常务副支队长白洪亮、副政委陈志锋等参加会议。

4 月 11 日，国务院台湾事务办公室常务副主任郑立中一行来南麂保护区考察涉台文物文化挖掘保护工作。平阳县委书记王中毅、南麂列岛国家海洋自然保护区管理局局长方明晓、县台办主任殷海金等陪同考察。

5 月 11 日，47 位来自台湾基隆的老人踏上阔别 58 年的故土南麂岛，开始寻根之旅。

6 月 3—7 日，应联合国教科文组织人与生物圈计划生态和地球科学部的邀请，蔡厚才总工程师参加了在爱沙尼亚举行的第三届海岛与海岸带生物圈保护区全球网络大会，在会上做了“Transition to Green Economy in Nanji Islands Biosphere Reserve”报告。

6月20日，浙江省全境解放纪念碑在南麂揭碑；美龄居展览馆开馆；台湾相思园开园；《走读南麂》一书首发；纪实影视专题片《解密“飞龙计划”》首次试映。

6月25日，南麂列岛国家海洋自然保护区管理局举行《解密“飞龙计划”》专题片审片会，平阳县委宣传部、统战部、党史办、文广新局、台联、南麂社区等单位参加会议。

6月29日，39位来自台湾屏东的原住南麂乡亲同胞抵达南麂，这是他们阔别故土58年后首次踏上寻根之旅。

7月3日，由平阳县人民政府投资近600万元、南麂列岛国家海洋自然保护区管理局承建的南麂陆岛交通船“南麂保护区66号”建成。

9月10—11日，由国家海洋局海岛管理司、国家海洋局东海分局、浙江省海洋与渔业局、温州市海洋与渔业局及相关专家组成的监督检查组一行9人，在国家海洋局东海分局海域和海岛处处长袁丁带领下，来南麂列岛国家级海洋自然保护区对“浙江省南麂岛保护和整治修复项目”进行监督检查。

10月30日，由中华文化发展促进会主办的大型宣传报道活动“万里海疆巡礼”采访组来南麂采访。由中央人民广播电台、海峡之声网、中国台湾网等媒体记者组成的采访组一行先到领海基点稻挑山，次日参观了“浙江全境解放纪念碑”“南麂美龄居”“台湾相思园”。在央广网、中国台湾网等媒体宣传报道南麂涉台历史文化建设、军地共建等。

11月，2010年中央分成海域使用金支出项目——浙江省海洋自然（特别）保护区建设项目子项目“南麂列岛国家级海洋自然保护区海洋生物资源与栖息环境调查及保护效果评估”项目秋季野外调查采样正式启动。该项目由南麂列岛国家海洋自然保护区管理局、中国科学院海洋研究所、中国环境科学研究院及浙江海洋学院4家单位共同承担，项目经费275万元，历时1周年。

11月，南麂列岛国家级海洋自然保护区被中国海藻产业技术创新战略联盟授予理事单位（2013年11月—2016年11月）。

12月，南麂岛成为两个首批设立的浙江省对台交流基地之一。

12月31日，温州市人民政府办公室发文（温政办〔2013〕207号）设立南麂列岛国家级海洋自然保护区市级博士后科研工作试点站。

2014年

3月19日，受国家海洋局委托，国家海洋环境监测中心组织召开《南麂列岛国家级海洋自然保护区总体规划》专家评审会。国家海洋局环保司、浙江省海洋与渔业局、南麂列岛国家海洋自然保护区管理局及保护区利益相关者代表近30人参加会议。来自湿地国际-中国办事处、国家海洋局第二海洋研究所、国家海洋环境监测中心、厦门大学等单位的7名专家组成专家组对规划进行了评审。

4月11日，美国海洋生物研究所核心研究员唐剑武博士应邀来南麂列岛国家海洋自然保护区管理局访问交流。

5月7—8日，浙江省海洋与渔业局副局长张明率省局海规处等相关处室负责人一行6人来南麂保护区调研指导工作。

5月15日，在局一楼会议室组织召开南麂保护区雷达视频监控系统工程竣工验收会。南麂保护区雷达视频监控系统工程为2010年中央分成海域使用金项目，总投资450万元。

5月26—29日，联合国教科文组织（UNESCO）名录遗产与可持续发展黄山对话会在安徽黄山市召开。来自联合国教科文组织（UNESCO）、国际自然保护联盟（IUCN）和国际古迹遗址理事会（ICOMOS）等国际组织，中国、美国、意大利、挪威、韩国、日本、澳大利亚等23个国家的世界遗产、世界生物圈保护区和世界地质公园代表以及相关科研机构和高校的空间技术专家等近200人与会。南麂列岛国家海洋自然保护区管理局派出研究所骨干参加会议。

6月17—21日，第四届世界海岛与海岸带生物圈保护区网络大会在菲律宾巴拉望省普林萨斯港市举行。本次会议由联合国教科文组织人与生物圈计划，韩国济州岛生物圈保护区，西班牙梅诺卡生物圈保护区和菲律宾巴拉望省持续发展理事会联合举办，主题为海岛与海岸带保护区面对自然灾害的影响。来自澳大利亚努萨保护区、智利合恩角保护区、丹麦东北格陵兰岛保护区、中国南麂列岛保护区等19个国家的26个生物圈保护区的代表参加会议。

9月12日，第十六届中国人与生物圈保护区网络大会在2014长白山国际生态论坛主会场召开。中国人与生物圈国家委员会主席许智宏到会致辞，会议由中国人与生物圈国家委员会秘书长王丁主持。南麂列岛国家海洋自然保护区管理局派员参加了会议。

10月13—16日，第三届全球海洋生物多样性大会在山东青岛召开，会议由中国科学院海洋研究所主办。来自全球55个国家的300余名代表参加此次大会，共同探讨海洋生物多样性及生态环境领域的重大科学问题。南麂列岛国家海洋自然保护区管理局研究所所长陈万东等科研人员参加此次会议。

11月7日，浙江省人民政府办公厅下发《关于公布首批省重要湿地名录的通知》（浙政办发〔2014〕125号），南麂列岛国家级海洋自然保护区名列其中。

12月9日，东亚海环境管理伙伴关系计划（简称东亚海计划，英文缩写PEMSEA）中国第四期项目启动暨中国-PEMSEA海岸带可持续管理合作中心（简称中国-PEMSEA合作中心）成立大会在青岛市召开。国家海洋局党组成员、副局长陈连增，PEMSEA执行主任安德鲁·罗斯（Adrian Ross）等约120人出席会议。浙江南麂作为我国13个示范区之一在此次大会上与国家海洋局签署了PEMSEA四期项目协议。

12月21日，国家海洋局批复浙江省南麂列岛国家级海洋自然保护区总体规划（国海环字〔2014〕747号）。

2014年，“南麂列岛海洋牧场示范区建设”项目被列入2014年度中央财政渔业资源保护项目实施计划，项目补助资金700万元。主要实施内容为：建设5个鱼礁群和1个藻礁带，投放混凝土礁体空方数1.2×10^4 m^3，形成礁区面积1 400亩；投放恋礁性鱼类4.5万尾，各种贝藻类4.5万粒（株）。

2015年

3月24日，平阳县举行纪念南麂解放60周年活动，解放南麂的老军人代表、解放前南麂村民代表与现南麂村民代表等150多人参加了活动。

4月2日，浙江省电力公司承担的国家863课题“含分布式电源的微电网关键技术研发”顺利通过国家科技部专家组的技术验收。该课题包含的南麂岛微电网工程成为全国首个兆瓦级容量的独立海岛智能微电网。

7 月 28 日，国家海洋局生态环境保护司司长于青松在国家海洋局东海分局海洋环保处副处长陈慧、浙江省海洋与渔业局巡视员俞永跃等陪同下，莅临南麂列岛国家级海洋自然保护区调研保护区工作。

8 月 29 日，温州市委副书记、代市长徐立毅专程来南麂岛调研保护区工作，市政府秘书长谢树华、平阳县代县长陈永光等陪同调研。

9 月 7—8 日，浙江省人大常委会副主任袁荣祥，常委、环资委副主任委员陶君毅率调研组一行来南麂岛对保护区生态环境保护工作情况进行调研。

11 月 11—12 日，国家环保部自然生态保护司、国家海洋局环保司、国家海洋局东海分局相关领导一行来南麂列岛国家级海洋自然保护区开展监督检查工作，省、市海洋与渔业局，国家海洋局温州海洋环境监测中心站等相关单位领导陪同检查。

11 月 16—21 日，第五届东亚海大会（East Asia Seas Congress）在越南岘港市举行，吸引了约 800 多名各国学者与代表与会，聚焦讨论与设定 2015 年后东亚海洋可持续发展议程。南麂列岛国家级海洋自然保护区作为东亚海（PEMSEA）第四期项目示范区，应东亚海秘书处的邀请和资助，派出蔡厚才总工程师参加此次大会。

11 月 27 日，浙江省人力资源和社会保障厅发文（浙人社函〔2015〕110 号）公布第二批省博士后工作站名单，南麂列岛国家海洋自然保护区管理局名列其中。

12 月 9 日，浙江省海洋与渔业局副局长张明、省海洋与渔业执法总队副总队长张友松一行来南麂列岛国家海洋自然保护区管理局考察指导雷达视频监控系统运行情况。温州市海洋与渔业局、苍南县海洋与渔业局相关人员陪同。

12 月，南麂列岛国家海洋自然保护区管理局蔡厚才总工主编的《话说温州海洋》一书荣获温州市科普图书一等奖，该书由上海社会科学院出版社于 2014 年 3 月正式出版发行。

2016 年

1 月 23 日，浙江省人民政府下发《关于平阳县部分行政区划调整的批复》（浙政函〔2016〕14 号），同意调整鳌江镇、万全镇管辖范围，增设海西镇和南麂镇，南麂镇辖 11 个行政村（后隆、国姓岙、对岙、新码头、马祖岙、门屿尾、百亩坪、火焜岙、三盘尾、大檑、竹屿），镇政府驻火焜岙村。

4 月 12 日，平阳县召开乡镇行政区划调整实施大会，标志着乡镇行政区划调整工作正式进入方案实施阶段，4 月 14 日平阳县南麂镇成立大会在南麂召开。南麂列岛国家海洋自然保护区管理局副局长林锟兼任南麂镇党委书记。

5 月 19 日，为进一步促进南麂局镇工作融合，共同研究保护区重大问题，南麂列岛国家海洋自然保护区管理局、南麂镇委、镇政府召开 2016 年第一次联席会议。南麂列岛国家海洋自然保护区管理局局长周胜荣主持会议。

5 月 24—25 日，为加强兄弟保护区间的交流与合作，南麂列岛国家海洋自然保护区管理局局长周胜荣率有关人员专程前往河北昌黎黄金海岸国家级自然保护区考察学习。

5 月 26 日，浙江省海洋与渔业局副局长陈远景一行 5 人莅临南麂列岛国家级海洋自然保护区考察指导工作。

6月21日，浙江省副省长孙景淼率省水利厅、农业厅、海洋与渔业局等有关部门来南麂调研指导防汛防台、美丽乡村、国家级海洋生态牧场建设等工作。温州市副市长林晓峰，平阳县县长陈永光等陪同调研。

6月15—16日，“东北亚海洋保护区网络”海洋保护区管理经验交流专题研讨会在韩国顺天湾湿地保护区召开。会议由联合国东北亚次区域环境合作机制（NEASPEC）和顺天市政府主办，来自中国、韩国、日本和俄罗斯的11个海洋保护区网络成员以及相关政府部门和国际组织等参加会议，中国科学院海洋研究所史本泽博士代表南麂列岛国家海洋自然保护区管理局参加此次会议。

5月，环境保护部、国土资源部、水利部、农业部、国家林业局、中国科学院、国家海洋局7部委在北京人民大会堂联合召开国际生物多样性暨中国自然保护区发展60周年大会，对工作成绩突出的全国自然保护区集体和个人代表进行表扬，南麂列岛国家海洋自然保护区管理局总工程师蔡厚才荣获“先进个人”称号。

6月25日，在2016平潭国际海岛论坛上，国家海洋局党组成员、副局长张宏声宣布2015年中国“十大美丽海岛”评选结果，东山岛、南三岛、南麂列岛、涠洲岛、刘公岛、菩提岛、觉华岛、连岛、海陵岛、三都岛共10个海岛获此荣誉称号。

7月22日，在中国科学院海洋研究所海洋生物标本馆举行李宇航博士后出站论文报告和史本泽博士后进站开题报告答辩会，李宇航是南麂列岛国家级海洋自然保护区获批建立博士后科研工作站以来的第一位出站博士后。

11月8日，中国海洋湖沼学会海洋底栖生物学分会第一届会员代表大会于海南省海口市召开，南麂列岛国家海洋自然保护区管理局总工程师蔡厚才参加会议并被推选为理事。

11月29日，南麂保护区管理局与南京林业大学生物与环境学院进行科研合作签约，正式启动双方长期全面的科研合作关系。南麂列岛国家海洋自然保护区管理局局长周胜荣、南京林业大学副校长李萍萍等领导参加签约仪式。

12月8日，浙江省南麂列岛海域被农业部列为第二批国家级海洋牧场示范区，所占海域面积698.5 hm^2。

12月17日，南麂列岛通过浙江省旅游局组织的国家4A级旅游景区专家评定。

2017年

4月15日，由浙江省旅游局、浙江广播电视集团主办的“诗画浙江-好歌曲唱作大赛”总决赛暨颁奖盛典在丽水·古堰画乡圆满落幕。由毛光正作词，张宏光作曲，南麂列岛国家海洋自然保护区管理局朱海南演唱的《我家住在南麂岛》，成功进入本次总决赛前十强名单，这是温州市唯一入选前十强作品。

5月24—28日，《中国孢子植物志》编委、中国藻类学会常务理事、天津师范大学丁兰平教授，中国藻类学会常务理事、中国科学院海洋研究所孙忠民副研究员带领一批团队成员前来南麂保护区开展大型海藻调查研究。

6月14日，为加强兄弟保护区间的交流与合作，推进南麂科教馆布展工作，南麂列岛国家海洋自然保护区管理局局长周胜荣率队专程前往浙江乌岩岭国家级自然保护区考察学习。

6月28日，浙江省国土厅厅长陈铁雄到南麂岛视察调研村民避灾点建设、地质灾害点整治等情况，并对当前南麂海洋生态保护、旅游开发和当地经济社会发展提出意见和建议。温州市国土资源局局长陈景宝、平阳县县长陈永光等领导同志陪同调研。

7月6—7日，厦门市科协主席、国家海洋局第三海洋研究所原所长余兴光研究员在温州市科协副主席戴维文等领导陪同下专程来我区进行工作考察，对保护区建设、生态修复、院士专家工作站筹建以及海洋科普工作进行指导。

7月24日，与中国科学院院士、中国海洋大学宋微波教授签订南麂列岛院士专家工作站建站合作协议。

8月，中共温州市委人才工作领导小组授予南麂列岛国家海洋自然保护区管理局“海岸带生态保护、恢复和固碳工程项目”为温州市领军型人才创新创业项目称号 。

8月23—24日，浙江省海洋与渔业局黄志平局长来平阳县专题调研南麂保护区建设与管理工作。温州市海洋与渔业局党组书记陈向东，平阳县领导陈永光、曾上俊、卢成杭，南麂列岛国家海洋自然保护区管理局局长周胜荣等陪同调研。

8月21日，中共平阳县委办公室、平阳县人民政府办公室联合下发“关于印发《全面加强南麂列岛国家级海洋自然保护区保护和建设管理的实施意见》的通知”。

11月，中国自然科学博物馆协会、中国野生动物保护协会、北京自然博物馆共同主办的《大自然》杂志出版南麂列岛特刊，刊登9篇反映南麂列岛丰富的生物多样性的科普文章，中国科学院院士、中国海洋大学宋微波教授专门撰写刊首语“南麂列岛——中国东海岛屿生物多样性的典型代表”。

11月30日，浙江省第十二届人民代表大会常务委员会第四十五次会议通过关于修改《浙江省南麂列岛国家级海洋自然保护区管理条例》的决定。

11月30日，中共温州市委组织部、温州市科学技术协会发文（温科协〔2017〕106号）命名成立南麂列岛国家级海洋自然保护区院士专家工作站，12月6日在市人民大会堂授牌。

2018年

1月18—20日，南京林业大学与南麂保护区研究所组成的调查队一行20余人，前往南麂列岛开展海岛植被调查。

4月25日，南麂列岛国家海洋自然保护区管理局与北京师范大学全球变化与地球系统科学研究院在平阳鳌江联合举办浙南蓝碳生态过程监测试验站揭牌仪式暨学术报告会，“省千人才”唐剑武博士和北师大地球院程晓院长等参加会议。

6月14—15日，中国林学会树木学分会常务理事会议在平阳召开，会议代表专程考察南麂列岛并对南京林业大学承担的“南麂列岛森林植物物种资源调查”项目进行实地评价。

7月30—31日，以“协调人与生物圈，保护生命共同体”为主题的中华人民共和国加入联合国教科文组织“人与生物圈计划”45周年暨中华人民共和国人与生物圈国家委员会成立40周年大会在北京国家会议中心举行。南麂列岛国家海洋自然保护区管理局在会场设立南麂列岛世界生物圈保护区展览专区。

10月，由南麂列岛国家海洋自然保护区管理局与浙江海洋大学、中国环境科学研究院合作编著的《南麂列岛海洋自然保护区浅海生态环境与渔业资源》专著由科学出版社出版。

8月23日，由平阳县海洋与渔业局和南麂列岛国家海洋自然保护区管理局共同委托国家海洋局第一海洋研究所编制的《南麂列岛国家级海洋自然保护区养殖规划及整治专题研究技术》通过专家评审。

10月24—26日，中国海洋湖沼学会海洋底栖生物学分会一届三次理事会议暨南麂列岛院士专家工作站揭牌仪式在平阳举行。中国科学院院士、中国海洋大学宋微波教授亲临会议指导，来自全国海洋底栖生物学领域的专家学者30余人参加会议并赴南麂岛实地考察。

10月25日，2018中国・平阳首届南麂大黄鱼节在东海之滨、鳌江之畔隆重开幕。活动内容包括南麂大黄鱼摄影大赛、千人健步活动、“温州生态大黄鱼南麂论剑”高峰论坛、南麂岛渔耕体验活动、“印象南麂・生态黄鱼”主题文艺演出及农博会主题展示等。中国工程院院士、中国海洋大学麦康森教授宣布开幕并在高峰论坛上做主题报告。

11月6—8日，中国科学院院士、中国人与生物圈国家委员会主席许智宏教授带队来南麂列岛世界生物圈保护区开展10周年阶段性评估。参加评估的专家还有中国科学院院士、中国科学院水生生物研究所原所长朱作言教授、生态环境部陶思明副巡视员、中国环境科学研究院王伟副研究员、中国海洋大学郑小东教授、辽宁师范大学王宏伟教授、中国人与生物圈国家委员会秘书长王丁研究员等。

11月21—23日，根据环境保护部、国土资源部、水利部、农业部、国家林业局、中国科学院、国家海洋局7部门要求，中国环境科学研究院环境生态科学研究所组织专家组赴南麂列岛开展长江经济带国家级自然保护区评估工作，获评结果为“优”。

2019年

1月4日，南麂列岛院士专家工作站通过中国科协认证。

3月3日，《航拍中国》（第二季）在央视记录频道播出，南麂列岛画面亮相。

3月27日，平阳南麂岛与大陆电力联网工程正式开工建设，并于当年11月建成投入使用，彻底解决了南麂岛用电难问题。

3月29日，南麂列岛国家级海洋自然保护区专家顾问委员会成立，聘请全国相关领域17名专家组成第一届专家顾问委员会，聘请时间为2019年4月1日—2022年4月1日。

4月，《南麂保护区养殖专项规划》项目正式启动，由浙江省海洋水产养殖研究所负责实施，起讫期限为2019年4月—2020年6月，项目总经费318.8万元。

4月，南麂镇被浙江省文化和旅游厅评为首批浙江文艺创作采风基地。

5月8日，南麂岛首座35千伏变电所开工，并于同年9月24日竣工验收。

5月24日，南麂列岛国家海洋自然保护区管理局与南京林业大学正式签订“产学研”合作协议。

9月，经申报推荐和农业部专家审核，南麂镇（大黄鱼）入选第九批全国“一村一品”示范村镇，是温州市本次唯一入选对象。

10月22日，南京林业大学张敏博士来南麂列岛国家级海洋自然保护区做《南麂列岛野生栀子果实有效成分分析及其品质形成的分子生物学基础研究》博士后研究项目开题报告，并正式入站工作。

10 月，南麂获“浙江省法治教育基地”称号。

12 月 6—8 日，2019 年南麂列岛岛屿生态及生物多样性研讨会暨南麂列岛国家级海洋自然保护区专家顾问委员会第一次年会在平阳召开，保护区专家顾问委员会成员、院士专家团队及相关科研院所专家等参加会议。

附录

附录1 南麂列岛国家级海洋自然保护区动植物名录表

附录 1-1 南麂列岛国家级海洋自然保护区大型藻类名录表

序号	中文名	拉丁学名
一	蓝藻门	CYANOPHYTA
	蓝藻纲	CYANOPHYCEAE
（一）	颤藻目	OSCILLATORIALES
	颤藻科	OSCILLATORIACEAE
1	半丰满鞘丝藻	*Lyngbya semiplena*（C. Agardh）J. Agardh
（二）	念珠藻目	NOSTOCALES
	胶须藻科	RIVULARIACEAE
2	苔垢菜	*Calothrix crustacea* Thuret ex Bornet et Flauhault
二	红藻门	RHODOPHYTA
	红毛菜纲	BANGIOPHYCEAE
（一）	红盾藻目	ERYTHROPELTIDALES
	红盾藻科	ERYTHROPELTIDACEAE
3	尖根星丝藻	*Erythrotrichia biserata* Tanaka
（二）	角毛藻目	GONIOTRICHALES
	角毛藻科	GONIOTRICHACEAE
4	茎丝藻	*Stylonema alsidii*（Zanardini）Drew
（三）	红毛菜目	BANGIALES
	红毛菜科	BANGIACEAE
5	红毛菜	*Bangia fuscopurpurea*（Dillwyn）Lyngbye

续附录 1-1

序号	中文名	拉丁学名
6	小红毛菜	*Bangia gloiopeltidicola* Tanaka
7	皱紫菜	*Porphyra crispata* Kjellman
8	长紫菜	*Pyropia dentata*（Kjellman）N. Kikuchi et Miyata in Sutherland et al.
9	刺边紫菜	*Pyropia dentimarginata* Chu et Wang
10	坛紫菜	*Pyropia haitanensis* Chang et Zheng
11	铁钉紫菜	*Pyropia ishigecola* Miura
12	圆紫菜	*Pyropia suborbiculata*（Kjellman）Kuntze
13	甘紫菜	*Pyropia tenera* Kjellman
14	条斑紫菜	*Pyropia yezoensis* Ueda
	真红藻纲	FLORIDEOPHYCEAE
（一）	顶丝藻目	ACROCHAETIALES
	顶丝藻科	ACROCHAETIACEAE
15	渐尖旋体藻	*Audouinella attenuata*（Rosenvinge）Garbary
16	羽状旋体藻	*Audouinella plumosa*（Drew）Garbary
（二）	海索面目	NEMALIALES
	乳节藻科	GALAXAURACEAE
17	乳节藻	*Galaxaura oblongata*（Ell. et Sol.）Lamx.
18	扁鲜奈藻	*Scinaia latifrons* Howe
19	清澜鲜奈藻	*Scinaia tsinglanensis* Tseng
	海索面科	NEMALIACEAE
20	海索面	*Nemalion vermiculare* Suringar
（三）	珊瑚藻目	CORALLINALES
	珊瑚藻科	CORALLINACEAE
21	宽扁叉节藻	*Amphiroa anceps*（Lamarck）Decaisne
22	叉节藻	*Amphiroa ephedraea*（Lamarck）Decaisne
23	带形叉节藻	*Amphiroa beauvoisii* Lamouroux
24	粗珊藻	*Calliarthron yessoense*（Yendo）Manza
25	鳞形珊瑚藻	*Corallina confusa* Yendo
26	粗枝珊瑚藻	*Corallina crassisima*（Yendo）Hind et Saunder
27	珊瑚藻	*Corallina officinalis* Linnaeus
28	小珊瑚藻	*Corallina pilulifera* Postels et Ruprecht

续附录 1-1

序号	中文名	拉丁学名
29	无柄珊瑚藻	*Corallina sessilis* Yendo
30	宽角叉珊藻	*Jania adhaerens* Lamouroux
31	冈村石叶藻	*Lithophyllum okamurai* Foslie
32	异边孢藻	*Marginisporum aberrans* (Yendo) Johanson et Chihara in Johansen
(四)	石花菜目	GELIDIALES
	石花菜科	GELIDIACEAE
33	石花菜	*Gelidium amansii* (Lamoruoux) Lamoruoux
34	细毛石花菜	*Gelidium crinale* (Hare ex Turner) Gaillon
35	小石花菜	*Gelidium divaricatum* Martens
36	匍匐石花菜	*Gelidium foliaceum* (Okamura) Tronchin
37	大石花菜	*Gelidium pacificum* Okamura
38	密集石花菜	*Gelidium yamadae* Fan
39	细弱拟鸡毛菜	*Pterocladiella tenuis* (Okamura) Shimada, Horiguchi et Masuda
(五)	胭脂藻目	HILDENBRANDIALES
	胭脂藻科	HILDENBRANDIACEAE
40	胭脂藻	*Hildenbrandia rivularis* (Sommerfelt) Meneghini
(六)	杉藻目	GIGARTINALES
	茎刺藻科	CAULACANTHACEAE
41	茎刺藻	*Caulacanthus ustulatus* (Turner) Kützing
	胶粘藻科	DUMONTIACEAE
42	亮管藻	*Hyalosiphonia caespitosa* Okamura
	内枝藻科	ENDKOCLADIACEAE
43	海萝	*Gloiopeltis furcata* (Postels et Ruprecht) J. Agardh
44	鹿角海萝	*Gloiopeltis tenax* (Turner) Decaisne
	杉藻科	GIGARTINACEAE
45	线形软刺藻	*Chondracanthus tenellus* (Harvey) Hommersand
46	角叉菜	*Chondrus ocellatus* Holmes
47	中间软刺藻	*Gigartina intermedia* (Suringar) Hommersand in Hommersand et al.
	海膜科	HALYMENIACEAE
48	盾果藻	*Carpopeltis affinis* (Harvey) Okamura
49	蜈蚣藻	*Grateloupia asiatica* Kawaguchi et Wang

续附录 1-1

序号	中文名	拉丁学名
50	椭圆蜈蚣藻	*Grateloupia elliptica* (Holmes) Yamada
51	披针形蜈蚣藻	*Grateloupia lanceolata* (Okamura) Yamada
52	舌状蜈蚣藻	*Grateloupia livida* (Harvey) Yamada
53	长枝蜈蚣藻	*Grateloupia prolongata* J. Agardh
54	繁枝蜈蚣藻	*Grateloupia ramosissima* Okamura
55	带形蜈蚣藻	*Grateloupia turuturu* Yamada
56	海膜	*Halymenia floresia* (Clemente) C. Agardh
57	剑状蜈蚣藻	*Polyopes lancifolius* (Harvey) Kawaguchi et H. W. Wang
	沙菜科	HYPNEACEAE
58	沙菜	*Hypnea asiaticca* Geraldino E. C. Yang et Boo in Geraldino
59	密毛沙菜	*Hypnea boergesenii* Tanaka
60	长枝沙菜	*Hypnea charoides* Lamouroux
61	裸干沙菜	*Hypnea chordacea* Kützing
	楷膜藻科	KALLYMENIACEAE
62	附着美叶藻	*Callophyllis adhaerens* Yamada
63	贴生美叶藻	*Callophyllis adnata* Okamura
	育叶藻科	PHYLLOPHORACEAE
64	扇形拟伊藻	*Ahnfeltiopsis flabelliformis* (Harvey) Masuda
	海头红科	PLOCAMIACEAE
65	海头红	*Plocamium telfairiae* (Hooker et Harvey) Harvey ex Kützing
	红翎菜科	SOLIERIACEAE
66	细弱红翎菜	*Solieria tenuis* Xia et Zhang
(七)	江蓠目	GRACILARIALES
	江蓠科	GRACILARIACEAE
67	真江蓠	*Agarophyton vermiculophyllum* (Ohmi) Gurgel, Norris et Fredericq
68	脆江蓠	*Gracilaria chouae* Zhang et Xia
69	扁江蓠	*Gracilaria textorii* (Suringar) Hariot
(八)	伊谷藻目	AHNFELTIALES
	伊谷藻科	AHNFELTIACEAE
70	叉枝伊谷藻	*Ahnfeltia furcellata* Okam.
(九)	红皮藻目	RHODYMENIALES

续附录 1-1

序号	中文名	拉丁学名
	环节藻科	CHAMPIACEAE
71	蛙掌藻	*Binghamia californica* J. Agardh
72	荧光环节藻	*Champia bifida* Okamura
73	日本环节藻	*Champia japonica* Okamura
74	环节藻	*Champia parvula* (C. Agardh) Harvey
75	链状节荚藻	*Fushitsunagia catenata* (Harvey) Filloramo et Saunders
76	节荚藻	*Lomentaria hakodatensis* Yendo
77	扁节荚藻	*Lomentaria pinnata* Segawa
	红皮藻科	RHODYMENIACEAE
78	金膜藻	*Botryocladia wrightii* (Harvey) Schmidt, Ballantine et Fredericq
79	错综红皮藻	*Rhodymenia intricata* (Okamura) Okamura
(十)	仙菜目	CERAMIALES
	仙菜科	CERAMIACEAE
80	对丝藻	*Antithamnion cruciatum* (C. Agardh) Naegeli
81	粗凝菜	*Campylaephora crassa* (Okamura) Nakamura
82	钩凝菜	*Campylaephora hypnaeoides* J. Agardh
83	纵胞藻	*Centroceras clavulatum* (C. Agardh) Montagne
84	波登仙菜	*Ceramium boydenii* Gepp
85	日本仙菜	*Ceramium japonicum* Okamura
86	三叉仙菜	*Ceramium kondoi* Yendo
87	圆锥仙菜	*Ceramium paniculatum* Okamura
88	日本凋毛藻	*Griffithsia japonica* Okamura
89	丛孢藻	*Spermothamnion suyehioroi* (Okamura) Okamura
	绒线藻科	DASYACEAE
90	帚状绒线藻	*Dasya scoparia* Harvey
91	日本异管藻	*Dasysiphonia Japonica* (Yendo) H. S. Kim
92	美丽异管藻	*Heterosiphonia pulchra* (Okamura) Falkenberg
	红叶藻科	DELESSERIACEAE
93	具钩顶群藻	*Acrosorium venulosum* (Zanardini) Kylin
94	顶群藻	*Acrosorium yendoi* Yamada
95	粗枝软骨藻	*Chondria crassicaulis* Harvey

续附录 1-1

序号	中文名	拉丁学名
96	细枝软骨藻	*Chondria tenuissima* (Withering) C. Agardh
97	匍匐红舌藻	*Erythroglossum repens* (Okamura) Hollenberg
98	柔弱爬管藻	*Herposiphonia tenella* (C. Agardh) Ambronn
99	复生凹顶藻	*Laurencia composita* Yamada
100	瘤枝凹顶藻	*Laurencia glandulifera* Kütz.
101	日本凹顶藻	*Laurencia nipponica* Yamada
102	冈村凹顶藻	*Laurencia okamurai* Yamada
103	羽状凹顶藻	*Laurencia pinnatifida* Lamx.
104	波形凹顶藻	*Laurencia undulata* Yamada
105	倾伏新管藻	*Neosiphonia decumbens* (Segi) Kimet Lee
106	日本新管藻	*Neosiphonia japonica* (Harvey) Kim et Lee
107	细小新管藻	*Neosiphonia savatieri* (Haroit) Kim et Lee
108	异枝栅凹藻	*Palisada intermedia* (Yamada) K. W. Nam
109	橡叶藻	*Phycodrys radicosa* (Okamura) Yamada et Inagaki
110	羽裂橡叶藻	*Phycodrys riggii Gardner*
111	摩利斯多管藻	*Polysiphonia mollis* Hook. et Harvey
112	内枝多管藻	*Polysiphonia morrowii* Harvey
113	多管藻	*Polysiphonia senticulosa* Harvey
114	美丽顶枝藻	*Sorella pulchra* (Yamada) Yoshida et Mikami
115	匍匐顶枝藻	*Sorellarepens* (Okamura) Hollenberg
116	鸭毛藻	*Symphyocladia latiuscula* (Harvey) Yamada
117	苔状鸭毛藻	*Symphyocladia marchantioides* (Harvey in Hooker) Falkenberg
118	小鸭毛藻	*Symphyocladia pumila* (Yendo) Uwai et Masuda
三	褐藻门	PHAEOPHYTA
	褐藻纲	PHAEOPHYCEAE
(一)	水云目	ECTOCARPALES
	水云科	ECTOCARPACEAE
119	水云	*Ectocarpus confervoides* (Roth) Le Jolis
120	印度水云	*Ectocarpus indicus* Sonder
121	长囊水云	*Ectocarpus siliculosus* (Dillwyn) Lyngbye
122	浙江褐茸藻	*Giffordia zhejiangensis* S. B. Wang

续附录 1-1

序号	中文名	拉丁学名
（二）	褐壳藻目	RALFSIALES
	褐壳藻科	RALFSIACEAE
123	疣状褐壳藻	*Ralfsia verrucosa*（Areschoug）J. Ag.
（三）	黑顶藻目	SPHACELARIALES
	黑顶藻科	SPHACELARIACEAE
124	叉状黑顶藻	*Sphacelaria furcigera* Kutz
125	三叉黑顶藻	*Sphacelaria fusca*（Hudson）C. Ag.
（四）	网地藻目	DICTYOTALES
	网地藻科	DICTYOTACEAE
126	宽叶网翼藻	*Dictyopteris latiuscula*（Okam.）
127	褐舌藻	*Dictyopteris pacifica*（Yendo）Hwang, Kim et Lee
128	育叶网翼藻	*Dictyopteris prolifera*（Okam.）Okam.
129	厚网藻	*Dictyota coriacea*（Holmes）I. K. Hwang, H. S. Kim et W. J. Lee
130	网地藻	*Dictyota dichotoma*（Huds.）Lamx.
131	叉开网地藻	*Dictyota divaricata* Lamx.
132	印度网地藻	*Dictyota indica* Sonder
133	大团扇藻	*Padina crassa* Yamada
134	厚缘藻	*Rugulopteryx okamurae*（Dawson）Hwang, Lee et Kim
（五）	索藻目	CHORDARIALES
	索藻科	CHORDARIACEAE
135	异丝藻	*Papenfussiella kuromo*（Yendo）Inagaki
	铁钉菜科	ISHIGEACEAE
136	叶状铁钉菜	*Ishige foliacea* Okam.
137	铁钉菜	*Ishige okamurae* Yendo
	粘膜藻科	LEATHESIACEAE
138	粘膜藻	*Leathesia difformes*（Linnaeus）Areschoug
（六）	萱藻目	SCYTOSIPHONALES
	萱藻科	SCYTOSIPHONACEAE
139	囊藻	*Colpomenia sinuosa*（Mertens ex Roth）Derbes et Solier
140	鹅肠菜	*Petalonia binghamiae*（J. Agardh）K. L. Vinogradova
141	辐叶藻	*Petalonia fascia*（Müller）Kuntze

续附录 1-1

序号	中文名	拉丁学名
142	无节萱藻	*Scytosiphon gracilis* Kogame
143	萱藻	*Scytosiphon lomentaria* (Lyngbye) Link
(七)	海带目	LAMINARIALES
	翅藻科	ALARIACEAE
144	裙带菜	*Undaria pinnatifida* (Harv.) Suringar
	海带科	LAMINARIACEAE
145	海带	*Saccharina japonica* (Areschoug) C. Lane, Mayes, Druehl et G. W. Saunders
(八)	墨角藻目	FUCALES
	马尾藻科	SARGASSACEAE
146	头状马尾藻	*Sargassum capitatum* Tseng et Lu
147	羊栖菜	*Sargassum fusiforme* (Harvey) Setchell
148	草叶马尾藻	*Sargassum graminifolium* (Turner) J. Agardh
149	半叶马尾藻	*Sargassum hemiphyllum* (Turner) J. Agardh
150	铜藻	*Sargassum horneri* (Turner) C. Agardh
151	海黍子	*Sargassum muticum* (Yendo) Fensholt
152	黑叶马尾藻	*Sargassum nigrifoloides* Tseng et Lu
153	裂叶马尾藻	*Sargassum siliquastrum* (Turner) C. Agardh
154	鼠尾藻	*Sargassum thunbergii* (Mertens) O. Kuntze
155	瓦氏马尾藻	*Sargassum vachellianum* Greville
156	喇叭藻	*Turbinaria ornata* (Turner) J. Ag.
四	绿藻门	CHLORPHYTA
	石莼纲	ULVOPHYCEAE
(一)	丝藻目	ULOTRICHALES
	丝藻科	ULOTRICHACEAE
157	软丝藻	*Ulothrix flacca* (Dillwyn) Thurner
(二)	石莼目	ULVALES
	礁膜科	MONOSTROMATACEAE
158	礁膜	*Monostroma nitidum* Wittr.
	石莼科	UIVACEAE
159	条浒苔	*Ulva clathrata* (Roth) C. Agardh
160	蛎菜	*Ulva conglobata* Kjellman

续附录 1-1

序号	中文名	拉丁学名
161	扁浒苔	*Ulva compressa* Linnaeus
162	裂片石莼	*Ulva fasciata* Delile
163	肠浒苔	*Ulva intestinalis* Linnaeus
164	石莼	*Ulva lactuca* Linnaeus
165	缘管浒苔	*Ulva linza* Linnaeus
166	孔石莼	*Ulva pertusa* Kjellman
167	浒苔	*Ulva prolifera* O. F. Müller
（三）	刚毛藻目	CLADOPHORALES
	刚毛藻科	CALDOPHORACEAE
168	气生硬毛藻	*Chaetomorpha aerea* (Dillw.) Kützing
169	中间硬毛藻	*Chaetomorpha antennina* (Bory) Kützing
170	螺旋硬毛藻	*Chaetomorpha spiralis* Okamura
171	苍白刚毛藻	*Cladophora albida* (Nees) Kützing
172	链状刚毛藻	*Cladophora catenata* (Linnaeus) Kützing
173	束生刚毛藻	*Cladophora fascicularis* (Mertens ex C. Agardh) Kützing
174	曲褶刚毛藻	*Cladophora flexuosa* (O. F. Müller) Kützing
175	海绿色刚毛藻	*Cladophora glaucescens* Harvey
176	斯氏刚毛藻	*Cladophora stimpsonii* Harvey
177	散束刚毛藻	*Cladophora vagabunda* (Linnaeus) C. Hoek
（四）	管枝藻目	SIPHONOCLADALES
	布多藻科	BOODLEACEAE
178	布多藻	*Boodlea composita* (Harv.) Brand
（五）	松藻目	CODIALES
	松藻科	CODIACEAE
179	叉开松藻	*Codium divaricatum* Holmes
180	刺松藻	*Codium fragile* (Suringar) Hariot.
181	平卧松藻	*Codium repens* (Cr.) Vick.
182	松藻属一种	*Codium* sp.
（六）	羽藻目	BRYOPSIDALES
	羽藻科	BRYOPSIDACEAE
183	假根羽藻	*Bryopsis corticulans* Setchell

续附录 1-1

序号	中文名	拉丁学名
184	藓羽藻	*Bryopsis hypnoides* Lamouroux
185	羽状羽藻	*Bryopsis pennata* Lamouroux
186	羽藻	*Bryopsis plumosa*（Hudson）C. Agardh

注：根据《中国海洋红藻门新分类系统》（丁兰平等，2015）、《中国海洋褐藻门新分类系统》（黄冰心等，2015）、《中国海洋绿藻门新分类系统》（丁兰平等，2015）、《中国海洋蓝藻门（蓝细菌门）的新分类系统》（黄冰心，2015）、《中国海洋生物名录》（刘瑞玉，2008）、《中国海洋物种多样性》（黄宗国和林茂，2012）、《南麂列岛的底栖藻类》（孙建璋等，1992）、《浙江底栖海藻记录》（孙建璋等，2006）、《中国红质藻科（Erythropeltidaceae）5个新记录种》（栾日孝等，2005）、《中国多管藻属及新管藻属的研究》（项斯端，2004）、《浙江南麂列岛有节珊瑚藻（红藻门 Rhodophyta）的分类研究》（陈彦伟等，2020）等文献重新校补整理而成。

附录 1-2　南麂列岛国家级海洋自然保护区微小型藻类名录表

序号	中文名	拉丁学名
一	硅藻门	BACILLARIOPHYTA
	中心纲	CENTRICAE
（一）	圆筛藻目	COSINODISCALES
	圆筛藻科	COSCINODISCACEAE
1	透明辐杆藻	*Bacteriastrum hyalinum* Lauder
2	变异辐杆藻	*Bacteriastrum varians* Lauder
3	辐杆藻	*Bacteriastrum* sp.
4	柏古角管藻	*Cerataulina bergonii* Per.
5	小环毛藻	*Corethron hystrix* Hansen
6	非洲圆筛藻	*Coscinodiscus africanus* Jan.
7	蛇目圆筛藻	*Coscinodiscus argus* Ehr.
8	星脐圆筛藻	*Coscinodiscus asteromphalus* Ehr.
9	有翼圆筛藻	*Coscinodiscus bipartitus* Rattr.
10	中心圆筛藻	*Coscinodiscus centralis* Ehr.
11	整齐圆筛藻	*Coscinodiscus concinnus* W. Smith
12	细圆齿圆筛藻	*Coscinodiscus crenulatus* Grun.
13	弓束圆筛藻	*Coscinodiscus curvatulus* Grun.
14	弓束圆筛藻小形变种	*Coscinodiscus curvatulus* var. *minor*（Ehr.）Grun.
15	多束圆筛藻	*Coscinodiscus divisus* Grun.
16	离心列圆筛藻	*Coscinodiscus excentricus* Ehr.
17	巨圆筛藻	*Coscinodiscus gigas* Ehr.
18	巨圆筛藻交织变种	*Cascinodiscus gigas* var. *praetexta*（Jan.）Hust.
19	格氏圆筛藻	*Coscinodiscus granii* Grough
20	六块圆筛藻	*Coscinodiscus hexagonus* Cheng et Chin
21	强氏圆筛藻	*Coscinodiscus janischii* A. Schmidt
22	琼氏圆筛藻	*Cascinodiscus jonesianus*（Grev.）Ostenf.
23	琼氏圆筛藻变化变种	*Coscinodiscus jonesianus* var. *commutata*（Grun.）Hust.
24	线形圆筛藻	*Coscinodiscus lineatus* Ehr.
25	具边圆筛藻	*Coscinodiscus marginatus* Ehr.
26	海洋圆筛藻	*Coscinodiscus micans* Schmidt
27	小形圆筛藻	*Coscinodiscus minor* Ehr.

续附录 1-2

序号	中文名	拉丁学名
28	小眼圆筛藻	*Coscinodiscus oculatus* (Fauv.) Petit
29	虹彩圆筛藻	*Coscinodiscus oculus-iridis* Ehr.
30	孔圆筛藻	*Coscinodiscus perforatus* Ehr.
31	辐射圆筛藻	*Coscinodiscus radiatus* Ehr.
32	棘刺圆筛藻	*Coscinodiscus spiniferus* (Gr. et St.) Grun.
33	有棘圆筛藻	*Coscinodiscus spinosus* Chin
34	细弱圆筛藻	*Coscinodiscus subtilis* Ehr.
35	苏氏圆筛藻	*Cascinadiscus thorii* Pav.
36	威氏圆筛藻	*Coscinodiscus wailesii* Gran et Anget
37	扭曲小环藻	*Cyclotella comta* (Ehr.) Kuetz.
38	条纹小环藻	*Cyclotella striata* (Kuetz.) Grun.
39	柱状小环藻	*Cyclotella stylorum* Brightw.
40	地中海指管藻	*Dactyliosolen mediterraneus* (Perag.) Peragallo.
41	辐射明盘藻	*Hyalodiscus radiatus* (O'Meara) Grun.
42	细弱明盘藻	*Hyalodiscus subtilis* Bail.
43	北方劳德藻	*Lauderia borealis* Gran
44	丹麦细柱藻	*Leptocylindrus danicus* Cleve
45	朱吉直链藻	*Melosira juergensii* Ag.
46	念珠直链藻	*Melosira moniliformis* (Muell.) Ag.
47	拟货币直链藻	*Melosira nummuloides* (Dillw.) Ag.
48	具槽直链藻	*Melosira sulcata* (Ehr.) Kuetz.
49	变异直链藻	*Melosira varians* Agardh
50	太阳漂流藻	*Planktoniella sol* (Wall.) Schuett
51	蒙氏柄链藻	*Podosira montagnei* Kützing
52	星形柄链藻	*Podosira stelliger* (Bail.) Mann
53	格纹洛氏藻	*Roperia tesselata* (Roper) Grunow
54	中肋骨条藻	*Skeletonema costatum* (Grev.) Cleve
55	日本冠盖藻	*Stephanopyxis nipponica* Gran et Yendo
56	掌状冠盖藻	*Stephanopyxis palmeriana* (Grev.) Grun.
57	密联海链藻	*Thalassiosira condensata* (Cl.) Lebour
58	离心列海链藻	*Thalassiosira eccentrica* (Ehr.) Cl.

续附录 1-2

序号	中文名	拉丁学名
59	圆海链藻	*Thalassiosira rotula* Meuier
60	细弱海链藻	*Thalassiosira subtilis* (Ostenf.) Gran
61	海链藻	*Thalassiosira* sp.
	眼纹藻科	EUPODISCACEAE
62	奇妙辐环藻	*Actinocyclus alienus* Grun.
63	爱氏辐环藻	*Actinocyclus ehrenbergii* Ralfs
64	爱氏辐环藻厚缘变种	*Actinocyclus ehrenbergii* var. *crassa* (W. Smith) Hust.
65	爱氏辐环藻优美变种	*Actinocyclus ehrenbergii* var. *tenella* (Breb.) Hust.
66	椭圆辐环藻	*Actinocyclus ellipticus* Grun.
67	诺氏辐环藻	*Actinocyclus normani* (Greg.) Hust.
68	洛氏辐环藻	*Actinocyclus roperi* (Breb.) Grun.
69	细弱辐环藻	*Actinocyclus subtilis* (Greg.) Ralfs
70	辐环藻	*Actinocyclus* sp.
71	胞形沟盘藻	*Aulacodiscus cellulouss* Gr. et St.
72	珠纹沟盘藻	*Aulacodiscus margaritaceus* Ralfs
73	楔形半盘藻	*Hemidiscut cuneiformis* Wall.
	辐盘藻科	ACTINODISCACEAE
74	球状辐裥藻	*Actinoptychus annulatus* (Wall.) Grun.
75	六块辐裥藻巴巴登斯变种	*Actinoptychus senarius* var. *barbadensis* (A. Schmidt) Desikachary et Sreelatha
76	华美辐裥藻	*Actinoptychus splendens* (Shadb.) Ralfs
77	波状辐裥藻	*Actinoptychus undulatus* (Bail.) Ralls
78	亏格蛛网藻	*Arachnoidiscus deficiens* Brown
79	蛛网藻	*Arachnoidiscus ehrenbergii* Bailey
80	纹筛蛛网藻	*Arachnoidiscus ornarus* Ehr.
81	斑盘藻	*Stictodiscus* sp.
（二）	盒形藻目	BIDDULPHIALES
	盒形藻科	BIDDULPHIACEAE
82	锤状中鼓藻	*Bellerochea malleus* (Brightw.) V. H.
83	长耳盒形藻	*Biddulphia aurita* (Lyngb.) Bréb. et God.
84	颗粒盒形藻	*Biddulphia granulata* Roper
85	活动盒形藻	*Biddulphia mobiliensis* (Bail.) Grun.

续附录 1-2

序号	中文名	拉丁学名
86	钝头盒形藻	*Biddulphia obtusa* (Kuetz.) Ralfs
87	美丽盒形藻	*Biddulphia pulchella* Gray
88	高盒形藻	*Biddulphia regia* (Sch.) Ostenf.
89	网纹盒形藻	*Biddulphia reticulata* Roper
90	中华盒形藻	*Biddulphia sinensis* Grev.
91	布氏双尾藻	*Ditylum brightwelli* (West) Grun.
92	太阳双尾藻	*Ditylum sol* Grun.
93	长角弯角藻	*Eucampia cornuta* (Cleve) Grun.
94	短角弯角藻	*Eucampia zoodiacus* Ehr.
95	霍氏半管藻	*Hemiaulus hauckii* Grun.
96	印度半管藻	*Hemiaulus indicus* Karst.
97	簿壁半管藻	*Hemiaulus membranaceus* Cl.
98	中华半管藻	*Hemiaulus sinensis* Grun.
99	扭鞘藻	*Streptothece thamesis* Shrubs.
100	细纹三角藻	*Triceratium affine* Grun.
101	堞形三角藻	*Triceratium castelliferum* Grun.
102	蜂窝三角藻	*Triceratium favus* Ehr.
103	美丽三角藻	*Triceratium formosum* Brightw.
104	结合三角藻	*Tricerutium junctum* A. Schmidt
105	北极三角藻方形变种	*Trigonium arcticum* var. *quadrata* (Grun. ex Tem. -Per.) Des
106	南麂侧链藻	*Pleurosira nanjiensis* Yuhang Li, Nagumo et Kuidong Xu
	角毛藻科	CHAETOCERACEAE
107	窄隙角毛藻	*Chaetoceros affinis* Lauder
108	大西洋角毛藻	*Chaetoceros atlanticus* Cleve
109	短孢角毛藻	*Chaetoceros brevis* Schuett
110	卡氏角毛藻	*Chaetoceros castracanei* Karst.
111	绕孢角毛藻	*Chaetoceros cinctus* Gran
112	密聚角毛藻	*Chaetoceros coarctatus* Lauder
113	扁面角毛藻	*Chaetoceros compressus* Lauder
114	缢缩角毛藻	*Chaetoceros constrictus* Gran
115	旋链角毛藻	*Chaetoceros curvisetus* Cleve

续附录 1-2

序号	中文名	拉丁学名
116	丹麦角毛藻	*Chaetoceros danicus* Cleve
117	柔弱角毛藻	*Chaetoceros debilis* Cleve
118	并基角毛藻	*Chaetoceros decipiens* Cleve
119	密连角毛藻	*Chaetoceros densus* (Cleve) Cleve
120	齿角毛藻	*Chaetoceros denticulatus* Lauder
121	双突角毛藻	*Chaetoceros didymus* Ehr.
122	异角角毛藻	*Chaetoceros diversus* Cleve
123	爱氏角毛藻	*Chaetoceros eibenii* Grun.
124	垂缘角毛藻	*Chaetoceros laciniosus* Schuett
125	平滑角毛藻	*Chaetoceros laevis* Leud. -Fortm.
126	罗氏角毛藻	*Chaetoceros lauderi* Ralfs
127	洛氏角毛藻	*Chaetoceros lorenzianus* Grun.
128	短刺角毛藻	*Chaetoceros messanensis* Castr.
129	牟勒氏角毛藻	*Chaetoceros muelleri* Lemm.
130	日本角毛藻	*Chaetoceros nipponica* Ikari
131	奇异角毛藻	*Chaetoceros paradox* Cleve
132	海洋角毛藻	*Chaetoceros pelagicus* Cleve
133	拟弯角毛藻	*Chaetoceros pseudocurvisetus* Mangin
134	放射角毛藻	*Chaetoceros radians* Schuett
135	链刺角毛藻	*Chaetoceros seiracanthus* Gran
136	聚生角毛藻	*Chaetoceros socialis* Lauder
137	细弱角毛藻	*Chaetoceros subtilis* Cleve
138	圆柱角毛藻	*Chaetoceros teres* Cleve
139	范氏角毛藻	*Chaetoceros vanheurcki* Gran
140	威氏角毛藻	*Chaetoceros weissflogii* Schuett
(三)	根管藻目	RHIZOSOLENIALES
	根管藻科	RHIZOSOLENIACEAE
141	尖根管藻	*Rhizosolenia acuminata* (Perag.) Peragallo et Peragallo
142	翼根管藻	*Rhizosolenia alata* Brightw.
143	翼根管藻纤细变型	*Rhizosolenia alata* f. *gracillima* (Cl.) Grun.
144	翼根管藻印度变型	*Rhizosolenia alata* f. *indica* (Perag.) Hustedt

续附录 1-2

序号	中文名	拉丁学名
145	伯氏根管藻	*Rhizosolenia bergonii* Peragallo
146	距端根管藻	*Rhizosolenia calcar-avis* Schultze
147	卡氏根管藻	*Rhizosolenia castracanei* Peragallo
148	克氏根管藻	*Rhizosolenia cleivei* Ostenf.
149	粗刺根管藻	*Rhizosolenia crassispina* Schroeder
150	柔弱根管藻	*Rhizosolenia delicatula* Cleve
151	钝棘根管藻半刺变型	*Rhizosolenia hebetata* f. *semispina* (Han.) Gran
152	覆瓦根管藻	*Rhizosolenia imbricata* Brightw.
153	粗根管藻	*Rhizosolenia robusta* Norman et Ralfs
154	刚毛根管藻	*Rhizosolenia setigera* Brightw.
155	斯氏根管藻	*Rhizosolenia stolterforthi* Peragallo
156	笔尖形根管藻	*Rhizosolenia styliformis* Brightw.
157	笔尖形根管藻粗径变种	*Rhizosolenia styliformis* var. *latissima* Brightw.
158	笔尖形根管藻长棘变种	*Rhizosolenia styliformis* var. *longispina* Hust.
	羽纹纲	PENNARAE
(四)	舟形目	NAVICULALES
	舟形科	NAVICULACEAE
159	橙红双肋藻	*Amphipleura rutilans* (Trentep.) Cleve
160	翼茧形藻	*Amphiprora alata* (Ehr.) Kuetz.
161	巨茧形藻具糟变种	*Amphiprora gigantea* var. *sulcata* (O′ Me.) Cleve
162	光滑对纹藻	*Biremis lucens* K. Sabbe, A. Witkowski et W. Vyverman
163	非洲美壁藻	*Caloneis africana* (Giffen) Stidolph
164	直边脊弯藻	*Carinasigma rectum* (Donkin) Reid
165	波状梯舟藻	*Climaconeis undulata* (Meister) C. S. Lobban, M. P. Ashworth et E. C. Theriot
166	无光双壁藻	*Diploneis adiaphana* Sch.
167	蜂腰双壁藻	*Diploneis bombus* Ehr.
168	黄蜂双壁藻	*Diploneis crabro* (Ehr.) Ehr.
169	黄蜂双壁藻近椭圆变种	*Diploneis crabro* var. *subelliptica* Cleve
170	尤多双壁藻	*Diploneis eudoxia* (A. S.) Jorg.
171	淡褐双壁藻	*Diploneis fusca* (Gregory) Cleve
172	断纹双壁藻	*Diploneis interrupta* (Kützing) Cleve

续附录 1-2

序号	中文名	拉丁学名
173	海滨双壁藻网格变种	*Diploneis litoralis* var. *clathrata* (Østrup) Cleve
174	海滨双壁藻原变种	*Diploneis litoralis* var. *litoralis* (Donkin) Cleve
175	新西兰双壁藻	*Diploneis novaeseelandiae* (Schmidt) Hustedt
176	阔椭圆双壁藻	*Diploneis ovalis* (Hilse) Cleve
177	稀疏双壁藻	*Diploneis parca* (A. Schmidt) Boyer
178	史氏双壁藻	*Diploneis smithii* (Bréb.) Cleve
179	近圆双壁藻	*Diploneis suborbicularis* (Gregory) Cleve
180	摆动双壁藻	*Diploneis vacillans* (A. Schmidt) Cleve
181	具脊唐氏藻	*Donkina carinata* (Donkin) Ralfs
182	十字曲解藻	*Fallacia decussata* Yu H. Li et Hidek. Suzuki
183	弗罗林曲解藻	*Fallacia florinae* (Möller) A. Witkowski
184	钳状曲解藻	*Fallacia forcipata* (Greville) Stickle & Mann
185	锥型曲解藻	*Fallacia gemmifera* (R. Simonsen) D. G. Mann
186	霍氏曲解藻	*Fallacia hodgeana* (Patrick et Freese) Yu H. Li et Hide. Suzuki
187	海岸曲解藻	*Fallacia litoricola* (Hustedt) D. G. Mann
188	小蛹曲解藻	*Fallacia nyella* (Hustedt) D. G. Mann
189	眼形曲解藻	*Fallacia oculiformis* (Hustedt) D. G. Mann
190	美丽曲解藻	*Fallacia pulchella*K. Sabbe et K. Muylaert
191	舒曼曲解藻	*Fallacia schoemaniana* (Foged) Witkowski
192	柔弱曲解藻	*Fallacia tenera* (Hustedt) D. G. Mann
193	似柔弱曲解藻	*Fallacia teneroides* (Hustedt) D. G. Mann
194	琴状福氏藻	*Fogedia lyra* Park, Khim, Koh et A. Witkowski
195	中间肋缝藻	*Frustulia interposita* (Lew.) De Toni
196	长端节肋缝藻	*Frustulia lewisiana* (Grev.) De Toni
197	尖布纹藻	*Gyrosigma acuminatum* (Kutez.) Rab.
198	波罗的海布纹藻	*Gyrosigma balticum* (Ehr.) Rab.
199	波罗的海布纹藻中华变种	*Gyrosigma balticum* var. *sinensis* (Ehr.) Cleve
200	扭布纹藻	*Gyrosigma distortum* (W. Sm.) Griffith et Henfrey
201	簇生布纹藻	*Gyrosigma fasciola* (Ehr.) Grif. et Henf.
202	长尾布纹藻	*Gyrosigma macrum* (W. Sm.) Grif. et Henf.
203	结节布纹藻	*Gyrosigma nodiferum* West

续附录 1–2

序号	中文名	拉丁学名
204	结节布纹藻宽形变种	*Gyrosigma nodiferum* var. *latum* Chin et Liu
205	斜布纹藻	*Gyrosigma obliquum* (Grun.) Boyer
206	刀形布纹藻	*Gyrosigma scalproides* (Rab.) Cleve
207	斯氏布纹藻	*Gyrosigma spencerii* (W. Sm.) Grif. et Henf.
208	柔弱布纹藻	*Gyrosigma tenuissimum* (W. Sm.) Grit. et Hent
209	中肋海生双眉藻	*Halamphora costata* (W. Smith) Z. Levkov
210	简单海生双眉藻	*Halamphora exigua* (Gregory) Z. Levkov
211	拟霍尔斯泰海生双眉藻	*Halamphora holsatica* (Hustedt) Z. Levkov
212	英国海氏藻	*Haslea britannica* (Hustedt et Aleem) A. Witkowski, Lange-Bertalotet D. Metzeltin
213	菲耶斯塔海氏藻	*Haslea feriarum* Tiffany etSterrenburg
214	线形蹄状藻	*Hippodonta linearis* (Østrup) Lange-Bertalot, D. Metzeltin et A. Witkowski
215	南麂蹄状藻	*Hippodonta nanjiensis* Yuhang Li, Nagumo et Xu
216	胚珠胸隔藻	*Mastogloia ovulum* Hust.
217	尖头舟形藻	*Navicula acutirostris*Hustedt
218	阿拉伯舟形藻	*Navicula arabica* Grun.
219	沙生舟形藻	*Navicula arenaria* Donkin
220	巴西舟形藻	*Navicula brasiliensis* Grun.
221	方格舟形藻	*Navicula cancellata* Donkin
222	扁舟形藻	*Navicula complanata* Grun.
223	盔状舟形藻	*Navicula corymbosa* (Ag.) Cleve
224	隐头舟形藻极小变种	*Navicula cryptocephala* var. *perminuta* (Grunow) Cleve
225	小头舟形藻	*Navicula cuspidata* Kuetz.
226	鲜明舟形藻	*Navicula definita* Gr. et St.
227	直舟形藻	*Navicula directa* (W. Smith) Ralfs
228	无棵舟形藻	*Navicula epsilon* Cleve
229	膨胀舟形藻	*Navicula expansa* A. G. C.
230	嗜盐舟形藻	*Navicula halophila* (Grun.) Cleve
231	海氏舟形藻	*Navicula hennedyi* W. Smith
232	肩部舟形藻	*Navicula humerosa* Bréb.
233	长舟形藻	*Navicula longa* (Gregory) Ralfs
234	洛氏舟形藻	*Navicula lorenzii* (Grun.) Hust.

续附录 1-2

序号	中文名	拉丁学名
235	琴状舟形藻	*Navicula lyra* Ehr.
236	海洋舟形藻	*Navicula marina* Ralfs
237	膜状舟形藻	*Navicula membranacea* Cleve
238	微小舟形藻	*Navicula minuscula* Grun.
239	柔舟形藻	*Navicula mollis* (W. Smith) Cleve
240	串珠舟形藻	*Navicula monilifera* Cleve
241	端舟形藻	*Navicula mutica* Kuetz
242	诺森舟形藻	*Navicula northumbrica* Donkin
243	小形舟形藻	*Navicula parva* (Ehr.) Ralfs
244	帕维舟形藻	*Navicula pavillardi* Hust.
245	似叶状舟形藻	*Navicula phylleptosoma* Lange-Bertalot
246	假中分舟形藻	*Navicula pseudomediopartita* Schroder
247	斑点舟形藻	*Navicula punctulata* W. Smith
248	侏儒舟形藻	*Navicula pygmaea* Kuetz.
249	雷氏舟形藻	*Navicula rajmundii* A. Witkowski, Lange-Bertalot et D. Metzeltin
250	繁枝舟形藻	*Navicula ramosissima* (Agardh) Cleve
251	罗舟形藻	*Navicula rho* Cleve
252	七星舟形藻	*Navicula septentrionalis* (Grun.) Gran
253	美丽舟形藻	*Navicula spectabilis* Greg.
254	横开舟形藻	*Navicula transfuga* Grun.
255	拟十字书形藻	*Parlibellus cruciculoides* (Brockmann) A. Witkowski, H. Lange-Bertalot et D. Metzeltin
256	放射书形藻	*Parlibellus radiatus* Yuhang Li et Kuidong Xu, sp. nov.
257	圆顶羽纹藻	*Pinnularia acrosphaeria* W. Smith
258	矩形羽纹藻	*Pinnularia rectangulata* (Gregory) Cleve
259	特里羽纹藻	*Pinnularia trevelyana* (Donkin) Rabenhorst
260	那不勒斯斜脊藻	*Plagiotropis neopolitana* Paddock
261	端尖斜纹藻	*Pleurosigma acutum* Norman et Ralfs
262	端尖斜纹藻宽形变种	*Pleurosigma acutum* var. *latum* Chin et Liu
263	艾希斜纹藻	*Pleurosigma aestuarii* (Bréb.) W. Smith
264	近缘斜纹藻	*Pleurosigma affine* Grun.
265	宽角斜纹藻	*Pleurosigma angulatum* (Quek.) W. Smith

续附录 1-2

序号	中文名	拉丁学名
266	宽角斜纹藻方形变种	*Pleurosigma angulatum* var. *quadratum* (W. Sm.) V. H.
267	优美斜纹藻	*Pleurosigma decorum* W. Smith
268	长斜纹藻	*Pleurosigma elongatum* W. Smith
269	长斜纹藻中华变种	*Pleurosigma elongatum* var. *sinica* Skv.
270	镰刀斜纹藻	*Pleurosigma falx* Mann.
271	美丽斜纹藻	*Pleurosigma formosum* W. Smith
272	中型斜纹藻	*Pleurosigma intermedium* W. Smith
273	大斜纹藻	*Pleurosigma major* Liu et Chin
274	舟形斜纹藻	*Pleurosigma naviculaceum* Bréb.
275	舟形斜纹藻微小变型	*Pleurosigma naviculaceum* f. *minuta* Cleve
276	诺马斜纹藻	*Pleurosigma normanii* Ralfs
277	海洋斜纹藻	*Pleurosigma pelagicum* (Perag.) Cleve
278	菱形斜纹藻	*Pleurosigma rhombeum* (Grun.) Peragallo
279	坚实斜纹藻	*Pleurosigma rigidium* W. Smith
280	粗毛斜纹藻	*Pleurosigma strigosum* W. Smith
281	塔希提斜纹藻	*Pleurosigma tahitianum* Ricard
282	缢缩辐节藻	*Stauroneis constricta* Ehrenberg
283	高辐节藻	*Stauroneis elata* Hustedt
284	强壮半舟藻	*Seminavis robusta* Danielidis et D. G. Mann
285	粗纹藻	*Trachyneis aspera* (Ehr.) Ehrenberg
286	布氏粗纹藻	*Trachyneis brunii* (Cleve et Brun) Cleve
287	约翰逊粗纹藻	*Trachyneis johnsoniana* (Greville) Cleve
288	橄榄粗纹藻	*Trachyneis olivaeformis* Chin et Cheng
289	粗纹藻属一种	*Trachyneis* sp.
290	龙骨藻属一种	*Tropidoneis* sp.
	桥弯藻科	CYMBELLACEAE
291	狭窄双眉藻	*Amphora angusta* Greg.
292	沙生双眉藻	*Amphora arenaria* Donkin
293	沙地双眉藻	*Amphora arenicola* Grunow ex Cleve
294	咖啡形双眉藻	*Amphora coffeaeformis* (Ag.) Kuetz.
295	格氏双眉藻	*Amphora graeffeana* Hendey

续附录 1-2

序号	中文名	拉丁学名
296	拟霍尔斯泰双眉藻	*Amphora holsaticoides* Nagumo et Kobayasi
297	长双眉藻	*Amphora longa* Hustedt
298	瘦双眉藻	*Amphora macilenta* Greg.
299	海洋双眉藻	*Amphora marina* W. Smith
300	易变双眉藻	*Amphora proteus* Greg.
301	易变双眉藻胀状变种	*Amphora proteus* var. *oculata* Perag. et Perag.
302	美丽双眉藻	*Amphora spectabilis* Greg.
303	截端双眉藻	*Amphora terroris* Ehr.
304	维氏双眉藻	*Amphora wisei* (Salah) Simonsen
305	双眉藻属一种	*Amphora* sp.
306	附生链形藻	*Catenula adhaerens* Mereschkowsky
307	膨胀桥弯藻	*Cymbella tumida* (Bréb.) V. H.
308	桥弯藻	*Cymbella* sp.
309	石莼迪氏藻	*Dickieia ulvacea* Berkeley ex Kützing
(五)	等片藻目	DIATOMALES
	等片藻科	DIATOMACEAE
310	日本星杆藻	*Asterionella japonica* Cleve
311	钝脆杆藻	*Fragilaria capucina* Desm.
312	条纹脆杆藻	*Fragilaria striatula* Lyngb.
313	牢固斑条藻	*Grammatophora fundata* Mann
314	小钩斑条藻	*Grammatobhora hamulifera* Kuetz.
315	海生斑条藻	*Grammatophora marina* (Lyngb.) Kuetz.
316	海洋斑条藻	*Grammatophora oceanica* Ehr.
317	波状斑条藻	*Grammatophora undulata* Ehr.
318	短纹楔形藻	*Licmophora abbreviata* Ag.
319	扇形楔形藻	*Licmophora flabellata* Ag.
320	具角栖沙藻	*Moreneis angulata* Park, Koh et Witkowski
321	朝鲜栖沙藻	*Moreneis coreana* Park, Koh et Witkowski
322	肩部石舟藻	*Petroneis humerosa* (Brébisson ex W. Smith) A. J. Stickle et D. G. Mann
323	狭斜斑藻	*Plagiogramma attenuatum* Cleve
324	斜斑藻	*Plagiogramma* sp.

续附录 1-2

序号	中文名	拉丁学名
325	亚得里亚海杆线藻	*Rhabdonema adriaticum* Kuetz.
326	弯杆线藻	*Rhabdonema arcuatum* (Ag.) Kuetz.
327	缝杆线藻	*Rhabdonema sutum* Mann
328	双角缝舟藻	*Rhaphoneis amphiceros* (Ehr.) Ehr.
329	双菱缝舟藻	*Rhaphoneis surirella* (Ehr.) Grunow
330	优美条纹藻	*Striatella delicatula* (Kuetz.) Grun.
331	近缘针杆藻	*Synedra affinis* Kuetz.
332	华丽针杆藻	*Synedra formosa* Hant. ex Rabenhorst
333	平片针杆藻	*Synedra tabulata* (Ag.) Kuetz.
334	平片针杆藻小形变种	*Synedra tabulata* var. *parva* (Kuetz.) Hustedt
335	菱形海线藻	*Thalassionema nitzschioides* (Grun.) Van Heurck
336	伏氏海毛藻	*Thalassiothrix frauenfeldii* (Grun.) Grun.
337	长海毛藻	*Thalassiothrix longissima* Cleve et Grunow
(六)	曲壳藻目	ACHNANTHALES
	曲壳藻科	ACHNANTHACEAE
338	短柄曲壳藻	*Achnanthes brevipes* Ag.
339	膝曲曲壳藻	*Achnanthes genuflexa* Kützing
340	爪哇曲壳藻亚缩变种	*Achnanthes javanica* var. *subconstricta* Meister
341	长柄曲壳藻	*Achnanthes longipes* Ag.
342	细弱平面藻	*Planothidium delicatulum* (Kützing) Round & Bukhtiyarova
	卵形藻科	COCCONEIACEAE
343	中肋卵形藻	*Cocconeis costata* Greg.
344	矛盾卵形藻	*Cocconeis discrepans* Schmidt
345	簇生卵形藻	*Cocconeis fasciolata* (Ehr.) Brown
346	异向卵形藻	*Cocconeis heteroidea* Hantz.
347	透明卵形藻	*Cocconeis pellucida* Hantz.
348	盾卵形藻	*Cacconeis scutellum* Ehr.
349	盾卵形藻极小变种	*Cocconeis scutellum* var. *minutissima* Grun.
350	盾卵形藻小型变种	*Cocconeis scutellum* var. *parva* (Grun.) Cleve
351	盾卵形藻十字形变种	*Cocconeis scutellum* var. *stauroneiformis* Rab.
(七)	双菱藻目	SURIRELLALES

续附录 1-2

序号	中文名	拉丁学名
	菱形藻科	NITZSCHIACEAE
352	奇异棍形藻	*Bacillaria paradoxa* Gmelin
353	派格棍形藻	*Bacillaria paxillifera*（Müller）Hendey
354	新月筒柱藻	*Cylindrotheca closterium*（Ehr.）Reim. et. Lew.
355	筒柱藻	*Cylindrotheca* sp.
356	直条菱板藻中型变种	*Hantzschia virgata* var. *intermedia*（Grun.）Round
357	直条菱板藻加拉变种	*Hantzschia virgata var. kariana* Grunow in Cleve et Grunow
358	魏氏菱板藻	*Hantzschia weyprechtii* Grunow
359	尖锥菱形藻	*Nitzschia acuminata*（W. Sm.）Grun.
360	可爱菱形藻	*Nitzschia amabilis* Hidek. Suzuki
361	有棱菱形藻相似变种	*Nitzschia angularia* var. *affinis*（Grun.）Grun.
362	活动菱形藻	*Nitzschia cursoria*（Donk.）Grun.
363	柔弱菱形藻	*Nitzschia delicatissima* Cleve
364	细端菱形藻	*Nitzschia dissipata*（Kuetz.）Grun.
365	类远距菱形藻	*Nitzschia distantoides* Hust.
366	簇生菱形藻	*Nitzschia fasciculata*（Grun.）Grun.
367	丝状菱形藻	*Nitzschia filiformis*（W. Sm.）V. H.
368	碎片菱形藻	*Nitzschia frustulum*（Kuetz.）Grun.
369	冰河菱形藻	*Nitzschia glacialis* Grun.
370	哈氏菱形藻	*Nitzschia habirshawii* H. L. Smith
371	汉氏菱形藻	*Nitzschia hantzschiana* Rab.
372	杂交型菱形藻	*Nitzschia hybridaeformis* Hustedt
373	中型菱形藻	*Nitzschia intermedia* Hant.
374	披针菱形藻	*Nitzschia lanceolata* W. Smith
375	披针菱形藻微小变种	*Nitzschia lanceolata* var. *minor* Grun.
376	长菱形藻	*Nitzschia longissima*（Bréb.）Grun.
377	洛伦菱形藻	*Nitzschia lorenziana* Grun.
378	海洋菱形藻	*Nitzschia marina* Grun.
379	矮小菱形藻	*Nitzschia nana* Grun.
380	钝头菱形藻	*Nitzschia obtusa* W. Smith
381	铲状菱形藻	*Nitzschia paleacea* Grun.

续附录 1-2

序号	中文名	拉丁学名
382	清澈菱形藻	*Nitzschia pellucida* Grunow
383	具点菱形藻	*Nitzschia punctata*（W. Sm.）Grun.
384	尖刺菱形藻	*Nitzschia pungens* Grun.
385	弯菱形藻	*Nitzschia sigma*（Kuetz.）W. Smith
386	弯菱形藻中型变种	*Nitzschia sigma* var. *intercedens* Grun.
387	中国菱形藻	*Nitzschia sinensis* Liu
388	匙形菱形藻透明变种	*Nitzschia spathulata* var. *hyalina*（Greg.）Grunow
389	美丽菱形藻	*Nitzschia spectabilis*（Ehr.）Ralfs
390	亚披针菱形藻	*Nitzschia sublanceolata* Arch.
391	微盐菱形藻	*Nitzschia subsalsa* Chol.
392	纤细菱形藻	*Nitzschia subtilis* Grun.
393	透明菱形藻	*Nitzschia vitraea* Norm.
394	琴式沙网藻	*Psammodictyon panduriforme*（Gregory）D. G. Mann
395	细尖盘杆藻	*Tryblionella apiculata* Gregory
	双菱藻科	SURIRELLACEAE
396	优美马鞍藻	*Campylodiscus decorus* Bréb.
397	尖顶马鞍藻	*Cambylodiscus ecclesianus* Grev.
398	均匀内茧藻	*Entomoneis aequabilis* Osada et Kobayasi
399	卓越双菱藻	*Surirella eximia* Grev.
400	华壮双菱藻	*Surirella fastuosa* Ehr.
401	华壮双菱藻楔形变种	*Surirella fastuosa* var. *cuneata*（A. Sch.）Witt
402	芽形双菱藻	*Surirella gemma* Ehr.
403	东方双菱藻	*Surirella orientalis* Mann
404	卵形双菱藻	*Surirella ovata* Kuetz.
405	柔弱双菱藻华丽变种	*Surirella tenera* var. *splendidula* Schmidt
406	沃氏双菱藻	*Surirella voigtii* Skv.
407	卵形褶盘藻	*Tryblioptychus cocconeiformis*（Cl.）Hend.
二	甲藻门	PYRROPHYTA
	纵裂甲藻纲	DESMOPHYCEAE
（一）	原甲藻目	PROROCENTRATES
	原甲藻科	PROROCENTRACEAE

续附录 1-2

序号	中文名	拉丁学名
408	波罗的海原甲藻	*Prorocentrum balticum* (Lohm.) Loeb.
409	齿原甲藻	*Prorocentrum dentatum* Stein
410	细长原甲藻	*Prorocentrum gracile* Schutt
411	闪光原甲藻	*Prorocentrum micans* Ehr.
412	曲形原甲藻	*Prorocentrum sigmoides* Bohm
413	尖叶原甲藻	*Prorocentrum triestinum* Schil.
	甲藻纲	OINOPHYCEAE
(二)	多甲藻目	PERIDINIALES
	角藻科	CERATIACEAE
414	羊头角藻	*Ceratium arietinum* Cleve
415	短角角藻	*Ceratium breve* (Ost. et Schm.) Schröder
416	短角角藻平行变种	*Ceratium breve* var. *parallelum* (Schm.) Jörg.
417	牛头角藻	*Ceratium buceros* (Zach.) Schiller
418	腊台角藻	*Ceratium candelabrum* (Ehr.) Stein
419	腊台角藻扁变种	*Ceratium candelabrum* var. *depressum* (Pou.) Jörg.
420	整齐角藻	*Ceratium concilians* Jörg.
421	扭角藻	*Ceratium contortum* (Gou.) Cleve
422	扭角藻环状变种	*Ceratium contortum* var. *saltans* (Schrod) Jörg.
423	偏转角藻	*Ceratium deflexum* (Kof.) Jörg.
424	叉角藻	*Ceratium furca* (Ehr.) Clap. et. Lach.
425	叉角藻柏氏变种	*Ceratium furca* var. *berghii* (Jörg.) Schiller
426	纺锤角藻	*Ceratium fusus* (Ehr.) Dujardin
427	驼背角藻	*Ceratium gibberum* Gourret
428	粗刺角藻	*Ceratium horridum* (Cleve) Gran
429	弯顶角藻	*Ceratium longipes* (Bail.) Gran
430	新月角藻	*Ceratium lunula* Schimper
431	大角角藻	*Ceratium macroceros* (Ehr.) Cleve
432	马西里亚角藻	*Ceratium massiliense* (Gour.) Karsten
433	马西里亚角藻具刺变种	*Ceratium massiliense* var. *armatum* (Kar.) Jörg.
434	柔软角藻	*Ceratium molle* Kofoid
435	三叉角藻	*Ceratium trichoceros* (Ehr.) Kofoid

续附录 1-2

序号	中文名	拉丁学名
436	三角角藻	*Ceratium tripos* (O. F. Müller.) Nitz.
	膝沟藻科	GONYAULACEAE
437	多边膝沟藻	*Gonyaulax polyedra* Stein
438	多纹膝沟藻	*Gonyaulax polygramma* Stein
	多甲藻科	PERIDINIACEAE
439	勃氏多甲藻	*Peridinium brochii* Kof. et Swe.
440	窄脚多甲藻	*Peridinium claudicans* Paul.
441	双曲多甲藻	*Peridinium conicoides* Paul.
442	锥形多甲藻	*Peridinium conicum* (Gran) Ostenfeld et Schmidt
443	厚甲多甲藻	*Peridinium crassipes* Kof.
444	扁平多甲藻	*Peridinium depressum* Baley
445	基刺多甲藻	*Peridinium diabolus* Cleve
446	叉分多甲藻	*Peridinium divergens* Ehr.
447	优美多甲藻	*Peridinium elegans* Cleve
448	球形多甲藻	*Peridinium globulus* Stein
449	大多甲藻	*Peridinium grande* Kof.
450	格氏多甲藻	*Peridinium granii* Ostenf. et Paul.
451	宽刺多甲藻	*Peridinium latispinum* Mangin
452	海洋多甲藻	*Peridinium oceanicum* Vanhof.
453	梨形多甲藻	*Peridinium pyriforme* Paul.
454	突脚多甲藻	*Peridinium solidicorne* Mangin
455	斯氏多甲藻	*Peridinium steinii* Jorg.
456	多甲藻	*Peridinium* sp.
	梨甲藻科	PYROCYSTACEAE
457	新月球甲藻	*Dissodinium lunula* (Schütt) Pascher
458	纺锤梨甲藻	*Pyrocystis fusiformis* Murray
459	夜光梨甲藻	*Pyrocystis noctiluca* Murray et Schutt
	扁甲藻科	PYROPHACACEAE
460	钟扁甲藻斯氏变种	*Pyrophacus horologicum* var. *steinii* Schiller
(三)	裸甲藻目	GYMNODINIALES
	夜光藻科	NOCTILUCACEAE

续附录 1-2

序号	中文名	拉丁学名
461	夜光藻	*Noctiluca scintillans* (Macar.) Kofoid et Swezy
(四)	鳍藻目	DINOPHYSIALES
	鳍藻科	DINOPHYSIACEAE
462	锐角鳍藻	*Dinophysis acuta* Ehrenberg
463	具尾鳍藻	*Dinophysis caudata* Saville-Kent
464	大鸟尾藻	*Ornithocercus magnificus* Stein
465	美丽鸟尾藻	*Ornithocercus splendidus* Schütt
三	蓝藻门	CYANOBACTERIA
	蓝藻纲	CYANOPHYCEAE
(一)	聚球藻目	SYNECHOCOCCALES
	平裂藻科	MERISMOPEDIACEAE
466	隐球藻属一种	*Aphanocapsa* sp.
467	银灰平裂藻	*Merismopedia glauca* (Ehrenberg) Kützing
468	平裂藻属一种	*Merismopedia* sp.
469	水生集胞藻	*Synechocystis aquatilis* Sauvageau
	聚球藻科	SYNECHOCOCCACEAE
470	微大聚球藻	*Synechococcus major* Schroeter
471	聚球藻属一种	*Synechococcus* sp.
(二)	色球藻目	CHROOCOCCALES
	隐杆藻科	APHANOTHECACEAE
472	隐杆藻属一种	*Aphanothece* sp.
	色球藻科	CHROOCOCCACEAE
473	膜状色球藻	*Chroococcus membraninus* (Meneg.) Naeg.
474	膨胀色球藻	*Chroococcus turgidus* (Kützing) Nägeli
475	色球藻属一种	*Chroococcus* sp.
	束球藻科	GOMPHOSPHAERIACEAE
476	圆胞束球藻	*Gomphosphaeria aponica* Kützing
	微囊藻科	MICROCYSTACEAE
477	铜锈微囊藻	*Microcystis aeruginosa* (Kützing) Kützing
478	害鱼微囊藻	*Microcystis ichthyoblabe* Kützing
	石囊藻科	ENTOPHYSALIDACEAE

续附录 1-2

序号	中文名	拉丁学名
479	颗粒石囊藻	*Entophysalis granulosa* Kützing
	原丝藻科	TUBIELLACEAE
480	透明拟丝藻	*Johannesbaptistia pellucida*（Dickie）W. R. Taylor et Drouet
（三）	管胞藻目	CHAMAESIPHONALES
	皮果藻科	DERMOCARPACEAE
481	球形皮果藻	*Dermocarpasphaerica* Set. et Grad.
（四）	宽球藻目	PLEUROCAPSALES
	宽球藻科	PLEUROCAPSACEAE
482	穿钙胶枝藻	*Dalmatella buaensis* Erceg.
483	煤黑宽球藻	*Pleurocapsa fulginosa* Hauck.
484	宽球藻属一种	*Pleurocapsa* sp.
485	异球藻属一种	*Xenococcus* sp.
	蓝枝藻科	HYELLACEAE
486	簇生蓝枝藻	*Hyella caespitosa* Born. et Flah.
487	单丝蓝枝藻	*Hyella simplex* Chu et Hua
（五）	颤藻目	OSCILLATORIALES
	颤藻科	OSCILLATORIACEAE
488	河口鞘丝藻	*Lyngbya aestuarii* Liebm
489	基附鞘丝藻	*Lyngbya infixa* Fremy
490	短直鞘丝藻	*Lyngbya kuetzingii* Schmidle
491	湖泊鞘丝藻	*Lyngbya limnetica* Lemm.
492	巨大鞘丝藻	*Lyngbya majuscula* Harvey
493	中附鞘丝藻	*Lyngbya nordgaardii* Wille
494	鞘丝藻属一种	*Lyngbya* sp.
495	原型微鞘藻	*Microcoleus chthonoplastes* Thur.
496	巨型微鞘藻	*Microcoleus majuscula* Tseng et Hua.
497	细柔微鞘藻	*Microcoleus tenerrimus* Gom.
498	微鞘藻属一种	*Microcolens* sp.
499	庞氏颤藻	*Oscillatoria bonnemaisonii* Crouan
500	铜色颤藻	*Oscillatoria chalybea* Mert.
501	美丽颤藻	*Oscillatoria formosa* Bory

续附录 1-2

序号	中文名	拉丁学名
502	丰裕颤藻	*Oscillatoria limosa* C. Ag.
503	墨绿颤藻	*Oscillatoria nigroviride* Thw.
504	巨颤藻	*Oscillatoria princeps* Vauch.
505	清净颤藻	*Oscillatoria sancta* Kuetz.
506	灿烂颤藻	*Oscillatoria splendida* Grev.
507	稍短颤藻	*Oscillatoria subbrevis* Sch.
508	弱细颤藻	*Oscillatoria tenuis* Ag.
509	颤藻属一种	*Oscillatoria* sp.
510	秋季席藻	*Phormidium autumnale* (Ag.) Gom.
511	皮状席藻	*Phormidium corium* (Ag.) Gom.
512	辫状席藻	*Phormidium crosbyanum* Tilden
513	脆席藻	*Phormidium fragile* Gom.
514	中央席藻	*Phormidium naveanum* Grun.
515	中央席藻海生变种	*Phormidium naveanum* var. *marina* Tseng et Hua
516	纸形席藻	*Phormidium papyraceum* (Ag.) Gom.
517	韧氏席藻	*Phormidium retzii* (Ag.) Gom.
518	纤细席藻	*Phormidium tenue* (Men.) Gom.
519	席藻属一种	*Phormidium* sp.
520	短节螺旋藻	*Spirulina breviurliculata* (S. et G.)
521	海生束藻	*Symploca hydnoides* Kuetz.
522	藓生束藻	*Symploca muscorum* (Ag.) Gom.
523	汉氏束毛藻	*Trichodesmium hildebrandtii* (Gom.) J. De Toni
(六)	念珠藻目	NOSTOCALES
	念珠藻科	NOSTOCACEAE
524	鱼腥藻属一种	*Anabaena* sp.
525	夏威夷节球藻	*Nodularia hawaiiensis* Tilden
	胶须藻科	RIVULARIACEAE
526	丝状眉藻	*Calothrix confervicola* (Roth) Ag.
527	粘滑眉藻	*Calothrix contarenii* (Zanard.) Born. et Flah.
528	眉藻属一种	*Calothrix* sp.
	双岐藻科	SCYTONEMATACEAE

续附录 1-2

序号	中文名	拉丁学名
529	多孢双岐藻	*Scytonama polycystum* Born. et Flah.
四	绿藻门	CHLOROPHYTA
	绿藻纲	CHLOROPHYCEAE
（一）	绿球藻目	CHLOROCOCCALES
	水网藻科	HYDRODICTYACEAE
530	短棘盘星藻	*Pediastrum boryanum*（Turp.）Men.
531	单角盘星藻具孔变种	*Pediastrum simplex* var. *duodenarium*（Bail.）Rab.
532	单角盘星藻	*Pediastrum simplex*（Mey.）Lemm.
533	盘星藻属一种	*Pediastrum* sp.
（二）	丝藻目	ULOTRICHALES
	丝藻科	ULOTRICHACEAE
534	链丝藻属一种	*Hormidium* sp.
535	丝藻属一种	*Ulothrix* sp.
（三）	顶管藻目	ACROSIPHONIALES
	顶管藻科	ACROSIPHONIACEAE
536	根枝藻属一种	*Rhizoclonium* sp.
五	金藻门	CHRYSOPHYTA
	金藻纲	CHRYSOPHYCEAE
（一）	硅鞭藻目	DICTYOCHALES
	硅鞭藻科	DICTYOCHACEAE
537	小等刺硅鞭藻	*Dictyocha fibula* Ehr.
538	六异刺硅鞭藻	*Distephanus speculum*（Ehr.）Haeckel
539	六异刺硅鞭藻七刺变种	*Distephanus speculum* var. *septenarius*（Ehr.）Joerg.

注：根据《南鹿列岛国家海洋自然保护区微、小型藻类生态研究 I. 种类组成与生态特点》（朱根海等，1998）、《中国海洋绿藻门新分类系统》（丁兰平等，2015）、《中国海洋蓝藻门（蓝细菌门）的新分类系统》（黄冰心，2015）、《中国海洋生物名录》（刘瑞玉，2008）、《中国海洋物种多样性》（黄宗国和林茂，2012）以及中国科学院海洋研究所李宇航博士提供的近年研究成果（2013—2020 年）等文献重新校补整理而成。

附录 1-3　南麂列岛国家级海洋自然保护区潮间带底栖纤毛虫原生动物名录表

序号	中文名	拉丁学名
（一）	齿管目	CHLAMYDODONTIDA
1	齿管虫属未定种	*Chlamydodon* sp.
2	篷体虫属未定种	*Chlamydonella* sp.
3	扁管虫属未定种	*Chitonella* sp.
（二）	尾柱目	UROSTYLIDA
4	异列虫属未定种	*Anteholosticha* sp.
5	额斜虫属未定种	*Epiclintes* sp.
6	长伪小双虫	*Pseudoamphisiella elongata* Li, Song, Al-Rasheid, Warren, Li, Xu et Shao
7	后尾柱虫属未定种	*Metaurostylopsis* sp.
（三）	钩刺目	HAPTORIDA
8	贪食佛伊虫	*Foissnerides heliophagus* Song et Wilbert
9	菲阿虫属未定种	*Phialina* sp.
10	盐瓶口虫	*Lagynophrya halophila* Kahl
11	瓶口虫属未定种	*Lagynophrya* sp.
12	刀口虫属未定种	*Spathidium* sp.
13	斜齿虫属未定种	*Enchelyodon* sp.
14	长吻虫属未定种	*Lacrymaria* sp.
15	柱纤口虫	*Chaenea teres*（Dujardin）Kent
（四）	侧口目	PLEUROSTOMATIDA
16	刺叶虫属未定种	*Kentrophyllum* sp.
17	崔氏斜叶虫	*Loxophyllum choii* Lin, Song et Li
18	裂口虫属未定种	*Amphileptus* sp.
19	斜叶虫属未定种	*Loxophyllum* sp.
20	表叶虫属未定种	*Epiphyllum* sp.
21	漫游虫属未定种	*Litonotus* sp.
22	拟裂口虫属未定种	*Amphileptiscus* sp.
（五）	前管目	PRORODONTIDA
23	尾毛虫属未定种	*Urotricha* sp.
24	榴弹虫属未定种	*Coleps* sp.
25	冠裸口虫	*Holophrya coronata* Morgan
26	裸口虫属未定种	*Holophrya* sp.

续附录 1-3

序号	中文名	拉丁学名
27	斜板虫属未定种	*Plagiocampa* sp.
28	扁体虫属未定种	*Placus* sp.
29	前管虫属未定种	*Prorodon* sp.
30	蚤状中缢虫	*Mesodinium pulex* Claparède et Lachmann
（六）	帆口目	PLEURONEMATIDA
31	艾斯特裂沙虫相似种	*Schizocalyptra* cf. *aeschtae* Long, Song, Warren, Al-Rasheid et Chen
32	帆口虫属未定种	*Pleuronema* sp.
33	中华阔口虫	*Eurystomatella sinica* Miao et al.
34	膜袋虫属未定种	*Cyclidium* sp.
（七）	游仆目	EUPLOTIDA
35	斯坦楯纤虫	*Aspidiscasteini*（Buddenbrock）
36	楯纤虫属未定种	*Aspidisca* sp.
37	游仆虫属未定种	*Euplotes* sp.
38	扇形游仆虫	*Euplotes vannus*（Müller）Minkjewicz
39	双眉虫属未定种	*Diophrys* sp.
40	尾刺虫属未定种	*Uronychia* sp.
（八）	原纤目	PRIMOCILIATIDA
41	小冠须虫	*Stephanopogon minuta* Entz
42	无须冠须虫	*Stephanopogon apogon* Borror
43	拟迈氏冠须虫	*Stephanopogon paramesnili* Lei, Xu et Song
（九）	寡毛目	OLIGOTRICHIDA
44	阿伽塔旋游虫	*Spirostrombidium agathae* Xu, Song, Lin et Warren
（十）	核残目	KARYORELICTIDA
45	肾形维形虫	*Wilbertomorpha colpoda* Xu et al.
46	腹梭虫属未定种	*Trachelocerca* sp.
47	盖雷虫属未定种	*Geleia* sp.
48	腹针虫属未定种	*Tracheloraphis* sp.
49	黄色具刺虫	*Kentrophoros flavum* Raikov et Kovaleva
50	桑德列虫属未定种	*Sonderia* sp.
51	海喙虫属未定种	*Remanella* sp.
52	尾海喙虫	*Remanella caudata*（Dragesco）Foissner

续附录 1-3

序号	中文名	拉丁学名
(十一)	肾形目	COLPODIDA
53	肾形虫属未定种	*Colpoda* sp.
(十二)	咽膜目	PENICULIDA
54	前口虫属未定种	*Frontonia* sp.
(十三)	环毛目	CHOREOTRICHIDA
55	环毛目未定属	
(十四)	偏体目	DYSTERIIDA
56	彼佐轮毛虫相似种	*Trochilia* cf. *petrani* Dragesco
57	偏体虫属未定种	*Dysteria* sp.
(十五)	异毛目	HETEROTRICHIDA
58	佛瑞环须虫	*Peritromus faurei* Kahl
59	四核环须虫	*Peritromus tetramacronucleatus* Ozaki et Yagiu
60	突口虫属未定种	*Condylostoma* sp.
61	赭纤虫属未定种	*Blepharisma* sp.
(十六)	前口目	PROSTOMATIDA
62	中圆虫属未定种	*Metacystis* sp.
(十七)	排毛目	STICHOTRICHIDA
63	条纹小双虫	*Amphisiella annulata* (Kahl) Borror
(十八)	散毛目	SPORADOTRICHIDA
64	腹柱虫属未定种	*Gastrostyla* sp.
65	尖颈虫属未定种	*Trachelostyla* sp.
(十九)	篮口目	NASSULIDA
66	篮口虫属未定种	*Nassula* sp.
(二十)	嗜污目	PHILASTERIDA
67	尾丝虫属未定种	*Uronema* sp.
68	长拟尾丝虫	*Parauronema longum* Song
69	豪特柔叶虫	*Sathrophilus holtae* Long, Song, Gong, Warren, Al-Rasheid, Gong et Chen
70	拟尾丝虫属未定种	*Parauronema* sp.
71	心口虫属未定种	*Cardiostomatella* sp.
72	拟阿脑虫属未定种	*Paranophrys* sp.

注：本名录由中国科学院海洋研究所陈旭森博士提供。

附录 1-4　南麂列岛国家级海洋自然保护区贝类名录表

序号	中文名	拉丁学名
一	多板纲	POLYPLACOPHORA
(一)	新有甲目	NEOLORICATA
	锉石鳖科	ISCHNOCHITONIDAE
1	小笠原锉石鳖	*Ischnochiton boninensis* Bergenhayn
2	花斑锉石鳖	*Ischnochiton comptus* (Gould)
3	奥氏鳞带石鳖	*Lepidozona albrechti* (Schrenck)
4	朝鲜鳞带石鳖	*Lepidozona coreanica* (Reeve)
	鬃毛石鳖科	MOPALIIDAE
5	网纹鬃毛石鳖	*Mopalia retifera* Thiele
6	史氏宽板石鳖	*Placiphorella stimpsoni* (Gould)
	石鳖科	CHITONIDAE
7	日本花棘石鳖	*Liolophura japonica* (Lischke)
8	平濑锦石鳖	*Onithochiton hirasei* Pilsbry
9	黑田皱石鳖	*Rhyssoplax kurodai* (Is. Taki et Iw. Taki)
	毛肤石鳖科	ACANTHOCHITONIDAE
10	红条毛肤石鳖	*Acanthochitona rubrolineata* (Lischke)
二	腹足纲	GASTROPODA
(一)	原始腹足目	ARCHAEOGASTROPODA
	鲍科	HALIOTIDAE
11	皱纹盘鲍	*Haliotis discus hannai* Ino
12	杂色鲍	*Haliotis diversicolor* Reeve
	钥孔蝛科	FISSURELLIDAE
13	鼠眼孔蝛	*Diodora mus* (Reeve)
14	中华楯蝛	*Scutus scinensis* (Blainville)
	帽贝科	PATELLIDAE
15	星状帽贝	*Scutellastra flexuosa* (Quoy et Gaimard)
	花帽贝科	NACELLIDAE
16	斗嫁蝛	*Cellana grata* (Gould)
17	龟甲蝛	*Cellana testudinaria* (Linnaeus)
18	嫁蝛	*Cellana toreuma* (Reeve)
	笠贝科	ACMAEIDAE

续附录 1-4

序号	中文名	拉丁学名
19	背（杜氏）小节贝	*Collisella dorsuasa*（Gould）
20	花边（赫氏）小节贝	*Collisella heroldi*（Dunker）
21	整齐背尖贝	*Nipponacmea concinna*（Lischke）
22	史氏背尖贝	*Nipponacmea schrenckii*（Lischke）
23	矮拟帽贝	*Paelloida pygmaea*（Dunker）
	马蹄螺科	TROCHIDAE
24	美丽茅草螺	*Chlorostoma callichroa*（Philippi）
25	茅草螺	*Chlorostoma infusscalus*（Gould）
26	银口凹螺	*Chlorostoma lischkei*（Tapparone Canefri）
27	古琴拟口螺	*Granata lyrata*（Pilsbry）
28	中国小玲螺	*Minolia chinensis* Sowerby
29	单齿螺	*Monodonta labio*（Linnaeus）
30	拟蜒单齿螺	*Monodonta neritoides*（Philippi）
31	穿结单齿螺	*Monodonta perplexa*（Philippi）
32	黑凹螺	*Omphalius nigerrimus*（Gmelin）
33	锈凹螺	*Omphalius rusticus*（Gmelin）
34	马蹄螺	*Trochus maculatus* Linnaeus
35	肋蝐螺	*Umbonium costatum*（Kiener）
36	蝐螺	*Umbonium vestiarium*（Linnaeus）
	丽口螺科	CALLIOSTOMATIDAE
37	丽口螺	*Tristichotrochus unicus*（Dunker）
38	山椒螺	*Vaceuchelus foveolatus*（A. Adams）
	蝾螺科	TURBINIDAE
39	红底星螺	*Astralium haematragum*（Menke）
40	钩蝾螺	*Bolma modesta*（Reeve）
41	粒花冠小月螺	*Lunella coronata*（Gmelin）
42	角蝾螺	*Turbo cornutus* Lightfoot
	蜒螺科	NERITIDAE
43	紫游螺	*Neripteron violaceum*（Gmelin）
44	渔舟蜒螺	*Nerita albicilla* Linnaeus
45	日本蜒螺	*Nerita japonica*（Dunker）

续附录 1-4

序号	中文名	拉丁学名
46	齿纹蜒螺	*Nerita yoldii* Récluz
(二)	中腹足目	MESOGASTROPODA
	滨螺科	LITTORINIDAE
47	塔结节滨螺	*Echinolittorina cecillei* (Philippi)
48	小结节滨螺	*Echinolittorina radiata* (Souleyet)
49	粗糙滨螺	*Littoraria articulata* (Philippi)
50	短滨螺	*Littorina brevicula* (Philippi)
51	日本脐角螺	*Paludinellassiminea japonica* (Pilsbry)
	麂眼螺科	RISSOIDAE
52	布氏麂眼螺	*Rissoina bureri* (Grabau et King)
	锥螺科	TURRITELLIDAE
53	棒锥螺	*Turritella bacillum* Kiener
54	带锥螺	*Turritella cingulifera* G. B. Sowerby I
	蛇螺科	VERMETIDAE
55	覆瓦小蛇螺	*Thylacodes adamsii* (Mörch)
	壳螺科	SILIQUARIIDAE
56	库氏荚螺	*Siliquaria cumingi* (Gmelin)
	汇螺科	POTAMIDIDAE
57	珠带拟蟹守螺	*Cerithidea cingulata* (Gmelin)
	蟹守螺科	CERITHIIDAE
58	蕾丝蟹守螺	*Cerithium dialeucum* Phillippi
59	双带盾桑椹螺	*Clypemorus bifasciatus* (Sowerby)
	马掌螺科	HIPPONICIDAE
60	毛螺	*Pilosabia trigona* (Gmelin)
	尖帽螺科	CAPULIDAE
61	鸟嘴尖帽螺	*Capulus danieli* (Crosse)
	帆螺科	CALYPTRAEIDAE
62	笠帆螺	*Desmaulus extinctorium* (Lamarck)
63	刺履螺	*Bostrycapulus aculeatus* (Gmelin)
64	扁平管帽螺	*Ergaea walshi* (Reeve)
	衣笠螺科	XENOPHORIDAE

续附录 1-4

序号	中文名	拉丁学名
65	光衣笠螺	*Onustus exutus* (Reeve)
66	拟太阳衣笠螺	*Xenophora solarioides* (Reeve)
	凤螺科	STROMBIDAE
67	日本凤螺	*Doxander japonicus* (Reeve)
	明螺科	ATLANTIDAE
68	蜗牛明螺	*Atlanta helicinoidea* J. E. Gray
69	胖明螺	*Atlanta inflata* J. E. Gray
70	大口明螺	*Atlanta lesueurii* J. E. Gray
71	明螺	*Atlanta peronii* Lesueur
72	玫瑰明螺	*Atlanta rosea* Gray
73	塔明螺	*Atlanta turriculata* d'Orbigny
74	原明螺	*Protatlanta souleyeti* (E. A. Smith)
	翼管螺科	PTEROTRACHEIDAE
75	拟翼管螺	*Firoloida desmarestia* Lesueur
	玉螺科	NATICIDAE
76	乳头真玉螺	*Eunaticina papilla* (Gmelin)
77	微黄镰玉螺	*Euspira gilva* (Philippi)
78	花扁玉螺	*Glossaulax reiniana* (Dunker)
79	水泡扁玉螺	*Glossaulax vesicalis* (Philippi)
80	大口乳玉螺	*Mammilla kurodai* (Iw. Taki)
81	乳玉螺	*Mammilla mammata* (Röding)
82	蝶翅玉螺	*Naticarius alapapilionis* (Röding)
83	褐玉螺	*Natica spadicea* (Gmelin)
84	双带扁玉螺	*Neverita bicolor* (Philippi)
85	扁玉螺	*Neverita didyma* (Röding)
86	斑玉螺	*Notocochlis tigrina* (Röding)
87	雕刻窦螺	*Sinum incisum* (Reeve)
88	日本窦螺	*Sinum japonicum* (Lischke)
89	爪哇窦螺	*Sinum javanicum* (Gray)
90	扁平窦螺	*Sinum planulatum* (Récluz)
	爱神螺科	ERATOIDAE

续附录 1-4

序号	中文名	拉丁学名
91	硬结原爱神螺	*Hesperērato scabriuscula* (Gray)
	梭螺科	OVULIDAE
92	白带骗梭螺	*Phenacovolva dancei* Cate
93	窄原梭螺	*Prosimnia semperi* (Weinkauff)
94	玫瑰履螺	*Sandalia triticea* (Lamarck)
95	波部钝梭螺	*Volva habei* Oyama
	宝贝科	CYPRAEIDAE
96	眼球贝	*Naria erosa* (Linnaeus)
97	黍斑眼球贝	*Naria miliaris* (Gmelin)
98	日本细焦掌贝	*Purpuradusta gracilis* (Gaskoin)
	冠螺科	CASSIDIDAE
99	沟纹鬘螺	*Phalium flammiferum* (Röding)
100	双沟鬘螺	*Semicassis bisulcata* (Schubert et J. A. Wagner)
	嵌线螺科	CYMATIIDAE
101	房州法螺	*Charonia lampas* (Linnaeus)
102	粒蝌蚪螺	*Gyrineum natator* (Röding)
103	环沟嵌线螺	*Linatella caudata* (Gmelin)
104	纯洁嵌线螺	*Monoplex parthenopeus* (Salis Marschlins)
	蛙螺科	BURSIDAE
105	习见蛙螺	*Bufonaria rana* (Linnaeus)
	鹑螺科	TONNIDAE
106	中国鹑螺	*Tonna chinensis* (Dillwyn)
107	带鹑螺	*Tonna galea* (Linnaeus)
108	沟鹑螺	*Tonna sulcosa* (Born)
	琵琶螺科	FICIDAE
109	琵琶螺	*Ficus ficus* (Linnaeus)
(三)	异腹足目	HETEROGASTROPODA
	梯螺科	EPITONIIDAE
110	矮短梯螺	*Epitonium gradatum* (G. B. Sowerby Ⅱ)
111	宽带梯螺	*Epitonium latifasciatum* (Sowerby Ⅱ)
112	迷乱环肋螺	*Gyroscala commutata* (Monterosato)

续附录 1-4

序号	中文名	拉丁学名
	海蜗牛科	JANTHINIDAE
113	长海蜗牛	*Janthina globosa* Swainson
114	海蜗牛	*Janthina janthina* (Linnaeus)
	光螺科	EULIMIDAE
115	马氏光螺	*Melanella martinii* (A. Adams in Sowerby)
	轮螺科	ARCHITECTONICIDAE
116	鹧鸪轮螺	*Architectonica perdix* (Hinds)
	三口螺科	TRIPHORIDAE
117	小凹三口螺	*Cautotriphora alveolata* (A. Adams et Reeve)
(四)	新腹足目	NEOGASTROPODA
	骨螺科	MURICIDAE
118	笼目结螺	*Bedevina birileffi* (Lischke)
119	亚洲棘螺	*Chicoreus asianus* Kuroda
120	缩强肋螺	*Ergalatax contracta* (Reeve)
121	蛎敌荔枝螺	*Indothais gradata* (Jonas)
122	钩棘骨螺	*Murex aduncospinosus* G. B. Sowerby Ⅱ
123	栉棘骨螺	*Murex pecten* Lightfoot
124	浅缝骨螺	*Murex trapa* Röding
125	红螺	*Rapana bezoar* (Linnaeus)
126	梨红螺	*Rapana rapiformis* (Born)
127	疣荔枝螺	*Reishia bronni* (Dunker)
128	黄口荔枝螺	*Reishia luteostoma* (Holten)
129	瘤荔枝螺	*Thais bronni* Dunker
130	直吻骨螺	*Vokesimurex rectirostris* (G. B. Sowerby Ⅱ)
	核螺科	PYRENIDAE
131	曼氏爱赛螺	*Enzinopsis menkeana* (Dunker)
132	丽核螺	*Mitrella albuginosa* (Reeve)
133	布尔小笔螺	*Mitrella burchardi* (Dunker)
134	小杂螺	*Zafra pumila* (Dunker)
	蛾螺科	BUCCINIDAE
135	方斑东风螺	*Babylonia areolata* (Link)

续附录 1-4

序号	中文名	拉丁学名
136	泥东风螺	*Babylonia lutosa* (Lamarck)
137	甲虫螺	*Cantharus cecillei* Philippi
138	缝合海因螺	*Nassaria acuminata* (Reeve)
139	中华海因螺	*Nassaria sinensis* G. B. Sowerby Ⅱ
140	亮螺	*Phos senticosus* (Linnaeus)
141	近赤褐蛾螺	*Pollia subrubiginosa* (Smith)
142	褐管蛾螺	*Siphonalia spadicea* (Reeve)
	盔螺科	GALEODIDAE
143	细角螺	*Brunneifusus ternatanus* (Gmelin)
144	管角螺	*Hemifusus tuba* (Gmelin)
	织纹螺科	NASSARIIDAE
145	方格织纹螺	*Nassarius conoidalis* (Deshayes)
146	光织纹螺	*Nassariusdorsatus* (Roeding)
147	节织纹螺	*Nassarius hepaticus* (Pulteney)
148	习见织纹螺	*Nassarius pyrrhus* (Menke)
149	半褶织纹螺	*Nassarius sinarum* (Philippi)
150	西格织纹螺	*Nassarius siquijorensis* (A. Adams)
151	红带织纹螺	*Nassarius succinctus* (A. Adams)
152	织纹螺	*Nassarius sufflatus* (Gould)
153	纵肋织纹螺	*Nassarius variciferus* (A. Adams)
154	秀丽织纹螺	*Reticunassa festiva* (Powys)
	细带螺科	FASCIOLARIIDAE
155	长纺锤螺	*Fusinus colus* (Linnaeus)
156	塔形纺锤螺	*Fusinus forceps* (Perry)
	榧螺科	OLIVIDAE
157	肩榧螺	*Oliva mantichora* Duclos
158	伶鼬榧螺	*Oliva mustelina* Lamarck
	笔螺科	MITRIDAE
159	中国笔螺	*Isara chinensis* (Gray)
	涡螺科	VOLUTIDAE
160	卡耐电光螺	*Fulgoraria kanebo* Hirase

续附录 1-4

序号	中文名	拉丁学名
161	电光螺	*Fulgoraria rupestris* (Gmelin)
162	瓜螺	*Melo melo* (Lightfoot)
	衲螺科	CANCELLARIIDAE
163	粗莫丽加螺	*Merica asperella* (Lamarck)
164	中华莫丽加螺	*Merica sinensis* (Reeve)
165	衲螺	*Scalptia crenifera* (Sowerby)
166	金刚螺	*Sydaphera spengleriana* (Deshayes)
167	白带三角口螺	*Trigonaphera bocageana* (Crosse et Debeaux)
	塔螺科	TURRIDAE
168	黄短口螺	*Clathrodrillia flavidula* (Lamarck)
169	镰仓拟塔螺	*Comitas kamakurana* (Pilsbry)
170	日本棒螺	*Inquisitor japonicus* (Lischke)
171	假主棒螺	*Inquisitor pseudoprincipalis* (Yokoyama)
172	白龙骨乐飞螺	*Lophiotoma leucotropis* (Adams et Reeve)
173	爪哇拟塔螺	*Turricula javana* (Linnaeus)
174	假奈拟塔螺	*Turricula nelliae spurius* (Hedley)
175	细肋蕾螺	*Unedogemmula deshayesii* (Doumet)
	芋螺科	CONIDAE
176	南方芋螺	*Conus australis* Holten
	笋螺科	TEREBRIDAE
177	展开笋螺	*Diplomerize evoluta* (Deshayes)
178	白带笋螺	*Duplicaria dussumierii* (Kiener)
179	李氏笋螺	*Punctoterebra lischkeana* (Dunker)
180	锉笋螺	*Terebra fenestrata* Hinds
181	三列笋螺	*Terebra triseriata* Gray
(五)	肠扭目	ENTOMOTAENIATA
	小塔螺科	PYRAMIDELLIDAE
182	出众爱克螺	*Monotygma eximia* (Lischke)
183	帽秣螺	*Mormula philippiana* (Dunker)
	愚螺科	AMATHINIDAE
184	三肋愚螺	*Amathina tricarinata* (Linnaeus)

续附录 1-4

序号	中文名	拉丁学名
（六）	头楯目	CEPHALASPIDEA
	露齿螺科	RINGICULIDAE
185	耳口露齿螺	*Ringicula doliaris* Gould
186	厚肋露齿螺	*Ringicula yokoyamai* Takeyama
	阿地螺科	ATYIDAE
187	泥螺	*Bullacta caurina* (Benson)
	囊螺科	RETUSIDAE
188	婆罗囊螺	*Semiretusa borneensis* (A. Adams)
	三叉螺科	TRICLIDAE
189	圆筒原盒螺	*Cylichna biplicata* (A. Adams in Sowerby)
	拟捻螺科	CYLICHNIDAE
190	纵肋饰孔螺	*Decorifer matusimanus* (Nomura)
	壳蛞蝓科	PHILINIDAE
191	银白壳蛞蝓	*Philine orientalis* A. Adams
（七）	无楯目	ANSPIDEA
	海兔科	APLYSIIDAE
192	黑斑海兔	*Aplysia kurodai* Baba
193	眼斑海兔	*Aplysia oculifera* Adams et Reeve
194	黑边海兔	*Aplysia parvula* Morch
195	网纹海兔	*Aplysia pulmonica* Gould
196	蓝斑背肛海兔	*Bursatella leachii* Blainville
（八）	被壳目	THECOSOMATA
	蝛螺科	LIMACINIDAE
197	马蹄蝛螺	*Limacina trochiformis* (d'Orbigny)
	龟螺科	CAVOLINIIDAE
198	钩龟螺	*Cavolinia uncinata* (d'Orbigny)
199	尖笔帽螺	*Creseis acicula* (Rang)
200	长吻龟螺	*Diacavolinia longirostris* (Blainville)
201	厚唇螺	*Diacria trispinosa* (Blainville)
202	玻杯螺	*Hyalocylis striata* (Rang)
203	四齿厚唇螺	*Telodiacria quadridentata* (Blainville)

续附录 1-4

序号	中文名	拉丁学名
	舴艋螺科	CYMBULIIDAE
204	舴艋螺	*Cymbulia peronii* Blainville
（九）	裸体目	GYMNOSOMATA
	皮鳃科	PNEUMODERMATIDAE
205	无鳃螺	*Abranehaea chinensis* Zhang
206	多盘拟皮鳃螺	*Pneumodermopsis polyeotyla*（Boas）
	海若螺科	CLIONIDAE
207	拟海若螺	*Paraclione longicaudata*（Souleyet）
（十）	背楯目	NOTASPIDAE
	侧鳃科	PLEUROBRANCHIDAE
208	蓝无壳侧鳃	*Pleurobranchaea maculata*（Quoy et Gaimard）
（十一）	裸鳃目	NUDIBNANCHIA
	多彩海牛科	CHROMODORIDIDAE
209	白舌尾海牛	*Glossodoris alba*（Hasselt）
210	溅斑舌尾海牛	*Glossodoris espersa*（Gould）
211	浅黄舌尾海牛	*Glossodoris pallescens*（Bergh）
212	黄紫舌尾海牛	*Goniobranchus aureopurpureus*（Collingwood）
213	杂色高海牛	*Hypselodoris festive*（A. Adams）
214	草莓叉棘海牛	*Rostanga arbutus*（Angas）
	石磺海牛科	HOMOIODORIDIDAE
215	日本石磺海牛	*Homoiodoris japonica* Bergh
	三歧海牛科	TRIOPHIDAE
216	喀林加海牛	*Kalinga ornata* Alder et Hancock
	枝鳃海牛科	DENDRODORIDIDAE
217	淡红枝鳃海牛	*Dendrodoris fumata*（Rüppell et Leuckart）
218	海洋枝鳃海牛	*Dendrodoris mimiata*（Alder et Hancock）
219	黑枝鳃海牛	*Dendrodoris nigra*（Stimpson）
220	瘤枝鳃海牛	*Dendrodoris tuberculosa*（Quoy et Hancock）
	杜五海牛科	TRITONIIDAE
221	青马勇海牛	*Marionia olivacea* Baba
	马蹄鳃科	TERGIPEDIDAE

续附录 1-4

序号	中文名	拉丁学名
222	白斑马蹄鳃	*Sakuraeolis enosimensis* (Baba)
(十二)	基眼目	BASOMMATOPHORA
	菊花螺科	SIPHONARIIDAE
223	完美菊花螺	*Siphonaria acmaeoides* Pilsbry
224	日本菊花螺	*Siphonaria japonica* (Donovan)
225	星状菊花螺	*Siphonaria sirius* Pilsbry
(十三)	柄眼目	STYLOMMATOPHORA
	石磺科	ONCHIDIIDAE
226	石磺	*Peronia verruculata* (Cuvier)
三	掘足纲	SCAPHOPODA
(一)	角贝目	DENTALIIDA
	角贝科	DENTALIIDAE
227	大角贝	*Fissidentalium vernedei* (Sowerby)
	光角贝科	LAEVIDENTALIDAE
228	海氏光角贝	*Pulsellum hige* Habe
四	双壳纲（瓣鳃纲）	BIVALVIA（LAMELLIBRANCHIA）
(一)	胡桃蛤目	NUCULOIDA
	吻状蛤科	NUCULANIDAE
229	灰云母蛤	*Yoldia glauca* Kuroda et Habe
(二)	蚶目	ARCOIDA
	蚶科	ARCIDAE
230	古蚶	*Anadara antiquata* (Linnaeus)
231	魁蚶	*Anadara broughtonii* (Schrenck)
232	广东毛蚶	*Anadara guangdongensis* (F. R. Bernard, Cai et Morton)
233	毛蚶	*Anadara kagoshimensis* (Tokunaga)
234	榛蚶	*Arca avellana* Lamarck
235	布氏蚶	*Arca boucardi* Jousseaume
236	舟蚶	*Arca navicularis* Bruguiere
237	双纹须蚶	*Barbatia bistrigata* (Dunker)
238	细须蚶	*Barbatia stearnsii* (Pilsbry)
239	青蚶	*Barbatia virescens* (Reeve)

续附录 1-4

序号	中文名	拉丁学名
240	侧小须蚶	*Sheldonella lateralis* (Reeve)
241	泥蚶	*Tegillarca granosa* (Linnaeus)
242	结蚶	*Tegillarca nodifera* (Martens)
243	鳞片扭蚶	*Trisidos kiyonoi* (Makiyama)
	细纹蚶科	NOETIIDAE
244	内褶拟蚶	*Arcopsis interplicata* (Craban et King)
245	棕栉毛蚶	*Didimacar tenebrica* (Reeve)
246	橄榄蚶	*Estellarca olivacea* (Reeve)
247	对称拟蚶	*Striarca symmetrica* (Reeve)
	帽蚶科	CUCULLAEIDAE
248	粒帽蚶	*Cucullaea labiata* (Lightfoot)
(三)	贻贝目	MYTILOIDA
	贻贝科	MYTILIDAE
249	凸壳肌蛤	*Arcuatula senhousia* (Benson)
250	曲线索贻贝	*Brachidontes mutabilis* (Gould)
251	珊湖绒贻贝	*Gregariella coralliophaga* (Gmelin)
252	短石蛏	*Leiosolenus lischkei* Huber
253	光石蛏	*Lithophaga teres* (Philippi)
254	耳偏顶蛤	*Modiolus auriculatus* (Krauss)
255	带偏顶蛤	*Modiolus comptus* Sowerby
256	偏顶蛤	*Modiolus modiolus* (Linnaeus)
257	菲律宾偏顶蛤	*Modiolus philippinarum* Hanley
258	心形肌蛤	*Musculus cumingianus* (Reeve)
259	云石肌蛤	*Musculus cupreus* (Gould)
260	角隔贻贝	*Mytilisepta keenae* (Nomura)
261	条纹隔贻贝	*Mytilisepta virgata* (Wiegmann)
262	紫贻贝	*Mytilus galloprovincialis* Lamarck
263	厚壳贻贝	*Mytilus unguiculatus* Valenciennes
264	翡翠贻贝	*Perna viridis* (Linnaeus)
265	毛贻贝	*Trichomya hirsuta* (Lamarck)
266	黑荞麦蛤	*Xenostrobus atratus* (Lischde)

续附录 1-4

序号	中文名	拉丁学名
	江珧科	PINNIDAE
267	栉江珧	*Atrina pectinata* (Linnaeus)
(四)	珍珠贝目	PTERIOIDA
	珍珠贝科	PTERIIDAE
268	长耳珠母贝	*Pinctada chemnitzi* (Philippi)
269	马氏珠母贝	*Pinctada imbricata* Röding
270	美丽珍珠贝	*Pteria formosa* (Reeve)
271	短翼珍珠贝	*Pteria heteroptera* (Lamarck)
	钳蛤科	ISOGNOMONIDAE
272	豆荚钳蛤	*Isognomon legumen* (Gemlin)
273	方形蚶蛤	*Isognomon nucleus* (Lamarck)
	丁蛎科	MALLEIDAE
274	不规则丁蛎	*Malleus legumen* Reeve
275	丁蛎	*Malleus malleus* (Linnaeus)
	扇贝科	PECTINIDAE
276	海湾扇贝	*Argopecten irradians* (Lamarck)
277	栉孔扇贝	*Chlamys farreri* (Jones et Preston)
278	花鹊栉孔扇贝	*Decatopecten plica* (Linnaeus)
279	异纹栉孔扇贝	*Laevichlamys cuneata* (Reeve)
280	嵌条扇贝	*Pecten albicans* (Schroter)
281	带栉孔扇贝	*Scaeochlamys lemniscata* (Reeve)
282	丽鳞栉孔扇贝	*Scaeochlamys squamata* (Gmelin)
283	平濑掌扇贝	*Volachlamys hirasei* (Bavay)
284	日本日月贝	*Ylistrum japonicum* (Gmelin)
	襞蛤科	PLICATULIDAE
285	襞蛤	*Plicatula plicata* (Linnaeus)
	海菊蛤科	SPONDYLIDAE
286	紫斑海菊蛤	*Spondylus nicobaricus* Chemnitz
	锉蛤科	LIMIDAE
287	角耳雪锉蛤	*Limaria basilanica* (Adams et Reeve)
	不等蛤科	ANOMIIDAE

续附录 1-4

序号	中文名	拉丁学名
288	中国不等蛤	*Anomia chinensis* Philippi
289	盾形不等蛤	*Anomia cytaeum* Gray
	海月蛤科	PLACUNIDAE
290	海月	*Placuna placenta* (Linnaeus)
	牡蛎科	OSTREIDAE
291	长牡蛎	*Crassostrea gigas* (Thunberg)
292	日本巨牡蛎	*Crassostrea nippona* Seki
293	近江牡蛎	*Crassostrea rivularis* (Gould)
294	齿缘牡蛎	*Dendostrea folium* (Linnaeus)
295	缘齿牡蛎	*Dendostrea sandvichensis* (G. B. Sowerby Ⅱ)
296	中华牡蛎	*Hyotissa sinensis* (Gmelin)
297	密鳞牡蛎	*Ostrea denselamellosa* Lischke
298	咬齿牡蛎	*Ostrea mordax* Gould
299	鹅掌牡蛎	*Planostrea pestigris* (Hanley)
300	僧帽牡蛎	*Saccostrea cucullata* (Born)
301	棘刺牡蛎	*Saccostrea echinata* (Quoy et Gaimard)
302	团聚牡蛎	*Saccostrea glomerata* (Gould)
303	猫爪牡蛎	*Talonostrea talonata* Li et Qi
(五)	帘蛤目	VENEROIDA
	心蛤科	CARDITIDAE
304	斜纹心蛤	*Cardita leana* Dunker
305	异纹心蛤	*Cardita variegata* Bruguière
306	迷人栉棱蛤	*Ctena delicatula* (Pilsbry)
307	古明志圆蛤	*Joannisiella cumingii* (Hanley)
308	斑纹棱蛤	*Neotrapezium liratum* (Reeve)
	满月蛤科	LUCINIDAE
309	无齿蛤	*Anodontia edentula* (Linnaeus)
310	菲氏满月蛤	*Pegophysema philippiana* (Reeve)
	猿头蛤科	CHAMIDAE
311	太平洋猿头蛤	*Chama pacifica* Broderip
312	反转拟猿头蛤	*Pseudochama retroversa* (Lischke)

续附录 1-4

序号	中文名	拉丁学名
	凯利蛤科	KELLIDAE
313	日本凯利蛤	*Kellia japonica* Pilsbry
314	豆形凯利蛤	*Kellia porculus* Pilsbry
315	杏桃凯利蛤	*Kellia subrotunda* (Dunker)
	爱尔西蛤科	ERYCINIDAE
316	陷腹蛤	*Curvemysella paula* (A. Adams)
317	栗色拉沙蛤	*Lasaea undulata* (A. A. Gould)
	鸟蛤科	CARDIIDAE
318	沙糙鸟蛤	*Acrosterigma impolitum* (G. B. Sowerby Ⅱ)
319	粗糙鸟蛤	*Acrosterigma maculosum* (W. Wood)
320	脊鸟蛤	*Fragum fragum* (Linnaeus)
321	亚洲鸟蛤	*Vepricardium asiaticum* (Bruguière)
322	中华鸟蛤	*Vepricardium sinense* (G. B. Sowerby Ⅱ)
	帘蛤科	VENERIDAE
323	曲波皱纹蛤	*Antigona chemnitzii* (Hanley)
324	中国仙女蛤	*Callista chinensis* (Holten)
325	头巾雪蛤	*Chione tiara* (Dillwyn)
326	面具美女蛤	*Circe stutzeri* (Donovan)
327	马尼拉卵蛤	*Costellipitar manillae* (G. B. Sowerby Ⅱ)
328	青蛤	*Cyclina sinensis* (Gmelin)
329	巧环楔形蛤	*Cyclosunetta concinna* (Dunker)
330	刺镜蛤	*Dosinia aspera* (Reeve)
331	薄片镜蛤	*Dosinia corrugata* (Reeve)
332	突角镜蛤	*Dosinia cumingii* Reeve
333	日本镜蛤	*Dosinia japonica* (Reeve)
334	射带镜蛤	*Dosinia troscheli* Liscke
335	胀镜蛤	*Dosinia tumida* Gray
336	歧脊加夫蛤	*Gafrarium divaricatum* (Gmelin)
337	温和翘鳞蛤	*Irus mitis* (Deshayes)
338	江户布目蛤	*Leukoma jedoensis* (Lischke)
339	线目蛤	*Leukoma staminea* (Conrad)

续附录 1-4

序号	中文名	拉丁学名
340	等边浅蛤	*Macridiscus aequilatera* (G. B. Sowerby I)
341	丽文蛤	*Meretrix lusoria* (Röding)
342	文蛤	*Meretrix meretrix* Linnaeus
343	和蔼巴非蛤	*Paphia amabilis* (Philippi)
344	真曲巴非蛤	*Paphia euglypta* (Philippi)
345	沟纹巴非蛤	*Paphia philippiana* M. Huber
346	波纹巴非蛤	*Paratapes undulatus* (Born)
347	凸镜蛤	*Pelecyora nana* (Reeve)
348	波纹皱纹蛤	*Periglypta crispata* Deshayes
349	美叶雪蛤	*Placamen lamellatum* (Röding)
350	菲律宾蛤仔	*Ruditapes philippinarum* (Adams et Reeve)
351	汛潮环楔形蛤	*Sunetta menstrualis* (Menke)
352	粗帝纹蛤	*Timoclea habei* Fischer-Piette et Vukadinovic
353	杂色蛤仔	*Venerupis aspera* (Quoy et Gaimard)
354	屈曲巴非蛤	*Venus sinuosa* Lamarck
	蛤蜊科	MACTRIDAE
355	菲律宾獭蛤	*Lutraria rhynchaena* Jonas
356	獭蛤属一种	*Lutraria* sp.
357	西施舌	*Mactra antiquata* Spengler
358	中国蛤蜊	*Mactra chinensis* Philippi
359	四角蛤蜊	*Mactra quadrangularis* Reeve
360	大蛤蜊	*Mactromeris polynyma* (Stimpson)
361	布氏尖蛤蜊	*Oxyperas bernardi* (Pilsbry)
362	秀丽波纹蛤	*Raeta pulchella* (Adams et Reeve)
363	不等蛤蜊	*Spisula subtruncata* (da Costa)
	斧蛤科	DONACIDAE
364	楔形斧蛤	*Donax cuneatus* Linnaeus
365	紫藤斧蛤	*Danax semigranosus* Dunker
	紫云蛤科	PSAMMOBIIDAE
366	史氏紫云蛤	*Gari lessoni* (Blainville)
367	斑纹紫云蛤	*Gari maculosa* (Lamarck)

续附录 1-4

序号	中文名	拉丁学名
368	射带紫云蛤	*Gari radiata* (Philippi)
369	中国紫蛤	*Sanguinolaria chinensis* (Mörch)
	截蛏科	SOLECURTIDAE
370	总角截蛏	*Solecurtus divaricatus* (Lischke)
	双带蛤科	SEMELIDAE
371	索形双带蛤	*Semele cordiformis* (Holten)
372	大团结蛤	*Tellinimactra edentula* (Spengler)
373	脆壳理蛤	*Theora fragilis* (A. Adams)
374	侧理蛤	*Theora lata* (Hinds)
	樱蛤科	TELLINIDAE
375	三角楔樱蛤	*Cadella delta* (Yokoyama)
376	河口楔樱蛤	*Cadella narutoensis* Habe
377	半扭楔樱蛤	*Cadella semen* (Hanley)
378	彩虹明樱蛤	*Iridona iridescens* (Benson)
379	刀明樱蛤	*Jitlada culter* (Hanley)
380	沟纹巧樱蛤	*Leporimetis papyracea* (Gmelin)
381	马甲蛤	*Macalia bruguieri* (Hanley)
382	拟箱美丽蛤	*Merisca diaphana* (Deshayes)
383	江户明樱蛤	*Moerella hilaris* (Hanley)
384	红明樱蛤	*Moerella rutila* (Dunker)
385	小亮樱蛤	*Nitidotellina lischkei* M. Huber, Langleit et Kreipl
386	美女白樱蛤	*Psammacoma candida* (Lamarck)
387	截形白樱蛤	*Psammacoma gubernaculum* (Hanley)
	竹蛏科	SOLENIDAE
388	短竹蛏	*Solen brevissimus* Martens
389	大竹蛏	*Solen grandis* Dunker
390	玫瑰竹蛏	*Solen rosaceus* Carpenter
391	长竹蛏	*Solen strictus* Gould
	刀蛏科	CULTELLIDAE
392	小刀蛏	*Cultellus attenuatus* Dunker
393	长圆荚蛏	*Siliqua grayana* (Dunker)

续附录 1-4

序号	中文名	拉丁学名
394	小荚蛏	*Siliqua minima*（Gmelim）
（六）	海螂目	MYOIDA
	篮蛤科	CORBULIDAE
395	红齿硬篮蛤	*Solidicorbula eryhrodon*（Lamarck）
	缝栖蛤科	HIATELLIDAE
396	东方缝栖蛤	*Hiatella arctica*（Linnaeus）
	海笋科	PHOLADIDAE
397	全海笋	*Barnea candida*（Linnaeus）
398	吉村马特海笋	*Martesia yoshimurai*（Kuroda et Termachi）
	船蛆科	TEREDINIDAE
399	稻穗节铠船蛆	*Bankia carinata*（J. E. Gray）
400	密节铠船蛆	*Bankia saulii*（Wright）
401	船蛆	*Teredonavalis* Linnaeus
402	长柄船蛆	*Teredo parksi* Bartsch
403	船蛆属一种	*Teredo* sp.
五	头足纲	CEPHALOPODA
（一）	鱿目（枪形目）	TEUTHOIDA
	武装鱿科（武装乌贼科）	NOPLOTEUTHIDAE
404	多钩钩腕乌贼	*Abralia multihamata* Sasaki
	柔鱼科	OMMASTREPHIDAE
405	太平洋褶柔鱼	*Todarodes pacificus* Steenstrup
	枪鱿科（枪乌贼科）	LOLIGINIDAE
406	火枪乌贼	*Loliolus beka*（Sasaki）
407	苏岛枪乌贼	*Loliolus sumatrensis*（d' Orbigny）
408	田乡枪乌贼	*Loliolus uyii*（Wakiya et Ishikawa）
409	莱氏拟乌贼	*Sepioteuthis lessoniana* d'Orbigny
410	长枪乌贼	*Uroteuthis bleekeri* Keferstein
411	中国枪乌贼	*Uroteuthis chinensis* Gray
412	剑尖枪乌贼	*Uroteuthis edulis* Hoyle
（二）	乌贼目	SEPIIDA
	乌贼科	SEPIOIDAE

续附录 1-4

序号	中文名	拉丁学名
413	金乌贼	*Sepia esculenta* Hoyle
414	拟目乌贼	*Sepia lycidas* Gray
415	日本无针乌贼	*Sepiella japonica* Sasaki
（三）	耳乌贼目	SEPIOLIDAE
	耳乌贼科	SEPIOLIDAE
416	柏氏四盘耳乌贼	*Euprymna berryi* Sasaki
417	双喙耳乌贼	*Sepiola birostrata* Sasaki
（四）	八腕目	OCTOPODA
	船蛸科	ARGONAUTIDAE
418	锦葵船蛸	*Argonauta hians* Solander
	章鱼科	OCTOPODIDAE
419	东蛸	*Octopus berenice* Gary
420	短蛸	*Octopus fangsiao* Orbigny
421	长蛸	*Octopus variabilis* (Sasaki)
422	真蛸	*Octopus vulgaris* Cuvier

注：根据《南麂列岛的贝类》（尤仲杰等，1992）、《南麂列岛国家级海洋自然保护区贝类新记录》（高爱根，2006）、《中国海洋生物名录》（刘瑞玉，2008）、《中国海产双壳类图志》（徐凤山和张素萍，2008）、《中国海洋物种多样性》（黄宗国和林茂，2012）、《中国水生贝类图谱》（郑小东等，2013）等文献重新校补整理而成。

附录 1-5 南鹿列岛国家级海洋自然保护区甲壳类名录表

序号	中文名	拉丁学名
	甲壳纲	CRUSTACEA
一	鳃足亚纲	BRANCHIOPODA
(一)	枝角目	CLADOCERA
	仙达溞科	SIDIDAE
1	鸟喙尖头溞	*Penilia avirostris* Dana
	圆囊溞科	PODONIDAE
2	肥胖三角溞	*Pseudevadne tergestina* Claus
二	介形亚纲	OSTRACODA
(二)	壮肢目	MYDOCOPA
	海萤科	CYPRIDINIDAE
3	尖尾海萤	*Cypridina acuminata* (Mueller)
4	齿形海萤	*Cypridina dentata* (Mueller)
	吸海萤科	HALOCYPRIDIDAE
5	针刺真浮萤	*Euconchoecia aculeata* (Scott)
三	桡足亚纲	COPEPODA
(三)	哲水蚤目	CALANOIDA
	哲水蚤科	CALANIDAE
6	中华哲水蚤	*Calanus sinicus* Brodsky
7	微刺哲水蚤	*Canthocalanus pauper* (Giesbrecht)
8	达氏波水蚤	*Cosmocalanus darwinii* (Lubbock)
9	小哲水蚤	*Nannocalanus minor* (Claus)
10	普通波水蚤	*Undinula vulgaris* (Dana)
	真哲水蚤科	EUCALANIDAE
11	强真哲水蚤	*Subeucalanus crassus* (Giesbrecht)
12	亚强真哲水蚤	*Subeucalanus subcrassus* (Giesbrecht)
13	狭额真哲水蚤	*Subeucalanus subtenuis* (Giesbrecht)
	拟哲水蚤科	PARACALANIDAE
14	驼背隆哲水蚤	*Acrocalanus gibber* Giesbrecht
15	微驼隆哲水蚤	*Acrocalanus gracilis* Giesbrecht
16	针刺拟哲水蚤	*Paracalanus aculeatus* Giesbrecht
17	小拟哲水蚤	*Paracalanus parvus parvus* (Claus)

续附录 1-5

序号	中文名	拉丁学名
18	强额拟哲水蚤	*Parvocalanus crassirostris* (Dahl F.)
	真刺水蚤科	EUCHAETIDAE
19	精致真刺水蚤	*Euchaeta concinna* Dana
20	海洋真刺水蚤	*Euchaeta marina* (Prestandrea)
21	平滑真刺水蚤	*Euchaeta plana* Mori
	长腹水蚤科	METRIDINIDAE
22	北方乳点水蚤	*Pleuromamma borealis* (Dahl F.)
23	瘦乳点水蚤	*Pleuromamma gracilisgracilis* (Claus)
	厚壳水蚤科	SCOLECITRICHIDAE
24	缘齿厚壳水蚤	*Scolecithricella nicobarica* (Sewell)
	宽水蚤科	TEMORIDAE
25	异尾宽水蚤	*Temora discaudata* Giesbrecht
26	锥形宽水蚤	*Temora turbinata* (Dana)
	胸刺水蚤科	CENTROPAGIDAE
27	腹针胸刺水蚤	*Centropages abdominalis* Sato
28	背针胸刺水蚤	*Centropages dorsispinatus* Thompson I. C. et Scott A.
29	叉胸刺水蚤	*Centropages furcatus* (Dana)
30	瘦尾胸刺水蚤	*Centropages tenuiremis* Thompson I. C. et Scott A.
31	中华华哲水蚤	*Sinocalanus sinensis* Poppe
32	细巧华哲水蚤	*Sinocalanus tenellus* (Kikuchi K.)
	伪镖水蚤科	PSEUDODIAPTOMIDAE
33	海洋伪镖水蚤	*Pseudodiaptomus marinus* Sato
34	火腿伪镖水蚤	*Pseudodiaptomus poplesia* (Shen)
	平头水蚤科	CANDACIIDAE
35	双刺平头水蚤	*Candacia bipinnata* (Giesbrecht)
36	伯氏平头水蚤	*Candacia bradyi* Scott A.
37	幼平头水蚤	*Candacia catula* (Giesbrecht)
38	异尾平头水蚤	*Candacia discaudata* Scott A.
39	截平头水蚤	*Candacia truncata* (Dana)
	角水蚤科	PONTELLIDAE
40	椭圆长足水蚤	*Calanopia elliptica* (Dana)

续附录 1-5

序号	中文名	拉丁学名
41	尖刺唇角水蚤	*Labidocera acuta* (Dana)
42	双刺唇角水蚤	*Labidocera bipinnata* Tanaka
43	真刺唇角水蚤	*Labidocera euchaeta* Giesbrecht
44	瘦尾简角水蚤	*Pontellopsis tenuicauda* (Giesbrecht)
45	钝简角水蚤	*Pontellopsis yamadae* Mori
	纺锤水蚤科	ACARTIIDAE
46	克氏纺锤水蚤	*Acartia clausi*sensu Mori
47	太平洋纺锤水蚤	*Acartia* (*Odontacartia*) *pacifica* Steuer
(四)	剑水蚤目	CYCLOPOIDA
	长腹剑水蚤科	OITHONIDAE
48	羽长腹剑水蚤	*Oithona plumifera* Baird
49	拟长腹剑水蚤	*Oithona similis* Claus
50	长腹剑水蚤属一种	*Oithona* sp.
	隆（剑）水蚤科	ONCAEIDAE
51	丽隆剑水蚤	*Oncaea venusta* Philippi
	大眼（剑）水蚤科	CORYCAEIDAE
52	近缘大眼剑水蚤	*Ditrichocorycaeus affinis* (McMurrich)
53	东亚大眼剑水蚤	*Ditrichocorycaeus asiaticus* (Dahl F.)
54	平大眼剑水蚤	*Ditrichocorycaeus dahli* (Tanaka)
55	大眼剑水蚤属一种	*Ditrichocorycaeus* sp.
	叶（剑）水蚤科	SAPPHIRINIDAE
56	星叶剑水蚤	*Sapphirina stellata* Giesbrecht
57	叶剑水蚤属一种	*Sapphirina* sp.
(五)	猛水蚤目	HARPACTICOIDA
	长猛水蚤科	ECTINOSOMATIDAE
58	小毛猛水蚤	*Microsetella norvegica* (Boeck)
	粗毛猛水蚤科	MIRACIIDAE
59	瘦长毛猛水蚤	*Macrosetella gracilis* (Dana)
	龟甲猛水蚤科	PELTIDIIDAE
60	硬鳞暴猛水蚤	*Clytemnestra scutellata* Dana
(六)	怪水蚤目	MONSTRILLOIDA

续附录 1-5

序号	中文名	拉丁学名
	怪水蚤科	MONSTRILLIDAE
61	小寄虱属一种	*Microniscus* sp.
62	巨大怪水蚤	*Monstrilla grandis* Giesbrecht
四	蔓足亚纲	CIRRIPEDIA
(七)	乌咀目	IBLIFORMES
	乌咀科	IBLIDAE
63	毛乌咀	*Ibla cumingi* Darwin
(八)	铠茗荷目	SCALPELLIFORMES
	指茗荷科	POLLICIPEDIDAE
64	龟足	*Capitulum mitella* (Linnaeus)
(九)	茗荷目	LEPADIFORMES
	异茗荷科	HETERALEPADIDAE
65	太平洋软茗荷	*Alepas pacifica* Pilsbry
	茗荷科	LEPADIDAE
66	细板条茗荷	*Conchoderma virgatum* Spengler
67	鹅茗荷	*Lepas* (*Anatifa*) *anserifera* Linnaeus
68	龟茗荷	*Lepas* (*Anatifa*) *testudinata* Aurivillius
	花茗荷科	POECILASMATIDAE
69	三齿楯茗荷	*Dianajonesia tridens* (Aurivillius)
70	蟹板茗荷	*Octolasmis neptuni* (MacDonald)
71	斧板茗荷	*Octolasmis warwicki* Gray
(十)	无柄目	SESSILIA
	小藤壶科	CHTHAMALIDAE
72	楯形矮藤壶	*Chinochthamalus scutelliformis* (Darwin)
73	白条地藤壶	*Microeuraphia withersi* (Pilsbry)
	藤壶科	BALANIDAE
74	纹藤壶	*Amphibalanus amphitrite* (Darwin)
75	糊斑藤壶	*Amphibalanus cirratus* (Darwin)
76	网纹藤壶	*Amphibalanus reticulatus* (Utinomi)
77	三角藤壶	*Balanus trigonus* Darwin
78	白脊藤壶	*Fistulobalanus albicostatus* (Pilsbry)

续附录 1-5

序号	中文名	拉丁学名
79	泥藤壶	*Fistulobalanus kondakovi* (Tarasov et Zevina)
80	红巨藤壶	*Megabalanus rosa* Pilsbry
81	钟巨藤壶	*Megabalanus tintinnabulum* (Linnaeus)
82	刺巨藤壶	*Megabalanus volcano* (Pilsbry)
	古藤壶科	ARCHAEOBALANIDAE
83	高峰星藤壶	*Striatobalanus amaryllis* (Darwin)
84	薄壳星藤壶	*Striatobalanus tenuis* (Hoek)
	笠藤壶科	TETRACLITIDAE
85	日本笠藤壶	*Tetraclita japonica* (Pilsbry)
86	鳞笠藤壶	*Tetraclita squamosa* (Bruguière)
87	中华小笠藤壶	*Tetraclitella chinensis* (Nilsson-Cantell)
	龟藤壶科	CHELONIBIIDAE
88	龟藤壶	*Chelonibia testudinaria* (Linnaeus)
五	软甲亚纲	MALACOSTRACA
(十一)	涟虫目	CUMACEA
	针尾涟虫科	DIASTYLIDAE
89	针尾涟虫属一种	*Diastylis* sp.
	尖额涟虫科	LEUCONIDAE
90	无尾涟虫属一种	*Leucon* sp.
(十二)	等足目	ISOPODA
	海蟑螂科	LIGIIDAE
91	海蟑螂	*Ligia* (*Megaligia*) *exotica* Roux
(十三)	端足目	AMPHIPODA
	蛮蛾科	LESTRIGONIDAE
92	大眼蛮蛾	*Lestrigonus macrophthalmus* (Vosseler)
93	裂颏蛮蛾	*Lestrigonus schizogeneios* (Stebbing)
	尖头蛾科	OXYCEPHALIDAE
94	细尖小涂氏蛾	*Tullbergella cuspidatus* Bovallius
	海精蛾科	PRONOIDAE
95	海精蛾属一种	*Pronoe* sp.
	利尔钩虾科	LILJEBORGIIDAE

续附录 1-5

序号	中文名	拉丁学名
96	弯指铲钩虾	*Idunella curvidactyla* Nagata
	钩虾科	Gammaridae
97	钩虾属一种	*Gammarus* sp.
	麦杆虫科	CAPRELLIDAE
98	长颈麦杆虫	*Caprella equilibra* Say
（十四）	糠虾目	MYSIDA
	糠虾科	MYSIDAE
99	近糠虾	*Anchialina typica*（Krøyer）
100	美丽拟节糠虾	*Hemisiriella pulchra* Hansen
101	中华刺糠虾	*Hyperacanthomysis brevirostris*（Wang et Liu）
102	长额刺糠虾	*Hyperacanthomysis longirostris*（Ii）
103	台湾小井伊糠虾	*Iiella formosensis*（Ii）
104	漂浮小井伊糠虾	*Iiella pelagica*（Ii）
105	宽尾刺糠虾	*Notacanthomysis laticauda*（Liu et Wang）
106	窄尾刺糠虾	*Orientomysis leptura*（Liu et Wang）
107	半刺盲糠虾	*Pseudomma semispinosum* Wang
108	中华节糠虾	*Siriella sinensis* Ii
109	三刺节糠虾	*Siriella trispina* Ii
（十五）	磷虾目	EUPHAUSIACEA
	磷虾科	EUPHAUSIIDAE
110	小型磷虾	*Euphausia nana* Brinton
111	太平洋磷虾	*Euphausia pacifica* Hansen
112	中华假磷虾	*Pseudeuphausia sinica* Wang et Chen
（十六）	十足目	DECAPODA
	管鞭虾科	SOLENOCERIDAE
113	高脊管鞭虾	*Solenocera alticarinata* Kubo
114	中华管鞭虾	*Solenocera crassicornis*（H. MilneEdwards）
115	凹管鞭虾	*Solenocera koelbeli* De Man
	对虾科	PENAEIDAE
116	亨氏仿对虾	*Alcockpenaeopsis hungerfordii*（Alcock）
117	扁足异对虾	*Atypopenaeus stenodactylus*（Stimpson）

续附录 1-5

序号	中文名	拉丁学名
118	细巧仿对虾	*Batepenaeopsis tenella* (Spence Bate)
119	脊赤虾	*Metapenaeopsis acclivis* (Rathbun)
120	须赤虾	*Metapenaeopsis barbata* (De Haan)
121	戴氏赤虾	*Metapenaeopsis dalei* (Rathbun)
122	胖赤虾	*Metapenaeopsis lamellatus* (De Haan)
123	菲赤虾	*Metapenaeopsis philippinensis* (Bate)
124	近缘新对虾	*Metapenaeus affinis* (H. MilneEdwards)
125	刀额新对虾	*Metapenaeus ensis* (De Haan)
126	周氏新对虾	*Metapenaeus joyneri* (Miers)
127	独角新对虾	*Metapenaeus monoceros* (Fabricius)
128	刀额仿对虾	*Mierspenaeopsis cultrirostris* (Alcock)
129	哈氏仿对虾	*Mierspenaeopsis hardwickii* (Miers)
130	长缝拟对虾	*Parapenaeus fissurus* (Spence Bate)
131	中国明对虾	*Penaeus chinensis* (Osbeck)
132	日本囊对虾	*Penaeus japonicus* Spence Bate
133	宽沟对虾	*Penaeus latisulcatus* Kishinouye
134	斑节对虾	*Penaeus monodon* Fabricius
135	长毛明对虾	*Penaeus penicillatus* Alcock
136	短沟对虾	*Penaeus semisulcatus* De Haan
137	鹰爪虾	*Trachysalambria curvirostris* (Stimpson)
	单肢虾科	SICYONIIDAE
138	日本单肢虾	*Sicyonia japonica* Balss
139	脊单肢虾	*Sicyonia lancifer* (Olivier)
	樱虾科	SERGESTIDAE
140	中国毛虾	*Acetes chinensis* Hansen
141	日本毛虾	*Acetes japonicus* Kishinouye
	莹虾科	LUCIFERIDAE
142	中型莹虾	*Belzebub intermedius* (Hansen)
143	正型莹虾	*Lucifer typus* H. Milne Edward
	玻璃虾科	PASIPHAEIDAE
144	尖尾细螯虾	*Leptochela aculeocaudata* Paulson

续附录 1-5

序号	中文名	拉丁学名
145	细螯虾	*Leptochela gracilis* Stimpson
	褐虾科	CRANGONIDAE
146	脊腹褐虾	*Crangon affinis* De Haan
147	褐虾	*Crangon crangon*（Linnaeus）
	长臂虾科	PALAEMONIDAE
148	日本江瑶虾	*Conchodytes nipponensis*（De Haan）
149	日本沼虾	*Macrobrachium nipponense*（De Haan）
150	安氏白虾	*Palaemon annandalei*（Kemp）
151	脊尾白虾	*Palaemon carinicauda* Holthuis
152	葛氏长臂虾	*Palaemon gravieri*（Yu）
153	巨指长臂虾	*Palaemon macrodactylus* Rathbun
154	秀丽白虾	*Palaemon modestus*（Heller）
155	敖氏长臂虾	*Palaemon ortmann* Rathbun
156	太平洋长臂虾	*Palaemon pacificus*（Stimpson）
157	锯齿长臂虾	*Palaemon serrifer*（Stimpson）
158	细指长臂虾	*Palaemon tenuidactylus* Liu，Liang et Yan
	托虾科	THORIDAE
159	中华安乐虾	*Eualus sinensis*（Yu）
160	屈腹七腕虾	*Heptacarpus geniculatus*（Stimpson）
161	长足七腕虾	*Heptacarpus rectirostris*（Stimpson）
	鞭腕虾科	LYSMATIDAE
162	脊额鞭腕虾	*Exhippolysmata ensirostris*（Kemp）
163	曲根鞭腕虾	*Lysmata kuekenthali*（De Man）
164	鞭腕虾	*Lysmata vittata*（Stimpson）
	藻虾科	HIPPOLYTIDAE
165	海蜇虾	*Latreutes anoplonyx* Kemp
166	疣背宽额虾	*Latreutes planirostris*（De Haan）
167	长枪船形虾	*Tozeuma lanceolatum* Stimpson
	长眼虾科	OGYRIDIDAE
168	东方长眼虾	*Ogyrides orientalis*（Stimpson）
	鼓虾科	ALPHEIDAE

续附录 1-5

序号	中文名	拉丁学名
169	短脊鼓虾	*Alpheus brevicristatus* De Haan
170	鲜明鼓虾	*Alpheus digitalis* De Haan
171	刺螯鼓虾	*Alpheus hoplocheles* Coutière
172	日本鼓虾	*Alpheus japonicus* Miers
173	巨指鼓虾	*Alpheus malabaricus* (Fabricius)
174	鼓虾	*Alpheus rapax* Fabricius
	长额虾科	PANDALIDAE
175	长额异腕虾	*Heterocarpus dorsalis* Spence Bate
176	驼背异腕虾	*Heterocarpus gibbosus* Spence Bate
177	东方异腕虾	*Heterocarpus sibogae* De Man
178	南长额虾	*Pandalus prensor* Stimpson
179	双斑红虾	*Plesionika binoculus* (Spence Bate)
180	东海红虾	*Plesionika izumiae* Omori
181	滑脊等腕虾	*Procletes levicarina* (Spence Bate)
	海螯虾科	NEPHROPIDAE
182	红斑海螯虾	*Metanephrops thomsoni* (Bate)
	螯虾科	CAMBARIDAE
183	克拉氏螯虾	*Procambarus clarkii* (Girard)
	蝼蛄虾科	UPOGEBIIDAE
183	伍氏蝼蛄虾	*Austinogebia wuhsienweni* (Yu)
184	大蝼蛄虾	*Upogebia major* (De Haan)
	美人虾科	CALLIANASSIDAE
185	日本美人虾	*Neotrypaea japonica* (Ortmann)
	蝉虾科	SCYLLARIDAE
186	毛缘扇虾	*Ibacus ciliatus* (von Siebold)
187	南极似扇虾	*Parribacus antarcticus* (Lund)
188	东方扁虾	*Thenus orientalis* (Lund)
	龙虾科	PALINURIDAE
189	脊龙虾	*Linuparus trigonus* (von Siebold)
190	锦绣龙虾	*Panulirus ornatus* (Fabricius)
191	中国龙虾	*Panulirus stimpsoni* Holtbuis

续附录 1-5

序号	中文名	拉丁学名
	匙指虾科	ATYIDAE
192	尼罗米虾细足亚种	*Caridina nilotica gracilipes* De Man
193	中华新米虾	*Neocaridina denticulata sinensis* (Kemp)
	绵蟹科	DROMIIDAE
194	干练平壳蟹	*Conchoecetes artificiosus* (Fabricius)
195	小区隐绵蟹	*Epigodromia areolata* (Ihle)
196	绵蟹	*Lauridromia dehaani* (Rathbun)
	圆关公蟹科	CYCLODORIPPIDAE
197	日本鬼蟹	*Tymolus japonicus* Stimpson
198	钩突鬼蟹	*Tymolus uncifer* (Ortmann)
	蛛形蟹科	LATREILLIIDAE
199	长崎蛛形蟹	*Eplumula phalangium* (De Haan)
	蛙蟹科	RANINIDAE
200	葛氏六角蟹	*Cosmonotus grayii* Adams in Belcher
201	东方小蛙蟹	*Ranilia orientalis* Sakai
	关公蟹科	DORIPPIDAE
202	疣面关公蟹	*Dorippe frascone* (Herbst)
203	端正关公蟹	*Dorippe polita* Alcock et Anderson
204	伪装仿关公蟹	*Dorippoides facchino* (Herbst)
205	日本拟平家蟹	*Heikeopsis japonica* (von Siebold)
206	颗粒拟关公蟹	*Paradorippe granulata* (De Haan)
	四额齿蟹科	ETHUSIDAE
207	四额齿蟹属一种	*Ethusa* sp.
	玉蟹科	LEUCOSIIDAE
208	刺猬栗壳蟹	*Arcania erinacea* (Fabricius)
209	七刺栗壳蟹	*Arcania heptacantha* (De Man)
210	十一刺栗壳蟹	*Arcania undecimspinosa* De Haan
211	遁形长臂蟹	*Myra fugax* (Fabricius)
212	斜方五角蟹	*Nursia rhomboidalis* (Miers)
213	隆线拳蟹	*Philyra carinata* Bell
214	球形拳蟹	*Philyra globus* (Fabricius)

续附录 1-5

序号	中文名	拉丁学名
215	杂粒拳蟹	*Philyra heterograna* Ortmann
216	橄榄拳蟹	*Philyra olivacea* Rathbun
217	豆形拳蟹	*Philyra pisum* De Haan
218	疙瘩拳蟹	*Philyra tuberculosa* Stimpson
219	斜方化玉蟹	*Seulocia rhomboidalis* (De Haan)
	奇净蟹科	AETHRIDAE
220	桑椹蟹	*Drachiella morum* (Alcock)
	馒头蟹科	CALAPPIDAE
221	卷折馒头蟹	*Calappa lophos* (Herbst)
222	逍遥馒头蟹	*Calappa philargius* (Linnaeus)
	黎明蟹科	MATUTIDAE
223	红点月神蟹	*Ashtoret lunaris* (Forskål)
224	红线黎明蟹	*Matuta planipes* Fabricius
	虎头蟹科	ORITHVIIDAE
225	中华虎头蟹	*Orithyia sinica* (Linnaeus)
	尖头蟹科	INACHIDAE
226	有疣英雄蟹	*Achaeus tuberculatus* Miers
	卧蜘蛛蟹科	EPIALTIDAE
227	羊毛绒球蟹	*Doclea ovis* (Fabricius)
228	双角互敬蟹	*Hyastenus diacanthus* (De Haan)
229	慈母互敬蟹	*Hyastenus pleione* (Herbst)
230	小型矶蟹	*Pugettia minor* Ortmann
231	日本矶蟹	*Pugettia nipponensis* Rathbun
232	四齿矶蟹	*Pugettia quadridens* (De Haan)
	突眼蟹科	OREGONIIDAE
233	革窄额互爱蟹	*Hyas coarctatus* Leach
	菱蟹科	PARTHENOPIDAE
234	强壮武装紧握蟹	*Enoplolambrus validus* (De Haan)
	梭子蟹科	PORTUNIDAE
235	锐齿蟳	*Charybdis* (*Charybdis*) *acuta* (A. Milne-Edwards)
236	近亲蟳	*Charybdis* (*Charybdis*) *affinis* Dana

续附录 1-5

序号	中文名	拉丁学名
237	异齿蟳	*Charybdis* (*Charybdis*) *anisodon* (De Haan)
238	环纹蟳	*Charybdis* (*Charybdis*) *annulata* (Fabricius)
239	双斑蟳	*Charybdis* (*Gonioneptunus*) *bimaculata* (Miers)
240	美人蟳	*Charybdis* (*Charybdis*) *callianassa* (Herbst)
241	绣斑蟳	*Charybdis feriatus* (Linnaeus)
242	钝齿蟳	*Charybdis* (*Charybdis*) *hellerii* (A. Milne-Edwards)
243	日本蟳	*Charybdis* (*Charybdis*) *japonica* (A. Milne-Edwards)
244	武士蟳	*Charybdis* (*Charybdis*) *miles* (De Haan)
245	善泳蟳	*Charybdis* (*Charybdis*) *natator* (Herbst)
246	直额蟳	*Charybdis* (*Goniohellenus*) *truncata* (Fabricius)
247	变态蟳	*Charybdis* (*Charybdis*) *variegata* (Fabricius)
248	纤手梭子蟹	*Lupocycloporus gracilimanus* (Stimpson)
249	银光梭子蟹	*Monomia argentata* (A Milne Edwards)
250	拥剑梭子蟹	*Monomia haani* (Stimpson)
251	远海梭子蟹	*Portunus pelagicus* (Linnaeus)
252	红星梭子蟹	*Portunus sanguinolentus* (Herbst)
253	三疣梭子蟹	*Portunus trituberculatus* (Miers)
254	锯缘青蟹	*Scylla serrata* (Forskål)
255	钝齿短桨蟹	*Thalamita crenata* Rüppell
256	少刺短桨蟹	*Thalamita danae* Stimpson
257	矛形梭子蟹	*Xiphonectes hastatoides* (Fabricius)
	圆趾蟹科	OVALIPIDAE
258	细点圆趾蟹	*Ovalipes punctatus* (De Haan)
	扇蟹科	XANTHIDAE
259	钙银杏蟹	*Actaea calculosa* (H. Milne Edwards)
260	菜花银杏蟹	*Actaea savignii* (H. Milne Edwards)
261	细纹爱洁蟹	*Atergatis reticulatus* De Haan
262	火红皱蟹	*Leptodius exaratus* (H. Milne Edwards)
263	红斑斗蟹	*Liagore rubromaculata* (De Haan)
264	雕刻花瓣蟹	*Liomera caelata* (Odhner)
265	特异大权蟹	*Macromedaeus distinguendus* (De Haan)

续附录 1-5

序号	中文名	拉丁学名
266	整洁柱足蟹	*Palapedia integra* (De Haan)
	瓢蟹科	CARPILIIDAE
267	红斑瓢蟹	*Carpilius maculatus* (Linnaeus)
	静蟹科	GALENIDAE
268	贪精武蟹	*Parapanope euagora* De Man
	哲蟹科	MENIPPIDAE
269	光辉圆扇蟹	*Sphaerozius nitidus* Stimpson
	宽背蟹科	EURYPLACIDAE
270	隆线强蟹	*Eucrate crenata* (De Haan)
	长脚蟹科	GONEPLACIDAE
271	长手隆背蟹	*Carcinoplax longimanus* (De Haan)
272	泥脚隆背蟹	*Entricoplax vestita* (De Haan)
	掘沙蟹科	SCALOPIDIIDAE
273	刺足掘沙蟹	*Scalopidia spinosipes* (Stimpson)
	毛刺蟹科	PILUMNIDAE
274	伴侣柳珊瑚蟹	*Gorgonariana sodalis* (Alcock)
275	披发异毛蟹	*Heteropilumnus ciliatus* (Stimpson)
276	福建佘氏蟹	*Ser fukiensis* Rathbun
277	裸盲蟹	*Typhlocarcinus nudus* Stimpson
278	毛盲蟹	*Typhlocarcinus villosus* Stimpson
279	仿盲蟹属一种	*Typhlocarcinops* sp.
	溪蟹科	POTAMONIDAE
280	中华束腹蟹	*Somanniathelphusa sinensis* (H. Milne Edwards)
	豆蟹科	PINNOTHERIDAE
281	隐匿豆蟹	*Pinnotheres pholadis* De Haan
282	中华豆蟹	*Pinnotheres sinenis* Shen
	猴面蟹科	CAMPTANDRIIDAE
283	六齿猴面蟹	*Camptandrium serdentatum* Stimpson
	毛带蟹科	DOTILLIDAE
284	韦氏毛带蟹	*Dotilla wichmanni* De Man
285	锯脚泥蟹	*Ilyoplax demtimerosa* Shen

续附录 1-5

序号	中文名	拉丁学名
286	谭氏泥蟹	*Ilyoplax deschampsi* (Rathbun)
287	台湾泥蟹	*Ilyoplax formosensis* Rathbun
288	秉氏泥蟹	*Ilyoplax pingi* Shen
289	锯眼泥蟹	*Ilyoplax serrata* Shen
290	淡水泥蟹	*Ilyoplax tansuiensis* Sakai
	大眼蟹科	MACROPHTHALMIDAE
291	明秀大眼蟹	*Macrophthalmus* (*Mareotis*) *definitus* Adams et White
292	宽身大眼蟹	*Macrophthalmus dilatatus* De Haan
293	悦目大眼蟹	*Macrophthalmus erato* De Man
294	日本大眼蟹	*Macrophthalmus* (*Mareotis*) *japonicus* De Haan
295	太平洋大眼蟹	*Macrophthalmus* (*Mareotis*) *pacificus* Dana
296	绒毛大眼蟹	*Macrophthalmus* (*Mareotis*) *tomentosus* (Souleyet)
297	中型三强蟹	*Tritodynamia intermedia* Shen
298	兰氏三强蟹	*Tritodynamia rathbunae* Shen
	沙蟹科	OCYPODIDAE
299	痕掌沙蟹	*Ocypode stimpsoni* Ortmann
300	弧边招潮	*Uca arcuata* (De Haan)
	短眼蟹科	XENOPHTHALMIDAE
301	莱氏异额蟹	*Anomalifrons lightana* Rathbun
302	豆形短眼蟹	*Xenophthalmus pinnotheroides* White
	方蟹科	GRAPSIDAE
303	四齿大额蟹	*Metopograpsus quadridentatus* Stimpson
304	粗腿厚纹蟹	*Pachygrapsus crassipes* Randall
	相手蟹科	SESARMINAE
305	无齿相手蟹	*Chiromantes dehaani* H. Milne Edwards
306	红螯相手蟹	*Chiromantes haematocheir* (De Haan)
307	墨吉泥毛蟹	*Clistocoeloma merguiensis* De Man
308	中华泥毛蟹	*Clistocoeloma sinensis* Shen
309	小相手蟹	*Nanosesarma minutum* (De Man)
310	双齿相手蟹	*Parasesarma indiarum* (Tweedie)
311	斑点相手蟹	*Parasesarma pictum* (De Haan)

续附录 1-5

序号	中文名	拉丁学名
312	褶痕相手蟹	*Parasesarma plicatum* (Latreille)
313	中型中相手蟹	*Sesarmops intermedium* (De Haan)
	弓蟹科	VARUNIDAE
314	异足倒颚蟹	*Asthenognathus inaequipes* Stimpson
315	狭颚绒螯蟹	*Eriochier leptognatnus* Rathbun
316	中华绒螯蟹	*Eriochieir sinensis* H. Milne Edwards
317	平背蜞	*Gaetice depressus* (De Haan)
318	沈氏厚蟹	*Helice sheni* Sakai
319	天津厚蟹	*Helice tientsinensis* Rathbun
320	伍氏厚蟹	*Helice wana* Rathbun
321	绒螯近方蟹	*Hemigrapsus penicillatus* (De Haan)
322	肉球近方蟹	*Hemigrapsus sanguineus* (De Haan)
323	中华近方蟹	*Hemigrapsus sinensis* Rathbun
324	齿突长方蟹	*Metaplax dentipes* Haller
325	长足长方蟹	*Metaplax longipes* Stimpson
326	沈氏长方蟹	*Metaplax sheni* Gordon
327	狭颚新绒螯蟹	*Neoeriocheir leptognathus* Rathbun
328	字纹弓蟹	*Varuna litterata* (Fabricius)
	铠甲虾科	GALATHEIDAE
329	东方铠甲虾	*Galathea orientalis* Stimpson
	瓷蟹科	PORCELLANIDAE
330	锯额豆瓷蟹	*Pisidia serratifrons* (Stimpson)
331	美丽瓷蟹	*Porcellana pulchra* Stimpson
332	绒毛细足蟹	*Raphidopus ciliatus* Stimpson
	活额寄居蟹科	DIOGENIDAE
333	下齿细螯寄居蟹	*Clibanarius infraspinatus* (Hilgendorf)
334	印纹真寄居蟹	*Dardanus impressus* (De Haan)
335	艾氏活额寄居蟹	*Diogenes edwardsii* (De Haan)
336	拟脊活额寄居蟹	*Diogenes paracristimanus* Wang et Dong
337	直螯活额寄居蟹	*Diogenes rectimanus* Miers
	管须蟹科	ALBUNEIDAE

续附录 1-5

序号	中文名	拉丁学名
338	解放眉足蟹	*Blepharipoda liberata* Shen
	蝉蟹科	HIPPIDAE
339	亚洲蝉蟹	*Hippa asiatica* H. Milne Edwards
（十七）	口足目	STOMATOPODA
	虾蛄科	SQUILLIDAE
340	拉氏虾蛄	*Clorida latreillei* Eydoux et Souleyet
341	北方拟绿虾蛄	*Cloridopsis scorpio* (Latreille)
342	窝纹虾蛄	*Dictyosquilla foveolata* (Wood-Mason)
343	猛虾蛄	*Harpiosquilla harpax* (De Haan, 1844)
344	脊条虾蛄	*Lophosquilla costata* (De Haan)
345	义脊虾蛄	*Miyakella nepa* (Latreille in Latreille, Le Peletier, Serville et Guérin)
346	口虾蛄	*Oratosquilla oratoria* (De Haan)
347	蝎虾蛄	*Squilla uilla* Latreille
348	黑斑口虾蛄	*Vossquilla kempi* (Schmitt)
	矮虾蛄科	NANNOSQUILLIDAE
349	排列方额虾蛄	*Bigelowina phalangium* (Fabricius)
350	宽额琴虾蛄	*Lysiosquilla latifrons* (De Haan)

注：根据《南麂海区的海洋鱼类及主要甲壳类》（仇林根，1992）、《浙江南麂水域的蔓足类》（蔡如星等，1992）、《南麂列岛海洋自然保护区浅海生态环境与渔业资源》（俞存根等，2018）、《中国海洋生物名录》（刘瑞玉，2008）、《中国海洋物种多样性》（黄宗国和林茂，2012）等文献重新校补整理而成。

附录 1-6　南鹿列岛国家级海洋自然保护区鱼类名录表

序号	中文名	拉丁学名
一	软骨鱼纲	CHONDRICHTHYES
	全头亚纲	HOLOCEPHALI
（一）	银鲛目	CHIMAERIFORMES
	银鲛科	CHIMAERIDAE
1	黑线银鲛	*Chimaera phantasma* Jordan et Snyder
	板鳃亚纲	ELASMOBRANCHII
（二）	六鳃鲨目	HEXANCHIFORMES
	六鳃鲨科	HEXANCHIDAE
2	扁头哈那鲨	*Notorynchus cepedianus*（Péron）
（三）	虎鲨目	HETERODONTIFORMES
	虎鲨科	HETERODONTIDAE
3	宽纹虎鲨	*Heterodontus japonicus* Miklouho-Maclay et MacLeay
4	狭纹虎鲨	*Heterodontus zebra*（Gray）
（四）	鼠鲨目	LAMNIFORMES
	砂锥齿鲨科	ODONTASPIDIDAE
5	欧氏锥齿鲨	*Carcharias taurus* Rafinesque
	长尾鲨科	ALOPIIDAE
6	狐形长尾鲨	*Alopias vulpinus*（Bonnaterre）
	姥鲨科	CETORHINIDAE
7	姥鲨	*Cetorhinus maximus*（Gunnerus）
（五）	须鲨目	ORECTOLOBIFORMES
	须鲨科	ORECTOLOBIDAE
8	日本须鲨	*Orectolobus japonicus* Regan
	长尾须鲨科	HEMISCYLLIIDAE
9	条纹斑竹鲨	*Chiloscyllium plagiosum*（Anonymous［Bennett］）
	鲸鲨科	RHINCODONTIDAE
10	鲸鲨	*Rhincodon typus* Smith
（六）	真鲨目	CARCHARHINIFORMES
	猫鲨科	SCYLIORHINIDAE
11	阴影绒毛鲨	*Cephaloscyllium umbratile* Jordan et Fowler
12	虎纹猫鲨	*Scyliorhinus torazame*（Tanaka）

续附录 1–6

序号	中文名	拉丁学名
13	梅花鲨	*Halaelurus buergeri* (Müller et Henle)
	原鲨科	PROSCYLLIIDAE
14	雅原鲨	*Proscyllium venustum* (Tanaka)
	皱唇鲨科	TRIAKIDAE
15	灰星鲨	*Mustelus griseus* Pietschmann
16	白斑星鲨	*Mustelus manazo* Bleeker
17	皱唇鲨	*Triakis scyllium* Müller et Henle
	真鲨科	CRACHARHINIDAE
18	黑印真鲨	*Carcharhinus falciformis* (Müller et Henle)
19	阔口真鲨	*Carcharhinus plumbeus* (Nardo)
20	沙拉真鲨	*Carcharhinus sorrah* (Müller et Henle)
21	尖头斜齿鲨	*Scoliodon laticaudus* Müller et Henle
	双髻鲨科	SPHYRNIDAE
22	路氏双髻鲨	*Sphyrna lewini* (Griffith et Smith)
23	锤头双髻鲨	*Sphyrna zygaena* (Linnaeus)
(七)	角鲨目	SQUALIFORMES
	角鲨科	SQUALIDAE
24	白斑角鲨	*Squalus acanthias* Linnaeus
25	短吻角鲨	*Squalus brevirostris* Tanaka
26	长吻角鲨	*Squalus mitsukurii* Jordan et Snyder
(八)	锯鲨目	PRISTIOPHORIFORMES
	锯鲨科	PRISTIOPHORIDAE
27	日本锯鲨	*Pristiophorus japonicus* Günther
(九)	扁鲨目	SQUATINIFORMES
	扁鲨科	SQUATINIDAE
28	日本扁鲨	*Squataina japonica* Bleeker
(十)	锯鳐目	PRISTIFORMES
	锯鳐科	PRISTIDAE
29	尖齿锯鳐	*Anoxypristis cuspidata* (Latham)
(十一)	电鳐目	TORPEDINIFORMES
	双鳍电鳐科	NARKIDAE

续附录 1-6

序号	中文名	拉丁学名
30	坚皮单鳍电鳐	*Crassinarke dormitor* Takagi
31	日本单鳍电鳐	*Narke japonica* (Temminck et Schlegel)
(十二)	鳐形目	RAJIFORMES
	犁头鳐科	RHINOBATIDAE
32	颗粒蓝吻犁头鳐	*Glaucostegus granulatus* (Cuvier)
33	中国团扇鳐	*Platyrhina sinensis* (Bloth et Schneider)
34	汤氏团扇鳐	*Platyrhinatangi* Iwatsuki, Zhang et Nakaya
35	圆犁头鳐	*Rhina ancylostoma* Bloch et Schneider
36	许氏犁头鳐	*Rhinobatos schlegelii* Müller et Henle
37	及达尖犁头鳐	*Rhynchobatus djiddensis* (Forsskål)
	鳐科	RAJIDAE
38	何氏鳐	*Okamejei hollandi* (Jordan et Richardson)
39	孔鳐	*Okamejei kenojei* (Müller et Henle)
(十三)	鲼形目	MYLIOBATIFORMES
	魟科	DASYATIDAE
40	尖嘴魟	*Dasyatis zugei* (Müller et Henle)
41	赤魟	*Hemitrygon akajei* (Müller et Henle)
42	黄魟	*Hemitrygon bennettii* (Müller et Henle)
43	光魟	*Hemitrygon laevigata* (Chu)
44	奈氏魟	*Hemitrygon navarrae* (Steindachner)
45	中国魟	*Hemitrygon sinensis* (Steindachner)
46	小眼魟	*Himantura microphthalma* (Chen)
47	齐氏魟	*Maculabatis gerrardi* (Gray)
	燕魟科	GYMNURIDAE
48	双斑燕魟	*Gymnura bimaculata* (Norman)
49	日本燕魟	*Gymnura japonica* (Temminck et Schlegel)
50	花尾燕魟	*Gymnura Poecilura* (Shaw)
	鲼科	MYLIOBATIDAE
51	无斑鳐鲼	*Aetobatus flagellum* (Bloch et Schneider)
52	日本蝠鲼	*Mobula japanica* (Müller et Henle)
53	鸢鲼	*Myliobatis tobijei* Bleeker

续附录 1-6

序号	中文名	拉丁学名
	辐鳍鱼纲	ACTINOPTERYGII
	软骨硬鳞鱼亚纲	CHONDROSTEI
(一)	鲟形目	ACIPENSERIFORMES
	鲟科	ACIPENSERIDAE
54	达氏鲟	*Acipenser dabryanus* Duméril
55	中华鲟	*Acipenser sinensis* Gray
	新鳍鱼亚纲	NEOPTERYGII
(二)	海鲢目	ELOPIFORMES
	海鲢科	ELOPIDAE
56	海鲢	*Elops saurus* Linnaeus
	大海鲢科	MEGALOPIDAE
57	大海鲢	*Megalops cyprinoides* (Broussonet)
(三)	北梭鱼目	ALBULIFORMES
	北梭鱼科	ALBULIDAE
58	北梭鱼	*Albula vulpes* (Linnaeus)
(四)	鳗鲡目	ANGUILLIFORMES
	鳗鲡科	ANGUILLIDAE
59	日本鳗鲡	*Anguilla japonica* Temminck et Schlegel
	康吉鳗科	CONGRIDAE
60	拟穴奇鳗	*Ariosoma anagoides* (Bleeker)
61	日本康吉鳗	*Conger japonicus* Bleeeker
62	星鳗	*Conger myriaster* (Brevoort)
63	大眼油鳗	*Parabathymyrus macrophthalmus* Kamohara
64	短尾吻鳗	*Rhynchocomba sivicola* (Matsubara et Ochiai)
65	尖尾鳗	*Uroconger lepturus* (Richardson)
	海鳗科	MURAENESOCIDAE
66	海鳗	*Muraenesox cinereus* (Forsskål)
	蛇鳗科	OPHICHTHIDAE
67	鳄形短体鳗	*Brachysomophis crocodilinus* (Bennett)
68	中华须鳗	*Cirrhimuraena chinensis* Kaup
69	裸鳍虫鳗	*Muraenichthys gymnopterus* (Bleeker)

续附录 1-6

序号	中文名	拉丁学名
70	尖吻蛇鳗	*Ophichthus apicalis* (Anonymous [Bennett])
71	食蟹豆齿鳗	*Pisodonophis cancrivorus* (Richardson)
	合鳃鳗科	SYNAPHOBRANCHIDAE
72	前肛鳗	*Dysomma anguillare* Barnard
	海鳝科	MURAENIDAE
73	褐裸胸鳝	*Gymnothorax hepaticus* (Rüppell)
74	网纹裸胸鳝	*Gymnothorax reticularis* Bloch
75	长体鳝	*Strophidon sathete* (Hamilton)
(五)	鲱形目	CLUPEIFORMES
	圆腹鲱科	DUSSUMIERIIDAE
76	圆腹鲱	*Dussumieria elopsoides* Bleeker
	鲱科	CLUPEIDAE
77	花点鲥	*Hilsa kelee* (Cuvier)
78	斑鰶	*Konosirus punctatus* (Temminck et Schlegel)
79	金色小沙丁鱼	*Sardinella aurita* Valenciennes
80	孔状青鳞鱼	*Sardinella fimbriata* (Valenciennes)
81	神仙青鳞鱼	*Sardinella lemuru* Bleeker
82	青林小沙丁鱼	*Sardinella zunasi* (Bleeker)
83	鲥鱼	*Tenualosa reevesii* (Richardson)
	锯腹鳓科	PRISTIGASTERIDAE
84	鳓鱼	*Ilisha elongata* (Anonymous [Bennett])
85	后鳍鱼	*Opisthopterus tardoore* (Cuvier)
	鳀科	ENGRAULIDAE
86	七丝鲚	*Coilia grayii* Richardson
87	凤鲚	*Coilia mystus* (Linnaeus)
88	刀鲚	*Coilia nasus* Temminck et Schlegel
89	尖吻小公鱼	*Encrasicholina heteroloba* (Rüppell)
90	日本鳀	*Engraulis japonicus* Temminck et Schlegel
91	中华小公鱼	*Stolephorus chinensis* (Günther)
92	康氏小公鱼	*Stolephorus commersonnii* Lacepède
93	杜氏棱鳀	*Thryssa dussumieri* (Valenciennes)

续附录 1-6

序号	中文名	拉丁学名
94	汉氏棱鳀	*Thryssa hamiltonii* Gray
95	赤鼻棱鳀	*Thryssa kammalensis* (Bleeker)
96	中颌棱鳀	*Thryssa mystax* (Bloch et Schneider)
97	长颌棱鳀	*Thryssa setirostris* (Broussonet)
98	黄鲫	*Setipinna taty* (Valenciennes)
	宝刀鱼科	CHIROCENTRIDAE
99	宝刀鱼	*Chirocentrus dorab* (Forsskål)
(六)	鼠鱚目	GONORHYNCHIFORMES
	遮目鱼科	CHANIDAE
100	遮目鱼	*Chanos chanos* (Forsskål)
(七)	鲶形目	SILURIFORMES
	鳗鲶科	PLOTOSIDAE
101	线纹鳗鲶	*Plotosus lineatus* (Thunberg)
	鮠科	BAGRIDAE
102	中华海鲶	*Tachysurus sinensis* Lacepède
	海鲶科	ARIIDAE
103	海鲶	*Netuma thalassina* (Rüppell)
(八)	胡瓜鱼目	OSMERIFORMES
	香鱼科	PLECOGLOSSIDAE
104	香鱼	*Plecoglossus altivelis altivelis* (Temminck et Schlegel)
	银鱼科	SALANGIDAE
105	大银鱼	*Protosalanx hyalocranius* (Abbott)
106	尖头银鱼	*Salanx ariakensis* Kishinouye
107	前颌间银鱼	*Salanx prognathus* (Regan)
(九)	巨口鱼目	STOMIIFORMES
	光器鱼科	PHOSICHTHYIDAE
108	刀光鱼	*Polymetme corythaeola* (Alcock)
(十)	仙女鱼目	AULOPIFORMES
	狗母鱼科	SYNODONTIDAE
109	龙头鱼	*Harpadon nehereus* (Hamilton)
110	长蛇鲻	*Saurida elongata* (Temminck et Schlegel)

续附录 1-6

序号	中文名	拉丁学名
111	多齿蛇鲻	*Saurida tumbil* (Bloch)
112	花斑蛇鲻	*Saurida undosquamis* (Richardson)
(十一)	灯笼鱼目	MYCTOPHIFORMES
	灯笼鱼科	MYCTOPHIDAE
113	七星鱼	*Benthosema pterotum* (Alcock)
114	栉鳞灯笼鱼	*Dasyscopelus spinosus* (Steindachner)
(十二)	月鱼目	LAMPRIFORMES
	皇带鱼科	REGALECIDAE
115	勒氏皇带鱼	*Regalecus russelii* (Cuvier)
(十三)	鳕形目	GADIFORMES
	犀鳕科	BREGMACEROTIDAE
116	尖鳍犀鳕	*Bregmaceros lanceolatus* Shen
117	麦氏犀鳕	*Bregmaceros mcclellandi* Thompson
	长尾鳕科	MACROURIDAE
118	多棘腔吻鳕	*Coelorinchus multispinulosus* Katayama
(十四)	鮟鱇目	LOPHIIFORMES
	鮟鱇科	LOPHIIDAE
119	黑鮟鱇	*Lophiomus setigerus* (Vahl)
120	黄鮟鱇	*Lophius litulon* (Jordan)
	躄鱼科	ANTENNARIIDAE
121	毛躄鱼	*Antennarius hispidus* (Bloch et Schneider)
122	三齿躄鱼	*Antennarius striatus* (Shaw)
	蝙蝠鱼科	OGCOCEPHALIDAE
123	辣茄鱼	*Halieutaea stellata* (Vahl)
(十五)	鲻形目	MUGILIFORMES
	鲻科	MUGILIDAE
124	棱鲛	*Liza carinata* (Valenciennes)
125	头鲻	*Mugil cephalus* Linnaeus
126	鲛鱼	*Planiliza haematocheila* (Temminck et Schlegel)
127	大鳞鲻	*Planiliza macrolepis* (Smith)
(十六)	银汉鱼目	ATHERINIFORMES

续附录 1-6

序号	中文名	拉丁学名
	银汉鱼科	ATHERINIDAE
128	勃氏银汉鱼	*Hypoatherina valenciennei* (Bleeker)
(十七)	颌针鱼目	BELONIFORMES
	颌针鱼科	BELONIDAE
129	扁颚针鱼	*Strongylura anastomella* (Valenciennes)
	鱵科	HEMIRAMPHIDAE
130	间下鱵	*Hyporhamphus intermedius* (Cantor)
131	中华下鱵	*Hyporhamphus limbatus* (Valenciennes)
132	乔氏鱵	*Rhynchorhamphus georgii* (Valenciennes)
	飞鱼科	EXOCOETIDAE
133	燕鳐鱼	*Cheilopogon agoo* (Temminck et Schlegel)
134	少鳞燕鳐鱼	*Cypselurus oligolepis* (Bleeker)
135	飞鱼	*Exocoetus volitans* Linnaeus
136	尖头燕鳐鱼	*Hirundichthys oxycephalus* (Bleeker)
(十八)	金眼鲷目	BERYCIFORMES
	松球鱼科	MONOCENTRIDAE
137	松球鱼	*Monocentris japonica* (Houttuyn)
(十九)	海鲂目	ZEIFORMES
	海鲂科	ZEIDAE
138	日本海鲂	*Zeus faber* Linnaeus
(二十)	海龙目	SYNGNATHIFORMES
	烟管鱼科	FISTULARIIDAE
139	鳞烟管鱼	*Fistularia petimba*Lacepède
	海龙科	SYNGNATHIDAE
140	克氏海马	*Hippocampus kelloggi* Jordan et Snyder
141	日本海马	*Hippocampus mohnikei* Bleeker
142	斑海马	*Hippocampus trimaculatus* Leach
143	尖海龙	*Syngnathus acus* Linnaeus
144	飘海龙	*Syngnathus pelagicus* Linnaeus
145	舒氏海龙	*Syngnathus schlegeli* Kaup
146	粗吻海龙	*Trachyrhamphus serratus* (Temminck et Schlegel)

续附录 1-6

序号	中文名	拉丁学名
（二十一）	刺鱼目	GASTEROSTEIFORMES
	海蛾鱼科	PEGASIDAE
147	海蛾鱼	*Pegasus laternarius* Cuvier
（二十二）	鲉形目	SCORPAENIFORMES
	鲉科	SCORPAENIDAE
148	伊豆鲉	*Scorpaena izensis* Jordan et Starks
149	常鲉	*Scorpaena neglecta* Temminck et Schlegel
	平鲉科	SEBASTIDAE
150	褐菖鲉	*Sebastiscus marmoratus* (Cuvier)
	鲂鮄科	TRIGLIDAE
151	绿鳍鱼	*Chelidonichthys kumu* (Cuvier)
152	翼红娘鱼	*Lepidotrigla alata* (Houttuyn)
153	日本红娘鱼	*Lepidotrigla japonica* (Bleeker)
154	凯氏红娘鱼	*Lepidotrigla kishinouyi* Snyder
155	短鳍红娘鱼	*Lepidotrigla microptera* Günther
	黄鲂鮄科	PERISTEDIIDAE
156	瑞氏红鲂鮄	*Satyrichthys rieffeli* (Kaup)
	六线鱼科	HEXAGRAMMIDAE
157	斑头六线鱼	*Hexagrammos agrammus* (Temminck et Schlegel)
	绒皮鲉科	APLOACTINIDAE
158	蜂鲉	*Erisphex pottii* (Steindachner)
	毒鲉科	SYNANCEIIDAE
159	日本鬼鲉	*Inimicus japonicus* (Cuvier)
160	单指虎鲉	*Minous monodactylus* (Bloch et Schneider)
	鲬科	PLATYCEPHALIDAE
161	鳄鲬	*Cociella crocodilus* (Cuvier)
162	鲬	*Platycephalus indicus* (Linnaeus)
163	大眼鲬	*Suggrundus meerdervoortii* (Bleeker)
	短鲬科	PARABEMBRIDAE
164	短鲬	*Parabembras curtus* (Temminck et Schlegel)
	杜父鱼科	COTTIDAE

续附录 1-6

序号	中文名	拉丁学名
165	小杜父鱼	*Cottiusculus gonez* Jordan et Starks
	豹鲂鮄科	DACTYLOPTERIDAE
166	东方豹鲂鮄	*Dactyloptena orientalis* (Cuvier)
167	吉氏豹鲂鮄	*Dactylopterus gilberti* Snyder
(二十三)	鲈形目	PERCIFORMES
	魣科	SPHYRAENIDAE
168	油魣	*Sphyraena pinguis* Günther
	马鲅科	POLYNEMIDAE
169	四指马鲅	*Eleutheronema tetradactylum* (Shaw)
170	六指马鲅	*Polydactylus sextarius* (Bloth et Bchneider)
	鮨科	SERRANIDAE
171	双带黄鲈	*Diploprion bifasciatum* Cuvier
172	赤点石斑鱼	*Epinephelus akaara* (Temminck et Schlegel)
173	镶点石斑鱼	*Epinephelus amblycephalus* (Bleekr)
174	宝马石斑鱼	*Epinephelus areolatus* (Forsskål)
175	青石斑鱼	*Epinephelus awoara* (Temminck et Schlegel)
176	云纹石斑鱼	*Epinephelus bruneus* Bloch
177	鲑点石斑鱼	*Epinephelus longispinis* (Kner)
178	纵带石斑鱼	*Epinephelus latifasciatus* (Temminck et Schlegel)
179	点带石斑鱼	*Epinephelus malabaricus* (Bloch et Schneider)
	花鲈科	LATEOLABRACIDAE
180	鲈鱼	*Lateolabrax japonicus* (Cuvier)
	大眼鲷科	PRIACANTHIDAE
181	短尾大眼鲷	*Priacanthus macracanthus* Cuvier
182	长尾大眼鲷	*Priacanthus tayenus* Richardson
183	拟大眼鲷	*Pristigenys niphonia* (Cuvier)
	发光鲷科	ACROPOMATIDAE
184	发光鲷	*Acropoma japonicum* Günther
185	尖牙鲷	*Synagrops argyreus* (Gilbert et Cramer)
	天竺鲷科	APOGONIDAE
186	斑鳍天竺鲷	*Apogon carinatus* Cuvier

续附录 1-6

序号	中文名	拉丁学名
187	细条天竺鲷	*Apogon lineatus* Temminck et Schlegel
188	四线天竺鲷	*Ostorhinchus fasciatus* (White)
189	半线天竺鲷	*Ostorhinchus semilineatus* (Temminck et Schlegel)
	鱚科	SILLAGINIDAE
190	少鳞鱚	*Sillago japonica* Temminck et Schlegel
191	斑鱚	*Sillago maculata* Quoy et Gaimard
192	多鳞鱚	*Sillago sihama* (Forsskål)
	弱棘鱼科	MALACANTHIDAE
193	银方头鱼	*Branchiostegus argentatus* (Cuvier)
194	日本方头鱼	*Branchiostegus japonicus* (Houttuyn)
	鲯鳅科	CORYPHAENIDAE
195	鲯鳅	*Coryphaena hippurus* Linnaeus
	军曹鱼科	RACHYCENTRIDAE
196	军曹鱼	*Rachycentron canadum* (Linnaeus)
	鲹科	CARANGIDAE
197	短吻丝鲹	*Alectis ciliaris* (Bloch)
198	丽叶鲹	*Alepes djedaba* (Forsskål)
199	黑鳍叶鲹	*Alepes melanoptera* (Swainson)
200	沟鲹	*Atropus atropos* (Bloch et Schneider)
201	长吻裸胸鲹	*Carangoides chrysophrys* (Cuvier)
202	高体若鲹	*Carangoides equula* (Temminck et Schlegel)
203	马拉巴裸胸鲹	*Carangoides malabaricus* (Bloch et Schneider)
204	六带鲹	*Caranx sexfasciatus* Quoy et Gaimard
205	蓝圆鲹	*Decapterus maruadsi* (Temminck et Schlegel)
206	颌圆鲹	*Decapterus russelli* (Rüppell)
207	纺锤鰤	*Elagatis bipinnulata* (Quoy et Gaimard)
208	大甲鲹	*Megalaspis cordyla* (Linnaeus)
209	乌鲳	*Parastromateus niger* (Bloch)
210	金带细鲹	*Selaroides leptolepis* (Cuvier)
211	高体鰤	*Seriola dumerili* (Risso)
212	黑纹条鰤	*Seriolina nigrofasciata* (Rüppell)

续附录 1-6

序号	中文名	拉丁学名
213	卵形条鰤	*Trachinotus ovatus* (Linnaeus)
214	竹筴鱼	*Trachurus japonicus* (Temminck et Schlegel)
215	白舌尾甲鲹	*Uraspis helvola* (Forster)
	眼镜鱼科	MENIDAE
216	眼镜鱼	*Mene maculata* (Bloch et Schneider)
	鲾科	LEIOGNATHIDAE
217	牙鲾	*Gazza minuta* (Bloch)
218	杜氏鲾	*Karalla dussumieri* (Valenciennes)
219	短吻鲾	*Leiognathus brevirostris* (Valenciennes)
220	鹿斑鲾	*Secutor ruconius* (Hamilton)
	谐鱼科	EMMELICHTHYIDAE
221	史氏红谐鱼	*Erythrocles schlegelii* (Richardson)
	笛鲷科	LUTJANIDAE
222	紫红笛鲷	*Lutjanus argentimaculatus* (Forsskål)
223	红鳍笛鲷	*Lutjanus erythropterus* Bloch
224	四带笛鲷	*Lutjanus kasmira* (Forsskål)
225	画眉笛鲷	*Lutjanus vitta* (Quoy et Gaimard)
	银鲈科	GERREIDAE
226	日本十棘银鲈	*Gerreomorpha japonica* (Bleeker)
227	短棘银鲈	*Gerres limbatus* Cuvier
	髭鲷科	HAPALOGENYIDAE
228	横带髭鲷	*Hapalogenys mucronatus* (Eydoux et Souleyet)
229	斜带髭鲷	*Hapalogenys nigripinnis* (Temminck et Schlegel)
	石鲈科	HAEMULIDAE
230	胡椒鲷	*Diagramma pictum* (Thunberg)
231	三线矶鲈	*Parapristipoma trilineatum* (Thunberg)
232	花尾胡椒鲷	*Plectorhinchus cinctus* (Temminck et Schlegel)
233	断斑石鲈	*Pomadasys argenteus* (Forsskål)
234	大斑石鲈	*Pomadasys maculatus* (Bloch)
	金线鱼科	NEMIPTERIDAE
235	金线鱼	*Nemipterus virgatus* (Houttuyn)

续附录 1-6

序号	中文名	拉丁学名
236	伏氏眶棘鲈	*Scolopsis vosmeri* (Bloch)
	裸顶鲷科	LETHRINIDAE
237	灰裸顶鲷	*Gymnocranius griseus* (Temminck et Schlegel)
	鲷科	SPARIDAE
238	黄鳍鲷	*Acanthopagrus latus* (Houttuyn)
239	黑鲷	*Acanthopagrus schlegelii schlegelii* (Bleeker)
240	四长棘鲷	*Argyrops bleekeri* Oshima
241	黄鲷	*Dentex tumifrons* (Temminck et Schlegel)
242	真鲷	*Pagrus major* (Temminck et Schlegel)
243	二长棘鲷	*Parargyrops edita* Tanaka
244	平鲷	*Rhabdosargus sarba* (Forsskål)
	石首鱼科	SCIAENIDAE
245	黑姑鱼	*Atrobucca nibe* (Jordan et Thompson)
246	鮸状黄姑鱼	*Argyrosomus amoyensis* (Bleeker)
247	黄唇鱼	*Bahaba taipingensis* (Herre)
248	尖尾黄姑鱼	*Chrysochir aureus* (Richardson)
249	棘头梅童鱼	*Collichthys lucidus* (Richardson)
250	黑鳃梅童鱼	*Collichthys niveatus* Jordan et Starks
251	皮氏叫姑鱼	*Johnius belangerii* (Cuvier)
252	丁氏鰔	*Johnius distinctus* (Tanaka)
253	大黄鱼	*Larimichthys crocea* (Richardson)
254	小黄鱼	*Larimichthys polyactis* (Bleeker)
255	花鰔	*Macrospinosa cuja* (Hamilton)
256	毛鲿鱼	*Megalonibea fusca* Chu, Lo et Wu
257	鮸鱼	*Miichthys miiuy* (Basilewsky)
258	黄姑鱼	*Nibea albiflora* (Richardson)
259	浅色黄姑鱼	*Nibea coibor* (Hamilton)
260	白姑鱼	*Pennahia argentata* (Houttuyn)
261	大头黄姑鱼	*Pennahia macrocephalus* (Tang)
262	斑鳍白姑鱼	*Pennahia pawak* (Lin)
263	眼斑拟石首鱼	*Sciaenops ocellatus* (Linnaeus)

续附录 1-6

序号	中文名	拉丁学名
	羊鱼科	MULLIDAE
264	条尾绯鲤	*Upeneus japonicus* (Houttuyn)
265	四带鲱鲤	*Upeneus quadrilineatus* Cheng et Wang
266	黄带鲱鲤	*Upeneus sulphureus* Cuvier
267	黑斑鲱鲤	*Upeneus tragula* Richardson
	鮠科	KYPHOSIDAE
268	鮀	*Girella punctata* Gray
	鸡笼鲳科	DREPANEIDAE
269	条纹鸡笼鲳	*Drepane longimana* (Bloch et Schneider)
270	斑点鸡笼鲳	*Drepane punctata* (Linnaeus)
	蝴蝶鱼科	CHAETODONTIDAE
271	朴蝴蝶鱼	*Roa modesta* (Temminck et Schlegel)
	丽鱼科	CICHLIDAE
272	莫桑比克罗非鱼	*Oreochromis mossambicus* (Peters)
	鯻科	TERAPONTIDAE
273	叉牙鯻	*Helotes sexlineatus* (Quoy et Gaimard)
274	列牙鯻	*Pelates quadrilineatus* (Bloch)
275	细鳞鯻	*Terapon jarbua* (Forsskål)
276	鯻鱼	*Terapon theraps* Cuvier
	金钱鱼科	SCATOPHAGIDAE
277	金钱鱼	*Scatophagus argus* (Linnaeus)
	唇指鳎科	CHEILODACTYLIDAE
278	花尾指鳎	*Cheilodactylus zonatus* Cuvier
	海鲫科	EMBIOTOCIDAE
279	海鲫鱼	*Ditrema temminckii temminckii* Bleeker
	鲫科	ECHENEIDAE
280	鲫	*Echeneis naucrates* Linnaeus
281	短鲫	*Remora remora* (Linnaeus)
	隆头鱼科	LABRIDAE
282	云斑海猪鱼	*Halichoeres nigrescens* (Bloch et Schneider)
283	花鳍海猪鱼	*Parajulis poecilepterus* (Temminck et Schlegel)

续附录 1-6

序号	中文名	拉丁学名
	绵鳚科	ZOARCIDAE
284	长绵鳚	*Zoarces elongatus* Kner
	锦鳚科	PHOLIDAE
285	云纹锦鳚	*Pholis nebulosa* (Temminck et Schlegel)
	鳚科	BLENNIIDAE
286	美肩鳃鳚	*Omobranchus elegans* (Steindachner)
287	耶氏鳚	*Parablennius yatabei* (Jordan et Snyder)
	拟鲈科	PINGUIPEDIDAE
288	六带拟鲈	*Parapercis sexfasciata* (Temminck et Schlegel)
	䲢科	URANOSCOPIDAE
289	日本䲢	*Uranoscopus japonicus* Houttuyn
290	少鳞䲢	*Uranoscopus oligolepis* Bleeker
291	青䲢	*Xenocephalus elongatus* (Temminckett& Schlegel)
	鳄齿鱼科	CHAMPSODONTIDAE
292	鳄齿鱼	*Champsodon capensis* Regan
	䲗科	CALLIONYMIDAE
293	绯䲗	*Callionymus beniteguri* Jordan et Snyder
294	香䲗	*Repomucenus olidus* (Günther)
	塘鳢科	ELEOTRIDAE
295	乌塘鳢鱼	*Bostrychus sinensis* Lacepède
296	锯塘鳢鱼	*Butis koilomatodon* (Bleeker)
	鰕虎鱼科	GOBIIDAE
297	矛尾复鰕虎鱼	*Acanthogobius hasta* (Temminck et Schlegel)
298	阿匍鰕虎鱼	*Acanthogobius lactipes* (Hilgendorf)
299	犬牙细棘鰕虎鱼	*Acentrogobius caninus* (Valenciennes)
300	小眼细棘鰕虎鱼	*Acentrogobius microps* Chu et Wu
301	六丝钝尾鰕虎鱼	*Amblychaeturichthys hexanema* (Bleeker)
302	大弹涂鱼	*Boleophthalmus pectinirostris* (Linnaeus)
303	矛尾鰕虎鱼	*Chaeturichthys stigmatias* Richardson
304	短吻栉鰕虎鱼	*Ctenogobius brevirostris* (Günther)
305	裸项蜂巢鰕虎鱼	*Favonigobius gymnauchen* (Bleeker)

续附录 1-6

序号	中文名	拉丁学名
306	舌鰕虎鱼	*Glossogobius giuris* (Hamilton)
307	凯氏细棘鰕虎鱼	*Istigobius campbelli* (Jordan et Snyder)
308	蝌蚪鰕虎鱼	*Lophiogobius ocellicauda* Günther
309	丝鰕虎鱼	*Myersina filifer* (Valenciennes)
310	红狼牙鰕虎鱼	*Odontamblyopus rubicundus* (Hamilton)
311	中华尖牙鰕虎鱼	*Oxuderces dentatus* Eydoux et Souleyet
312	大鳞沟鰕虎鱼	*Oxyurichthys macrolepis* Chu et Wu
313	小鳞沟鰕虎鱼	*Oxyurichthys microlepis* (Bleeker)
314	巴布亚沟鰕虎鱼	*Oxyurichthys papuensis* (Valenciennes)
315	拟矛尾鰕虎鱼	*Parachaeturichthys polynema* (Bleeker)
316	弹涂鱼	*Periophthalmus novaeguineaensis* Eggert
317	大青弹涂鱼	*Scartelaos gigas* Chu et Wu
318	青弹涂鱼	*Scartelaos histophorus* (Valenciennes)
319	斑尾复鰕虎鱼	*Synechogobius ommaturus* (Richardson)
320	须鳗鰕虎鱼	*Taenioides cirratus* (Blyth)
321	钟馗鰕虎鱼	*Tridentiger barbatus* (Günther)
322	纹缟鰕虎鱼	*Tridentiger trigonocephalus* (Gill)
	篮子鱼科	SIGANIDAE
323	黄斑篮子鱼	*Siganus canaliculatus* (Park)
324	褐篮子鱼	*Siganus fuscescens* (Houttuyn)
	鲭科	SCOMBRIDAE
325	圆舵鲣	*Auxis thazard thazard* (Lacepède)
326	鲣	*Katsuwonus pelamis* (Linnaeus)
327	鲐鱼	*Scomber japonicus* Houttuyn
328	康氏马鲛	*Scomberomorus commerson* (Lacepède)
329	斑点马鲛	*Scomberomorus guttatus* (Bloch et Schneider)
330	朝鲜马鲛	*Scomberomorus koreanus* (Kishinouye)
331	蓝点马鲛	*Scomberomorus niphonius* (Cuvier)
332	青干金枪鱼	*Thunnus tonggol* (Bleeker)
	旗鱼科	ISTIOPHORIDAE
333	东方旗鱼	*Istiophorus platypterus* (Shaw)

续附录 1-6

序号	中文名	拉丁学名
	蛇鲭科	GEMPYLIDAE
334	蛇鲭	*Gempylus serpens* Cuvier
	带鱼科	TRICHIURIDAE
335	小带鱼	*Eupleurogrammus muticus* (Gray)
336	沙带鱼	*Lepturacanthus savala* (Cuvier)
337	中华拟窄鲈带鱼	*Tentoriceps cristatus* (Klunzinger)
338	带鱼	*Trichiurus lepturus* Linnaeus
	鲳科	STROMATEIDAE
339	银鲳	*Pampus argenteus* (Euphrasen)
340	中国鲳	*Pampus chinensis* (Euphrasen)
	长鲳科	CENTROLOPHIDAE
341	刺鲳	*Psenopsis anomala* (Temminck et Schlegel)
	无齿鲳科	ARIOMMATIDAE
342	印度无齿鲳	*Ariomma indicum* (Day)
(二十四)	鼬鳚目	OPHIDIIFORMES
	鼬鳚科	OPHIDIIDAE
343	黑潮新鼬鳚	*Neobythites sivicola* (Jordan et Snyder)
(二十五)	鲽形目	PLEURONECTIFORMES
	牙鲆科	PARALICHTHYIDAE
344	牙鲆	*Paralichthys olivaceus* (Temminck et Schlegel)
345	斑鲆	*Pseudorhombus arsius* (Hamilton)
346	少牙斑鲆	*Pseudorhombus oligodon* (Bleeker)
347	花鲆	*Tephrinectes sinensis* (Lacepède)
	鲆科	BOTHIDAE
348	北原左鲆	*Laeops kitaharae* (Smith et Pope)
	鲽科	PLEURONECTIDAE
349	高眼鲽	*Cleisthenes herzensteini* (Schmidt)
350	木叶鲽	*Pleuronichthys cornutus* (Temminck et Schlegel)
	冠鲽科	SAMARIDAE
351	冠鲽	*Samaris cristatus* Gray
	鳎科	SOLEIDAE

续附录 1–6

序号	中文名	拉丁学名
352	褐斑栉鳞鳎	*Aseraggodes kobensis* (Steindachner)
353	卵鳎	*Solea ovata* Richardson
354	条鳎	*Zebrias zebra* (Bloch)
	舌鳎科	CYNOGLOSSIDAE
355	短吻舌鳎	*Cynoglossus abbreviatus* (Gray)
356	双线舌鳎	*Cynoglossus bilineatus* (Lacepède)
357	窄体舌鳎	*Cynoglossus gracilis* Günther
358	断线舌鳎	*Cynoglossus interruptus* Günther
359	焦氏舌鳎	*Cynoglossus joyneri* Günther
360	线纹舌鳎	*Cynoglossus lineolatus* Steindachner
361	大鳞舌鳎	*Cynoglossus melampetalus* (Richardson)
362	宽体舌鳎	*Cynoglossus robustus* Günther
363	罗氏舌鳎	*Cynoglossus roulei* Wu
364	半滑舌鳎	*Cynoglossus semilaevis* Günther
365	中华舌鳎	*Cynoglossus sinicus* Wu
366	三线舌鳎	*Cynoglossus trigrammus* Günther
（二十六）	鲀形目	TETRAODONTIFORMES
	三刺鲀科	TRIACANTHIDAE
367	尖吻假三刺鲀	*Pseudotriacanthus strigilifer* (Gantor)
368	短吻三刺鲀	*Triacanthus biaculeatus* (Bloch)
	单角鲀科	MONACANTHIDAE
369	单角革鲀	*Aluterus monoceros* (Linnaeus)
370	克氏前刺单角鲀	*Laputa knerii* (Steindachner)
371	中华单角鲀	*Monacanthus chinensis* (Osbeck)
372	日本副单角鲀	*Paramonacanthus japonicus* (Tilesius)
373	绒纹线鳞鲀	*Paramonacanthus sulcatus* (Hollard)
374	丝背细鳞鲀	*Stephanolepis cirrhifer* (Temminck et Schlegel)
375	黄鳍马面鲀	*Thamnaconus hypargyreus* (Cope)
376	绿鳍马面鲀	*Thamnaconus modestus* (Günther)
	六棱箱鲀科	ARACANIDAE
377	六棱箱鲀	*Kentrocapros flavofasciatus* (Kamohara)

续附录 1-6

序号	中文名	拉丁学名
	鲀科	TETRAODONTIDAE
378	凹鼻鲀	*Chelonodon patoca* (Hamilton)
379	月腹刺鲀	*Gastrophysus lunaris* (Bloch)
380	光兔鲀	*Lagocephalus inermis* (Temminck et Schlegel)
381	棕腹刺鲀	*Lagocephalus spadiceus* (Richardson)
382	铅点东方鲀	*Takifugu alboplumbeus* (Richardson)
383	双斑东方鲀	*Takifugu bimaculatus* (Richardson)
384	星点东方鲀	*Takifugu niphobles* (Jordan et Snyder)
385	横纹东方鲀	*Takifugu oblongus* (Bloch)
386	暗纹东方鲀	*Takifuguobscurus* (Abe)
387	弓斑东方鲀	*Takifugu ocellatus* (Linnaeus)
388	紫色东方鲀	*Takifugu porphyreus* (Temminck et Schlegel)
389	红鳍东方鲀	*Takifugu rubripes* (Temminck et Schlegel)
390	虫纹东方鲀	*Takifugu vermicularis* (Temminck et Schlegel)
391	黄鳍东方鲀	*Takifugu xanthopterus* (Temminck et Schlegel)
	刺鲀科	DIODONTIDAE
392	六斑刺鲀	*Diodon holocanthus* Linnaeus
	翻车鲀科	MOLIDAE
393	翻车鱼	*Mola mola* (Linnaeus)

注：根据《南麂海区的海洋鱼类及主要甲壳类》（仇林根，1992）、《南麂列岛海洋自然保护区浅海生态环境与渔业资源》（俞存根等，2018）、《中国海洋鱼类》（陈大刚，张美昭，2015）、《浙江海洋鱼类志》（赵盛龙等，2016）、《中国海洋生物名录》（刘瑞玉，2008）、《中国海洋物种多样性》（黄宗国和林茂，2012）等文献重新校补整理而成。

附录 1-7　南麂列岛国家级海洋自然保护区其他海洋生物名录表

序号	中文名	拉丁学名
一	多孔动物门	PORIFERA
(一)	穿孔海绵目	CLIONAIDA
	穿孔海绵科	CLIONAIDAE
1	中空穿贝海绵	*Pione vastifica* (Hancock)
(二)	简骨海绵目	HAPLOSCLERIDA
	指海绵科	CHALINIDAE
2	蜂海绵	*Haliclona* sp.
二	刺胞动物门	CNIDARIA
(一)	花水母目	ANTHOATHECATA
	筒螅水母科	TUBULARIIDAE
3	小棍螅	*Coryne pusilla* Gärtner
4	中胚花筒螅	*Ectopleura crocea* (Agassiz)
5	海筒螅	*Ectopleura marina* (Torrey)
6	双手外肋水母	*Ectopleura minerva*Mayer
	真枝螅科	EUDENDRIIDAE
7	管状真枝螅	*Eudendrium capillare* Alder
	棒状水母科	CORYMORPHIDAE
8	耳状囊水母	*Euphysa aurata* Forbes
	棒螅水母科	OCEANIIDAE
9	灯塔水母	*Turritopsis nutricula* McCrady
	高手水母科	BOUGAINVILLIIDAE
10	束状高手水母	*Bougainvillia muscus* (Allman)
11	缢八束水母	*Koellikerina constricta* (Menon)
(二)	软水母目	LEPTOTHECATA
	钟螅水母科	CAMPANULARIIDAE
12	半球杯水母	*Clytia hemisphaerica* (Linnaeus)
13	筒美螅	*Clytia gracilis* (Sars)
14	小美螅	*Clytia hemisphaerica* (Linnaeus)
15	曲膝薮枝螅	*Obelia geniculata* (Linnaeus)
16	双尖薮枝螅	*Obelia bidentata* Clark
	帽形水母科	TIAROPSIDAE

续附录 1-7

序号	中文名	拉丁学名
17	多手帽形水母	*Tiaropsis multicirrata* (M. Sars)
	桧叶螅科	SERTULARIIDAE
18	叉状桧叶螅	*Amphisbetia furcata* (Trask)
	小桧叶螅科	SERTULARELLIDAE
19	广口小桧叶螅	*Sertularella miurensis* Stechow
	触丝水母科	LOVENELLIDAE
20	心形真唇水母	*Eucheilota ventricularis* McCrady
21	四手触丝水母	*Lovenella assimilis* (Browne)
	和平水母科	EIRENIDAE
22	锡兰和平水母	*Eirene ceylonensis* Browne
	多管水母科	AEQUOREIDAE
23	锥状多管水母	*Aequorea conica* Browne
(三)	淡水水母目	LIMNOMEDUSAE
	怪水母科	GERYONIIDAE
24	四叶小舌水母	*Liriope tetraphylla* (Chamisso et Eysenhardt)
(四)	硬水母目	TRACHYMEDUSAE
	棍手水母科	RHOPALONEMATIDAE
25	半口壮丽水母	*Aglaura hemistoma* Péron et Lesueur
(五)	筐水母目	NARCOMEDUSAE
	间囊水母科	AEGINIDAE
26	八手筐水母	*Aeginura grimaldii* Maas
27	四手筐水母	*Aegina citrea* Eschscholtz
28	二手筐水母	*Solmundella bitentaculata* (Quoy et Gaimard)
(六)	管水母目	SIPHONOPHORAE
	气囊水母科	PHYSOPHORIDAE
29	气囊水母	*Physophora hydrostatica* Forsskål
	双生水母科	DIPHYIDAE
30	双生水母	*Diphyes chamissonis* Huxley
31	异双生水母	*Diphyes dispar* Chamisso et Eysenhardt
32	拟双生水母	*Diphyes bojani* (Eschscholtz)
33	夹角水母	*Eudoxoides mitra* (Huxley)
34	螺旋尖角水母	*Eudoxoides spiralis* (Bigelow)
35	锥体浅室水母	*Lensia conoidea* (Keferstein et Ehlers)

续附录 1-7

序号	中文名	拉丁学名
36	五角水母	*Muggiaea atlantica* Cunningham
(七)	根口水母目	RHIZOSTOMEAE
	根口水母科	RHIZOSTOMATIDAE
37	海蜇	*Rhopilema esculentum* Kishinouye
(八)	软珊瑚目	ALCYONACEA
	棘软珊瑚科	NEPHTHEIDAE
38	柔荑软珊瑚	*Litophyton* sp.
(九)	海鳃目	PENNATULACEA
	沙箸海鳃科	VIRGULARIIDAE
39	沙箸海鳃	*Virgularia* sp.
	棒珊瑚科	VERETILLIDAE
40	仙人掌海鳃	*Cavernularia* sp.
(十)	海鸡冠目	ALCYONACEA
	柳珊瑚科	GORGONIIDAE
41	柳珊瑚	*Gorgonia* sp.
42	桂山希氏柳珊瑚	*Hicksonella guishanensis* Zouet Chen
(十一)	石珊瑚目	SCLERACTINIA
	丁香珊瑚科	CARYOPHYLLIIDAE
43	丁香珊瑚	*Caryophyllia* sp.
	齿星珊瑚科	OULASTREIDAE
44	皱齿星珊瑚	*Oulastrea crispata* (Lamarck)
	木珊瑚科	DENDROPHYLLIIDAE
45	筛木珊瑚	*Dendrophyllia cribrosa* (Blainville)
(十二)	海葵目	ACTINIARIA
	海葵科	ACTINIIDAE
46	等指海葵	*Actinia equina* (Linnaeus)
47	亚洲侧花海葵	*Anthopleura asiatica* Uchida et Muramatsu
48	绿侧花海葵	*Anthopleura fuscoviridis* Carlgren
49	朴素侧花海葵	*Anthopleura inornata* (Stimpson)
	银冠海葵科	DIADUMENIDAE
50	纵条矶海葵	*Diadumene lineata* (Verrill)
三	栉水母动物门	CTENOPHORA
(一)	瓜水母目	BEROIDA

续附录 1–7

序号	中文名	拉丁学名
	瓜水母科	BEROIDAE
51	瓜水母	*Beroe cucumis* Fabricius
（二）	球栉水母目	CYDIPPIDA
	侧腕水母科	PLEUROBRACHIIDAE
52	球栉水母	*Hormiphora palmata* Chun
53	球型侧腕水母	*Pleurobrachia globosa* Moser
四	扁形动物门	PLATYHELMINTHES
54	涡虫纲未定种	Turbellaria
五	线虫动物门	NEMATODA
（一）	嘴刺目	ENOPLIDA
	矛线虫科	ENCHELIDIIDAE
55	眼状阔口线虫	*Eurystomina ophthalmophora* Filipjev
	烙线虫科	IRONIDAE
56	东海围心线虫	*Pheronous donghaiensis* Chen et Guo
57	海洋三齿线虫	*Trissonchulus oceanus* Cobb
	长尾线虫科	TREFUSIIDAE
58	多乳突非洲线虫	*Africanema multipapillatum* Shi et Xu
	腹口线虫科	THORACOSTOMOPSIDAE
59	德氏类嘴刺线虫	*Enoploides delamarei* Boucher
60	软小咽刺线虫	*Enoplolaimus lenunculus* Wieser
61	簇毛尖刺线虫	*Epacanthion fasciculatum* Shi et Xu
62	多毛尖刺线虫	*Epacanthion hirsutum* Shi et Xu
63	长尾尖刺线虫	*Epacanthion longicaudatum* Shi et Xu
64	疏毛尖刺线虫	*Epacanthion sparsisetae* Shi et Xu
65	莽闯棘尾线虫	*Mesacanthion audax*（Ditlevsen）Filipjev
	瘤线虫科	ONCHOLAIMIDAE
66	厦门瘤线虫	*Oncholaimus xiamenense* Chen et Guo
67	南麂异八齿线虫	*Paroctonchus nanjiensis* Shi et Xu
（二）	色矛目	CHROMADORIDA
	色拉支线虫科	SELACHINEMATIDAE
68	大伽马线虫	*Gammanema magnum* Shi et Xu
69	尾管共齿线虫	*Synonchium caudatubatum* Shi et Xu
	色矛线虫科	CHROMADORIDAE

续附录 1-7

序号	中文名	拉丁学名
70	拟修饰席线虫	*Rhips paraornata* Platt et Zhang
(三)	单宫目	MONHYSTERDA
	希阿利线虫科	XYALIDAE
71	装饰吻腔线虫	*Rhynchonema ornatum* Lorenzen
72	尖棘刺线虫	*Theristus acer* Bastian
73	环纹隆唇线虫	*Xyala striata* Cobb
(四)	链环线虫目	DESMODORIDA
	微咽线虫科	MICROLAIMIDAE
74	波形螺旋球咽线虫	*Spirobolbolaimus undulatus* Shi et Xu
六	环节动物门	ANNELIDA
	多毛纲	POLYCHAETA
(一)	叶须虫目	PHYLLODOCIDA
	叶须虫科	PHYLLODOCIDAE
75	围巧言虫	*Eumida sanguinea* (Örsted)
76	水蚕	*Naiades cantrainii* Delle Chiaje
	吻沙蚕科	GLYCERIDAE
77	白色吻沙蚕	*Glycera alba* (O. F. Müller)
78	长吻沙蚕	*Glycera chirori* Izuka
79	大吻沙蚕	*Glycera fallax* Quatrefages
	齿吻沙蚕科	NEPHTYIDAE
80	加州齿吻沙蚕	*Nephtys californiensis* Hartman
81	无疣齿吻沙蚕	*Inermonephtys inermis* (Ehlers)
	沙蚕科	NEREIDIDAE
82	日本刺沙蚕	*Hediste japonica* (Izuka)
83	异须沙蚕	*Nereis heterocirrata* Treadwell
84	多齿沙蚕	*Nereis multignatha* Imajima et Hartman
85	真齿沙蚕	*Nereis neoneanthes* Hartman
86	游沙蚕	*Nereis pelagica* Linnaeus
87	旗须沙蚕	*Nereis vexillosa* Grube
88	拟突齿沙蚕	*Paraleonnates uschakovi* Chlebovitsch et Wu
89	独齿围沙蚕	*Perinereis cultrifera* (Grube)
90	多齿围沙蚕	*Perinereis nuntia* (Lamarck)
91	杂色伪沙蚕	*Pseudonereis variegata* (Grube)

续附录 1-7

序号	中文名	拉丁学名
	浮蚕科	TOMOPTERIDAE
92	等须浮蚕	*Tomopteris* (*Johnstonella*) *duccii* Rosa
	多鳞虫科	POLYNOIDAE
93	短毛海鳞虫	*Halosydna brevisetosa* Kinberg
94	覆瓦哈鳞虫	*Harmothoe imbricata* (Linnaeus)
95	脆鳞虫	*Lepidasthenia* sp.
96	背鳞虫	*Lepidonotus* sp.
(二)	缨鳃虫目	SABELLIDA
	龙介虫科	SERPULIDAE
97	内刺盘管虫	*Hydroides ezoensis* Okuda
98	龙介虫	*Serpula vermicularis* Linnaeus
99	克氏旋鳃虫	*Spirobranchus kraussii* (Baird)
(三)	矶沙蚕目	EUNICIDA
	欧努菲虫科	ONUPHIDAE
100	铜色巢沙蚕	*Diopatra cuprea* (Bosc)
101	日本巢沙蚕	*Diopatra sugokai* Izuka
102	福建欧努菲虫	*Heptaceras fukianensis* (Uschakov et Wu)
	索沙蚕科	LUMBRINERIDAE
103	异足科索沙蚕	*Kuwaita heteropoda* (Marenzeller)
104	日本索沙蚕	*Lumbrineris japonica* Marenzeller
105	躁索沙蚕	*Scoletoma impatiens* (Claparède)
106	四索沙蚕	*Scoletoma tetraura* (Schmarda)
	矶沙蚕科	EUNICIDAE
107	襟松虫	*Lysidice ninetta* Audouin et MilneEdwards
108	岩虫	*Marphysa sanguinea* (Montagu)
(四)	海稚虫目	SPIONIDA
	海稚虫科	SPIONIDAE
109	后指稚虫	*Laonice cirrata* (M. Sars)
(五)	蛰龙介虫目	TEREBELLIDA
	不倒翁虫科	STERNASPIDAE
110	不倒翁虫	*Sternaspis scutata* (Ranzani)
	毛鳃虫科	TRICHOBRANCHIDAE
111	梳鳃虫	*Terebellides stroemii* Sars

续附录 1-7

序号	中文名	拉丁学名
	蛰龙介科	TEREBELLIDAE
112	乳蛰虫	*Thelepus* sp.
七	节肢动物门	ARTHROPODA
(一)	剑尾目	Xiphosurida
	鲎科	Limulidae
113	中国鲎	*Tachypleus tridentatus* (Leach)
八	毛颚动物门	CHAETOGNATHA
(一)	无横肌目	APHRAGMOPHORA
	箭虫科	SAGITTIDAE
114	矮壮箭虫	*Aidanosagitta bedfordii* (Doncaster)
115	小形箭虫	*Aidanosagitta neglecta* (Aida)
116	规则箭虫	*Aidanosagitta regularis* (Aida)
117	多变箭虫	*Decipisagitta decipiens* (Fowler)
118	凶形箭虫	*Ferosagitta ferox* (Doncaster)
119	粗壮箭虫	*Ferosagitta robusta* (Doncaster)
120	肥胖箭虫	*Flaccisagitta enflata* (Grassi)
121	微形箭虫	*Mesosagitta minima* (Grassi)
122	百陶箭虫	*Zonosagitta bedoti* (Béraneck)
123	海龙箭虫	*Zonosagitta nagae* (Alvariño)
九	苔藓动物门	BRYOZOA
(一)	唇口目	CHEILOSTOMATIDA
	膜孔苔虫科	MEMBRANIPORIDAE
124	大室棘膜苔虫	*Biflustra grandicella* (Canu et Bassler)
125	突顶膜孔苔虫	*Biflustra hugliensis* (Robertson)
126	齿舌膜孔苔虫	*Biflustra savartii* (Audouin)
127	尖突棘膜苔虫	*Jellyella tuberculata* (Bosc)
	华藻苔虫科	SINOFLUSTRIDAE
128	二花棘膜苔虫	*Membraniporopsis bifloris* (Wang et Tung)
129	厦门华藻苔虫	*Sinoflustra amoyensis* (Robertson)
	草苔虫科	BUGULIDAE
130	总合草苔虫	*Bugula neritina* (Linnaeus)
131	长锥茎苔虫	*Caulibugula longiconica* Liu
	环管苔虫科	CANDIDAE

续附录 1-7

序号	中文名	拉丁学名
132	松苔虫	*Caberea lata* Busk
133	粗胞苔虫	*Aquiloniella scabra* (van Beneden)
	缘孔苔虫科	SMITTINIDAE
134	网缘孔苔虫	*Smittoidea reticulata* (MacGillivray)
	分胞苔虫科	CELLEPORIDAE
135	瘤胞孔苔虫	*Celleporina costazii* (Audouin)
	皱胞苔虫科	HIPPOTHOIDAE
136	透明皱胞苔虫	*Celleporella hyalina* (Linnaeus)
	琥珀苔虫科	ELECTRIDAE
137	多肋琥珀苔虫	*Arbopercula devinensis* (Robertson)
138	美肋琥珀苔虫	*Arbopercula tenella* (Hincks)
	斑孔苔虫科	FENESTRULINIDAE
139	斑小孔苔虫	*Fenestrulina malusii* (Audouin)
	拟小孔苔虫科	MICROPORELLIDAE
140	东方小孔苔虫	*Microporella orientalis* Harmer
	四胞苔虫科	QUADRICELLARIIDAE
141	拟眼尼苔虫	*Nellia tenella* (Lamarck)
	拟隆胞苔虫科	PETRALIIDAE
142	菲律宾尖隆胞苔虫	*Mucropetraliella philippinensis* (Canu et Bassler)
143	粗壮尖隆胞苔虫	*Mucropetraliella robusta* Canu et Bassler
	裂孔苔虫科	SCHIZOPORELLIDAE
144	白裂孔苔虫	*Schizoporella nivea* (Busk)
	血苔虫科	WATERSIPORIDAE
145	颈链血苔虫	*Watersipora cucullata* (Busk)
	端口苔虫科	EPISTOMIIDAE
146	埃及偶苔虫	*Synnotum aegyptiacum* (Audouin)
147	西方三胞苔虫	*Tricellaria occidentalis* (Trask)
	小皮壳苔虫科	LEPRALIELLIDAE
148	突额正孔苔虫	*Celleporaria erectorostris* (Canu et Bassler)
(二)	栉口目	CTENOSTOMATIDA
	袋胞虫科	VESICULARIIDAE
149	葡萄苔虫	*Amathia imbricata* (Adams)
(三)	环口目	CYCLOSTOMATIDA

续附录 1-7

序号	中文名	拉丁学名
	克神苔虫科	CRISIIDAE
150	须栉苔虫	*Crisia crisidioides* Ortmann
151	象牙栉苔虫	*Crisia eburneodenticulata* Smittms in Busk
	大枝苔虫科	DIAPEROECIIDAE
152	梯大枝苔虫	*Diaperoecia scalaria* Canu et Bassler
	碟苔虫科	LICHENOPORIDAE
153	王冠碟苔虫	*Lichenopora imperialis* （Ortmann）
	管孔苔虫科	TUBULIPORIDAE
154	美丽管苔虫	*Tubulipora pulchra* MacGillivray
十	腕足动物门	BRACHIOPODA
（一）	海豆芽目	LINGULIDA
	海豆芽科	LINGULIDAE
155	海豆芽	*Lingula anatina* Lamarck
156	指海豆芽	*Lingula unguis* (Linnaeus)
157	山东海豆芽	*Lingula shantungensis* Shimakura et Hatai
（二）	钻孔贝目	TEREBRATULIDAE
	贯壳贝科	TEREBRATALIIDAE
158	酸浆贝	*Terebratalia coreanica* (Adams et Reeve)
十一	棘皮动物门	ECHINODERMATA
（一）	栉羽星目	COMATULIDA
	短羽枝科	COLOBOMETRIDAE
159	日本倍羽枝	*Iconometra japonica* (Hartlaub)
	海羊齿科	ANTEDONIDAE
160	海羊齿	*Antedon* sp.
（二）	枝手目	DENDROCHIROTIDA
	瓜参科	CUCUMARIIDAE
161	细五角瓜参	*Leptopentacta imbricata* （Semper）
162	沙鸡子	*Phyllophorus* sp.
（三）	辛那参目	SYNALLACTIDA
	刺参科	STICHOPODIDAE
163	刺参	*Apostichopus japonicus* (Selenka)
（四）	芋参目	MOLPADIDA
	芋参科	MOLPADIIDAE

续附录 1-7

序号	中文名	拉丁学名
164	紫纹芋参	*Molpadia roretzii* (von Marenzeller)
	尻参科	CAUDINIDAE
165	海地瓜	*Acaudina molpadioides* (Semper)
(五)	无足目	APODIDA
	锚参科	SYNAPTIDAE
166	棘刺锚参	*Protankyra bidentata* (Woodward et Barrett)
(六)	柱体目	PAXILLOSIDA
	槭海星科	ASTROPECTINIDAE
167	镶边海星	*Craspidaster hesperus* (Müller et Troschel)
	砂海星科	LUIDIIDAE
168	砂海星	*Luidia* sp.
(七)	瓣棘海星目	VALVATIDA
	角海星科	GONIASTERIDAE
169	骑士章海星	*Stellaster childreni* Gray
	海燕科	ASTERINIDAE
170	林氏海燕	*Aquilonastra limboonkengi* (Smith)
(八)	钳棘目	FORCIPULATIDA
	海盘车科	ASTERIIDAE
171	罗氏海盘车	*Asterias rollestoni* Bell
172	尖棘筛海盘车	*Coscinasterias acutispina* (Stimpson)
(九)	拱齿目	CAMARODONTA
	刻肋海胆科	TEMNOPLEURIDAE
173	细雕刻肋海胆	*Temnopleurus toreumaticus* (Leske)
174	哈氏刻肋海胆	*Temnopleurus* hardwickii (Gray)
175	芮氏刻肋海胆	*Temnopleurus reevesii* (Gray)
	球海胆科	STRONGYLOCENTROTIDAE
176	马粪海胆	*Hemicentrotus pulcherrimus* (A. Agassiz)
	长海胆科	ECHINOMETRIDAE
177	紫海胆	*Heliocidaris crassispina* (A. Agassiz)
(十)	心形目	SPATANGOIDA
	拉文海胆科	LOVENIIDAE
178	长拉文海胆	*Lovenia elongata* (Gray)
(十一)	真蛇尾目	OPHIURIDA

续附录 1-7

序号	中文名	拉丁学名
	阳遂足科	AMPHIURIDAE
179	滩栖阳遂足	*Amphiura*（*Fellaria*）*vadicola* Matsumoto
180	洼颚倍棘蛇尾	*Amphioplus*（*Lymanella*）*depressus*（Ljungman）
181	光滑倍棘蛇尾	*Amphioplus*（*Lymanella*）*laevis*（Lyman）
	刺蛇尾科	OPHIOTRICHIDAE
182	刺蛇尾	*Ophiothrix* sp.
	蜓蛇尾科	OPHIONEREIDIDAE
183	花蜓蛇尾	*Ophionereis variegata* Duncan
	半蔓蛇尾科	HEMIEURYALIDAE
184	日本片蛇尾	*Ophioplocus japonicus* H. L. Clark
	真蛇尾科	OPHIOPYRGIAE
185	金氏真蛇尾	*Ophiuroglypha kinbergi*（Ljungman）

注：根据《南麂海域其他海洋生物初步调查》（仇林根和尤仲杰，1992）、《南麂列岛海洋自然保护区浅海生态环境与渔业资源》（俞存根等，2018）、《中国海洋生物名录》（刘瑞玉，2008）、《中国海洋物种多样性》（黄宗国和林茂，2012）以及中国科学院海洋研究所史本泽博士提供的近年研究成果（2013—2019）等文献重新校补整理而成。

附录 1-8 南鹿列岛国家级海洋自然保护区陆生维管束植物名录表

序号	中文名	拉丁学名
一	蕨类植物门	PTERIDOPHYTA
(一)	卷柏科	SELAGINELLACEAE
1	伏地卷柏	*Selaginella nipponica* Pranch et Sav.
(二)	海金沙科	LYGODIACEAE
2	海金沙	*Lygodium japonicum* (Thunb.) Sw.
3	狭叶海金沙	*Lygodium microstachyum* Desv.
(三)	鳞始蕨科	LINDSAEACEAE
4	阔片乌蕨	*Odontosoria biflora* (Kaulf.) Tagawa
(四)	姬蕨科	HYPOLEPIDACEAE
5	姬蕨	*Hypolepis punctata* (Thunb.) Mett.
(五)	蕨科	PTERIDIACEAE
6	蕨	*Pteridium aquilinum* (L.) Kuhn. var. *latiusculum* (Desv.) Underw.
(六)	凤尾蕨科	PTERIDACEAE
7	刺齿半边旗	*Pteris dispar* Kunze
8	傅氏凤尾蕨	*Pteris fauriei* Hieron.
9	井栏边草	*Pteris multifida* Poir. ex Lam.
10	半边旗	*Pteris semipinnata* Linn.
11	蜈蚣草	*Pteris vittata* Linn.
(七)	中国蕨科	SINOPTERIDACEAE
12	野雉尾金粉蕨	*Onychium japonicum* (Thunb.) Kze.
(八)	铁线蕨科	ADIANTACEAE
13	扇叶铁线蕨	*Adiantum flabellulatum* Linn.
(九)	蹄盖蕨科	ATHYRIACEAE
14	假蹄盖蕨	*Athyriopsis japonica* (Thunb.) Ching
(十)	金星蕨科	THELYPTERIDACEAE
15	渐尖毛蕨	*Cyclosorus acuminatus* (Houtt.) Nakai
16	疏羽凸轴蕨	*Metathelypteris laxa* (Franch. et Sav.)
17	金星蕨	*Parathelypteris glanduligera* (Kze.) Ching
(十一)	岩蕨科	WOODSIACEAE
18	耳羽岩蕨	*Woodsia polystichoides* Eaton
(十二)	乌毛蕨科	BLECHNACEAE

续附录 1-8

序号	中文名	拉丁学名
19	珠芽狗脊	*Woodwardia prolifera* Hook. et Arn
（十三）	铁角蕨科	ASPLENIACEAE
20	北京铁角蕨	*Asplenium pekinense* Hance
（十四）	鳞毛蕨科	DRYOPTERIDACEA
21	全缘贯众	*Cyrtomium falcatum*（Linn. f.）C. Presl
22	两色鳞毛蕨	*Dryopteris bissetiana*（Thunb.）Akasawa
23	黑足鳞毛蕨	*Dryopteris fuscipes* C. Chr.
（十五）	肾蕨科	NEPHROLEPIDACEAE
24	肾蕨	*Nephrolepis cordifolia*（Linn.）C. Presl
（十六）	水龙骨科	POLYPODIACEAE
25	伏石蕨	*Lemmaphyllum microphyllum* C. Presl
二	裸子植物门	GYMNOSPERMAE
（一）	苏铁科	CYCADACEAE
26	苏铁 *	*Cycas revoluta* Thunb.
（二）	南洋杉科	ARAUCARIACEAE
27	异叶南洋杉 *	*Araucaria cunninghamii* Sweet
（三）	松科	PINACEAE
28	日本五针松 *	*Pinus parviflora* Siebold et Zuccarini
29	黑松 *	*Pinus thunbergii* Parl.
（四）	杉科	TAXODIACEAE
30	池杉 *	*Taxodium distichum*（Linn.）Rich. var. *imbricatum*（Nuttall）Croom
31	柳杉 *	*Cryptomeria japonica*（Thunb. ex L. f.）D. Don var. *sinensis* Miquel
（五）	柏科	CUPRESSACEAE
32	圆柏 *	*Juniperus chinensis* Linn.
33	龙柏 *	*Juniperus chinensis* 'Kaizuca'
34	侧柏 *	*Platycladus orientalis*（Linn.）Franco
三	被子植物门	ANGIOSPERMAE
	双子叶植物纲	DICOTYLEDONEAE
（一）	樟科	LAURACEAE
35	樟	*Cinnamomum camphora*（Linn.）Presl
36	天竺桂	*Cinnamomum japonicum* Sieb.

续附录 1-8

序号	中文名	拉丁学名
37	红楠	*Machilus thunbergii* Sieb. et Zucc.
（二）	胡椒科	PIPERACEAE
38	山蒟	*Piper hancei* Maxim.
39	风藤	*Piper kadsura*（Choisy）Ohwi
（三）	马兜铃科	ARISTOLOCHIACEAE
40	马兜铃	*Aristolochia debilis* Sieb. et Zucc.
（四）	毛茛科	RANUNCULACEAE
41	柱果铁线莲	*Clematis uncinata* Champ. ex Benth.
42	山木通	*Clematis finetiana* Lévl. et Vant.
（五）	防己科	MENISPERMACEAE
43	木防己	*Cocculus orbiculatus*（Linn.）DC.
44	蝙蝠葛	*Menispermum dauricum* DC.
45	金线吊乌龟	*Stephania cepharantha* Hayata
46	千金藤	*Stephania japonic*（Thunb.）Miers
47	粪箕笃	*Stephania longa* Lour.
（六）	罂粟科	PAPAVERACEAE
48	刻叶紫堇	*Corydalis incisa*（Thunb.）Pers.
49	异果黄堇	*Corydalis heterocarpus* Sieb. et Zucc.
50	黄堇	*Corydalis pallida*（Thunb.）Pers.
（七）	金缕梅科	HAMAMELIDACEAE
51	枫香	*Liquidambar formosana* Hance
52	檵木	*Loropetalum chinensis*（R. Br.）Oliver
（八）	榆科	ULMACEAE
53	朴树	*Celtis sinensis* Pers.
（九）	桑科	MORACEAE
54	雅榕	*Ficus concinna* Miq.
55	矮小天仙果	*Ficus erecta* Thunb.
56	榕树	*Ficus microcarpa* Linn. f.
57	爬藤榕	*Ficus sarmentosa* Buch. -Ham. ex J. E. Sm. var. *impressa*（Champ. ex Benth.）Corner
58	无花果*	*Ficus carica* Linn.
59	薜荔	*Ficus pumila* Linn.

续附录 1-8

序号	中文名	拉丁学名
60	爱玉子	*Ficus pumila* Linn. var. *awekotsang* (Makino) Corner
61	绿黄葛树	*Ficus virens* Aiton
62	桑	*Morus alba* Linn.
(十)	大麻科	CANNABIDACEAE
63	葎草	*Humulus scandens* (Lour.) Merr.
(十一)	荨麻科	URTICACEAE
64	序叶苎麻	*Boehmeria clidemioides* Miq. var. *diffusa* (Wedd.) Hand. -Mazz.
65	海岛苎麻	*Boehmeria formosana* Hayata
66	野线麻	*Boehmeria japonica* (L. f.) Miq.
67	苎麻	*Boehmeria nivea* (Linn.) Gaud.
68	波缘冷水花	*Pilea cavaleriei* Lévl.
69	透茎冷水花	*Pilea pumila* (Linn.) A. Gray
(十二)	木麻黄科	CASUARINACEAE
70	细枝木麻黄 *	*Casuarina cunninghamiana* Miquel
71	木麻黄 *	*Casuarina equisetifolia* Forst.
72	粗枝木麻黄 *	*Casuarina glauca* Sieber ex Sprengel
(十三)	紫茉莉科	NYCTAGINACEAE
73	紫茉莉 *	*Mirabilis jalapa* Linn.
74	叶子花 *	*Bougainvillea spectabilis* Willd.
(十四)	番杏科	AIZOACEAE
75	番杏 *	*Tetragonia tetragonioides* (Pall.) Kuntze
(十五)	蓼科	POLYGONACEAE
76	何首乌	*Fallopia multiflora* (Thunb.) Haraldson
77	尼泊尔蓼	*Persicaria nepalensis* (Meisn.) H. Gross
78	两栖蓼	*Polygonum amphibium* Linn.
79	萹蓄	*Polygonum aviculare* Linn.
80	火炭母	*Polygonum chinense* Linn.
81	水蓼	*Polygonum hydropiper* Linn.
82	绵毛酸模叶蓼	*Polygonum lapathifolium* Linn. var. *salicifolium* Sibth.
83	长鬃蓼	*Polygonum longisetum* De Br.
84	蚕茧草	*Polygonum japonicum* Meisn.

续附录 1-8

序号	中文名	拉丁学名
85	红蓼	*Polygonum orientale* Linn.
86	杠板归	*Polygonum perfoliatum* Linn.
87	酸模	*Rumex acetosa* Linn.
88	羊蹄	*Rumex japonicus* Houtt.
（十六）	楝科	MELIACEAE
89	苦楝	*Melia azedarach* Linn.
（十七）	藜科	CHENOPODIACEAE
90	藜	*Chenopodium album* Linn.
91	狭叶尖头叶藜	*Chenopodium acuminatum* Willd. subsp. *virgatum* (Thunb.) Kitam.
92	土荆芥	*Dysphania ambrosioides* (Linn.) Mosyakin et Clemants
93	地肤	*Kochia scoparia* (Linn.) Schrad.
94	扫帚菜	*Kochia scoparia* (Linn.) Schrad. f. *trichophylla* (Hort.) Schinz. et Thell.
（十八）	苋科	AMARANTHACEAE
95	牛膝	*Achyranthes bidentata* Bl.
96	喜旱莲子草	*Alternanthera philoxeroides* (Mart.) Griseb.
97	绿穗苋	*Amaranthus hybridus* Linn.
98	凹头苋	*Amaranthus lividus* Linn.
99	刺苋	*Amaranthus spinosus* Linn.
100	皱果苋	*Amaranthus viridis* Linn.
101	青葙	*Celosia argentea* Linn.
（十九）	马齿苋科	PORTULACACEAE
102	马齿苋	*Portulaca oleracea* Linn.
（二十）	落葵科	BASELLACEAE
103	落葵薯	*Anredera cordifolia* (Tenore) Steenis
（二十一）	石竹科	CARYOPHYLLACEAE
104	球序卷耳	*Cerastium glomeratum* Thuill.
105	常夏石竹*	*Dianthus plumarius* Linn.
106	瞿麦	*Dianthus superbus* Linn.
107	漆姑草	*Sagina japonica* (Sw.) Ohwi
108	女娄菜	*Silene aprica* Turcz. ex Fisch. et. Mey.
109	繁缕	*Stellaria media* (Linn.) Villars

续附录 1-8

序号	中文名	拉丁学名
(二十二)	山茶科	THEACEAE
110	滨柃	*Eurya emarginata* (Thunb.) Makino
111	柃木	*Eurya japonica* Thunb.
112	细枝柃	*Eurya loquaiana* Dunn
113	窄基红褐柃	*Eurya rubiginosa* H. T. Chang var. *attenuata* H. T. Chang
(二十三)	藤黄科	GUTTIFERAE
114	赶山鞭	*Hypericum attenuatum* Choisy
115	地耳草	*Hypericum japinicum* Thunb.
(二十四)	杜英科	ELAEOCARPACEAE
116	秃瓣杜英	*Elaeocarpus glabripetalus* Merr.
(二十五)	椴树科	TILIACEAE
117	甜麻	*Corchorus aestuans* Linn.
118	田麻	*Corchoropsis tomentosa* (Thunb.) Makino
119	小花扁担杆	*Grewia biloba* G. Donvar. *parviflora* (Bunge) Hand. -Mazz.
(二十六)	锦葵科	MALVACEAE
120	木芙蓉 *	*Hibiscus mutabilis* Linn.
121	木槿 *	*Hibiscus syriacus* Linn.
122	小叶黄花稔	*Sida alnifolia* Linn. var. *microphylla* (Cavan.) S. Y. Hu
(二十七)	梧桐科	STERCULIACEAE
123	马松子	*Melochia corchorifolia* Linn.
(二十八)	堇菜科	VIOLACEAE
124	七星莲	*Viola diffusa* Ging.
125	紫花堇菜	*Viola grypoceras* A. Gray
126	紫花地丁	*Viola yedoensis* Makino
(二十九)	大风子科	FLACOURTIACEAE
127	柞木	*Xylosma racemosum* (Sieb. et Zucc.) Miq.
(三十)	葫芦科	CUCURBITACEAE
128	西瓜 *	*Citrullus lanatus* (Thunb.) Matsum. et Nakai
129	甜瓜 *	*Cucumis melo* Linn.
130	黄瓜 *	*Cucumis sativus* Linn.
131	瓠子 *	*Lagenaria siceraria* (Molina) Standl.

续附录 1-8

序号	中文名	拉丁学名
132	棱角丝瓜 *	*Luffa acutangula* (Linn.) Roxb.
133	丝瓜 *	*Luffa cylindrica* (Linn.) Roem.
134	苦瓜 *	*Momordica charantia* Linn.
135	栝楼	*Trichosanthes kirilowii* Maxim.
(三十一)	十字花科	CRUCIFERAE
138	碎米荠	*Cardamine hirsuta* Linn.
137	臭独行菜（臭荠）	*Lepidium didymum* Linn.
138	北美独行菜	*Lepidium virginicum* Linn.
139	萝卜 *	*Raphanus sativus* Linn.
140	蔊菜 *	*Rorippa indica* (Linn.) Hiern
(三十二)	杜鹃花科	ERICACEAE
141	锦绣杜鹃 *	*Rhododendron* × *pulchrum* Sweet
142	杜鹃 *	*Rhododendron simsii* Planch.
143	南烛（乌饭树）	*Vaccinium bracteatum* Thunb.
(三十三)	山矾科	SYMPLOCACEAE
144	白檀	*Symplocos paniculata* (Thunb.) Miq.
(三十四)	紫金牛科	MYRSINACEAE
145	朱砂根	*Ardisia crenata* Sims
146	沿海紫金牛	*Ardisia punctata* Lindl.
147	多枝紫金牛	*Ardisia sieboldii* Miq.
148	杜茎山	*Maesa japonica* (Thunb.) Mor. ex Zoll.
149	密花树	*Myrsine seguinii* Lévl.
(三十五)	报春花科	PRIMULACEAE
150	蓝花琉璃繁缕	*Anagallis arvensis* Linn. f. *coerulea* (Schreb.) Baumg
151	滨海珍珠菜	*Lysimachia mauritiana* Lam.
(三十六)	海桐花科	PITTOSPORACEAE
152	海桐	*Pittosporum tobira* (Thunb.) Ait.
(三十七)	景天科	CRASSULACEAE
153	东南景天	*Sedum alfredii* Hance
154	圆叶景天	*Sedum makinoi* Maxim.
155	垂盆草	*Sedum sarmentosum* Bunge

续附录 1-8

序号	中文名	拉丁学名
（三十八）	虎耳草科	SAXIFRAGACEAE
156	绣球 *	*Hydrangea macrophylla* (Thunb.) Ser.
157	虎耳草	*Saxifraga stolonifera* Curtis
（三十九）	蔷薇科	ROSACEAE
158	龙芽草	*Agrimonia pilosa* Ledeb.
159	桃 *	*Amygdalus persica* Linn.
160	毛柱郁李	*Cerasus pogonostyla* (Maxim.) Yu et Li
161	野山楂	*Crataegus cuneata* Sieb. et Zucc.
162	枇杷 *	*Eriobotrya japonica* (Thunb.) Lindl.
163	红叶石楠 *	*Photinia* × *fraseri* Dress
164	翻白草	*Potentilla discolor* Bunge
165	厚叶石斑木	*Rhaphiolepis umbellata* (Thunb.) Makino
166	硕苞蔷薇	*Rosa bracteata* Wendl.
167	小果蔷薇	*Rosa cymosa* Tratt.
168	金樱子	*Rosa laevigata* Michx.
169	光叶蔷薇	*Rosa luciae* Franch. et Roch.
170	野蔷薇	*Rosa multiflora* Thunb.
171	七姐妹蔷薇	*Rosa multiflora* Thunb. var. *carnea* Thory
172	茅莓	*Rubus parvifolius* Linn.
173	锈毛莓	*Rubus reflexus* Ker.
（四十）	豆科	LEGUMINOSAE
174	台湾相思 *	*Acacia confusa* Merr.
175	黑荆 *	*Acacia mearnsii* Willd.
176	土圞儿	*Apios fortunei* Maxim.
177	落花生 *	*Arachis hypogaea* Linn.
178	狭刀豆	*Canavalia lineata* (Thunb.) DC.
179	杭子梢	*Campylotropis macrocarpa* (Bunge) Rehd.
180	藤黄檀	*Dalbergia hancei* Benth.
181	假地豆	*Desmodium heterocarpon* (Linn.) DC.
182	小叶三点金	*Desmodium microphyllum* (Willd.) DC.
183	河北木蓝（马棘）	*Indigofera bungeana* Walp.

续附录 1-8

序号	中文名	拉丁学名
184	长萼鸡眼草	*Kummerowia stipulacea* (Maxim.) Makino
185	鸡眼草	*Kummerowia striata* (Thunb.) Schindl.
186	海滨山黧豆	*Lathyrus japonicus* Willd.
187	中华胡枝子	*Lespedeza chinensis* G. Don
188	截叶铁扫帚	*Lespedeza cuneata* (Dum. -Cours.) G. Don
189	铁马鞭	*Lespedeza pilosa* (Thunb.) Sieb. et Zucc.
190	天蓝苜蓿	*Medicago lupulina* Linn.
191	紫苜蓿	*Medicago sativa*Linn.
192	草木犀	*Melilotus officinalis* (Linn.) Lam.
193	亮叶猴耳环	*Pithecellobium lucidum* Benth.
194	葛	*Pueraria lobata* (Willd.) Ohwi
195	鹿藿	*Rhynchosia volubilis* Lour.
196	龙爪槐 *	*Sophora japonica* Linn. f. *pendula* Hort.
197	豇豆 *	*Vigna unguiculata* (Linn.) Walp.
(四十一)	胡颓子科	ELAEAGNACEAE
198	蔓胡颓子	*Elaeagnus glabra* Thunb.
199	大叶胡颓子	*Elaeagnus macrophylla* Thunb.
(四十二)	千屈菜科	LYTHRACEAE
200	细叶萼距花 *	*Cuphea hyssopifolia* H. B. K.
201	紫薇 *	*Lagerstroemia indica* Linn.
(四十三)	瑞香科	THYMELAEACEAE
202	芫花	*Daphne genkwa* Sieb. et Zucc.
203	了哥王	*Wikstroemia indica* (Linn.) C. A. Mey.
(四十四)	桃金娘科	MYRTACEAE
204	赤桉 *	*Eucalyptus camaldulensis* Dehnh.
205	桉 *	*Eucalyptus robusta* Smith
206	柳叶桉 *	*Eucalyptus saligna* Smith
(四十五)	柳叶菜科	ONAGRACEAE
207	丁香蓼	*Ludwigia epilobioides* Maxim.
208	月见草 *	*Oenothera biennis* Linn.
(四十六)	蓝果树科	NYSSACEAE

续附录 1-8

序号	中文名	拉丁学名
209	喜树 *	*Camptotheca acuminata* Decne.
（四十七）	卫矛科	CELASTRACEAE
210	扶芳藤 *	*Euonymus fortunei* (Turcz.) Hand. -Mazz.
211	冬青卫矛 *	*Euonymus japonicus* Thunb.
212	金边黄杨 *	*Euonymus japonicus* Thunb. var. *aureo-marginatus* Hort.
213	矩叶卫矛	*Euonymus oblongifolius* Loes. et Rehd.
214	变叶美登木（变叶裸实）	*Maytenus diversifolius* (Hemsl.) Hou
（四十八）	黄杨科	BUXACEAE
215	雀舌黄杨 *	*Buxus bodinieri* Lévl.
216	黄杨 *	*Buxus sinica* (Rehd. et Wils.) Cheng
（四十九）	大戟科	EUPHORBIACEAE
217	铁苋菜	*Acalypha australis*Linn.
218	喙果黑面神	*Breynia rostrata* Merr.
219	飞扬草	*Euphorbia hirta* Linn.
220	地锦草	*Euphorbia humifusa* Willd.
221	斑地锦	*Euphorbia supina* Raf.
222	倒卵叶算盘子	*Glochidion obovatum* Sieb. et Zucc.
223	算盘子	*Glochidion puberum* (Linn.) Hutch.
224	湖北算盘子	*Glochidion wilsonii* Hutch.
225	野梧桐	*Mallotus japonicus* (Thunb.) Muell. Arg.
226	蜜甘草	*Phyllanthus ussuriensis* Rupr. et Maxim.
227	蓖麻	*Ricinus communis* Linn.
228	乌桕	*Sapium sebiferum* (Linn.) Roxb.
229	木油桐	*Vernicia montana* Lour.
（五十）	鼠李科	RHAMNACEAE
230	雀梅藤	*Sageretia thea* (Osbeck) Johnst.
（五十一）	葡萄科	VITACEAE
231	光叶蛇葡萄	*Ampelopsis glandulosa* (Wall.) Momiy. var. *hancei* (Planchon) Momiyama
232	蓝果蛇葡萄	*Ampelopsis bodinieri* (Levl. et Vant.) Rehd.
233	乌蔹莓	*Cayratia japonica* (Thunb.) Gagnep.
234	地锦	*Parthenocissus tricuspidata* (Sieb. et Zucc.) Planch.

续附录 1-8

序号	中文名	拉丁学名
235	三出蘡薁	*Vitis bryoniaefolia* Bge. var. *ternata* (W. T. Wang) C. L. Li
(五十二)	槭树科	ACERACEAE
236	鸡爪槭 *	*Acer palmatum* Thunb.
237	红枫 *	*Acer palmatum* 'Atropurpureum' (Van Houtte) Schwer.
(五十三)	漆树科	ANACARDIACEAE
238	黄连木	*Pistacia chinensis* Bunge
(五十四)	芸香科	RUTACEAE
239	金柑 *	*Citrus japonica* Thunb.
240	臭辣吴萸	*Euodia fargesii* Dode
241	茵芋	*Skimmia reevesiana* Fort.
242	朵花椒 *	*Zanthoxylum molle* Rehd.
243	两面针	*Zanthoxylum nitidum* (Roxb.) DC.
244	花椒簕	*Zanthoxylum scandens* Bl.
(五十五)	酢浆草科	OXALIDACEAE
245	酢浆草	*Oxalis corniculata* Linn.
246	红花酢浆草 *	*Oxalis corymbosa* DC.
(五十六)	五加科	ARALIACEAE
247	常春藤 *	*Hedera helix* Linn.
248	尼泊尔常春藤 *	*Hedera nepalensis* K. Koch
249	鹅掌柴 *	*Schefflera octophylla* (Linn.) Frodin
(五十七)	伞形科	UMBELLIFERAE
250	细叶旱芹	*Apium leptophyllum* (Pers.) F. Muell.
251	积雪草	*Centella asiatiea* (L.) Urb.
252	天胡荽	*Hydrocotyle sibthorpioides* Lam.
253	滨海前胡	*Peucedanum japonicum* Thunb.
254	小窃衣	*Torilis japonica* (Houtt.) DC.
(五十八)	马钱科	LOGANIACEAE
255	灰莉 *	*Fagraea ceilanica* Thunb.
(五十九)	夹竹桃科	APOCYNACEAE
256	夹竹桃 *	*Nerium oleander* Linn.
257	络石	*Trachelospermum jasminoides* (Lindl.) Lem.

续附录 1-8

序号	中文名	拉丁学名
（六十）	萝藦科	ASCLEPIADACEAE
258	匙羹藤	*Gymnema sylvestre* (Retz.) Schult.
（六十一）	茄科	SOLANACEAE
259	朝天椒＊	*Capsicum annuum* Linn. var. *conoides* (Mill.) Irish
260	夜香树＊	*Cestrum nocturnum* Linn.
261	红丝线	*Lycianthes biflora* (Lour.) Bitter
262	枸杞＊	*Lycium chinense* Miller
263	假酸浆	*Nicandra physalodes* (Linn.) Gaertner
264	苦蘵	*Physalis angulata* Linn.
265	毛苦蘵	*Physalis minima* Linn.
266	少花龙葵	*Solanum americanum* Miller
267	北美刺龙葵	*Solanum carolinense* Linn.
268	白英	*Solanum lyratum* Thunb.
269	茄＊	*Solanum melongena* Linn.
270	龙葵	*Solanum nigrum* Linn.
（六十二）	旋花科	CONVOLVULACEAE
271	心萼薯	*Aniseia biflora* (Linn.) Choisy
272	滨旋花（肾叶打碗花）	*Calystegia soldanella* (Linn.) R. Br.
273	马蹄金	*Dichondra repens* Forst.
274	甘薯	*Ipomoea batatas* (Linn.) Lamarck
275	瘤梗甘薯	*Ipomoea lacunosa* Linn.
276	厚藤	*Ipomoea pes-caprae* (Linn.) R. Brown
277	三裂叶薯	*Ipomoea triloba* Linn.
278	牵牛	*Pharbitis nil* (Linn.) Choisy
279	圆叶牵牛	*Pharbitis purpurea* (Linn.) Voigt
280	茑萝松	*Quamoclit pennata* (Lam.) Bojer
（六十三）	马鞭草科	VERBENACEAE
281	杜虹花	*Callicarpa formosana* Rolfe
282	大叶紫珠	*Callicarpa macrophylla* Vahl
283	海州常山	*Clerodendrum trichotomum* Thunb.
284	柳叶马鞭草	*Verbena bonariensis* Linn.

续附录 1-8

序号	中文名	拉丁学名
285	单叶蔓荆	*Vitex trifolia* Linn. var. *simplicifolia* Cham.
(六十四)	唇形科	LABIATAE
286	细风轮菜	*Clinopodium gracile* (Benth.) Matsum.
287	风轮菜	*Clinopodium umbrosum* (Bief) C. Kock
288	宝盖草	*Lamium amplexicaule* Linn.
289	滨海白绒草	*Leucas chinensis* (Retz.) R. Br.
290	石香薷	*Mosla chinensis* Maxim.
291	小鱼仙草	*Mosla dianthera* (Buch. -Ham. ex Roxburgh) Maxim.
292	石荠苎	*Mosla scabra* (Thunb.) C. Y. Wu et H. W. Li
293	罗勒 *	*Ocimum basilicum* Linn.
294	夏枯草	*Prunella vulgaris* Linn.
295	荔枝草	*Salvia plebeia* R. Br.
296	韩信草	*Scutellaria indica* Linn.
297	田野水苏	*Stachys arvensis* Linn.
(六十五)	车前科	PLANTAGINACEAE
298	车前	*Plantago asiatica* Linn.
299	大车前	*Plantago major* Linn.
(六十六)	木犀科	OLEACEAE
300	探春花 *	*Jasminum floridum* Bge.
301	清香藤	*Jasminum lanceolarium* Roxb.
302	野迎春	*Jasminum mesnyi* Hance
303	华素馨	*Jasminum sinense* Hemsl.
304	金叶女贞 *	*Ligustrum* × *vicaryi* Hort.
305	金森女贞 *	*Ligustrum japonicum* 'Howardii'
306	女贞	*Ligustrum lucidum* W. T. Aiton
307	花叶女贞 *	*Ligustrum ovalisolium* Hassk.
308	小蜡	*Ligustrum sinense* Lour.
(六十七)	玄参科	SCROPHULARIACEAE
309	通泉草	*Mazus japonicus* (Thunb.) O. Kuntze
310	蚊母草	*Veronica peregrina* Linn.
311	阿拉伯婆婆纳	*Veronica persica* Poir.

续附录 1-8

序号	中文名	拉丁学名
（六十八）	爵床科	ACANTHACEAE
312	爵床	*Rostellularia procumbens* (Linn.) Nees
（六十九）	桔梗科	CAMPANULACEAE
313	蓝花参	*Wahlenbergia marginata* (Thunb.) A. DC.
（七十）	茜草科	RUBIACEAE
314	丰花草	*Borreria pusilla* (Wall.) DC.
315	四叶葎	*Galium bungei* Steud.
316	栀子	*Gardenia jasminoides* Ellis
317	厚叶双花耳草	*Hedyotis biflora* (Linn.) Lam. var. *parvifolia* Hook. et Arn.
318	肉叶耳草	*Hedyotis coreana* Lévl.
319	纤花耳草	*Hedyotis tenelliflora* Blume.
320	羊角藤	*Morinda umbellata* Linn. subsp. *obovata* Y. Z. Ruan
321	耳叶鸡矢藤	*Paederia cavaleriei* Lévl.
322	鸡矢藤	*Paederia scandens* (Lour.) Merr.
323	九节	*Psychotria asiatica* Linn.
324	蔓九节	*Psychotria serpens* Linn.
325	墨苜蓿	*Richardia scabra* Linn.
（七十一）	忍冬科	CAPRIFOLIACEAE
326	忍冬	*Lonicera japonica* Thunb.
327	日本珊瑚树 *	*Viburnum odoratissimum* Ker-Gawl. var. *awabuki* (K. Koch) Zabel ex Rumpl.
（七十二）	败酱科	VALERIANACEAE
328	攀倒甑	*Patrinia villosa* (Thunb.) Juss.
（七十三）	菊科	COMPOSITAE
329	藿香蓟	*Ageratum conyzoides* Linn.
330	金球菊 *	*Ajania pacifica* (Nakai) K. Bremer Humphries
331	豚草	*Ambrosia artemisiifolia* Linn.
332	茵陈蒿	*Artemisia capillaris* Thunb.
333	牡蒿	*Artemisia japonica* Thunb.
334	矮蒿	*Artemisia lancea* Van
335	野艾蒿	*Artemisia lavandulaefolia* DC.
336	猪毛蒿	*Artemisia scoparia* Waldst. et Kit.

续附录 1-8

序号	中文名	拉丁学名
337	普陀狗娃花	*Aster arenarius* (Kitam.) Nemoto
338	钻形紫菀	*Aster sublatus* Michx.
339	陀螺紫菀	*Aster turbinatus* S. Moore
340	仙白草	*Aster turbinatus* S. Moore var. *chekiangensis* C. Ling
341	鬼针草	*Bidens pilosa* Linn.
342	白花鬼针草	*Bidens pilosa* Linn. var. *radiata* Sch. -Bip.
343	狼杷草	*Bidens tripartita* Linn.
344	蓟	*Cirsium japonicum* Fisch. ex DC.
345	小蓬草	*Conyza canadensis* (Linn.) Cronq.
346	大花金鸡菊	*Coreopsis grandiflora* Hogg.
347	秋英 *	*Cosmos bipinnata* Cav.
348	黄秋英 *	*Cosmos sulphureus* Cav.
349	野茼蒿（革命菜）	*Crassocephalum crepidioides* (Benth.) S. Moore
350	假还阳参	*Crepidiastrum lanceolatum* (Houtt.) Nakai
351	野菊	*Dendranthema indica* (Linn.) Des Moul
352	鳢肠	*Eclipta prostrata* (Linn.) Linn.
353	一点红	*Emilia sonchifolia* (Linn.) DC.
354	小蓬草	*Erigeron canadensis* Linn.
355	苏门白酒草	*Erigeron sumatrensis* Retz.
356	多须公	*Eupatorium chinense* Linn.
357	无腺林泽兰	*Eupatorium lindleyanum* DC. var. *eglandulosum* Kitam.
358	大吴风草	*Farfugium japonicum* L. Kitam.
359	宿根天人菊 *	*Gaillardia aristata* Pursh.
360	睫毛牛膝菊	*Galinsoga ciliata* (Raf.) S. F. Blake
361	秋鼠麴草	*Gnaphalium hypoleucum* DC.
362	匙叶鼠麴草	*Gnaphalium pensylvanicum* Willd.
363	红凤菜	*Gynura bicolor* (Willd.) DC.
364	白子菜	*Gynura divaricata* (Linn.) DC.
365	旋覆花	*Inula japonica* Thunb.
366	剪刀股	*Ixeris japonica* (Burm. F.) Nakai
367	高大翅果菊	*Pterocypsela elata* (Hemsl.) Shih

续附录 1-8

序号	中文名	拉丁学名
368	台湾翅果菊	*Pterocypsela formosana* (Maxim.) Shih
369	翅果菊	*Pterocypsela indica* (Linn.) Shih
370	花叶滇苦菜	*Sonchus asper* (Linn.) Hill.
371	苦苣菜	*Sonchus oleraceus* Linn.
372	卤地菊	*Wedelia Prostrata* (Hook. et Arn.) Hemsl.
373	苍耳	*Xanthium sibiricum* Patrin ex Widder
374	黄鹌菜	*Youngia japonica* (Linn.) DC.
	单子叶植物纲	MONOCOTYLEDONEAE
(七十四)	眼子菜科	POTAMOGETONACEAE
375	眼子菜	*Potamogeton distinctus* A. Bennett
(七十五)	棕榈科	PALMAE
376	蒲葵 *	*Livistona chinensis* (Jacq.) R. Br.
377	棕榈	*Trachycarpus fortunei* (Hook.) H. Wendl.
378	丝葵 *	*Washingtonia filifera* (Lind. ex Andre) H. Wendl
(七十六)	天南星科	ARACEAE
379	海芋 *	*Alocasia odora* (Roxb.) K. Koch
380	磨芋 *	*Amorphophallus rivieri* Durieu
381	芋 *	*Colocasia esculenta* (L.) Schott.
382	异叶天南星（虎掌）	*Pinellia pedatisecta* Schott.
383	半夏	*Pinellia ternata* (Thunb.) Breit.
(七十七)	鸭跖草科	COMMELINACEAE
384	鸭跖草	*Commelina communis* Linn.
385	裸花水竹叶	*Murdannia nudiflora* (Linn.) Brenan
386	紫竹梅 *	*Setcreasea purpurea* Boom.
(七十八)	灯心草科	JUNCACEAE
387	野灯心草	*Juncus setchuensis* Buchen. ex Diels
(七十九)	莎草科	CYPERACEAE
388	球柱草	*Bulbostylis barbata* (Rottb.) C. B. Clarke
389	栗褐苔草（褐果薹草）	*Carex brunnea* Thunb.
390	蕨状苔草（蕨状薹草）	*Carex filicina* Nees
391	青绿苔草	*Carex leucochlora* Bunge

续附录 1-8

序号	中文名	拉丁学名
392	扁穗莎草	*Cyperus compressus* Linn.
393	砖子苗	*Cyperus cyperoides*（Linn.）Kuntze
394	异型莎草	*Cyperus difformis* Linn.
395	碎米莎草	*Cyperus iria* Linn.
396	直穗莎草	*Cyperus orthostachys* CA. Mey
397	香附子	*Cyperus rotundus* Linn.
398	复序飘拂草	*Fimbristylis bisumbellata*（Forsk.）Bubani
399	两歧飘拂草	*Fimbristylis dichotoma*（Linn.）Vahl
400	日照飘拂草	*Fimbristylis miliacea*（Linn.）Vahl
401	独穗飘拂草	*Fimbristylis ovata*（Burm. f.）Kern
402	少穗飘拂草	*Fimbristylis schoenoides*（Retz.）Vahl
403	双穗飘拂草	*Fimbristylis subbispicata* Nees et Meyen
404	球穗扁莎	*Pycreus flavidus*（Retzius）T. Koyama
405	多枝扁莎	*Pycreus polystachyus*（Rottb.）P. Beauv.
406	刺子莞	*Rhynchospora rubra*（Lour.）Makino
407	线状匍匐茎藨草	*Scirpus lineolatus* Franch. et Savat.
408	水蜈蚣	*Kyllinga brevifolia* Rottb.
409	毛果珍珠茅	*Scleria levis* Retz.
（八十）	禾本科	GRAMINEAE
410	荩草	*Arthraxon hispidus*（Trin.）Makino
411	毛秆野古草	*Arundinella hirta*（Thunb.）Tanaka
412	刺芒野古草	*Arundinella setosa* Trin.
413	芦竹	*Arundo donax* Linn.
414	野燕麦	*Avena fatua* Linn.
415	孝顺竹 *	*Bambusa glaucescens*（Willd.）Sieb. ex Munro
416	米筛竹 *	*Bambusa pachinensis* Hayata
417	硬秆子草	*Capillipedium assimile*（Steud.）A. Camus
418	香竹 *	*Chimonocalamus delicatus* Hsueh et Yi
419	虎尾草	*Chloris virgata* Sw.
420	朝阳隐子草	*Cleistogenes hackelii*（Honda）Honda
421	宽叶隐子草	*Cleistogenes hackelii*（Honda）Honda var. *nakaii*（Keng）Ohwi

续附录 1-8

序号	中文名	拉丁学名
422	橘草	*Cymbopogon goeringii* (Steud.) A. Camus
423	双花狗牙根	*Cynodon dactylon* (Linn.) Pers. var. *biflorus* Merino
424	龙爪茅	*Dactyloctenium aegyptium* (Linn.) Beauv.
425	疏花野青茅	*Deyeuxia arundinacea* (Linn.) Beauv.
426	毛马唐	*Digitaria chrysoblephara* Flig. et De Not
427	升马唐	*Digitaria ciliaris* (Retz.) Koel.
428	红尾翎	*Digitaria radicosa* (Presl) Miq.
429	紫马唐	*Digitaria violascens* Link
430	油芒	*Eccoilopus cotulifer* (Thunb.) A. Camus
431	光头稗	*Echinochloa colonum* (Linn.) Link
432	稗	*Echinochloa crusgalli* (Linn.) Beauv.
433	牛筋草	*Eleusine indica* (Linn.) Gaertn.
434	大画眉草	*Eragrostis cilianensis* (All.) Link ex Vignolo-Lutati
435	知风草	*Eragrostis ferruginea* (Thunb.) Beauv.
436	黄茅	*Heteropogon contortus* (Linn.) P. Beauv. ex Roem. et Schult.
437	白茅	*Imperata cylindrica* (Linn.) Beauv.
438	柳叶箬	*Isachne globosa* (Thunb.) Kuntze
439	有芒鸭嘴草	*Ischaemum aristatum* Linn.
440	千金子	*Leptochloa chinensis* (Linn.) Nees
441	淡竹叶	*Lophatherum gracile* Brongn.
442	柔枝莠竹	*Microstegium vimineum* (Trin.) A. Camus
443	五节芒	*Miscanthus floridulus* (Lab.) Warb. ex Schum et Laut.
444	山类芦	*Neyraudia montana* Keng
445	类芦	*Neyraudia reynaudiana* (Kunth.) Keng
446	求米草	*Oplismenus undulatifolius* (Arduino) Beauv.
447	铺地黍	*Panicum repens* Linn.
448	双穗雀稗	*Paspalum paspaloides* (Michx.) Scribn.
449	圆果雀稗	*Paspalum scrobiculatum* Linn. var. *orbiculare* (G. Forster) Hackel
450	雀稗	*Paspalum thunbergii* Kunth ex Steud.
451	芦苇	*Phragmites australis* (Cav.) Trin. ex Steud.
452	水竹	*Phyllostachys heteroclada* Oliver

续附录 1-8

序号	中文名	拉丁学名
453	苦竹 *	*Pleioblastus amarus* (Keng) Keng f.
454	筒轴茅	*Rottboellia exaltata* Linn. f.
455	囊颖草	*Sacciolepis indica* (Linn.) A. Chase
456	大狗尾草	*Setaria faberi* Herrm.
457	金色狗尾草	*Setaria glauca* (Linn.) Beauv.
458	狗尾草	*Setaria viridis* (Linn.) Beauv.
459	大油芒	*Spodiopogon sibiricus* Trin.
460	鼠尾粟	*Sporobolus fertilis* (Steud.) W. D. Glayt.
461	盐地鼠尾粟	*Sporobolus virginicus* (Linn.) Kunth
462	苞子草	*Themeda caudata* (Nees) A. Camus
463	黄背草	*Themeda japonica* (Willd.) Tanaka
464	结缕草	*Zoysia japonica* Steud.
465	中华结缕草	*Zoysia sinica* Hance
(八十一)	姜科	ZINGIBERACEAE
466	艳山姜	*Alpinia zerumbet* (Pers.) Burtt. et Smith
467	姜 *	*Zingiber officinale* Roscoe
(八十二)	美人蕉科	CANNACEAE
468	黄花美人蕉 *	*Canna flaccida* Salisb.
469	美人蕉 *	*Canna indica* Linn.
(八十三)	百合科	LILIACEAE
470	葱 *	*Allium fistulosum* Linn.
471	蒜 *	*Allium sativum* Linn.
472	韭菜 *	*Allium tuberosum* Rottler ex Sprengle
473	朱蕉 *	*Cordyline fruticosa* L. A. Cheral.
474	山菅	*Dianella ensifolia* (Linn.) Redouté
475	萱草 *	*Hemerocallis fulva* (Linn.) Linn.
476	阔叶山麦冬	*Liriope muscari* Decne.) L. H. Bailey
477	山麦冬 *	*Liriope spicata* (Thunb.) Lour.
478	麦冬 *	*Ophiopogon japonicus* (Linn. f.) Ker-Gawl.
479	吉祥草 *	*Reineckia carnea* (Andr.) Kunth
480	绵枣儿	*Scilla scilloides* (Lindl.) Druce

续附录 1-8

序号	中文名	拉丁学名
481	菝葜	*Smilax china* Linn.
482	小果菝葜	*Smilax davidiana* A. DC.
483	粉背菝葜	*Smilax hypoglauca* Benth.
484	凤尾丝兰 *	*Yucca gloriosa* Linn.
485	葱莲 *	*Zephyranthes candida* (Lindl.) Herb.
(八十四)	石蒜科	AMMARYLLIDACEAE
486	石蒜 *	*Lycoris radiata* (L' Her.) Herb.
487	换锦花	*Lycoris sprengeri* Comes ex Baker
488	水仙	*Narcissus tazetta* Linn. var. *chinensis* M. Roener
(八十五)	兰科	ORCHIDACEAE
489	叉唇角盘兰	*Herminium lanceum* (Thunb.) Vuijk

注：据南京林业大学（2017—2018）最新调查整理，南麂列岛陆生维管束植物共有 106 科 320 属 489 种（* 为栽培种，共 99 种），包括蕨类植物 16 科 19 属 25 种、裸子植物 5 科 7 属 9 种、双子叶植物 73 科 216 属 340 种、单子叶植物 12 科 78 属 115 种。其中，蕨类植物按秦仁昌系统排列，裸子植物按郑万钧系统排列，被子植物按克朗奎斯特系统排列。

附录 1-9　南鹿列岛国家级海洋自然保护区鸟类名录表

序号	中文名	拉丁学名
一	鸡形目	GALLIFORMES
(一)	雉科	PHASIANIDAE
1	环颈雉	*Phasianus colchicus* Linnaeus
二	雁形目	ANSERIFORMES
(二)	鸭科	ANATIDAE
2	绿翅鸭＊＊	*Anas crecca* (Linnaeus)
3	大天鹅＊＊	*Cygnus cygnus* (Linnaeus)
三	鸽形目	COLUMBIFORMES
(三)	鸠鸽科	COLUMBIDAE
4	珠颈斑鸠	*Streptopelia chinensis* (Scopoli)
四	夜鹰目	CAPRIMULGIFORMES
(四)	雨燕科	APODIDAE
5	白腰雨燕＊	*Apus pacificus* (Latham)
五	鹃形目	CUCULIFORMES
(五)	杜鹃科	CUCULIDAE
6	小杜鹃＊＊＊	*Cuculus poliocephalus* Latham
六	鸻形目	CHARADRIIFORMES
(六)	鹬科	SCOLOPACIDAE
7	林鹬＊	*Tringa glareola* (Linnaeus)
8	弯嘴滨鹬＊＊	*Calidris ferruginea* (Pontoppidan)
(七)	鸥科	LARIDAE
9	黑尾鸥＊	*Larus crassirostris* Vieillot
10	普通海鸥＊	*Larus canus* (Bonaparte)
11	灰背鸥＊＊＊	*Larus schistisagus* Stejneger
12	白额燕鸥＊	*Sterna albifrons* (Pallas)
13	褐翅燕鸥＊＊	*Onychoprion anaethetus* Scopoli
14	乌燕鸥＊	*Onychoprion fuscata* Linnaeus
15	粉红燕鸥＊＊	*Sterna dougallii* (Montagu)
16	普通燕鸥	*Sterna hirundo* Linnaeus
17	白翅浮鸥＊	*Chlidonias leucoptera* (Temminck)
(八)	海雀科	ALCIDAE

续附录 1-9

序号	中文名	拉丁学名
18	扁嘴海雀 * *	*Synthliboramphus antiquus* (Gmelin)
七	鲣鸟目	SULIFORMES
(九)	鸬鹚科	PHALACROCORACIDAE
19	普通鸬鹚 * *	*Phalacrocorax carbo* Linnaeus
八	鹈形目	PELECANIFORMES
(十)	鹭科	ARDEIDAE
20	黄斑苇鳽 *	*Ixobrychus sinensis* (Gmelin)
21	夜鹭 *	*Nycticorax nyticorax* (Linnaeus)
22	池鹭 * *	*Ardeola bacchus* (Bonaparte)
23	牛背鹭 * *	*Bubulcus ibis* (Boddaert)
24	苍鹭 * *	*Ardea cinerea* Linnaeus
25	大白鹭 * * *	*Ardea alba* (Linnaeus)
26	中白鹭 *	*Egretta intermedia* (Wagler)
27	白鹭 *	*Egretta garzetta* (Linnaeus)
28	岩鹭 *	*Egretta sacra* (Gmelin)
九	鹰形目	ACCIPITRIFORMES
(十一)	鹗科	PANDIONIDAE
29	鹗 * * *	*Pandion haliaetus* (Linnaeus)
(十二)	鹰科	ACCIPITRIDAE
30	赤腹鹰	*Accipiter soloensis* (Horsfield)
31	苍鹰 * * *	*Accipiter gentilis* (Linnaeus)
32	黑鸢	*Milvus migrans* Sykes
33	普通鵟 * * *	*Buteo japonicus* (Linnaeus)
十	鸮形目	STRIGIFORMES
(十三)	鸱鸮科	STRIGIDAE
34	领鸺鹠 * * *	*Glaucidium brodiei* (Burton)
(十四)	草鸮科	TYTONIDAE
35	草鸮	*Tyto longimembris* (Jerdon)
十一	雀形目	PASSERIFORMES
(十五)	山椒鸟科	CAMPEPHAGIDAE
36	小灰山椒鸟 * * *	*Pericrocotus cantonensis* Swinheo

续附录 1-9

序号	中文名	拉丁学名
37	灰喉山椒鸟＊＊＊	*Pericrocotus solaris* Blyth
(十六)	卷尾科	DICRURIDAE
38	黑卷尾＊＊＊	*Dicrurus macrocercus* Vieillot
(十七)	伯劳科	LANIIDAE
39	虎纹伯劳	*Lanitus tigrinus* Drapiez
40	红尾伯劳	*Lanitus cristatus* Linnaeus
41	棕背伯劳＊	*Lanitus schach* Linnaeus
(十八)	鸦科	CORVIDAE
42	灰树鹊＊＊＊	*Dendrocitta formosae* Swinhoe
(十九)	山雀科	PARIDAE
43	大山雀＊＊＊	*Parus major* Linnaeus
(二十)	扇尾莺科	CISTICOLIDAE
44	棕扇尾莺＊	*Cisticola juncidis* (Rafinesque)
45	山鹪莺＊	*Prinia criniger* Hodgson
(二十一)	苇莺科	ACROCEPHALIDAE
46	黑眉苇莺	*Acrocephalus bistrigiceps* Swinhoe
(二十二)	蝗莺科	LOCUSTELLIDAE
47	小蝗莺	*Locustella certhiola* (Pallas)
(二十三)	燕科	HIRUNDINIDAE
48	家燕＊	*Hirundo rustica* Linnaeus
49	金腰燕＊＊＊	*Cecropis daurica* Linnaeus
(二十四)	鹎科	PYCNONOTIDAE
50	黄臀鹎＊＊＊	*Pycnonotus xanthorrhous* Anderson
51	白头鹎＊	*Pycnonotus sinensis* (Gmelin)
52	绿翅短脚鹎＊＊＊	*Hypsipetes mcclellandii* Horsfield
53	栗背短脚鹎＊＊＊	*Hypsipetes castanonotus* (Swinhoe)
54	黑短脚鹎＊＊＊	*Hypsipetes madagascariensis* (Gmelin)
(二十五)	柳莺科	PHYLLOSCOPIDAE
55	褐柳莺＊＊＊	*Phylloscopus fuscatus* (Blyth)
56	巨嘴柳莺＊＊＊	*Phylloscopus schwarzi* (Radde)
57	黄腰柳莺＊＊＊	*Phylloscopus proregulus* (Pallas)

续附录 1-9

序号	中文名	拉丁学名
58	黄眉柳莺＊＊＊	*Phylloscopus inornatus* (Blyth)
59	极北柳莺＊＊＊	*Phylloscopus borealis* (Blasius)
(二十六)	树莺科	CETTIIDAE
60	棕脸鹟莺＊＊＊	*Abroscopus albogularis* (Horsfield et Moore)
61	短翅树莺＊	*Cettia diphone* (Kittlifz)
62	远东树莺＊＊＊	*Horornis borealis* (Swinhoe)
63	强脚树莺＊	*Cettia fortipes* (Hodgson)
(二十七)	莺鹛科	SYLVIIDAE
64	棕头鸦雀＊＊＊	*Sinosuthora webbiana* (Gray)
(二十八)	绣眼鸟科	ZOSTEROPIDAE
65	暗绿绣眼鸟＊＊＊	*Zosterops japonicus* Temminck et Schlegel
(二十九)	林鹛科	TIMALIIDAE
66	棕颈钩嘴鹛＊＊＊	*Pomatorhinus ruficollis* Hodgson
(三十)	幽鹛科	PELLORNEIDAE
67	灰眶雀鹛	*Alcippe morrisonia* Swinhoe
(三十一)	噪鹛科	LEIOTHRICHIDAE
68	画眉＊＊＊	*Garrulax canorus* (Linnaeus)
(三十二)	椋鸟科	STURNIDAE
69	丝光椋鸟＊＊＊	*Spodiopsar sericeus* (Gmelin)
(三十三)	鸫科	TURDIDAE
70	虎斑地鸫＊＊＊	*Zoothera dauma* (Latham)
71	灰背鸫＊＊＊	*Turdus hortulorum* Sclater
72	白腹鸫＊＊＊	*Turdus pallidus* Gmelin
73	斑鸫＊＊＊	*Turdus naumanni* Temminck
(三十四)	鹟科	MUSCICAPIDAE
74	红胁蓝尾鸲＊＊＊	*Tarsiger cyanurus* (Pallas)
75	北红尾鸲＊＊＊	*Phoenicurus auroreus* (Pallas)
76	蓝矶鸫＊	*Monticola solitarius* (Linnaeus)
77	栗腹矶鸫＊＊＊	*Monticola rufiventris* (Jardine et Selby)
78	灰纹鹟＊＊＊	*Monticola griseisticta* (Swinhoe)
79	乌鹟	*Muscicapa sibirica* Gmelin

续附录 1-9

序号	中文名	拉丁学名
80	北灰鹟＊＊＊	*Muscicapa dauurica* Pallas
（三十五）	雀科	PASSERIDAE
81	山麻雀＊＊＊	*Passer cinnamomeus* (Temminck)
82	麻雀＊	*Passer montanus* (Linnaeus)
（三十六）	鹡鸰科	MOTACILIIDAE
83	山鹡鸰	*Dendronanthus indicus* (Gmelin)
84	黄鹡鸰＊	*Motacilla flava* Linnaeus
85	白鹡鸰＊	*Motacilla alba* Linnaeus
86	灰鹡鸰＊＊＊	*Motacilla cinerea* Tunstall
87	树鹨＊＊＊	*Anthus hodgsoni* Richmond
（三十七）	燕雀科	FRINGILLIDAE
88	黑尾蜡嘴雀＊	*Eophona migratoria* Hartert
89	金翅雀	*Carduelis sinica* (Linnaeus)
（三十八）	鹀科	EMBERIZIDAE
90	三道眉草鹀＊	*Emberiza cioides* Brandt
91	白眉鹀＊＊＊	*Emberiza tristrami* Swinhoe
92	黄眉鹀＊＊＊	*Emberiza chrysophrys* Pallas
93	田鹀＊＊＊	*Emberiza rustica* Pallas
94	黄喉鹀＊＊＊	*Emberiza elegans* Temminck
95	灰头鹀＊＊＊	*Emberiza spodocephala* Pallas

注：鸟纲分类系统依据《中国鸟类分类与分布名录（第三版）》（郑光美，2017）。其中，＊为 2003 年复旦大学调查记录到的鸟类，＊＊为 2011—2018 年期间保护区研究所监测记录到的鸟类，＊＊＊为 2018—2020 年浙江大学生命科学学院调查记录到的鸟类，其他来自《南麂列岛自然保护区综合考察文集》中的《南麂列岛陆生脊椎动物的区系特点及动物资源利用的初步调查》（诸葛阳和陈水华，1994）。

附录 1-10　南麂列岛国家级海洋自然保护区其他陆生脊椎动物名录表

序号	中文名	拉丁学名
一	两栖纲	AMPHIBIA
（一）	无尾目	ANURAN
	蟾蜍科	BUFONIDAE
1	黑眶蟾蜍	*Duttaphrynus melanostictus*（Schneider）
	雨蛙科	HYLIDAE
2	中国雨蛙	*Hyla chinensis* Guenther
	蛙科	RANIDAE
3	镇海林蛙	*Rana zhenhaiensis* Ye，Fei，and Matsui
4	沼水蛙	*Hylarana guentheri*（Boulenger）
5	阔褶水蛙	*Hylarana latouchii*（Boulenger）
6	金线侧褶蛙	*Pelophylax plancyi*（Lataste）
7	黑斑侧褶蛙	*Pelophylax nigromaculata*（Hallowell）
8	泽陆蛙	*Fejervarya multistriata*（Hallowell）
	树蛙科	RHACOPHRIDAE
9	斑腿泛树蛙	*Polypedates megacephalus* Hallowell
	姬蛙科	MICROHYLIDAE
10	小弧斑姬蛙	*Microhyla heymonsi* Vogt
11	饰纹姬蛙	*Microhyla fissipes* Boulenger
二	爬行纲	REPTILIA
（一）	龟鳖目	TESTUDINES
	海龟科	CHELONIID
12	棱皮龟	*Dermochelys coriacea*（Vandelli）
13	红海龟	*Caretta caretta*（Linnaeus）
14	绿海龟	*Chelonia mydas*（Linnaeus）
15	玳瑁	*Eretmochelys imbricata*（Linnaeus）
（二）	有鳞目	SQUAMATA
	壁虎科	GEKKONIDAE
16	多疣壁虎	*Gekko japonicus*（Schlegel）
17	蹼趾壁虎	*Gekko palmatus* Güenther
	石龙子科	SCINCIDAE
18	铜蜓蜥	*Sphenomorphus indicus*（Gray）

续附录 1-10

序号	中文名	拉丁学名
19	中国石龙子	*Plestiodon chinensis*（Gray）
20	蓝尾石龙子	*Plestiodon elegans*（Boulenger）
21	宁波滑蜥	*Scincella modesta*（Güenther）
	蜥蜴科	LACERTIDAE
22	北草蜥	*Taknromais septentrionalis* Güenther
（三）	蛇目	SERPENTIFORMES
	游蛇科	COLUBRIDAE
23	乌梢蛇	*Ptyas dhumnades*（Cantor）
24	赤链蛇	*Lycodon rufozonatum*（Cantor）
25	王锦蛇	*Elaphe carinata*（Güenther）
26	红纹滞卵蛇	*Oocatochus rufodorsatus*（Cantor）
三	哺乳纲	MAMMALIA
（一）	劳亚食虫目	EULIPOTYPHLA
	鼩鼱科	SORICIDAE
27	臭鼩	*Suncus murinus* Linnaeus
（二）	食肉目	CARNIVORA
	鼬科	MUSTELIDAE
28	黄鼬	*Mustela sibirica* Pallas
29	水獭	*Lutra lutra*（Linnaeus）
	猫科	FELIDAE
30	豹猫	*Prionailurus bengalensis* Kerr
	海豹科	PHOCIDAE
31	髯海豹	*Erignathus barbatus*（Erxleben）
（三）	鲸目	CETACEA
	抹香鲸科	PHYSETERIDAE
32	侏抹香鲸	*Kogia sima*（Owen）
	鼠海豚科	PHOCOENIDAE
33	印太江豚	*Neophocaena phocaenoides*（Cuvier）
	海豚科	DELPHINIDAE
34	瓶鼻海豚	*Tursiops truncatus*（Montagu）
（四）	啮齿目	RODENTIA

续附录 1-10

序号	中文名	拉丁学名
	鼠科	MURIDAE
35	黄毛鼠	*Rattuus losea* Swinhoe
(五)	兔形目	LAGOMORPHA
	兔科	LEPORIDAE
36	华南兔	*Lepus sinensis* Gray

注：根据《南麂列岛自然保护区综合考察文集》中的《南麂列岛陆生脊椎动物的区系特点及动物资源利用的初步调查》（诸葛阳和陈水华，1994）、《浙江南麂列岛国家级海洋自然保护区功能区调整科学考察报告》（复旦大学，2003）以及保护区历年监测调查记录整理而成。其中，两栖、爬行动物分类系统依据《中国两栖、爬行动物更新名录》（王剀等，2020），哺乳纲分类系统依据《中国哺乳动物多样性（第 2 版）》（蒋志刚等，2017）。

附录 2　浙江省南麂列岛国家级海洋自然保护区管理条例

《浙江省南麂列岛国家级海洋自然保护区管理条例》

（2017 年 11 月 30 日浙江省第十二届人民代表大会常务委员会第四十五次会议通过）

第一条　为了保护南麂列岛国家级海洋自然保护区内海洋贝藻类、海洋性鸟类、野生水仙花及其生态环境，促进海洋科学研究和自然生态平衡，根据《中华人民共和国海洋环境保护法》《中华人民共和国自然保护区条例》等有关法律、行政法规，结合本省实际，制定本条例。

第二条　南麂列岛国家级海洋自然保护区（以下简称保护区），位于北纬 27°24′30″至北纬 27°30′00″、东经 120°56′30″至东经 121°08′30″之间的南麂列岛及其附近海域，总面积为二百零一点零六平方公里。

第三条　省人民政府和保护区所在地的市、县人民政府应当加强对保护区工作的领导，并将保护区事业列入国民经济和社会发展计划。

省环境保护部门、保护区所在地市、县环境保护部门负责保护区的综合管理，有权对保护区的管理依法进行监督检查。

水产、土地、工商、交通、旅游、住建和公安等部门，应当依照有关法律、法规的规定，协助做好保护区的保护和管理工作。

第四条　省海洋行政主管部门和温州市人民政府共同设立南麂列岛国家级海洋自然保护区管理机构（以下简称保护区管理机构）。保护区管理机构负责保护区的保护、建设、规划和管理。保护区管理局可以根据工作需要，设立若干职能机构，具体负责保护区的保护、建设、规划和管理工作。

第五条　保护区管理局的主要职责是：

（一）执行国家和省有关自然保护区的法律、法规和规定；

（二）组织编制、实施保护区的总体规划；

（三）制定保护区的各项管理制度；

（四）监督协调有关部门设在保护区的机构的工作；

（五）设置和维护各种保护设施和标志；

（六）组织并管理在保护区内的科学研究活动和生态环境的监测监视工作；

（七）开展有关海洋自然资源和生态环境保护的宣传教育活动；

（八）监督管理保护区内的旅游开发活动；

（九）按本条例规定对违法行为进行查处；

（十）平阳县人民政府授予的其他管理职能。

第六条　在保护区内建立专业监察队伍保护管理与群众保护管理相结合的保护管理体系。

第七条　保护区总体规划是保护区保护、建设和管理工作的依据。保护区总体规划由保护区管理局组织编制，经平阳县人民政府审核，报省海洋管理部门批准后组织实施。

第八条 保护区分为核心区、缓冲区和实验区。

核心区、缓冲区和实验区的具体范围，以国家海洋行政主管部门批准的地理坐标的联线范围为准。其范围需要调整或者改变的，应当经原批准机关批准。

第九条 核心区、缓冲区和实验区的具体位置和范围，应当标绘于图，予以公告，并设置有关界碑、标志物和保护设施。

任何单位和个人，不得破坏或者擅自移动保护区的界碑、标志物和保护设施。

第十条 核心区实行封闭式保护，禁止任何单位和个人进入。

因科学研究的需要，必须进入核心区从事科学研究观测、调查活动的，应当事先向保护区管理机构提交申请和活动计划，并经省海洋行政主管部门批准。

保护区所在地人民政府应当创造条件，逐步将核心区内门屿尾村的居民迁出，妥善安排迁出居民的生活和生产。

第十一条 核心区外围的缓冲区只准进入从事科学研究观测活动，禁止开展旅游和生产经营活动。

因教学科研的目的，需要进入缓冲区从事非破坏性的科学研究、教学实习和标本采集活动的，应当事先向保护区管理机构提交申请和活动计划，经保护区管理机构批准。

第十二条 缓冲区外围的实验区可以进入从事科学试验、教学实习、参观考察、旅游以及驯化、繁殖珍稀、濒危野生动植物等活动。

在实验区内开展参观、旅游活动的，由保护区管理机构编制方案，方案应当符合保护区管理目标。进入实验区参观、旅游的单位和个人，应当按照方案进行参观、旅游，服从保护区管理机构的管理，防止破坏海洋贝藻类、海洋性鸟类、野生水仙花物种资源及其生态环境。严禁开设与保护区保护方向不一致的参观、旅游项目。

第十三条 进入核心区从事科学研究、考察，必须事先经保护区管理局审核，报省海洋管理部门批准后，在指定区域内进行；进入缓冲区、实验区从事科学研究、考察、教学实习的，必须事先经保护区管理局批准。

进入缓冲区、实验区采集标本的，必须事先经保护区管理局批准，并按保护区管理局的规定进行。

从事第一款规定的活动的单位和个人，应当将其活动成果（包括照片、录像、资料、论文、图表等）的副本交送保护区管理局存档。

第十四条 保护区所在地人民政府应当正确引导保护区内渔民发展保护区外海洋生态养殖、外海捕捞等产业。

第十五条 外国人进入保护区的，应当事先向保护区管理机构提交活动计划，并经省海洋行政主管部门批准。进入保护区的外国人，应当遵守有关保护区的法律、法规和规定，未经批准，不得在保护区内从事采集标本等活动。

第十六条 保护区管理机构应当制定绿化规划，绿化岛屿，保护植被。

任何单位和个人不得在保护区内从事法律、行政法规禁止的行为。

禁止在保护区内采集野生水仙花、挖礁捡拾鸟蛋、捕捉鸟类、在野外燃烧废弃物等行为。

第十七条 严禁在核心区和缓冲区建设任何生产设施。严禁在实验区内建设污染环境，破坏资源、景观的生产设施；其他建设项目，其污染物排放不得超过国家和地方规定的标准。实验区内已建成的设施，其污染物排放超过国家和地方规定的标准的，应当限期治理；逾期未治理或者污染严重的，应当限期关闭或者拆除。

第十八条 在保护区内航行、停泊和作业的船舶，不得违反海洋环境保护法律、法规的规定排放油类、油性混合物和其他有害物质。

第十九条 保护区保护、建设、管理所需经费，由海洋管理部门和保护区所在地县级以上人民政府安排。

第二十条 有下列情形之一的单位和个人，由保护区管理局予以表彰、奖励：

（一）从事保护区保护、建设和管理工作成绩显著的；

（二）研究贝藻类物种资源及其生态环境获得重要成果的；

（三）开展保护区宣传教育工作成绩突出的。

第二十一条 违反本条例规定的行为，法律、行政法规已有法律责任规定的，从其规定。

第二十二条 违反本条例第九条第二款规定，擅自移动或者破坏保护区的界碑、标志物和保护设施的，由保护区管理机构责令改正，可处二百元以上二千元以下罚款；情节严重的，处二千元以上五千元以下罚款。

第二十三条 违反本条例第十六条第三款规定，在保护区内采集野生水仙花、挖礁捡拾鸟蛋、捕捉鸟类、在野外燃烧废弃物的，由保护区管理机构责令停止违法行为，赔偿损失，没收非法所得，可并处三百元以上二千元以下罚款；情节严重的，并处二千元以上一万元以下罚款。

第二十四条 本条例具体应用中的问题，由省海洋管理部门负责解释。

附录3　南麂列岛国家级海洋自然保护区相关文献资料目录

附录3-1　著作

序号	出版时间	名称	出版单位	作者
1	2018年10月	南麂列岛海洋自然保护区浅海生态环境与渔业资源	科学出版社	俞存根、蔡厚才、刘录三、林岿璇等著
2	2014年3月	话说温州海洋	上海社会科学院出版社	蔡厚才、彭欣、陈献稿、陈万东等编著
3	2013年6月	走读南麂——碧海仙山南麂列岛风物人文解说	中国美术学院出版社	方明晓主编，陈宗禹、蔡厚才副主编
4	2011年9月	中国南部沿海生物多样性管理项目成果报告系列丛书——基于海岛管理的南麂列岛生物多样性保护实践与经验	海洋出版社	俞永跃主编
5	2011年4月	走进贝藻王国	上海人民美术出版社	蔡厚才、彭欣等编著
6	2010年5月	少儿海洋科普绘画作品选	海洋出版社	张占海主编
7	2009年9月	诗意南麂	中国文学艺术出版社	任泽健主编，余燕双、赵昌理副主编
8	2008年8月	贝藻类的故乡——南麂列岛，见：高中语文读本（必修五）（浙江省教育厅教研室编）5-8页	浙江文艺出版社	蔡厚才
9	2007年12月	苍南县海洋与渔业志	海洋出版社	苍南县海洋与渔业局、苍南县渔民协会、苍南县水产学会
10	2006年9月	孙建璋贝藻类文选	海洋出版社	孙建璋
11	2006年12月	抗风浪深水网箱养殖实用技术	海洋出版社	杨星星、吴树敬、蔡厚才、李昌达、吴琼瑜、王陈编著
12	2003年4月	浙江南麂列岛自然保护区，见：中国国家级自然保护区（王恺主编）393-407页	安徽科学技术出版社	曹光招、蔡厚才撰稿
13	2003年3月	蓝色牧场——南麂岛	上海人民美术出版社	杨奔、林勇编著
14	2000年8月	南麂列岛海滨生物实习指导	海洋出版社	孙建璋、王友松、余海编著

续附录 3-1

序号	出版时间	名称	出版单位	作者
15	1999 年 2 月	鱼类行为学	台湾水产出版社	何大仁、蔡厚才编著
16	1998 年 6 月	浙江海岛志	高等教育出版社	周航主编，国守华、冯志高副主编
17	1998 年 3 月	鱼类行为学	厦门大学出版社	何大仁、蔡厚才编著
18	1995 年 12 月	浙江海岛资源综合调查与研究	浙江科学技术出版社	浙江省海岛资源综合调查领导小组、《浙江海岛资源综合调查与研究》编委会编
19	1994 年 4 月	南麂列岛自然保护区综合考察文集	中国环境科学出版社	浙江省环境保护局
20	1993 年 12 月	贝藻王国——南麂列岛自然保护区，见：国家级自然保护区概况（胡龙成等主编）64-67 页	武汉测绘科技大学出版社	蔡厚才撰稿
21	1993 年 3 月	东海区海洋站海洋水文气候志	海洋出版社	国家海洋局东海分局
22	1992 年 8 月	南麂列岛国家级海洋自然保护区论文选（一）	海洋出版社	浙江省海洋管理局
23	1992 年 12 月	苍南县渔业志	江西人民出版社	苍南县水产局、苍南县渔民协会、苍南县水产学会编
24	1988 年 8 月	浙江省海岸带和海涂资源综合调查报告	海洋出版社	浙江省海岸带和海涂资源综合调查领导小组办公室、浙江省海岸带和海涂资源综合调查报告编写委员会编
25	1983 年 6 月	浙江海藻原色图谱	浙江科学技术出版社	浙江省水产厅、上海自然博物馆主编
26	1981 年 2 月	全国海岸带和海涂资源综合调查温州试点区报告文集	华东师范大学出版社	全国海岸带和海涂资源综合调查温州试点工作队

附录 3-2　学术论文

序号	作者	论文题目	刊物名称及卷期	页码	发表时间
1	郭敬，李尚鲁，李婷	南麂岛重现期波高空间分布特征分析	《海洋预报》第 37 卷第 5 期	86–94	2020 年
2	宋小含，孙忠民，胡自民，段德麟	中国近海外来囊藻（*Colpomenia peregrina*）种群遗传多样性研究	《海洋科学》第 44 卷第 1 期	89–96	2020 年
3	陈彦伟，姜晶晶，丁兰平，黄冰心，陈万东，林利	浙江南麂列岛有节珊瑚藻（红藻门 Rhodophyta）的分类研究	《海洋与湖沼》第 51 卷第 1 期	163–175	2020 年
4	林秋莲，顾肖璇，陈昕韡，郭旭东，蔡立哲，林利，陈万东，董滢，冯虹毓，蔡厚才，郑陈娟，陈鹭真	红树植物秋茄替代互花米草的生态修复评估——以浙江温州为例	《生态学杂志》第 39 卷第 6 期	1 761–1 768	2020 年
5	李森，蔡厚才，陈万东，林利，倪孝品，伍尔魏，曾贵侯，唐剑武，李香兰	海岸带生态恢复区不同林龄红树林对 CH_4 和 CO_2 排放通量的影响	《生态环境学报》第 29 卷第 12 期	2 414–2 422	2020 年
6	朱弘，蔡厚才，李涌福，陈万东，陈林，伊贤贵，李蒙，段一凡，王贤荣	中国东部沿海水仙归化群体的遗传多样性	《热带亚热带植物学报》第 27 卷第 6 期	669– 676	2019 年
7	Xu Peng，Zhang Shouyu，Cai Houcai，Chen Wandong，Huang Hong，Liu Changgen	Characteristics of vertical mixing in a sea-cage farm and its environmental influences in a strong tide system：A case study in the Nanji Archipelago，East China Sea	Aquaculture，512	1–8	2019 年
8	李森，冀明，蔡厚才，陈万东，倪孝品，林利，曾贵侯，伍尔魏，李香兰	全球变暖归因与停滞问题研究综述	《气候变化研究快报》第 8 卷第 4 期	421–431	2019 年
9	朱淑霞，蔡厚才，朱弘，陈林，段一凡，陈万东，董鹏，彭智奇，潘婷婷，王贤荣	浙江南麂列岛外来入侵植物调查及其入侵性分析	《北华大学学报（自然科学版）》第 20 卷第 6 期	800–805	2019 年
10	伍尔魏，俞存根，蔡厚才，陈万东，曾贵侯，林利，倪孝品	浙江玉环披山岩礁潮间带大型底栖藻类空间分布及多样性研究	《浙江海洋大学学报（自然科学版）》第 38 卷第 3 期	210–216	2019 年
11	王莹，李怡，萧云朴，陈舜，蔡厚才，宋伟华	基于层次分析法的南麂列岛海域人工鱼礁社会效果评价	《海洋开发与管理》第 2 期	40–44	2019 年

续附录 3-2

序号	作者	论文题目	刊物名称及卷期	页码	发表时间
12	Li Y, Nagumo T, Xu K	Morphology and molecular phylogeny of *Pleurosira nanjiensis* sp. nov., a new marine benthic diatom from the Nanji Islands, China	Acta Oceanologica Sinica, 37（10）	33-39	2018 年
13	Shi Benze, Xu Kuidong	Two rapacious nematodes in intertidal sediment: *Gammanema magnum* sp. nov. and *Synonchium caudituba-tum* sp. nov.（Nematoda, Selachinematidae）	European Journal of Taxonomy, 405	1-17	2018 年
14	Shi Benze, Xu Kuidong	Morphological and molecular characterizations of *Africanema multipapillatum* sp. nov.（Nematoda, Enoplida）in intertidal sediment from the East China Sea	Marine Biodiversity, 48	281-288	2018 年
15	徐鹏，黄菊，蔡厚才，陈万东，章守宇	南麂列岛养殖功能海域秋季潮致混合特征及其对营养盐浓度的影响	《海洋与湖沼》第 49 卷第 1 期	17-23	2018 年
16	毕耜瑶，许永久，俞存根，蔡厚才，陈万东，夏陆军，谢旭	南麂列岛海洋自然保护区岩相潮间带软体动物种类组成与数量分布	《水产学报》第 42 卷第 6 期	902-911	2018 年
17	苏永政，林利，杨欣欣，蔡春尔，何培民，贾睿	凹顶藻属海藻化学成分及生物活性最新研究进展	《中国海洋药物》第 3 期	66-76	2018 年
18	薛彬，李铁军，梁君，徐菲菲，杜素艳	温州南麂岛海域大黄鱼养殖基地水文动力特征研究	《南方农业》第 12 卷第 29 期	168-170	2018 年
19	Shi Benze, Xu Kuidong	*Spirobolbolaimus undulata* sp. nov. from intertidal sediment in the East China Sea, with transfer of two Microlaimus species to Molgolaimus（Nematoda: Desmodorida）	Journal of the Marine Biological Association of the United Kingdom, 97（6）	1 335-1 342	2017 年
20	Li Y, Chen X, Sun Z, Xu K	Taxonomy and molecular phylogeny of three marin benthic species of *Haslea*（Bacillariophyceae）, with transfer of two species to *Navicula*	Diatom Research, 32（4）	451-463	2017 年

续附录 3-2

序号	作者	论文题目	刊物名称及卷期	页码	发表时间
21	谢旭，俞存根，蔡厚才，郑基，陈万东，伍尔魏，夏陆军，毕耜瑶	南麂列岛海域蟹类群落结构及其与环境因子的关系	《海洋学报》第 39 卷第 10 期	65-77	2017 年
22	李怡，叶修富，马家志，陈舜，萧云朴，蔡厚才，宋伟华	大潮差下浅海养殖围网防纠缠技术试验研究	《渔业现代化》第 44 卷第 4 期	44-49	2017 年
23	朱弘，蔡厚才，尤禄祥，伊贤贵，杨国栋，段一凡，陈万东，王贤荣	浙江南麂列岛大檑山屿水仙自然居群的物种多样性、环境解释及空间分布格局分析	《植物资源与环境学报》第 26 卷第 3 期	100-108	2017 年
24	陈万东，伍尔魏，蔡厚才，倪孝品，俞存根，林利，曾贵候	浙江玉环披山岩礁潮间带贝类种类数量组成与生态特征	《浙江海洋大学学报（自然科学版）》第 36 卷第 1 期	1-8	2017 年
25	谢旭，俞存根，蔡厚才，郑基，陈万东，伍尔魏，夏陆军，毕耜瑶	南麂列岛浅海区鱼种组成、分布与环境因子的关系	《广东海洋大学学报》第 37 卷第 4 期	46-54	2017 年
26	杨承虎，蔡景波，张鹏，陈万东，南春容	南麂列岛大型海藻重金属元素含量特征分析	《海洋环境科学》第 36 卷第 3 期	372-384	2017 年
27	李宇航，陈万东，蔡厚才，孙忠民，徐奎栋	南麂列岛砂质潮间带底栖硅藻多样性与群落结构的时空变化	《生物多样性》第 25 卷第 9 期	981-989	2017 年
28	戎建涛，朱弘，库伟鹏，黄瑛，王艳英，胡寒梅	浙江南麂岛主要森林植被群落学特征研究	《西北林学院学报》第 32 卷第 2 期	294-300	2017 年
29	朱勇，陈良周	海底地形测量技术在南麂列岛生态浮标选址中的应用	《城市勘测》第 4 期	130-133	2017 年
30	Shi Benze，Xu Kuidong	Four new species of *Epacanthion* Wieser，1953（Thoracostomopsidae，Nematoda）from intertidal sediment of the East China Sea	Zootaxa，4085（4）	557-574	2016 年
31	Shi Benze，Xu Kuidong	*Paroctonchus nanjiensis* gen. nov. sp. nov.（Nematoda，Enoplida，Oncholaimidae）from intertidal sediment in the East China Sea	Zootaxa，4126（1）	97-106	2016 年

续附录 3-2

序号	作者	论文题目	刊物名称及卷期	页码	发表时间
32	汤雁宾，寥一波，寿鹿，曾江宁，高爱根，陈全震	南麂列岛潮间带大型底栖动物群落优势种生态位	《生态学报》第 36 卷第 2 期	489-498	2016 年
33	陈旭淼，陈万东，蔡厚才，徐奎栋	南麂列岛火焜岙潮间带底栖纤毛虫物种多样性和群落时空分布	《海洋科学》第 40 卷第 12 期	82-93	2016 年
34	毕耜瑶，蔡厚才，陈万东，林利，俞存根，夏陆军，Cheikh Sarr，谢旭	南麂岛潮间带软体动物多样性与群落结构	《渔业研究》第 8 卷第 2 期	102-111	2016 年
35	毕耜瑶，蔡厚才，陈万东，伍尔魏，俞存根，夏陆军，谢旭	南麂岛岩礁潮间软体动物种类数量变化及其演替	《渔业现代化》第 43 卷第 3 期	65-73	2016 年
36	王瑜，刘录三，林岿璇，蔡文倩，朱延忠，夏阳	南麂列岛海域春秋季网采浮游植物群落结构特征	《广西科学》第 23 卷第 4 期	317-324	2016 年
37	尤胜炮，高寒，雷向东，萧云朴，顾海峰，佟蒙蒙	南麂列岛海域沉积物中甲藻孢囊的多样性和分布	《海洋与湖沼》第 47 卷第 2 期	460-467	2016 年
38	林顺利，水柏年，尤胜炮，雷友万，付声景，吴春金	2014 年夏季南麂列岛海域甲藻孢囊的分布研究	《浙江海洋学院学报（自然科学版）》第 35 卷第 2 期	99-104	2016 年
39	潘晓东，林顺利，姚玉娟，周浩，韩小燕	南麂海域灾害性海浪分布特征	《中国水运（下半月）》第 12 期	160-162	2016 年
40	夏陆军，陈万东，郑基，，蔡厚才，伍尔魏，毕耜瑶，谢旭，俞存根	南麂列岛海洋自然保护区的虾类种类组成和数量分布	《中国水产科学》第 23 卷第 3 期	648-660	2016 年
41	夏陆军，俞存根，蔡厚才，郑基，陈万东，伍尔魏，毕耜瑶，谢旭，郭小雨	南麂列岛海洋自然保护区虾类群落结构及其多样性	《海洋学报》第 38 卷第 2 期	73-83	2016 年
42	姚启学，宋伟华，蔡厚才，王飞	基于 ArcGIS 的南麂列岛潮间带大型底栖藻类研究	《安徽农业科学》第 44 卷第 18 期	11-15，61	2016 年
43	胡成业，杜肖，水玉跃，水柏年	浙江 6 个列岛潮间带大型底栖动物分类多样性	《中国水产科学》第 23 卷第 2 期	458-468	2016 年
44	Li Y，Suzuki H，Nagumo T，Tanaka J，Sun Z，Xu K	Fallacia decussata，sp. nov.：a new marine benthic diatom（Bacillariophyceae）from Northeast Asia	Phytotaxa，224（3）	258-266	2015 年
45	杨欣欣，谈吉，蔡厚才，蔡春尔，何培民，贾睿	中国东海冈村凹顶藻的化学成分及其生物活性研究	《中国海洋药物》第 34 卷第 6 期	28-34	2015 年
46	朱弘，库伟鹏，戎建涛，项佳娥	浙江南麂岛陆生维管束植物多样性及区系特征	《植物分类与资源学报》第 37 卷第 6 期	713-720	2015 年

续附录 3-2

序号	作者	论文题目	刊物名称及卷期	页码	发表时间
47	江涛，徐轶肖，李扬，齐雨藻，江天久，吴锋，张帆	Dinophysis caudata generated lipophilic shellfish toxins in bivalves from the Nanji Islands, East China Sea	《中国海洋湖沼学报（英文版）》第 1 期	130-139	2014 年
48	田淑娴，陈万东，林利，蔡厚才，宋伟华	繁殖期半叶马尾藻中国变种的形态结构观察	《海洋渔业》第 36 卷第 2 期	107-115	2014 年
49	杨振雄，毛阳丽，宋娜，高天翔，蔡厚才，张朝晖	浙江和福建沿海厚壳贻贝 *Mytilus coruscus* 群体的 COI 序列比较分析	《海洋湖沼通报》第 2 期	82-88	2014 年
50	汤雁滨，高爱根，廖一波，寿鹿，曾江宁，陈全震	南麂列岛岩相潮间带多毛类生态初步研究	《海洋科学》第 38 卷第 2 期	53-62	2014 年
51	汤雁滨，廖一波，寿鹿，曾江宁，高爱根，陈全震，孙庆海	珊瑚藻类对南麂列岛潮间带底栖生物群落多样性的影响	《生物多样性》第 22 卷第 5 期	640-648	2014 年
52	萧云朴，陈舜，伍德瀛，陈羿，李定海	养殖水层对浙江南麂海区虾夷扇贝生长的影响	《水产养殖》第 35 卷第 1 期	48-54	2014 年
53	陈献稿，蔡厚才，陈舜	平阳县渔业产业现状及其发展对策	《温州农业科技》第 4 期	24-26，29	2014 年
54	南春容，王铁杆，张鹏，张立宁	南麂列岛铜藻氮磷吸收特征研究	《上海海洋大学学报》第 5 期	706-711	2014 年
55	包楠欧，史定刚，关万春，孙敏，张鹏，彭欣，王铁杆，陈少波，仇建标	CO_2 及光强对南麂列岛铜藻生长的影响	《浙江农业学报》第 3 期	649-655	2014 年
56	Cai Houcai, Yi Zhijun	Transition to Green Economy at Nanji Islands Biosphere Reserve//Sustainable Management in Island and Coastal Biosphere Reserves	3rd Meeting of the World Network of Island and Coastal Biosphere Reserves, Hiiumaa and Saaremaa Islands, Estonia, 4-6 June 2013	51-56	2013 年
57	晁文春，何贤保，苗振清，俞存根，蔡厚才，章飞军	春夏季南麂列岛海域甲壳类种类组成及分布特征	《浙江海洋学院学报（自然科学版）》第 32 卷第 3 期	214-224	2013 年
58	何贤保，章飞军，林利，陈万东，蔡厚才，俞存根	南麂列岛岛礁区域鱼类种类组成和数量分布	《海洋与湖沼》第 44 卷第 2 期	453-460	2013 年
59	萧云朴，吴加将，杨传爱，杨志杰	2 种规格斜带髭鲷形态性状对体质量影响的相关分析	《现代农业科技》第 1 期	242-244，248	2013 年

续附录 3-2

序号	作者	论文题目	刊物名称及卷期	页码	发表时间
60	石晓勇，李鸿妹，王颢，王丽莎，张传松	夏季台湾暖流的水文化学特性及其对东海赤潮高发区影响的初步探讨	《海洋与湖沼》第 44 卷第 5 期	1 208-1 215	2013 年
61	赵淑江，李书平，刘辉辉，赵倩，王杰优，闫茂仓	Screening of marine fungus from Nanji Island and activity of their metabolites against pathogenic *Vibrio* from *Pseudosciaena crocea*	《中国海洋湖沼学报（英文版）》第 5 期	746-756	2012 年
62	曾定勇，倪晓波，黄大吉	南麂岛附近海域潮汐和潮流的特征	《海洋学报》第 34 卷第 3 期	1-10	2012 年
63	曾定勇，倪晓波，黄大吉	冬季浙闽沿岸流与台湾暖流在浙南海域的时空变化	《中国科学：地球科学》第 42 卷第 7 期	1 123-1 134	2012 年
64	彭欣，叶属峰，杨建毅，杨加波，陈少波，王宁	基于海岛管理的南麂列岛生物多样性保护实践与经验	《海洋开发与管理》第 5 期	93-100	2012 年
65	江茜，刘东，杨加波，严鹏程，黄可新，林文翰	鼠尾藻的化学成分研究	《中国药学杂志》第 12 期	948-952	2012 年
66	高华亭，宋伟华	在南麂列岛海域建设海洋牧场的意义和建议	《河北水产》第 3 期（总第 219 期）	44-46	2012 年
67	高华亭，宋伟华	在南麂列岛海域建设海洋牧场的可行性分析	《水产科技情报》第 39 卷第 4 期	211-213	2012 年
68	吕锋骅，韩洁，林肖璇，陈万东	等边浅蛤（*Gomphina aequilatera*）核糖体 DNA 第一内转录间隔区序列的特征分析	《北京师范大学学报（自然科学版）》第 47 卷第 4 期	398-404	2011 年
69	Han Jie，Lv Fenghua，Cai Houcai	Detection of species-specific long VNTRs in mitochondrial control region and their application to identifying sympatric Hong Kong grouper（*Epinephelus akaara*）and yellow grouper（*Epinephelus awoara*）	Molecular Ecology Resources，(11)	215-218	2011 年
70	傅财华，蒋霞敏，毛欣欣，许存宾	南麂列岛大柴屿潮间带底栖海藻分布特征	《宁波大学学报（理工版）》第 24 卷第 2 期	25-30	2011 年
71	叶卫富，吴佳兴，马家志，蔡厚才，黄六一，胡夫祥，宋伟华	浅海浮绳式围网设施应用研究	《渔业现代化》第 38 卷第 5 期	7-11	2011 年
72	李书平，刘辉辉，吕凤麟，李劲松，刘佳明，赵淑江	南麂岛海洋沉积物抑菌真菌的筛选及其代谢产物特性的初步研究	《海洋科学》第 35 卷第 2 期	58-63	2011 年

续附录 3-2

序号	作者	论文题目	刊物名称及卷期	页码	发表时间
73	彭欣，谢起浪，李尚鲁，陈少波，仇建标，周志明	浙南潮间带大型底栖藻类时空分布及多样性研究	《热带海洋学报》第 29 卷第 3 期	135-140	2010 年
74	吕锋骅，韩洁，董颖，蔡厚才	中国南方海域 4 种石斑鱼的遗传多样性及分子系统发生关系的微卫星分析	《动物学杂志》第 45 卷第 6 期	9-18	2010 年
75	毛阳丽，蔡厚才，李成久，高天翔	基于线粒体 COI 与 16S rRNA 基因序列探讨贻贝属的系统发育	《南方水产》第 6 卷第 5 期	27-36	2010 年
76	孙建璋，庄定根，杨加波，陈万东，王铁杆，逄少军	南麂列岛铜藻增殖技术的初步研究	《现代渔业信息》第 25 卷第 1 期	23-27	2010 年
77	李杨，李欢，吕颂辉，江天久，萧云朴，陈舜	南麂列岛海洋自然保护区浮游植物的种类多样性及其生态分布	《水生生物学报》第 34 卷第 3 期	618-828	2010 年
78	赵淑江，刘健，杨星星，王海雁，闫茂仓，陈坚	南麂岛海洋沉积物中抗大黄鱼（*Pseudosciaena crocea*）致病弧菌的放线菌分离和筛选研究	《海洋与湖沼》第 41 卷第 4 期	571-576	2010 年
79	王海雁，刘健，赵淑江	南麂岛海域沉积物中海洋放线菌的分离研究	《海洋科学》第 34 卷第 1 期	48-51	2010 年
80	吴锋，江天久，张帆，江涛	浙江南麂海域双壳贝类的腹泻性贝毒分析	《海洋环境科学》第 29 卷第 4 期	492-495	2010 年
81	张晓辉，周燕，张成，余俊，卢毅军	南麂列岛海洋自然保护区浮游植物生态研究	《海洋科学》第 33 卷第 9 期	16-19，75	2009 年
82	李扬，吕颂辉，江天久，李欢，萧云朴，尤胜炮	2006 年春夏期间浙江南麂海域浮游植物群落结构特征	《亚热带植物科学》第 38 卷第 1 期	1-6	2009 年
83	陈舜，李扬，李欢，吕颂辉，江天久，萧云朴，尤胜炮，伍德瀛	南麂列岛海域浮游植物的群落结构研究	《海洋环境科学》第 28 卷第 2 期	170-175	2009 年
84	萧云朴，李扬，李欢，吕颂辉，江天久，尤胜炮	南麂列岛海域硅藻和甲藻群落的分布特征	《华南师范大学学报（自然科学版）》第 2 期	100-105	2009 年
85	萧云朴，李扬，李欢，吕颂辉，江天久，陈舜	温州南麂列岛海域硅藻、甲藻群落变化与环境因子的关系	《海洋环境科学》第 28 卷第 2 期	167-169，201	2009 年

续附录 3-2

序号	作者	论文题目	刊物名称及卷期	页码	发表时间
86	李扬，吕颂辉，江天久，李欢，萧云朴，尤胜炮	浙江南麂海域塔玛亚历山大藻种群动态及其与环境因子的关系	《应用生态学报》第 4 期	916–922	2009 年
87	李扬，吕颂辉，江天久，李欢，萧云朴，尤胜炮	南麂列岛海域原甲藻种群动态及环境影响因子分析	《水生生物学报》第 33 卷第 2 期	236–245	2009 年
88	李扬，吕颂辉，江天久，李欢，萧云朴，尤胜炮	浙江南麂列岛海域氮、磷营养盐季节动态及其环境影响因子分析	《海洋通报》第 38 卷第 4 期	74–80	2009 年
89	蔡厚才，庄定根，叶鹏，林利	真蛸低位坑道水泥池养殖试验	《浙江海洋学院学报（自然科学版）》第 28 卷第 2 期	165–169	2009 年
90	蔡厚才，庄定根，叶鹏，林利	真蛸亲体培育、产卵及孵化试验	《海洋渔业》第 31 卷第 1 期	58–65	2009 年
91	宋利明，张禹，吕凯凯，蔡厚才，王敏法，贾涛	网箱养殖大黄鱼柔性分级装置设计与试验	《浙江海洋学院学报（自然科学版）》第 28 卷第 2 期	170–175、182	2009 年
92	萧云朴，陈舜，伍德瀛	浙南海区牙鲆 *Paralichthys olivaceus*（Temminck et Schlegel）网箱养殖试验报告	《现代渔业信息》第 24 卷第 1 期	25–27	2009 年
93	萧云朴，陈舜，伍德瀛，李定海	养殖密度对虾夷扇贝在浙江南麂海区生长的影响	《南方水产》第 5 期	1–7	2009 年
94	彭欣，谢起浪，陈少波，黄晓林，仇建标，仲伟，陈万东	南麂列岛潮间带底栖生物时空分布及其对人类活动的响应	《海洋与湖沼》第 40 卷第 5 期	584–589	2009 年
95	张鑫，张绍文	南麂列岛国家级海洋自然保护区生态补偿机制分析	《管理观察》第 18 期	228–230	2009 年
96	陈舜，佟蒙蒙，江天久，萧云朴	赤潮灾害对水产养殖业损失的分级评估	《水产学报》第 33 卷第 4 期	610–616	2009 年
97	孙建璋，庄定根，孙庆海，逢少军	铜藻人工栽培的初步研究	《南方水产》第 6 期	41–46	2009 年
98	孙建璋，庄定根，王铁杆，杨加波，陈万东	南麂列岛铜藻场建设设计与初步实施	《现代渔业信息》第 24 卷第 7 期	25–28	2009 年
99	孙建璋，庄定根，王铁杆，陈万东，杨加波	南麂列岛铜藻的研究	《现代渔业信息》第 24 卷第 5 期	19–21	2009 年
100	张芬耀，陈锋，谢文远，李根有	浙江省 2 种新记录植物	《西北植物学报》第 29 卷第 9 期	1 917–1 919	2009 年

续附录 3-2

序号	作者	论文题目	刊物名称及卷期	页码	发表时间
101	纪焕红，叶属峰，刘星，洪君超	南麂列岛海域浮游植物生态特征及甲藻赤潮频发原因	《海洋科学进展》第 26 卷第 2 期	234-242	2008 年
102	周年兴，林振山，黄震方，程春旺	南麂列岛旅游生态足迹与生态效用研究	《地理科学》第 28 卷第 4 期	571-577	2008 年
103	董颖，韩洁，蔡厚才	对赤点石斑鱼多态性微卫星位点的跨种扩增和特征分析	《北京师范大学学报（自然科学版）》第 44 卷 5 期	511-514	2008 年
104	高爱根，曾江宁，徐晓群，寿鹿，廖一波，陈全震，胡锡钢，杨俊毅	南麂列岛大沙岙沙滩贝类的时空分布	《海洋学研究》第 26 卷第 2 期	13-19	2008 年
105	孙建璋，庄定根	南麂海藻资源状况堪忧	《现代渔业信息》第 12 期	30-31	2008 年
106	郑海羽，饶道专，陈高峰，孙建璋	保护性开发南麂列岛铜藻 *Sargassaum horneri* (Tum.) Ag. 资源的思考	《现代渔业信息》第 10 期	25-26	2008 年
107	孙建璋，陈万东，庄定根，郑海羽，林利，逄少军	中国南麂列岛铜藻 *Sargassum horned* 实地生态学的初步研究	《南方水产》第 4 卷第 3 期	58-63	2008 年
108	孙建璋，庄定根，陈万东，郑海羽，林利，逄少军	铜藻 *Sargassum horned* 繁殖生物学及种苗培育研究	《南方水产》第 4 卷第 2 期	6-14	2008 年
109	孙建璋，王孟兴，褚长建	南麂列岛紫海胆 *Anthocidaris crassispina* (A. Agaassiz) 生物学及增养殖技术研究	《现代渔业信息》第 23 卷第 11 期	24-27	2008 年
110	陈舜，萧云朴，伍德瀛，李定海	褐菖鲉网箱养殖试验初报	《海洋科学》第 32 卷第 8 期	5-8，33	2008 年
111	吕永林，李凯，蔡继晗，杨昌斌，林玲，沈奇宇	南麂海区养殖贝类的附着生物及其防除研究	《浙江海洋学院学报（自然科学版）》第 27 卷第 2 期	128-134	2008 年
112	黄辉	海岛型旅游目的地环境容量计算——以南麂列岛为例	《安徽农业科学》第 35 卷第 32 期	10 433-10 434	2007 年
113	高爱根，曾江宁，陈全震，胡锡钢，杨俊毅，廖一波，寿鹿，徐晓群，刘晶晶，江志兵，董永庭，胡月妹	南麂列岛海洋自然保护区潮间带贝类资源时空分布	《海洋学报》第 29 卷第 2 期	105-111	2007 年

续附录 3-2

序号	作者	论文题目	刊物名称及卷期	页码	发表时间
114	方金，宋利明，蔡厚才，张禹，叶鹏	网箱养殖大黄鱼对颜色和光强的行为反应	《上海水产学院学报》第 16 卷第 3 期	269-274	2007 年
115	蔡厚才，庄定根，叶鹏，付化表，王银娟	浙江南麂岛真蛸网箱和水泥池养殖试验	《南方水产》第 3 卷第 2 期	66-70	2007 年
116	纪焕红，叶属峰，刘星，洪君超	南麂列岛海洋自然保护区浮游动物丰度和生物量的时空分布	《海洋通报》第 26 卷第 1 期	55-60，88	2007 年
117	严俊，丁骏，卢美，车助美	南麂大沙岙海水浴场预报总结	《海洋预报》第 24 卷第 2 期	98-106	2007 年
118	谢文玲，陈长平，高亚辉	台湾海峡中北部至南麂列岛海域 2005 年冬季硅藻群落结构特征	《台湾海峡》第 3 期	370-379	2007 年
119	王宗平，邵玉梅，李东生，熊福荣，刘振山	温州南麂水厂工艺设计	《给水排水》第 33 卷增刊	219-221	2007 年
120	纪焕红，叶属峰，刘星，洪君超	南麂列岛海洋自然保护区浮游动物的物种组成及其多样性	《生物多样性》第 14 卷第 3 期	206-215	2006 年
121	张晓辉，周燕，龙华，杨元利，黄家庆，余俊，张成	南麂列岛海洋保护区浮游动物调查	《动物学杂志》第 4 期	83-86	2006 年
122	宋利明，张禹，周应祺，蔡厚才，方金，叶鹏	网箱养殖大黄鱼两种间距分级栅分级效果的比较	《水产学报》第 30 卷第 6 期	785-790	2006 年
123	叶鹏，蔡厚才，许明海，庄定根，付化表	不同培育方式对赤点石斑鱼成熟、产卵和孵化的影响	《海洋渔业》第 28 卷第 3 期	201-205	2006 年
124	许明海，庄定根，蔡厚才，叶鹏，陈兰涛	南麂海区方斑东风螺养殖初步试验	《浙江海洋学院学报（自然科学版）》第 25 卷第 3 期	258-261，265	2006 年
125	叶鹏，蔡厚才，庄定根，付化表，许明海	南麂海区野生贝类增养殖种类初步筛选	《渔业现代化》第 4 期	26-28	2006 年
126	高爱根，陈全震，曾江宁	人类活动对南麂列岛海洋自然保护区的影响分析	《海洋开发与管理》第 23 卷第 5 期	112-115	2006 年
127	孙建璋，余海，陈万东，江晓鸥	浙江底栖海藻记录	《浙江海洋学院学报（自然科学版）》第 25 卷第 3 期	312-321	2006 年
128	敖成齐，周宗雷，徐福珍，吕益	浙江温州地区的海产大型藻类	《国土与自然资源研究》第 3 期	84-86	2006 年

续附录 3-2

序号	作者	论文题目	刊物名称及卷期	页码	发表时间
129	刘星，叶属峰，尤胜炮	南麂列岛国家级海洋自然保护区的旅游价值评估	《海洋开发与管理》第 5 期	133-135	2006 年
130	栾日孝，栾淑君	中国红质藻科（Erythropeltidaceae）5 个新记录种	《湛江海洋大学学报》第 25 卷第 6 期	1-4	2005 年
131	王金辉，秦玉涛，李志恩，黄秀清，陈雷，雷友万，徐良国，尤胜炮	南麂列岛自然保护区海域红色裸甲藻赤潮及其成因分析	《海洋科学》第 29 卷第 2 期	32-36	2005 年
132	姚炜民，卢益炳	浙江中、南海域的赤潮和赤潮生物	《温州师范学院学报（自然科学版）》第 5 期	59-62	2005 年
133	蔡厚才，叶鹏	浙江南麂岛深水网箱规模化养殖产业开发示范	《渔业现代化》第 2 期	40-41	2005 年
134	陈兰涛	人工渔礁建设的一个新方向——球渔礁	《现代渔业信息》第 3 期	18-21	2005 年
135	项斯端	中国多管藻属及新管藻属的研究	《浙江大学学报（理学版）》第 31 卷第 1 期	88-97	2004 年
136	蔡厚才，叶鹏，谢秉笑，蔡开宽，金杨德	南麂海区真鲷深水网箱养殖技术研究	《浙江海洋学院学报（自然科学版）》第 23 卷第 4 期	347-350，377	2004 年
137	蔡厚才，叶鹏	南麂海区深水网箱适养鱼种初步筛选	《渔业现代化》第 5 期	22-23	2004 年
138	高爱根	南麂列岛国家级海洋自然保护区贝类新记录	《东海海洋》第 22 卷第 3 期	68	2004 年
139	张华国，周长宝，黄韦艮，滕骏华，厉冬玲，肖清梅	南麂列岛海洋自然保护区信息系统开发与应用	《地球信息科学》第 6 卷第 3 期	51-56	2004 年
140	施青松，周青松，张健，魏琳瑛	南麂列岛附近海域潮间带水环境质量现状评价与分析	《东海海洋》第 22 卷第 4 期	51-57	2004 年
141	林岿璇，张志南，韩洁	南麂列岛海洋自然保护区潮间带小型生物初步研究	《青岛海洋大学学报》第 33 卷第 2 期	219-225	2003 年
142	孙建璋，王孟兴，褚长建	“蓬莱红”栉孔扇贝养殖试验	《渔业现代化》第 4 期	18-19	2003 年
143	项斯端，阮积惠	浙江底栖海藻及其区系分析	《浙江大学学报（理学版）》第 29 卷第 5 期	548-557	2002 年
144	周长宝，黄韦艮，张华国，厉冬玲，肖清梅，傅斌，杨劲松，史爱琴，楼秀林	南麂列岛海洋自然保护区海岸要素的 IKONOS 图像地学分析	《地球信息科学》第 4 卷第 4 期	80-85	2002 年

续附录 3-2

序号	作者	论文题目	刊物名称及卷期	页码	发表时间
145	周秋麟，陈宝红，杨圣云	中国东南四个典型海域的生物多样性及保护//中国生物多样性保护与研究进展	《第五届全国生物多样性保护与持续利用研讨会论文集》，北京：气象出版社	269–276	2002 年
146	王少华，孙建璋	开发南麂列岛生态渔业的构想	《中国渔业经济》第 3 期	42–43	2002 年
147	张本，孙建璋	南麂列岛人工鱼礁生态休闲渔业设计与初步实施	《现代渔业信息》第 9 期	3–7	2002 年
148	孙建璋，金杨德，谢炳笑，彭瑞法，陈志炉	南麂岛扇贝两茬养殖试验	《浙江农业科学》第 2 期	93–96	2002 年
149	张永善，刘德庆	浙南岛屿岩相潮间带石鳖的群落结构	《动物学杂志》第 37 卷第 4 期	5–9	2002 年
150	邵志宇，朱大元，郭跃伟	中国东海桂山厚丛柳珊瑚（*Hicksonella guishanensis* Zou）的化学成分研究	《天然产物研究与开发》第 13 卷第 6 期	1–4	2001 年
151	蔡厚才，林肖璇	南麂海洋保护区保护与开发协调发展对策	《海洋环境保护工作通讯》第 1 期	37–41	2001 年
152	蔡厚才，林肖璇	南麂海洋保护区海珍品养殖问题探讨	《现代渔业信息》第 16 卷第 10 期	20–22	2001 年
153	王少华，孙建璋，项新芳，陈志炉	浅海养殖保险（SSCI）理论与实践初探	《中国渔业经济》第 3 期	5–7	2001 年
154	蔡厚才	南麂海区美国红鱼网箱养殖试验	《东海海洋》第 19 卷第 4 期	28–34	2001 年
155	吕永林，蔡继晗，蔡厚才，陈舜	南麂海区美国红鱼网箱养殖试验	《浙江海洋学院学报（自然科学版）》第 20 卷第 2 期	107–111	2001 年
156	张永普，应雪萍，黄象栋，项琦行，冯志燕	浙南岛屿岩相潮间带石鳖的种类组成与数量分布	《动物学杂志》第 36 卷第 3 期	5–9	2001 年
157	周长宝，黄韦艮，厉冬玲，曹光招，蔡厚才	海洋自然保护区遥感监测研究——浙江南麂列岛示范研究	《遥感科技论坛——全国地方遥感应用协会 2000 年年会论文集》	209–211	2000 年
158	陈锡林	浙江海洋药用藻类资源调查研究初报	《浙江中医学院学报》第 24 卷第 2 期	65–68	2000 年
159	赵生校，杨立峰	南麂岛 W/D 系统配置研究	《华东水电技术》第 2 期	32–36	1999 年
160	范雪蓉，刘嘉俊	南麂列岛生态旅游开发研究	《广西师院学报（自然科学版）》第 16 卷第 1 期	8–12	1999 年
161	林龙山，陶康华	南麂列岛贝藻生物的调查	《海洋渔业》第 1 期	20–22	1999 年

续附录 3-2

序号	作者	论文题目	刊物名称及卷期	页码	发表时间
162	孙建璋，李定海，林崇川，张孝忠，金杨德，周立波，苏立其，井子豪，陈小映	栉孔扇贝南移养殖技术研究	《贝类学论文集》Ⅷ辑	107-113	1999 年
163	朱根海，王旭，王春生，高爱根	南麂列岛国家海洋自然保护区微、小型藻类生态研究Ⅰ．种类组成与生态特点	《东海海洋》第 16 卷第 2 期	1-21	1998 年
164	朱根海，王旭，王春生，高爱根	南麂列岛国家海洋自然保护区微、小型藻类生态研究Ⅱ．数量分布	《东海海洋》第 16 卷第 2 期	22-28	1998 年
165	朱根海，王春生，高爱根，王旭	南麂列岛国家海洋自然保护区几种海洋动物胃含物中的微、小型藻类组成分析	《东海海洋》第 16 卷第 2 期	29-40	1998 年
166	王春生，杨关铭，朱根海，何德华	南麂列岛附近海域浮游动物的分布及其与浮游藻类和营养盐的关系	《东海海洋》第 16 卷第 2 期	41-48	1998 年
167	高爱根，董永庭，王慧珍，王永泓	南麂列岛邻近海域贝类生态分布的初步研究	《东海海洋》第 16 卷第 2 期	49-54	1998 年
168	高爱根，杨俊毅，董永庭，李定海，孙建璋	上马鞍岩相潮间带贝类生态初步研究	《东海海洋》第 16 卷第 2 期	55-62	1998 年
169	朱根海	南麂列岛自然保护区药用海藻资源及其应用	《东海海洋》第 16 卷第 2 期	63-68	1998 年
170	王旭，朱根海	南麂列岛潮间带底栖藻类与环境的关系探讨	《环境污染与防治》第 20 卷第 1 期	36-38	1998 年
171	黄树生	南麂海况特征分析	《海洋通报》第 17 卷第 3 期	90-96	1998 年
172	蔡厚才	南麂列岛保护区分级保护管理实践	《海洋自然保护工作通讯》第 4 期	8-11	1998 年
173	曹光招，蔡厚才	发展生态旅游，促进自然保护	《海洋自然保护工作通讯》第 2 期	15-17	1998 年
174	蔡厚才	关于南麂列岛海洋自然保护区科研工作的几点建议	《海洋自然保护工作通讯》第 1 期	7-10	1998 年
175	林克式	大陈、南麂二岛海域浪高与风的相关计算	《海洋预报》第 14 卷第 2 期	64-72	1997 年
176	陈余钊，吴一宏	平阳县南麂列岛植被资源及保护利用的调查研究	《华东森林经理》第 11 卷第 4 期	28-30，49	1997 年
177	孙建璋，方家仲	羊栖菜苗种技术初步研究	《中国海洋药物》第 2 期	39-43	1997 年
178	栾日孝，张淑梅	中国顶丝科新记录Ⅲ	《植物研究》第 17 卷第 4 期	366-370	1997 年
179	栾日孝，任春华，战景旭，徐庆莲	中国顶丝藻科（Acrochaetiaceae）新记录Ⅰ	《植物研究》第 16 卷第 3 期	299-304	1996 年
180	朱根海，陈国通，杨俊毅，王旭	南麂列岛海域微小型底栖藻类生态研究	《东海海洋》第 14 卷第 2 期	26-34	1996 年

续附录 3-2

序号	作者	论文题目	刊物名称及卷期	页码	发表时间
181	许晓哲，许子春，朱根海	南麂自然保护区常见海洋药用动物及其在中医妇科中的应用	《中国海洋药物》第 4 期总 60 期	45–53	1996 年
182	孙建璋，李生尧	羊栖菜 *Sargassum fusiforme*（Harve）Setch 繁殖生物学的初步研究	《浙江水产学院学报》第 15 卷第 4 期	243–249	1996 年
183	孙建璋，李生尧	浙南沿海羊栖菜繁殖生物学的初步研究	《海洋渔业》第 3 期	106–110	1996 年
184	陈余钊，缪雄伟，施德法	南麂列岛风景区绿化规划设想	《华东森林经理》第 10 卷第 4 期	34–36	1996 年
185	黄树生	南麂海域台风影响过程中的波浪特征	《海洋湖沼通报》第 1 期	1–8	1996 年
186	蔡如星	舟山及南麂海域蔓足类的生态学及生物学研究	《东海海洋》第 13 卷第 1 期	29–38	1995 年
187	徐嵩龄，孙建璋，钟晓东，唐飞，刘芫，曹光招，葛伟华	岛礁型海洋生物保护区（IMPA）的设计与管理：理论与实例研究	《生态学报》第 15 卷第 1 期	95–103	1995 年
188	黄树生	南麂海域大浪与大风的分布关系	《东海海洋》第 13 卷第 1 期	1–9	1995 年
189	黄树生	南麂海域风浪的平均波陡与平均波龄统计分布	《海洋通报》第 4 卷第 2 期	20–28	1995 年
190	黄树生	南麂海域小风区风浪关系式	《海洋湖沼通报》第 2 期	1–6	1995 年
191	丁萍萍	南麂列岛旅游优势与开发设想	《浙江经济》第 10 期	44–46	1995 年
192	黄树生	南麂海域海浪分布基本特征	《海洋通报》第 13 卷第 4 期	10–19	1994 年
193	黄树生	南麂站定常波风浪波高与风速的经验关系	《东海海洋》第 12 卷第 4 期	1–8	1994 年
194	王树渤	中国褐茸藻二新种	《植物分类学报》第 32 卷第 4 期	375–377	1994 年
195	史君贤，陈忠元，胡锡钢	南麂列岛附近海域表层水及沉积物中细菌的丰度及其在环境中的作用	《东海海洋》第 12 卷第 3 期	57–61	1994 年
196	陈国通，杨晓兰，杨俊毅，高爱根	南麂列岛环境质量调查与潮间带生态研究	《东海海洋》第 12 卷第 2 期	1–15	1994 年
197	朱根海，陈国通，杨俊毅	南麂列岛潮间带的微小型底栖藻类	《东海海洋》第 12 卷第 2 期	16–28	1994 年

续附录 3-2

序号	作者	论文题目	刊物名称及卷期	页码	发表时间
198	徐芝敏，蒋加伦，孙建璋	南麂列岛潮间带海藻资源与生态	《东海海洋》第 12 卷第 2 期	29-43	1994 年
199	高爱根，陈国通，杨俊毅，尤仲杰	南麂列岛海洋自然保护区潮间带软体动物生态研究	《东海海洋》第 12 卷第 2 期	44-61	1994 年
200	王永泓，陈国通	南麂岛邻近海域底栖生物群落结构分析	《东海海洋》第 12 卷第 2 期	62-69	1994 年
201	杨晓兰，张健，叶新荣，魏琳瑛	南麂列岛自然保护区潮间带环境质量现状评价	《东海海洋》第 12 卷第 2 期	70-76	1994 年
202	张健，杨晓兰，魏琳瑛	南麂列岛潮间带环境本底调查	《东海海洋》第 12 卷第 2 期	77-83	1994 年
203	熊健，应时理，魏琳瑛	南麂岛水资源环境调查与研究	《东海海洋》第 12 卷第 2 期	84-91	1994 年
204	应时理，熊健，魏琳瑛	南麂列岛土壤环境调查研究	《东海海洋》第 12 卷第 2 期	92-100	1994 年
205	叶新荣，卢冰	南麂列岛海域的油类含量	《东海海洋》第 12 卷第 2 期	101-104	1994 年
206	何大仁，蔡厚才	鲢、草鱼幼鱼对不同形状网目反应的研究	《厦门大学学报（自然科学版）》第 33 卷第 3 期	369-374	1994 年
207	何大仁，蔡厚才	三种淡水幼鱼对带电网片的反应	《厦门大学学报（自然科学版）》第 33 卷第 5 期	701-705	1994 年
208	蔡厚才，吕炜泓，钱小荣，陈志远	鲫鱼在强直流电场中的行为初探	《浙江水产学院学报》第 13 卷第 4 期	282-286	1994 年
209	蔡厚才，池弘福，钱小荣，陈志远，吕炜泓	交流电作用下鲫鱼麻醉、击昏反应的时间特性	《浙江水产学院学报》第 13 卷第 2 期	124-127	1994 年
210	尤仲杰，王一农	南麂列岛岩相潮间带贝类生态学研究	《贝类学论文集（第四辑）》	67-77	1993 年
211	楼曼青，郑秀才，陈裕林，蔡晓青	南麂列岛主要土壤性状及土地资源利用	《浙江农业科学》第 3 期	131-133	1991 年
212	徐爱光	浙江南麂列岛水域水体特征分析	《浙江水产学院学报》第 10 卷第 1 期	16-20	1991 年
213	徐洪科	泥底质海区人工鱼礁的效果	《浙江水产学院学报》第 9 卷第 1 期	35-42	1990 年
214	“海利”轮海事环境影响评价组	“海利”轮海事对南麂渔场环境影响的评价	《海洋渔业》第 1 期	19-26	1990 年
215	尤仲杰，王一农	南麂列岛海产双壳类的补充报道	《浙江水产学院学报》第 8 卷第 1 期	17-28	1989 年
216	徐洪科，俞郇民	浙南沿岸海域石斑鱼资源的变化和增养殖途径的探讨	《东海海洋》第 7 卷第 3 期	40-45	1989 年

续附录 3-2

序号	作者	论文题目	刊物名称及卷期	页码	发表时间
217	徐洪科	浙江南部海域人工鱼礁建设可行性的分析	《浙江水产学院学报》第 8 卷第 1 期	29-39	1989 年
218	翁学传，王从敏	关于台湾暖流水的研究	《青岛海洋大学学报》第 19 卷第 1 期	159-168	1989 年
219	叶德喜	进一步开发建设南麂岛的意见	《海洋渔业》第 2 期	51-54	1988 年
220	徐洪科等	浙南人工渔礁本底调查报告	《浙江海水养殖》第 1 期	31-50	1988 年
221	杭金欣，孙建璋	浙江海藻生态学研究	《考察与研究》第 8 期	16-18	1988 年
222	杭金欣，孙建璋	浙江海藻补充研究 I	《苍南水产科技》第 1 期	12-15	1987 年
223	孙建璋，杭金欣	浙江海藻生态调查水平分布与垂直分布	《苍南水产科技》第 1 期	1-12	1986 年
224	曾呈奎，陆保仁	东海马尾藻一新种——黑叶马尾藻	《海洋与湖沼》第 16 卷第 3 期	169-174	1985 年
225	尤仲杰，李建伟，洪君超	浙江沿海前鳃类软体动物的分布与区系	《浙江水产学院学报》第 4 卷第 1 期	25-34	1985 年
226	尤仲杰，李建伟，洪君超	浙江沿海的双壳类	《浙江水产学院学报》第 4 卷第 2 期	133-144	1985 年
227	郭炳火，林葵，宋万先	夏季东海南部海水流动的若干问题	《海洋学报》第 7 卷第 2 期	143-153	1985 年
228	翁学传，王从敏	台湾暖流水的研究	《海洋科学》第 9 卷第 1 期	7-10	1985 年
229	邬坤夫，孙建璋	浙江药用海藻的调查	《浙南水产科技》第 1 期	48-53	1984 年
230	马利青等	南麂渔场大网渔获物组成的初步调查分析	《苍南水产科技》第 1 期	24-36	1984 年
231	梅永练，马利青	南北麂渔场冬季流隔的特点及其与渔业关系的探讨	《苍南水产科技》第 1 期	52-58	1984 年
232	梅永练	南麂 8—9 月份海水表盐与苍平沿海中国毛虾产量关系	《海洋渔业》第 5 期	198-200	1984 年
233	蔡如星，陈永寿，王复振	浙江南部沿岸（岩相）潮间带生态初步调查	《海洋通报》第 2 卷第 1 期	51-59	1983 年
234	张良兴，黄宗国，李传燕，李福荣，郑成兴	浙江南部沿岸附着生物与钻孔生物Ⅲ. 南麂岛的附着生物与钻孔生物生态	《海洋学报》第 4 卷第 3 期	367-377	1982 年
235	陈心启，吴应祥	中国水仙考	《植物分类学报》第 20 卷第 3 期	371-379	1982 年

续附录 3-2

序号	作者	论文题目	刊物名称及卷期	页码	发表时间
236	陈赛英，王一婷，孙建璋，齐钟彦，马绣同，庄启谦	浙江南麂列岛贝类区系的研究	《动物学报》第 26 卷第 2 期	171-177	1980 年
237	陈赛英，孙建璋	南麂列岛发现栉孔扇贝和美丽珍珠贝	《博物》第 1 期	38-39	1980 年
238	管秉贤	我国台湾及其附近海底地形对黑潮途径的影响	《海洋科学集刊》，14	1-21	1978 年
239	孙建璋，杭金欣	南麂列岛底栖海藻的初步调查	《植物分类学报》第 14 卷第 1 期	51-55	1976 年
240	浙江省平阳县海带养殖场	南麂列岛马尾藻属的初步调查	《浙江农业科学》第 2 期	62-65	1976 年
241	浙江省平阳县海带养殖场	南麂列岛药用海藻的初步调查	《中草药通讯》第 2 期	51-53	1975 年
242	平阳海带养殖场	南麂列岛琼胶藻类的初步调查	《浙江农业科学》第 2 期	53-56，49	1975 年
243	毛汉礼，任允武，万国铭	应用 T-S 关系定量地分析浅海水团的初步研究	《海洋与湖沼》第 6 卷第 1 期	1-22	1964 年
244	孙建璋	南麂列岛紫菜属调查	《浙江农业科学》第 8 期	400-401，395	1961 年
245	王素娟，朱家彦	浙江混水区海带生长和发育的研究报告	《上海水产学院学报》第 1 期	111-145	1960 年
246	秉志，阎敦建（Ping C，Ten T C）	Preliminary notes on the gastropoda shell of Chinese coast	Bull. Fan. Men. Inst. Biol.，3（3）	37-54	1932 年

附录 3-3　科普文章

序号	作者	文章题目	刊物名称及期号	页码	发表时间
1	蒋加伦，陈荣发	海洋贝藻的“自然博物馆”	《文化交流》第 12 期	28–39	1992 年
2	吴树敬	南麂，未来的“蓝色田园”	《中国水产》第 2 期	14	1994 年
3	何麟喜，尹信群	碧海仙山南麂行	《大自然》第 6 期	16–17	1998 年
4	蔡厚才	贝藻类的故乡——南麂列岛	《人与生物圈》第 4 期	28–31	1999 年
5	李士俊	人与自然的最佳结合——世界生物圈保护区南麂岛散记	《文化交流》第 1 期	21–23	2000 年
6	张为群	南麂列岛——“人与生物圈”网中的新成员	《中学地理教学参考》第 12 期	19	2001 年
7	鉴明	碧海仙山——南麂列岛景物记	《海洋世界》第 4 期	43–44	2004 年
8	于顺利，蒋高明	南麂列岛随想	《科学大观园》第 1 期	27	2004 年
9	马伊，姜光树（摄影）	最美的十大海岛第五名——南麂岛：神奇的海上生物园	《中国国家地理》第 10 期	426–430	2005 年
10	鲁斌	“贝藻王国”南麂列岛	《今日浙江》第 13 期	45	2005 年
11	林中柱	南麂被原始的色彩震撼	《风景名胜》第 6 期	78–81	2006 年
12	申屠春炎	寻找温州最美的地方——南麂	《温州瞭望》第 23 期	76–83	2007 年
13	《海洋世界》编辑部	我国在浙江南麂列岛发现造礁石珊瑚	《海洋世界》第 8 期	5	2007 年
14	尤增国	谁让南麂列岛飘满“普罗旺斯”的花香	《浙江林业》第 12 期	27–28	2009 年
15	《人与生物圈》编辑部	浙江南麂列岛	《人与生物圈》第 3 期	70–71	2011 年
16	徐海蛟，蔡榆	南麂列岛——南来北往的海贝在这里相会	《中国国家地理》第 2 期浙江专辑（下）总第 616 期	107	2012 年
17	宋微波	南麂列岛——中国东海岛屿生物多样性的典型代表	《大自然》第 6 期（总第 198 期）	1	2017 年

续附录 3-3

序号	作者	文章题目	刊物名称及期号	页码	发表时间
18	徐奎栋，蔡厚才，史本泽，李宇航，陈旭淼，吴旭文，李阳	南麂列岛海洋生物多样性纵览	《大自然》第 6 期（总第 198 期）	4-9	2017 年
19	蔡厚才	“凌波仙子” 香飘南麂列岛	《大自然》第 6 期（总第 198 期）	10-15	2017 年
20	林利，陈万东	贝藻王国的护航者——南麂列岛的肉食性贝类	《大自然》第 6 期（总第 198 期）	16-19	2017 年
21	徐宁远，陈万东，王少青	黑尾鸥，为环境与物候代言	《大自然》第 6 期（总第 198 期）	17-23	2017 年
22	李阳，徐奎栋	南麂列岛的海中太阳花——海葵	《大自然》第 6 期（总第 198 期）	24-27	2017 年
23	李宇航，徐奎栋	硅藻的多样性与超微之美	《大自然》第 6 期（总第 198 期）	28-31	2017 年
24	张均龙	南麂列岛潮间带石鳖探秘	《大自然》第 6 期（总第 198 期）	32-33	2017 年
25	孙忠民	蔚为壮观的海藻场	《大自然》第 6 期（总第 198 期）	34-35	2017 年
26	曹凌云	走读南麂岛（上）	《温州人》第 11 期	36-41	2017 年
27	曹凌云	走读南麂岛（下）	《温州人》第 13 期	54-59	2017 年
28	王叶婕，郑书夏	浙江温州南麂岛——中国最美海岛承载的历史与乡愁	《环球人文地理》第 9 期	76-85	2019 年
29	林锡	碧海黄鱼共潮生	《今日浙江》第 17 期	60	2019 年
30	蔡厚才	让大海成为优良的实验室——南麂列岛探索人-海和谐之路	《人与生物圈》第 1 期	24-27	2020 年